Inhaltsverzeichnis

Einführung

1

> **Lernziel**
> - Sie können skizzieren, wie sich die Personalarbeit in den letzten Jahrzehnten entwickelt hat und einige aktuelle Herausforderungen schildern.

Die Betriebswirtschaftslehre (BWL) ist interdisziplinär und speist sich aus solch unterschiedlichen Disziplinen wie Mathematik, Recht, Ingenieurwissenschaften, Psychologie etc. So wundert es nicht, dass auch Teilelemente der BWL wie das Personalmanagement aus unterschiedlichen Fächern zusammengesetzt sind. Das gilt sowohl für die Hard Facts, also die professionellen Methoden, als auch für die Soft Facts, also soziale Komponenten.

Man kann dies anhand des Eisbergmodells, eigentlich ein Kommunikationsanalysemodell, gut erläutern. Während im beruflichen Alltag oberflächlich meist nur die verwendeten Instrumente, Methoden und Prozesse im Personalmanagement wahrnehmbar sind, kümmert sich das Personalwesen in Unternehmen ebenso um die unter der Oberfläche liegenden Gefühle und Werthaltungen. Die Arbeit unter der sichtbaren Ebene des Eisbergs erfordert meist viel Geschick und setzt sowohl psychologische als auch soziologische Kenntnisse voraus.

Nicht nur die Erkenntnis, dass die „weichen" Faktoren im Human Resource Management wesentlich sind, haben die Arbeit im Personalwesen über die Jahre grundlegend verändert. So sind Aufgaben, aber auch Verantwortlichkeiten von der Personalabteilung auf die Führungskraft und im Weiteren auch auf die Mitarbeiter übergegangen. Moderne Personalmanager beraten Führungskräfte, diese coachen und beraten ihre Mitarbeiter, und die Mitarbeiter selbst haben viel an Handlungsspielräumen gewonnen. Die Verantwortlichkeit für die eigene berufliche Entwicklung hat sich damit aber auch immer mehr auf den Mitarbeiter selbst verlagert. Modernes Personalmanagement versucht heute mehr und mehr, als strategischer Partner des Business wahrgenommen zu werden und sich von der Zuschreibung auf administrative Rollen zu lösen, wie in Abb. 1.1. skizziert.

C. Achouri, *Human Resources Management*,
DOI 10.1007/978-3-8349-4740-6_1

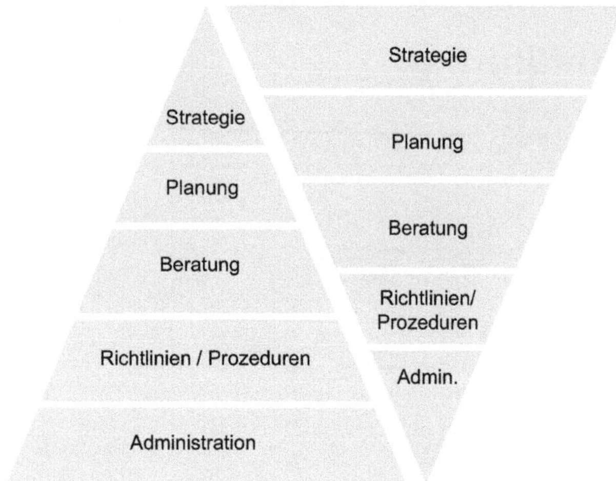

Abb. 1.1 Modernes HRM

Insbesondere leistungsfähige IT-Verfahren erleichtern dies zunehmend. Wenngleich es keinen Königsweg für die organisatorische Allokation des Personalwesens in Unternehmen gibt, ist eine Trennung von operativer und strategischer, konzeptioneller Personalarbeit durchaus sinnvoll, und oft findet man heutzutage die Personal- und Organisationsentwicklung als Stabsfunktion direkt an die Geschäftsführung angebunden.

Den Stellenwert des Personalwesens im Unternehmen kann man beispielsweise auch anhand der organisatorischen Einbindung bei der Bedarfsbestimmung ersehen. In einem „sukzessiven" Modell reagiert die Strategie der Personalbedarfsbestimmung nur auf die Produkt- bzw. Marktstrategie, bei einem „integrierten" Modell wird die Personalstrategie als Teil der Unternehmensstrategie verstanden.

Die Erfordernisse der demografischen Entwicklung haben gezeigt, wie wichtig diese Vernetzung ist. Im Personalmanagement stehen wir vor einem großen Umbruch, der sich insbesondere durch den demografischen Wandel der deutschen Bevölkerung abzeichnet. Wir wissen bereits heute, dass für die kommenden Jahre wahrscheinlich nicht genügend qualifizierte Arbeitskräfte in Deutschland zur Verfügung stehen werden. Daran ändern auch kurz- oder mittelfristige konjunkturelle Schwankungen, wie etwa die Finanzkrise von 2008, nichts Grundlegendes.

Die Gründe hierfür sind vielfältig: Zum einen steigt die Nachfrage nach hochqualifizierten Arbeitskräften weiter, zum anderen werden viele Hochqualifizierte aus den geburtenstarken Jahrgängen den Arbeitsmarkt verlassen. Hinzu kommen aber auch weitere Rahmenbedingungen. So sind die Frühverrentung und damit ein Berufsaustritt unter dem 60. Lebensjahr nicht mehr finanzierbar, was wiederum mit einer steigenden Lebenserwartung korreliert. Die Schlussfolgerungen, die wir daraus zu ziehen haben, reichen von politischen Entscheidungen im Bildungswesen über die vermehrte Einbeziehung von Teilzeitarbeit, insbesondere der Möglichkeit für hochqualifizierte Frauen, Beruf und Familie verbinden zu können, bis hin zur Konzeption von Personalentwicklungsmodellen, welche einen längeren Lebensarbeitszyklus berücksichtigen. Dies alles deutet darauf hin, dass den Unternehmen ein „War for Talents" bevorsteht, auch wenn Variablen wie Konjunktur, Einwanderung oder Rationalisierung keine präzisen Prognosen zulassen. Durch die starke Nachfrage seitens der Unternehmer und das geringe Angebot auf Arbeitnehmerseite werden die Unternehmen wahrscheinlich mehr und mehr gezwungen, mit attraktiven Konditionen um die Arbeitnehmer zu werben.

Auch wenn man vermuten könnte, dass die Personalauswahl damit an Bedeutung verliert, weil sich die Unternehmen nicht mehr leisten können, allzu wählerisch zu sein, wird wohl genau das Gegenteil der Fall sein. Gerade weil die Fluktuationsrate von Mitarbeitern auch davon abhängen wird, wie zufrieden Mitarbeiter in Unternehmen sind, ergibt sich das Erfordernis, die Passung bereits möglichst schon bei der Auswahl zu prognostizieren. Bei der Prognose der Leistungsfähigkeit insbesondere von zukünftigen Mitarbeitern werden ungeachtet des demografischen Wandels für die meisten Tätigkeiten keine physischen Kriterien entscheidend sein. Dagegen werden sozio-emotionale Belastungsfaktoren aufgrund von psychischem Druck und Stress weiter in den Vordergrund rücken.

Hierbei werden ältere Mitarbeiter nicht benachteiligt sein, in mancher Hinsicht lassen sich durch den reichhaltigen Erfahrungsschatz beruflicher und persönlicher Kompetenzen unter Umständen sogar Vorteile ableiten. Bezogen auf Auswahlverfahren heißt das etwa, dass die Lernfähigkeit als Schlüsselqualifikation an Bedeutung zunehmen wird. Aber auch die Motivation für lebenslanges Lernen wird im Vordergrund stehen. Wie auch immer die Variablen sich im Einzelnen entwickeln werden, wir können bereits heute davon ausgehen, dass wir in Zukunft im Recruiting vermehrt Ältere als Zielgruppe zu berücksichtigen haben werden. Wie sich professionelles Recruiting darauf einstellen kann, werden wir im nächsten Kapitel sehen.

Auch andere gesellschaftliche Einflussfaktoren werden die Arbeit des Personalmanagements im 21. Jahrhundert maßgeblich verändern. Telearbeit beispielsweise wird nicht nur als bevorzugte Arbeitsform von Teilzeitkräften genutzt werden. Es hat bereits heute eine zunehmende Flexibilisierung (quantitativ, qualitativ, zeitlich, örtlich) in der Personaleinsatzplanung stattgefunden mit Vor- und Nachteilen sowohl für Mitarbeiter als auch für Unternehmen:

Für Unternehmen ist die höhere Motivation der Mitarbeiter und die dadurch erwartungsgemäß höhere Produktivität ein Vorteil. Die Flexibilisierung ermöglicht eine sowohl strukturell als auch konjunkturell höhere Anpassungsfähigkeit. Man kann die Beschäftigungsreserven auf dem Markt besser nutzen, und nicht zuletzt sorgt eine flexible Personaleinsatzplanung für eine höhere Kundenorientierung. Mitarbeiter genießen eine bessere Work-Life-Balance und können ihre Arbeit gemäß ihren individuellen Aktivitätszyklen und Biorhythmen gestalten. Auch dies kann zu höherer Motivation und damit höherer Produktivität führen.

Doch es gibt auch Nachteile. Auf Unternehmensseite heißt höhere Flexibilisierung zunächst auch geringere Kontrolle. Dies muss durch adäquate Administration und dementsprechende Steuerungsinstrumente im Performance- und Wissensmanagement ausgeglichen werden. Für die Mitarbeiter kann eine hohe Personaleinsatzflexibilisierung bedeuten, dass die Arbeit „gefühlt" nie aufhört. Dies zieht Überforderung durch Leistungsdruck nach sich, und Mitarbeiter müssen heute deshalb anders als früher selbst ein gutes Zeitmanagement mitbringen, um nicht in die Burnout-Falle zu laufen.

Unsere Arbeitswelt verändert sich rasant, und wenn man einmal den Blick mittel- und langfristig wagt, sind die Änderungen durchaus drastisch, wenn man den Prognosen von Trend- und Zukunftsforschern glauben kann. Schon die letzten Jahre haben viele Änderungen für unsere Arbeitswelt gebracht. Wir haben eine Flexibilisierung nicht nur der Organisationsstrukturen, sondern auch der individuellen Arbeitswelten erlebt, mit einer Entflechtung von Arbeitszeit und Arbeitsort. Freiheit und Selbstverantwortung insbesondere von Akademikern in der Arbeitswelt sind gestiegen, die Anforderungen ebenso wie Arbeits- und Lebenstempo allerdings auch.

Eigentlich ist die Technisierung des Industriezeitalters angetreten, um Produkte schneller und effizienter zu gestalten, aber auch, um Arbeit, die der Mensch sonst machen müsste, von Maschinen übernehmen zu lassen. Doch das hat nicht nur zur Entlastung des Menschen geführt. Vielmehr sehen wir uns heute in vielen Bereichen gerade durch die Technisierung gezwungen, mit der Leistung und der Geschwindigkeit beispielsweise von Computern mitzuhalten. Inzwischen zwingen uns die Maschinen unser Lebenstempo auf. Wir reagieren darauf nicht gerade mit Entschleunigung.

Vielmehr, so die Prognose schon bis zum Ende dieses Jahrhunderts, werden wir möglicherweise mit Chipimplantaten ausgestattet sein, die unsere eigene Leistungsfähigkeit und Arbeitsgeschwindigkeit erhöhen. Ein Szenario, das die heute Studierenden in ihren letzten Erwerbsjahren vielleicht noch erleben könnten. Absurde Zukunftsmusik?

Schon heute „frisieren" viele Erwerbstätige ihre Leistung mit Medikamenten auf, um dem steigenden Leistungsdruck am Arbeitsplatz gerecht zu werden. Ärzte, die Aufputschmittel nehmen für den anstrengenden Schichtdienst, oder Manager, die versuchen, mit Ecstasy oder Kokain ihre Kreativität zu steigern und dem Dauerstress zu begegnen – Doping scheint vom Sport über die Hochschulen bis zur Arbeitswelt alle Berufsschichten erreicht zu haben. Auch unsere Lebenserwartung steigt drastisch. Schon bald (bis 2050) könnte mithilfe von Stammzellentherapie und Genreparaturen die Verlangsamung des Alterungssprozesses gelungen sein. Für die Kohorte der jetzt Studierenden bis zu 150 Lebensjahre, so die Prognosen führender Forscher. Man muss nicht extra darauf hinweisen, was das für das Renteneintrittsalter bedeutet.

Wie werden sich die Jobs verändern? Wenn das Lebenserwerbsalter zunimmt, wird es wahrscheinlich, dass wir nicht nur eine Ausbildung und eine Berufsrichtung einschlagen können – Polyerwerbsbiografien mit zwei oder sogar drei ganz unterschiedlichen Karrieren könnten der Normalfall werden. Wahrscheinlich werden diejenigen Arbeitnehmer Gewinner sein, die nichtrepetitive und kreative Aufgaben erfüllen, weil Computer diese Dinge nur schlecht können, also beispielsweise Künstler, Softwareingenieure, Führungskräfte oder auch Wissenschaftler. Dagegen wird es zunehmend einfacher werden, Agenten, Makler, Kassierer und Buchhalter elektronisch zu ersetzen.

Arbeitnehmer, die sich mit zwischenmenschlichen Beziehungen beschäftigen, werden wohl ebenfalls nicht arbeitslos werden. Eine gute Nachricht für Personalmanager.

Zunehmende Globalisierung, erhöhte Geschwindigkeit auf den Märkten und das Erfordernis ständiger Erreichbarkeit sind nur einige Faktoren, welche in den „virtuellen“ Arbeitsmärkten der Zukunft das Mobilitätserfordernis vergangener Tage ersetzen. Das 21. Jahrhundert wird möglicherweise maßgeblich durch die Ausbildung virtueller Strukturen gekennzeichnet sein und auch die Arbeit im Personalmanagement revolutionieren.

Beispiele für Prüfungsfragen

- Die BWL-Studentin Bettina interessiert sich für die Arbeit im Personalwesen und kann sich vorstellen, später einmal dort zu arbeiten. Allerdings fragt sie sich, was die Arbeit einer modernen HRM-Abteilung heute im Gegensatz zu früher ausmacht und wie diese sich in der Zukunft aufgrund der schon heute absehbaren gesellschaftlichen und ökonomischen Bedingungen verändert. Bitte geben Sie ihr auf ihre Fragen eine Antwort.
- Bitte nennen Sie mindestens drei Variablen, welche einen „War for Talents“ aufgrund der demografischen Entwicklung in Deutschland abschwächen könnten.

Literatur

1. Scholz, C. (2011). *Grundzüge des Personalmanagements*. München: Vahlen.

2 Recruiting

> **Lernziele**
> - Sie wissen, was Kompetenzen sind, und wie sie in der Personalauswahl berücksichtigt werden.
> - Sie können Arbeitsfelder und Instrumente der Personalbeschaffung benennen, und verstehen, wie und wann sie eingesetzt werden.
> - Sie wissen, was Sie hinsichtlich des Allgemeinen Gleichbehandlungsgesetzes (AGG) im Recruiting zu beachten haben und können die rechtlichen Kriterien auf Praxisbeispiele anwenden.

Während mit der industriellen Revolution im 19. Jahrhundert zunehmend technische Rationalisierungen maßgeblich für betriebliche Veränderungen wurden, können wir seit den 1980er Jahren einen Fokus auf das sogenannte Humankapital als entscheidenden Produktionsfaktor feststellen. Dieser Trend hat sich in den letzten Jahren weiter verstärkt und betrifft inzwischen nahezu alle wirtschaftlichen Bereiche von der Produktion bis zu reinen Dienstleistungen. Dabei kann man zwei Aspekte unterscheiden.

Zum einen haben technische Rationalisierungen menschliche Arbeitskraft ersetzt. Zum anderen hat man, um weitere Produktivierungsergebnisse zu erzielen, das Humankapital als Ansatzpunkt erkannt. In der Motivation des Mitarbeiters liegt nun der größte verbleibende Hebel zur Produktivitätssteigerung.

Dies hat sich auch stark in den Personalauswahlmethoden niedergeschlagen, und wir finden heute kein Auswahlinstrument, das nicht die Leistungsbereitschaft eines potenziellen Mitarbeiters ebenso bewertet wie vorhandene Kenntnisse und Erfahrungen. Für die Weiterbildung der Mitarbeiter sowie für Auswahlverfahren bedeutet dies langfristig insbesondere im Dienstleistungssektor eine Verschiebung hin zu höherwertigen Tätigkeiten.

Im Personalmanagement selbst heißt das, Mitarbeiter können ihre „Employability" umso stärker gewährleisten, je weniger sie von elektronischen Verfahren abgelöst werden

C. Achouri, *Human Resources Management*,
DOI 10.1007/978-3-8349-4740-6_2

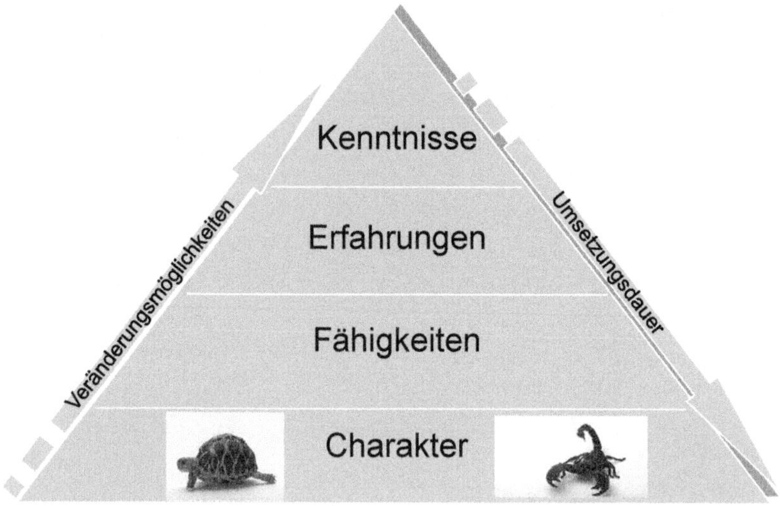

Abb. 2.1 Kompetenzpyramide

können. Letzteres betrifft im qualifizierten Bereich algorithmische Tätigkeiten, Berechnungsverfahren im Allgemeinen sowie administrative Arbeiten. Zukunftsweisend werden dagegen mehr und mehr qualitativ anspruchsvolle Tätigkeiten wie Beratung, Coaching und Strategie. Im Sinne einer sich immer schneller verändernden Wissensgesellschaft werden immer weniger bereits erworbene Kenntnisse eine Rolle spielen, als vielmehr die Fähigkeit eines potenziellen Mitarbeiters, sich neue Kenntnisse anzueignen.

Im Recruiting bedeutet das, dass sich die Auswahlkriterien weg von reinen Kenntnissen und Erfahrungen hin zu vorhandenen Fähigkeiten entwickeln. Unter „Kenntnissen" sind dabei die reinen Fachkenntnisse wie IT-, Englisch oder auch Berufs-Know-how zu verstehen. Der Begriff „Erfahrungen" bezieht sich auf die Berufserfahrung, also Projekterfahrung, Führungserfahrung etc. „Fähigkeiten" schließlich bezeichnet den Bereich der „weichen" Faktoren, wie Kommunikations-, Team- oder auch Konfliktfähigkeit. Während Kenntnisse am schnellsten zu erlernen sind, dauert es oft Jahre, bis man relevante Berufserfahrung vorweisen kann, wie Hochschulabsolventen bei ihren ersten Bewerbungen oft leidvoll erfahren. Die eigenen Fähigkeiten zu verändern, zu erweitern oder sich neue anzueignen, stellt, was Dauer und Intensität angeht, die größte Herausforderung dar.

Als Kompetenzen werden Kenntnisse, Erfahrungen und Fähigkeiten einer Person gemeint (siehe Abb. 2.1). Der Charakter zählt nicht dazu. Er ist am wenigsten veränderbar. Unternehmen fokussieren sich vor allem auf veränderbare Kompetenzen bei Mitarbeitern, da diese im Rahmen von vertretbaren Zeiträumen entwicklungsfähig sind. Die geringe Veränderungsdynamik von Charaktereigenschaften vermittelt die Geschichte von Schildkröte und Skorpion:

Schildkröte und Skorpion

Ein Skorpion wollte einen Fluss überqueren. So fragte er eine Schildkröte, die des Weges kam, ob sie ihn nicht hinübertragen wolle, denn sie könne doch schwimmen. Die Schildkröte antwortete: „Wenn wir mitten auf dem Fluss sind, wirst du mich stechen und ich werde untergehen." „Sei doch nicht dumm", erwiderte der Skorpion, „dann würden wir ja beide ertrinken." So ließ sich die Schildkröte schließlich überreden. Als sie mitten im Fluss waren, stach der Skorpion zu. Im Sterben fragte die Schildkröte: „Wie konntest du das nur tun?" Und der Skorpion antwortete: „Das ist nun mal mein Charakter!"

Fähigkeiten (auch „Schlüsselqualifikationen" oder „Soft Skills" genannt) gewannen für das Arbeitsleben zunehmend an Bedeutung. Es wird in Unternehmen zunehmend mehr Wert auf Schlüsselqualifikationen als positions- und tätigkeitsübergreifende Merkmale im Arbeitsprozess gelegt, gerade auch in Hinsicht auf die Qualifizierung für zukünftige Aufgaben. Hierbei sollte man aber unter Schlüsselqualifikationen keine grundlegenden Persönlichkeitsmerkmale oder grundlegende Werthaltungen wie ethisch-religiöse Überzeugungen verstehen, die für den Arbeitsprozess keine unmittelbare Relevanz besitzen und zudem in die Privatsphäre der Person eingreifen.

Auch eine Überbewertung von Schlüsselqualifikationen als grundlegende eignungsdiagnostische Merkmale für sozusagen jede beliebige Anforderung würde verkennen, dass Kenntnisse, Berufserfahrung oder kognitive Fähigkeiten immer ebenso wesentlich für beruflichen Erfolg bleiben werden. Dennoch sind in der Personalauswahl Fähigkeiten wie Initiative, Verantwortungsbereitschaft, Motivation, Teamfähigkeit etc. für den beruflichen Erfolg als gleichwertig mit den fachlichen Kompetenzen zu werten. Unternehmen müssen sich dabei fragen, welche Fähigkeiten durch Weiterbildung in adäquatem Zeit- und Geldaufwand verbesserbar sind. Während Kenntnisse und Fertigkeiten sich durch Trainings relativ schnell verbessern lassen, ist bei Fähigkeiten, aufgrund ihrer Nähe zu allgemeinen Persönlichkeitsmerkmalen, mit höherer Stabilität zu rechnen. Auch dies ist ein Grund, warum Auswahlverfahren zunehmend Fähigkeiten diagnostizieren: Was in der Personalauswahl versäumt wird, lässt sich mit Personalentwicklungsmaßnahmen nur unzureichend korrigieren.

In der Vergangenheit haben wir zum großen Teil innerhalb der Organisation eines Unternehmens operative und strategische Bereiche getrennt voneinander gefunden. Demnach fand sich etwa klassisches Recruiting im operativen Personalwesen, Personal- und Organisationsentwicklung jedoch im Stabsbereich wieder. Diese Trennung beruhte dabei nicht nur auf praktischen Erwägungen, sie ging bis auf humanistische Grundüberzeugungen zurück. Die Annahme, Versäumnisse in der Personalauswahl ließen sich durch Personalentwicklungsmaßnahmen nur schwer korrigieren, hat dabei mehrere Facetten.

Zum einen spielt die Berücksichtigung von Folgekosten eine Rolle. So werden z. B. bei einem höheren Verantwortungsbereich, den eine Führungskraft hat, auch Fehlentscheidungen von größerer Tragweite sein. Das kann sich auf die Geschäftsstrategie des Unternehmens ebenso beziehen wie auf die Motivation der geführten Mitarbeiter. Falsche

Personalentscheidungen beinhalten nicht nur verschwendete Werbungs-, Auswahl- oder Fluktuationskosten. Im Falle von Führungskräften betrifft das unter Umständen auch demotivierte Mitarbeiter und damit Produktivitätsverluste ganzer Abteilungen.

Strittig bleibt, ob Versäumnisse in der Personalauswahl durch entsprechende Entwicklungsmaßnahmen, sei es durch Training oder Coaching, aufgefangen oder sogar korrigiert werden können. Die Kenntnisse, also etwa Sprach- oder EDV-Kenntnisse, sowie die erforderliche Berufserfahrung für eine Position lassen sich zum einen ohne Schwierigkeiten aus dem Lebenslauf eines Bewerbers ersehen. Sollten hier Kenntnisse fehlen oder sich mit der Zeit als unzureichend erweisen, lassen sie sich sehr gut mit klassischem Training oder Weiterbildung auffrischen bzw. erwerben.

Was sich aus dem Lebenslauf nicht ergibt, sind die Fähigkeiten, die ein Mensch mitbringt. Damit kann die Kommunikationsfähigkeit ebenso gemeint sein wie die Analyse- oder die Durchsetzungsfähigkeit. Die geforderten Fähigkeiten können für verschiedene Tätigkeiten sehr unterschiedlich sein. So braucht ein Vertriebsmitarbeiter unter Umständen ein gewisses Maß an Extrovertiertheit, Freude am Kontaktknüpfen mit Menschen sowie unter Umständen eine gewisse Eloquenz. Das Anlegen dieser Kriterien bei der Auswahl eines Softwareprogrammierers würde hingegen nicht sinnvoll sein, da sie keine Relevanz für seine berufliche Tätigkeit haben.

Nicht nur hinsichtlich der zu besetzenden Tätigkeit, auch hinsichtlich der vorherrschenden Firmenkultur ist es dringend notwendig, die Personalauswahl auf die bestehenden Verhältnisse abzugleichen. Jedes Unternehmen hat unterschiedliche Leitsätze, die sich in der Definition der gewünschten Fähigkeiten niederschlagen. Die Frage, inwieweit Fähigkeiten nun potenziell entwicklungsfähig sind, geht dabei wohl im Kern auf die Divergenz genetischer versus milieutheoretischer Ansichten zurück. Dabei spielt sicher eine Rolle, dass ein großer Teil der Weiterbildungslandschaft von Pädagogen besetzt ist und historisch damit ein Fokus auf milieutheoretische Ansätze nicht überraschen muss. Sollte der Wunsch von Pädagogen und Personalentwicklern einmal wahr werden, dass Menschen auch in ihren Fähigkeiten weitgehend frei entwicklungsfähig sind, so setzt doch das eigene Wollen hier die entscheidende Weiche. Dementsprechend ergibt sich für die Personalauswahl für die Zukunft noch stärker die Forderung, die spezifische Motivation eines Bewerbers oder Mitarbeiters zu analysieren.

2.1 Attract, Select & Integrate

Recruiting kann grob in drei Aufgabenteile gegliedert werden: „Attract“ (Personalmarketing), „Select“ (Personalauswahl) und „Integrate“ (Personalintegration). Die Integrationsphase geht nach überstandener Probezeit unmittelbar in die Bindungsphase (Retention) über, und ab diesem Zeitpunkt ist nicht mehr Recruiting, sondern die interne Personalentwicklung für die weitere Karriere der Mitarbeiter zuständig.

Auf der Ebene von „Attract“ müssen sich Unternehmen in der Zukunft mehr und mehr bemühen, „Employer of Choice“ zu werden, eine Aufgabe für das Personalmarketing.

Stipendien und duale Ausbildungswege von Ausbildung und Studium machen Unternehmen zu attraktiven Arbeitgebern. Es ist immer wichtiger geworden, schon die potenziell qualifizierten Arbeitnehmer für Unternehmen zu interessieren und früh eine Bindung zu schaffen. Beispiel: Girls Days, um Schülerinnen für ingenieurwissenschaftliche Studiengänge und Arbeitsplätze zu begeistern.

Aber auch die Rekrutierung neuer Mitarbeiter durch eigene Mitarbeiter ist ein gutes Beispiel für Personalmarketing. Unabhängig von der nachweislichen Qualität solcher Empfehlungen (die anderenfalls auf die empfehlenden Mitarbeiter zurückfallen würden) und ihren Nutzen für „Select" stärken solche Aktionen auch die Firmenverbundenheit der rekrutierenden Mitarbeiter. Schließlich möchte jeder Mitarbeiter auf sein eigenes Unternehmen stolz sein. Aber auch Work-Life-Balance-Programme sowie generell die Möglichkeit, in Zukunft durch „Empowerment" der Mitarbeiter mehr Firmenverbundenheit und Sinnerfüllung in der Arbeit zu ermöglichen, werden wesentliche Komponenten sein, um sich im „War for Talents" als Unternehmen behaupten zu können.

Dabei bleiben die wesentlichen Differenzierungsstrategien im Personalmarketing von Unternehmen erhalten. Wie sich wahlweise etwa mit „Idealpunkt"- oder „Präferenzmodellen" darstellen lässt, ziehen Unternehmen gezielt durchaus verschiedene potenzielle Bewerbergruppen an. Das Personalmarketing eines Unternehmens arbeitet mit seinen Methoden sehr gezielt daran, das gewünschte Arbeitgeberbild, (z. B. Sicherheit des Arbeitsplatzes, Internationalität, moderne Organisationsstrukturen) zur Zielgruppe zu transportieren.

Die Aufgaben des Personalmarketings enden nicht mit dem Bewerbungsprozess. Über die Integration neuer Mitarbeiter bis hin zur Personalfreisetzung achtet das Personalmarketing auf ein vorteilhaftes Unternehmensimage intern und extern und sorgt für positive Kommunikationsprozesse. Dazu wird es in der Zukunft für die Unternehmen immer wichtiger werden zu definieren, was sie unter „Talenten" überhaupt verstehen. Wenn man nicht weiß, wen man sucht, kann man die Person auch mit den besten Auswahlinstrumenten nicht finden. Die Auswahlinstrumente müssen den bestmöglichen professionellen Ansprüchen genügen und die bei der Auswahl beteiligten Führungskräfte müssen sorgfältig geschult werden. Für Bewerber ist ein Interviewpartner eines Unternehmens immer auch Unternehmensrepräsentant und als solcher Imageträger. Personalauswahlsituationen sind deshalb auch Marketing-Events. Unternehmen müssen sich verdeutlichen, dass verprellte Bewerber immer auch verprellte Kunden sind und zudem hervorragende Multiplikatoren im Familien-, Freundes- und Bekanntenkreis. Ist das Image einmal ruiniert, dauert es oft Jahre, bis ein Unternehmen im Ranking beliebter Arbeitgeber wieder einige Plätze nach oben klettert.

Sind genügend qualifizierte Bewerber vom Unternehmen angezogen und auch ausgewählt worden, geht es darum, diese möglichst schnell zu produktivieren, zu integrieren und Fluktuation, insbesondere in den ersten Monaten und Jahren, zu verhindern. Schließlich wurde bereits in jeden neuen Mitarbeiter investiert. Dazu können Mentorenprogramme initiiert werden, und Integrationsveranstaltungen sorgen darüber hinaus für die Bildung

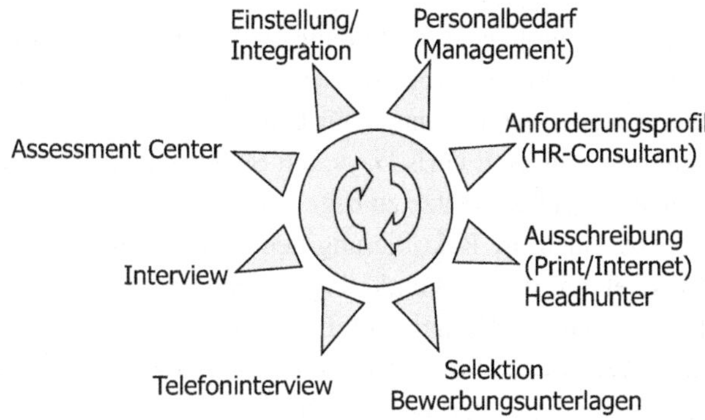

Abb. 2.2 Recruiting Cycle

von Netzwerken unter den neuen Mitarbeitern. Mittel- und langfristig wird Integration zu Retention. Hier beginnt die Arbeit der internen Personalentwicklung.

Eine der aktuellen Erfordernisse im Recruiting ist es, ältere Bewerber zu berücksichtigen, als auch die Gruppe der hochqualifizierten Frauen zu gewinnen. Um sie zu gewinnen und zu halten, werden die Unternehmen flexiblere Arbeitszeiten, Work-Life-Balance-Programme, Kinderbetreuungsmöglichkeiten, Inhouse etc. noch stärker ausbauen müssen. Unternehmen werden sich in einem arbeitnehmerorientierten Arbeitsmarkt, wie er zunehmend durch die Demografie entsteht, verstärkt um die Bedürfnisse der Arbeitnehmer kümmern. War es früher vor allem geboten, dass sich Mitarbeiter an eine bestehende Unternehmenskultur anpassten, passen sich Unternehmen zunehmend an die pluralen Bedürfnisse ihrer Mitarbeiter-„Welten“ an, um nicht die besten Bewerber an die Wettbewerber zu verlieren.

Sehen wir uns im Folgenden einmal die Methoden im Recruiting näher an. Die wesentlichen Schritte eines typischen „Recruiting-Zyklus“ veranschaulicht Abb. 2.2.

Nachdem der Personalbedarf quantitativ und qualitativ bestimmt ist, helfen Personalreferenten den Fachführungskräften in der Regel, ein Anforderungsprofil zu definieren, das in Einklang mit den Erfordernissen des Kompetenzmanagements eines Unternehmens steht. Danach wird die Vakanz zusätzlich zur internen Pflichtausschreibung in Zeitungen, Internet und zielgruppenrelevanten Zeitschriften veröffentlicht. Alternativ gibt ein Unternehmen den Auftrag an einen externen Headhunter, etwa aufgrund mangelnder interner Ressourcen oder aufgrund mangelnder Resonanz der Ausschreibung. Der erste relevante Auswahlschritt ist dann die Selektion der eingehenden Bewerbungsunterlagen. Danach schließen sich persönliche Auswahlverfahren wie Interview oder Assessment Center an. Die Vorschaltung eines Telefoninterviews ist beispielsweise sinnvoll, wenn es noch offene Fragen zu den Bewerbungsunterlagen gibt oder hohe Anreisekosten des Bewerbers anfallen würden. Kommt es danach nicht zur Besetzung, wiederholen sich die Schritte ganz oder teilweise.

2.2 Recruiting mit dem AGG

Das Allgemeine Gleichbehandlungsgesetz (AGG) trat als Durchsetzung von EU-Recht im August 2006 auch in Deutschland in Kraft und hat den Bewerbungsprozess verändert. Das AGG versucht, Diskriminierung anhand von acht Merkmalen zu verhindern (siehe Abb. 2.3). Die Kriterien sind ethnische Herkunft und Rasse, Weltanschauung und Religion, Geschlecht, sexuelle Identität, Behinderung und Alter. Dabei ist zu beachten, dass die Diskriminierung nicht nur unmittelbar, sondern auch mittelbar erfolgen kann. Werden beispielsweise Teilzeitkräfte diskriminiert, so lässt sich damit aufgrund der hohen Prozentzahl von teilzeitbeschäftigten Frauen hier auch mittelbar eine Diskriminierung nach Geschlecht behaupten. Es gibt drei Ausnahmen, bei denen die acht Merkmale nicht gelten, nämlich 1) wenn bestimmte berufliche Anforderungen vorliegen, 2) wenn Maßnahmen, die gerade zur Verhinderung von Benachteiligung ins Leben gerufen wurden, dagegen sprechen, sowie 3) spezielle Rechtfertigungsgründe.

Insbesondere auf die Personalbeschaffung hat das AGG große Auswirkungen. Dies beginnt mit der Forderung, gemäß den acht Kriterien des AGG diskriminierungsfrei auszuschreiben, sowie der Empfehlung, mindestens zwei Interviewer zu beteiligen und ein strukturiertes Interview durchzuführen. Die Interviewer können im Klagefall jedoch nur dann als Zeugen auftreten, wenn sie selbst nicht zugleich Unternehmer sind. Ein „strukturiertes Interview“ mit vorgegebenem Inhalt, das für alle Bewerber gleich verwendet wird, bietet den Vorteil, dass sehr genau etwaige fachliche Absagegründe belegt werden können und dass bezüglich der Absage aufgrund von Qualifikation Diskriminierungsvorwürfen vorgebeugt werden kann.

In der Ausschreibung der Stelle muss darauf geachtet werden, dass sowohl direkte als auch indirekte Diskriminierungsformulierungen vermieden werden. Selbst wenn man gerne junge Mitarbeiter einstellen würde, weil diese am besten in das vorhandene Team passen, ist diese Formulierung verfänglich. Es wird zwar kein junger Mitarbeiter gesucht, aber indirekt lässt sich darauf schließen. Auch wenn hier ein Grenzfall vorliegt, lässt sich als ungefährer Richtwert durchaus die Empfehlung geben, bei Ausschreibungen mehr die

Abb. 2.3 Acht Diskriminierungsmerkmale des AGG

Anforderungen der Stelle zu beschreiben (Funktion) als die gewünschte Qualifikation des Bewerbers (Person).

Das bedeutet, beispielsweise keinen „mobilen Mitarbeiter“ zu suchen, sondern darauf hinzuweisen, dass mit der Funktion Reisetätigkeiten verbunden sind. Ausnahmen können dann zugelassen werden, wenn sie beispielsweise einen der drei oben erwähnten Ausnahmegründe betreffen. Etwa die Rolle als „jugendlicher Liebhaber für eine Theateraufführung“ zu besetzen, wäre demnach hinsichtlich des AGG unverfänglich, weil die Kriterien von Alter und Geschlecht auf spezielle berufliche Anforderungen gemünzt sind.

Es ist für Unternehmen notwendig, alle den Bewerber betreffenden Unterlagen so lange nach erfolgtem Absageschreiben an den Bewerber aufzubewahren, wie die mögliche Klagefrist läuft. Eine grundsätzliche Empfehlung für Unternehmen seit Eintreten des AGG lautet, den Bewerbern keine Absagegründe mehr zu nennen. Hintergrund ist die Angst, von Bewerbern beklagt zu werden, sollte eine unmittelbare bzw. mittelbare Diskriminierung nach den Kriterien des AGG vorliegen. Dies betrifft nicht nur externe Bewerber, sondern oft auch Bewerber, die sich innerhalb des Unternehmens bewerben. So empfehlenswert dies arbeitsrechtlich sein mag, so wenig kundenfreundlich gestaltet sich dieses Vorgehen, weil Bewerber kein Stärken- bzw. Schwächenfeedback mehr erhalten.

Um dieses Feedback zu ermöglichen, ist es sinnvoll, Absagen von Mitarbeitern durchführen zu lassen, die im AGG bewandert sind, wie z. B. Personalmitarbeiter. Auch nach den Richtlinien des AGG ist es weiterhin möglich, detaillierte Absagegründe zu nennen, solange man dies professionell tut, also die Absage streng an Merkmalen der fehlenden Qualifikation ausrichtet.

Zum einen ist es kundenfreundlich, dem Bewerber ein detailliertes Stärken- und Schwächenfeedback zu geben. Es zeigt, dass sich ein Unternehmen mit dem Bewerber auseinandergesetzt hat und die Absage aufgrund von präzisen, wohlüberlegten und fachlichen Gründen erfolgt. Ein solch qualifiziertes Feedback, das sich an der beobachteten Leistung orientiert, läuft nicht Gefahr, in Hinsicht auf das AGG kritisiert zu werden. Zum anderen bleiben auch mit dem AGG immer noch Differenzierungsgründe gegeben, z. B. hinsichtlich bestimmter beruflicher Anforderungen.

Durch den Druck des AGG, dieses Feedback nur auf die fachliche Qualifikation zu beziehen, entstand die Hoffnung, dass sich die Qualität der Rückmeldungen generell verbessern würde. So sollen die Bestimmungen des AGG letztlich dazu führen, dass Feedbackinstrumente und damit auch die vorgeschalteten Auswahlinstrumente an Qualität gewinnen und eine Verbesserung für den Bewerber darstellen. Auch Feedback innerhalb bzw. im Nachgang eines Auswahlverfahrens kann weiterhin gegeben werden und ist aufgrund der starken Strukturierung beispielsweise eines Assessment Centers noch unverfänglicher als nach einem Interview. Denn das Feedback richtet sich in der Begründung der beobachteten Stärken und Schwächen streng nach den wahrgenommenen und dokumentierten Kompetenzen, die mehrere Beobachter im Konsens festgestellt haben.

Das AGG ist ein Gesetz zur Verhinderung von Diskriminierung. Hierbei sollte nicht vergessen werden, dass eine Gleichstellung im Sinne eines Benachteiligungsverbots gemeint ist. Es ist kein Anspruch auf Besserstellung damit verbunden. Religiöse Gruppen, die beispielsweise wollen, dass ihre jeweiligen Feiertage anerkannt werden, können dies nicht begründen. Auch ist zu beachten, dass das AGG auf arbeitsbezogene Gleichstellung abzielt und nicht auf private Bereiche zutrifft. Lädt ein Arbeitgeber beispielsweise nur ausgewählte Mitarbeiter zu einer Privatfeier zu sich nach Hause ein, so könnten beispielsweise nicht eingeladene Mitarbeiter, die „zufällig" einer bestimmten geschützten Gruppe angehören, keinen Einspruch erheben. Schwierig wird es freilich dort, wo Arbeit und Privates zusammenfallen oder sich in einer Grauzone vermischen, so z. B. auf Dienstreisen. Hier kann ein Hinweis in den jeweiligen Unternehmensrichtlinien helfen, inwieweit z. B. Dienstreisen als Arbeitszeit abgerechnet werden können und damit als Arbeitszeit gelten.

Grundsätzlich gilt mit dem AGG bezüglich der Entgeltpolitik „gleiche Vergütung für gleiche Arbeit". Dies gilt auch für alle Vergütungsbestandteile wie Grundentgelt, Zulagen, Prämien, Erfolgsbeteiligungen oder auch Sachbezüge. Je stärker ein Unternehmen die Vergütung an objektive Faktoren wie Qualifikation, Führungsverantwortung, Leistung, Erfolg oder auch besondere Arbeitsbelastungen knüpft, umso unverfänglicher lässt sich eine in der Praxis erfolgende Vergütungsdifferenzierung begründen.

Eine Staffelung des Entgelts nach Berufsjahren beispielsweise kann deshalb dann nicht als mittelbare Diskriminierung aufgrund des Alters bezeichnet werden, wenn nachgewiesen werden kann, dass mit den Berufsjahren die erforderliche Qualifikation zugenommen hat und somit ein objektives Kriterium, nämlich das erhöhter Leistungserbringung, vorliegt. Sucht ein Unternehmen Mitarbeiter mit „mindestens drei Jahren Berufserfahrung", so liegt auch hier keine Diskriminierung von Hochschulabsolventen und damit mittelbare Diskriminierung von Jüngeren vor, wenn die Ausschreibung beispielsweise den Zusatz enthält „in der IT-Branche". Damit wird die Berufserfahrung an notwendige Qualifikationen geknüpft. Eine Objektivierung der Anforderungen sollte, wo es möglich ist, bereits in bestehende Anforderungsprofile Eingang finden und damit auch als Grundlage für die darauffolgende Personalauswahl dienen.

Die Anwendung des Allgemeinen Gleichbehandlungsgesetzes führte zu einem größeren bürokratischen Aufwand für die Unternehmen, aber auch zugleich zu einer Erhöhung der Qualität im Auswahlverfahren für die Bewerber sowie einer generellen Verringerung von Diskriminierung.

Beispiele für Prüfungsfragen

- Bitte erklären Sie, was man unter „Kompetenzen" im HR-Management versteht.
- Bitte schildern Sie alle Ihnen bekannten Recruiting-Schritte, die einer Einstellung neuer Mitarbeiter vorangehen können.
- Wie viele Verstöße nach dem AGG enthält der folgende Anzeigentext: „Bildhübsche, dynamische Anwältinnen zwischen 25 und 35 Jahren und akzentfreiem Englisch gesucht"? Bitte begründen Sie.

Literatur

1. Adomeit, K., & Mohr, J. (2011). *Allgemeines Gleichbehandlungsgesetz (AGG): Kommentar zum AGG und zu den anderen Diskriminierungsverboten*. Stuttgart: Boorberg.
2. Hesse, J., & Schrader, H. C. (2008). *Neue Bewerbungsstrategien für Hochschulabsolventen. Startklar für die Karriere*. Frankfurt a. M.: Eichborn.

3 Methoden der Personalauswahl

▶ **Lernziele**

- Sie verstehen, wie man Personalauswahlmethoden kategoriell einordnen kann.
- Sie wissen, welche Kompetenzen man aus den jeweiligen Auswahlmethoden analysieren kann und Sie können berufliche Anforderungsprofile erstellen.
- Sie wissen, wie man Bewerbungsgespräche professionell durchführt und wie Sie sich erfolgreich darauf vorbereiten.
- Sie sind in der Lage, ein Assessment Center (AC) zu konstruieren und wissen, wie Sie sich selbst in einem AC erfolgreich präsentieren.
- Sie wissen, wie man in Unternehmen professionell kommuniziert und Konflikte löst.

Eignungsdiagnostisch lassen sich drei Ansätze in der Personalauswahl unterscheiden (nach Schuler [4]): Erstens der biografische Ansatz, zweitens der Simulationsansatz und drittens der Eigenschaftsansatz, wie man auf Abb. 3.1 sieht:

Während sich im Interview zwar sowohl Kenntnisse und Erfahrungen als auch Fähigkeiten ermitteln lassen, ist dies doch mit einer geringeren Validität als in Simulationsverfahren wie einem Assessment Center möglich. Der Grund hierfür liegt darin, dass die Wirklichkeitsebene im Interview immer hypothetisch oder biografisch bleibt und Ereignisse aus der Vergangenheit oder mögliche Zukunftsszenarien auf einer verbalen Metaebene beschrieben werden.

C. Achouri, *Human Resources Management*,
DOI 10.1007/978-3-8349-4740-6_3

	Biografischer Ansatz	Simulationsansatz	Eigenschaftsansatz
Funktionslogik	Vergangenes Verhalten ermöglicht Prognose auf zukünftiges Verhalten	Abbildung erfolgsrelevanten und berufsbezogenen Verhaltens	Erklärung des Berufserfolgs aufgrund stabiler Eigenschaften
Typische Verfahren	Biografisches Interview Biografischer Fragebogen Zeugnisse 	Arbeitsprobe Computergestützte Simulation Assessmentcenter	Persönlichkeitstest Intelligenztest 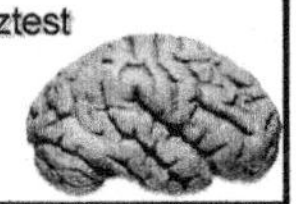

Abb. 3.1 Trimodaler Ansatz

Simulationsverfahren müssen sich mit dieser Metaebene nicht begnügen, sondern können sich das Verhalten aus „erster Wirklichkeit" erschließen. Eine Analogie aus der Welt der Piloten kann dies gut verdeutlichen. Um zu erfahren, wie ein Pilot in einer gefährlichen Situation reagieren würde, kann man ihn einfach fragen, was er machen würde (Interview). Es leuchtet aber unmittelbar ein, dass die Aussagekraft, ob ein Pilot beispielsweise bei einem Triebwerksbrand besonnen reagiert, drastisch steigt, wenn man ihn in einen Flugsimulator setzt (Assessment Center) und sein Verhalten beobachtet. Wir befinden uns dann nicht mehr auf der Metaebene der Beschreibung, wo wir über Verhalten hypothetisch sprechen, sondern in der ersten Ebene der Wirklichkeit. Eignungsdiagnostisch schreibt man dieser Ebene mehr Validität zu, weil sich Verhalten schwerer manipulieren lässt als dies in der Kommunikation möglich ist.

Methodische Personalauswahl beginnt schon mit einer professionellen Analyse der Bewerbungsunterlagen. Bei Kandidaten, bei denen Fragen während der Unterlagenanalyse aufgetaucht sind, oder auch bei Kandidaten, bei denen hohe Reisekosten anfallen würden, lohnt es sich, den Nutzen eines Telefoninterviews abzuwägen. Manchmal wird das Telefoninterview auch einem persönlichen Interview vorgeschaltet, wenn beispielsweise Fragen zu Mobilität, Wechselmobilität oder Vergütung zu klären sind.

Das persönliche Bewerbungsgespräch (Interview) wird heute nur noch selten unprofessionell geführt und findet meist in strukturierter Form und mit Verhaltensfragen statt. Auch Assessment Center und Persönlichkeitstests gehören zu den gebräuchlichen Personalauswahlinstrumenten. Traut man sich die Personalauswahl selbst nicht zu oder kann

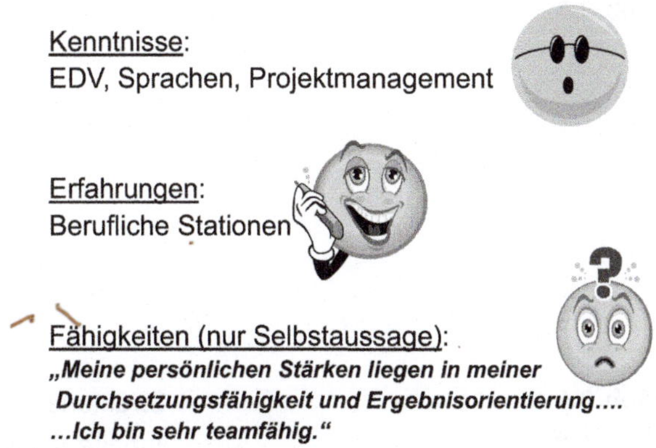

Abb. 3.2 Was Sie aus Bewerbungsunterlagen erfahren

man sich aufgrund von unregelmäßigen Rekrutierungsphasen keine große Personalabteilung leisten, kann der Auswahlprozess in Teilen oder komplett an externe Personalberater, sogenannte Headhunter, vergeben werden.

Die Analyse der Bewerbungsunterlagen (siehe Abb. 3.2) ist hinsichtlich der Evaluation von Kenntnissen und Erfahrungen durchaus aussagekräftig, da Hard Facts immer auch anhand der Zeugnisdaten verifiziert werden können. Soft Facts, also Schlüsselqualifikationen bzw. Fähigkeiten, sind aus den Unterlagen nicht zu erkennen. Die Selbstaussage von Bewerbern kann zwar hinsichtlich überprüfbarer Referenzen und Tätigkeiten in den Zeugnissen durchaus Gehör finden, letztlich aussagekräftig ist sie aber nicht. So können Bewerber ihr soziales Engagement oder ihre soziale Kompetenz beispielsweise durch entsprechende ehrenamtliche Nachweise oder die Arbeit mit Jugendgruppen untermauern. Die Aussagekraft der Zeugnisse geht wegen der wohlmeinenden Formulierung jedoch über den reinen Nachweis der Tätigkeiten meist nicht hinaus. Der Evaluation von Fähigkeiten kommt so in Interview und Assessment Center eine besondere Bedeutung zu.

3.1 Anforderungsprofil

Wenngleich das Anforderungsprofil kein Auswahlinstrument ist, stellt es doch die grundlegende Basis für jede Auswahl dar. Wenn man nicht weiß, wen man sucht, kann man sie oder ihn auch nicht finden. Bevor wir zu den Auswahlverfahren kommen, sollten wir zunächst klären, wie ein sinnvolles Anforderungsprofil aussehen sollte. Zunächst gilt hier, wie überhaupt in der beruflichen Eignungsdiagnostik, die grobe Einteilung der gesuchten Kompetenzen (siehe Abb. 3.3) in Kenntnisse, Erfahrungen und Fähigkeiten.

Dann ist es unumgänglich, das Kompetenzmanagement eines Unternehmens und damit den größeren Zusammenhang, in dem ein Anforderungsprofil steht, zu berücksichtigen. Hier werden die Jobprofile in Jobfamilien gebündelt und verschiedene Entwicklungslinien horizontaler oder vertikaler Art festgelegt. Dies bietet den Mitarbeitern den Vorteil, mögliche „Entwicklungslandkarten“ innerhalb der eigenen Jobfamilie zu erkennen und

Abb. 3.3 Kompetenzen

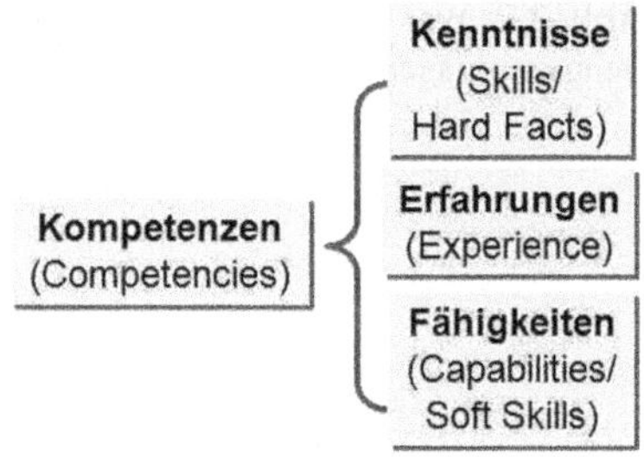

Abb. 3.4 Strukturiertes Interview

- Strukturiert: Standardisiert die wesentlichen Inhalte (Kenntnisse/Erfahrungen/Fähigkeiten): Schafft Vergleichbarkeit
- Offene W-Fragen, ausgewählt aus dem Kompetenzmodell eines Unternehmens
- Situative Fragen (SVE):

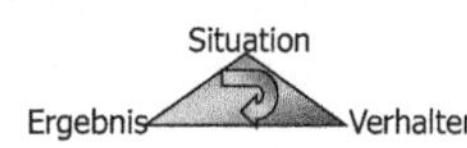

zukünftige Schritte im Rahmen eines Personalentwicklungsplanes anzugehen. Ein Anforderungsprofil sollte demnach, abgestimmt auf das Kompetenzmanagementsystem des Unternehmens, die jeweils relevanten Kriterien ausweisen.

Es hat sich als sinnvoll erwiesen, zur Erstellung eines Anforderungsprofiles ein arbeitsplatzanalytisches Verfahren wie die Critical Incident Technique (CIT) zu verwenden. Dort werden Inhaber der Zielposition zu spezifischen Berufssituationen befragt, ihr jeweiliges Verhalten und die sich daraus ergebenden Folgen werden analysiert und skizziert. Die damit erhobenen Fragestellungen lassen sich sehr gut und ohne großen Transfer als Bausteine im Auswahlverfahren verwenden, z. B. als Interviewfragen nach dem Verhaltensdreieck (siehe Abb. 3.4).

Im Planstellenantrag eines Unternehmens sind zusätzlich zum einfachen Anforderungsprofil noch administrative und organisatorische Daten beschrieben, wie beispielsweise die Vergütungsstufe, Berichtswege, eine Aufteilung in Aufgabenbeschreibung (in Prozent nach Teilaufgabengewichtung), erforderliche Ausbildung etc. Je detaillierter ein Anforderungsprofil ist, umso besser kann es direkt in die Erstellung einer Planstellenanforderung bzw. einer Stellenausschreibung einfließen. Die Vorarbeit zahlt sich somit in jedem Fall aus.

Andererseits werden ungenaue Beschreibungen zu Problemen im Recruiting führen. Wird im Planstellenantrag beispielsweise nur die Anforderung eines Hochschulabschlusses erwähnt, so fallen darunter schon mindestens fünf Ausbildungsarten: Bachelor im dualen Ausbildungsgang, Bachelor (FH), Bachelor (Uni), Master (FH), Master (Uni). So unterschiedlich diese Ausbildungsarten und -zeiten sind, so unterschiedlich sollten Qualifikationsanforderungen und Vergütung im Planstellenantrag formuliert werden.

3.2 Bewerbungsgespräch

Das Bewerbungsgespräch, oft auch einfach nur Interview genannt, ist sicher das am häufigsten angewandte Auswahlverfahren. Nach wie vor gilt das strukturierte Interview als die beste Methode und ist zugleich die am häufigsten eingesetzte. Das liegt daran, dass sie flexibel und zugleich ökonomisch, eignungsdiagnostisch fundiert, leicht erlernbar, schnell multiplizierbar und bei Bewerbern und Führungskräften gleichermaßen als beliebtestes Instrument anerkannt ist.

Es zeigt sich zwar, dass Bewerber vor strukturierten Interviews mehr Respekt haben als vor einem freien Gespräch, andererseits sind Bewerber auch von der Vorbereitung der Interviewer beeindruckt. Das Interview ist billiger als ein Assessment Center, denn man benötigt normalerweise nur eine Stunde Zeitaufwand, und meistens werden auch nicht mehr als zwei Interviewer auf Unternehmensseite notwendig sein. Zudem bekommt man über die Bewerbungsunterlagen hinaus einen fundierten Einblick in die vorhandenen Fähigkeiten eines Bewerbers.

Der Inhalt des Bewerbungsgesprächs unterscheidet sich nicht nur von Unternehmen zu Unternehmen, sondern auch innerhalb ein und desselben Unternehmens. Jeder Bewerber kennt aus eigener Erfahrung die Bandbreite von Gesprächen, die von gemütlicher Unterhaltung bis zum strukturierten Stressgespräch reichen können. Hier muss sich ein Unternehmen darüber im Klaren sein, dass Sinn und Zweck des Interviews nicht nur sein muss, möglichst viel über einen Bewerber zu erfahren, sondern dass auch das Unternehmen auf Grundlage dessen, was im Interview geschieht, vom Bewerber auf den Prüfstand gestellt wird.

Schließlich sieht ein Bewerber die anwesenden Interviewer als Firmenvertreter, und deren präsentierte Kultur wird mit der gesamten Firma gleichgesetzt und fällt auf das Image des Unternehmens zurück. Nur wenn bestimmte Qualitätskriterien eingehalten werden, wird ein Interviewer die Informationen, die er von einem potenziellen späteren Mitarbeiter erhalten will, auch valide erhalten. Deshalb sollten sich Firmenvertreter immer sehr gut auf ein Bewerbungsgespräch vorbereiten.

Vor dem Interview

Bereits bevor sich Bewerber und Unternehmensvertreter zum ersten Mal persönlich begegnen, sind in der Regel schon einige Kontakte erfolgt, die nicht nur auf das Gespräch selbst Auswirkungen haben können. Unerfreuliche Kontakte im Vorfeld lassen unter Umständen das Bewerbungsgespräch sogar platzen. Sofern ein Bewerber nach Eingang seiner Bewerbung einen Eingangsbescheid erhalten hat und ein ebenso professionelles Einladungsschreiben zu einem persönlichen Gespräch, werden manche Bewerber für einen ersten persönlichen Eindruck nicht auf das Interview warten, sondern bereits im Vorfeld versuchen, Kontakt aufzunehmen. Auch wenn für den Firmenvertreter der Kontakt ungelegen kommen mag, sollte er sich Zeit nehmen, um bereits einen ersten Eindruck vom Bewerber zu bekommen.

Einige Firmen gehen dazu über, einem Bewerbungsgespräch ein Telefoninterview vorauszuschicken. Hierbei sollte man sicher sein, dass das Telefoninterview am Schluss eine Beurteilung enthält. Schließlich liegt der Sinn in der Verwendung eines zusätzlichen, vorgeschalteten Auswahlinstrumentes darin, die Auswahl objektiver und valider zu machen. Wie bei allen Auswahlinstrumenten gebieten es auch hier sowohl Fairness als auch gute Firmenkultur, das Telefoninterview vorher anzukündigen. Wenn ein Unternehmen generell Telefoninterviews vorschaltet, sollte dies dem Bewerber vorher schriftlich mitgeteilt werden. Ebenso sollte ein Termin vereinbart werden, sodass sich ein Bewerber vorbereiten kann und nicht von dem Gespräch überrascht wird.

Auch Bewerber sollten sich immer auf ein Interview vorbereiten. Dabei gibt es konkrete Situationen, die sich unabhängig von Firma und Aufgabe nahezu wiederholen, und nur schlecht vorbereitete Bewerber werden in Interviews überrascht. Die üblichen Fragetechniken im Interview sollten von jedem Bewerber beherrscht werden, sodass „Verhaltensfragen" ohne Weiteres beantwortet werden können. Auch inhaltlich sollte kein Bewerber überrascht sein, wenn Fragen nach Teamfähigkeit, Verantwortung, Konfliktfähigkeit oder dergleichen gestellt werden. Eine professionelle Vorbereitung wird niemals unauthentisch wirken und auf jede Frage sollte ein Bewerber mindestens zwei Beispiele zur Stützung seiner Fähigkeiten nennen können. Im Folgenden sprechen wir einige typische, oft als heikel empfundene Fragen im Interview an. Die richtige Antwort gibt es dabei nicht, da diese situativ und auf den jeweiligen Interviewer bezogen variiert, aber wir können eine Art „Best Practice" für die meisten Situationen anführen:

Heikle Fragen im Interview – Wie reagieren Sie als Bewerber?

„Erzählen Sie etwas über sich selbst!"

Eine Zunächst ist es immer sinnvoll, offene Sie mit dem Interessantesten und Wichtigsten. Dieser Teil des Interviews kommt immer wieder. Zeigen Sie sich hier nicht erstaunt oder unvorbereitet im Sinne: „Ja, wo soll ich denn da anfangen?" Legen Sie sich einen Selbstmarketingtext (im Sinne des „Zwei-Minuten-Spots", siehe Abb. 6.1) zurecht, in dem Sie mit einem Spannungsbogen Ihre Stärken anhand Ihrer Biografie darstellen.

„Was sind Ihre Stärken?"

Sie sollten in der Lage sein, drei oder vier Stärken aufzuzählen (unterstützt durch biografische Beispiele), die in engem Bezug zu den Anforderungen des Unternehmens stehen.

„Wo sehen Sie Ihre Grenzen?"

Beantworten Sie diese Frage beispielsweise mit der Nennung einer Ihrer Stärken, die, wenn sie zu stark ausgeprägt ist, sich als hinderlich erweist und in eine Schwäche umschlagen kann. So könnten Sie z. B. sagen: „Mein Ehrgeiz, eine Sache fertigzustellen, drückt sich manchmal in etwas überzogenen Anforderungen an meine Organisation aus. Aber ich bin mir dessen bewusst."

„*Wie müsste für Sie das ideale Arbeitsumfeld aussehen?*"

Hier können Sie einige Ihrer Vorlieben und beruflichen Wunschvorstellungen anbringen. Schildern Sie diese Punkte praxisnah und realistisch. Achtung: Matchen Sie Wunsch und unternehmerische Wirklichkeit!

„*Arbeiten Sie lieber mit Zahlen oder Worten?*"

Die Antwort muss natürlich zum Tätigkeitsfeld passen, z. B. Controlling oder Rechtsabteilung.

„*Wie verhalten Sie sich unter Termindruck?*"

Schildern Sie ein Beispiel, das zeigt, dass Sie mit terminlichem Druck umgehen können, also bei Bedarf schnell arbeiten können und nicht vom Druck „gelähmt" werden.

„*Beschreiben Sie eine Situation, in der Ihre Arbeit kritisiert wurde.*"

Seien Sie kurz und präzise. Vermeiden Sie, emotional oder defensiv zu antworten. Bleiben Sie bei der Wahrheit, aber betonen Sie einen positiven Ausgang. Wichtig ist, dass Sie Lern- und Kritikfähigkeit demonstrieren.

„*Was können Sie uns bieten?*"

Da Sie vor Ihrem Gespräch etwas über die Art der vorgesehenen Tätigkeit in Erfahrung gebracht haben, können Sie einige Ihrer früheren Erfolge aufzählen, bei denen es Ihnen gelungen ist, Probleme zu lösen, die denen Ihres zukünftigen Arbeitgebers gleichen. Jetzt ist auch der Zeitpunkt, Ihre USP (ihr Alleinstellungsmerkmal) hervorzuheben. Was können Sie im Vergleich zu anderen besonders gut?

„*Was wissen Sie über unser Unternehmen?*"

Wenn Sie gute Vorarbeit geleistet haben, haben Sie das gesamte öffentlich verfügbare Informationsmaterial gelesen und können am besten Ihr Interesse mit einigen daraus entsprungenen Fragen dokumentieren.

„*Warum möchten Sie für uns arbeiten?*"

Hier möchte kein Arbeitgeber hören, dass er eine unter vielen gleichwertigen Möglichkeiten ist. Überlegen Sie, was Sie speziell an dieser Firma motiviert und was auch die USP der Firma und dementsprechend Ihr Selbstverständnis ausmacht.

„*Was ist für Sie der interessanteste Aspekt der hier besprochenen Position? Und welcher Aspekt interessiert Sie am wenigsten?*"

Erwähnen Sie drei oder vier interessante Punkte und höchstens ein oder zwei unerhebliche Dinge, die Sie weniger interessieren. Dabei ist Vorsicht geboten, vielleicht hat sich aufgrund personeller Veränderungen das Anforderungsprofil verschoben und ein vermeintlich unwichtiger Aufgabenaspekt gewinnt an Bedeutung. Am besten schließen Sie nichts kategorisch aus.

„*Welches Gehalt, glauben Sie, ist angemessen für die anstehende Position?*"

Eine wirklich heikle Frage. Wenn Sie nicht wirklich Bescheid wissen, sollten Sie sich in allgemeine Floskeln retten wie „Ich bin sicher, Sie bezahlen der Position angemessen." Stellen Sie Ihre Motivation für die Firma und die Aufgabe in den Vordergrund, nicht Ihre Vergütung. Dagegen entscheiden können Sie sich immer noch, sobald Ihnen das Vertragsangebot vorliegt. Bei großen Konzernen mit Manteltarifverträgen ist der Spielraum meist nicht sehr groß. Bereits bei der schriftlichen Bewerbung Ihre Gehaltsforderung anzugeben, verschlechtert unter Umständen Ihre Position, auch wenn dies ausdrücklich in der Ausschreibung gewünscht wird. Sie können stattdessen diplomatisch Ihr letztes Gehalt nennen.

„*Wie sehen Ihre Ambitionen für die Zukunft aus?*"

Verweisen Sie darauf, dass es Ihnen zunächst darum geht, sich auf die unmittelbaren Anforderungen der Tätigkeit zu konzentrieren und sie gut zu erfüllen. Deuten Sie an, dass Sie aber durchaus am persönlichen Vorwärtskommen interessiert sind. Vermeiden Sie es, beim Gegenüber den Eindruck zu erwecken, dass Sie, einmal eingestellt, an seinem/ihrem Stuhl sägen könnten.

„*Wie sehen Ihre langfristigen Ziele aus?*"

Statt einer allgemeinen Schilderung beziehen Sie Ihre Antwort auf das Unternehmen, bei dem Sie das Vorstellungsgespräch führen. Antworten Sie so präzise wie möglich, d. h. seien Sie sich im Klaren darüber, was Sie wollen, wie die Position konkret benannt wird (Jobprofil), dass die Position im Unternehmen vorhanden ist und was Sie noch lernen müssen, um den Anforderungen gerecht zu werden.

„*Wie sieht Ihr Führungsstil aus?*"

Wenn die angestrebte Position Führungsaufgaben beinhaltet, sollten Sie darlegen, wie Sie Ziele setzen und motivieren. Am besten unterstützen Sie diese Aussagen durch dokumentierte Performances wie 360-Grad-Beurteilungen, Vorgesetztenbeurteilungen etc.

„*Warum wollen Sie Ihre jetzige Position verlassen?*"

Seien Sie ehrlich. Wenn es sich um eine erzwungene Einsparungsmaßnahme handelt, dann machen Sie dies auch deutlich. Falls dies möglich ist, erwähnen Sie, dass Ihre Entlassung Teil einer größeren Bewegung war. Vermeiden Sie, Reibungspunkte mit Ihrem Vorgesetzten zu analysieren.

„*Wie denken Sie über Ihren früheren Vorgesetzten bzw. Ihren früheren Arbeitgeber?*"

Versuchen Sie, die Frage so positiv wie möglich zu beantworten, und vermeiden Sie, zu tief in das Thema einzusteigen. Dies ist eine Fangfrage, weil ein streitsüchtig oder schwierig erscheinender Mitarbeiter die meisten Vorgesetzten abschreckt. Durch unsere Erfahrung neigen wir dazu, Konflikte allen Beteiligten zuzuschreiben. Selbst wenn Sie also übel gemobbt wurden und auch denken, dies eindeutig zu Ihren Gunsten darstellen zu können, wird Ihnen Ihr Gegenüber wahrscheinlich nicht voll zustimmen können. Versuchen Sie die positiven Aspekte Ihres früheren Arbeitgebers bzw. Ihrer Führungskraft herauszustellen. Wenn Ihnen das nicht authentisch möglich ist, wechseln Sie zügig das Thema.

Jeder Bewerber, der schon mehrere Interviews überstanden hat, weiß, dass die aufgeführten Fragen gar nicht so heikel sind wie die Praxis wirklich werden kann. Dennoch zeigen sich viele Bewerber schon anhand der skizzierten Anforderungen als unvorbereitet und überrascht. Dabei gehören diese noch zum normalen Repertoire jeder seriösen Firma. Bewerber sollten sich ein dickes Fell zulegen, denn es gibt auch Firmen, die Fragen stellen, welche durchaus unprofessionell und provozierend sind, und dabei bleibt ihr eignungsdiagnostischer Wert fraglich. Sollten Sie also mit minutenlangem Schweigen verunsichert werden oder der Interviewpartner Ihre Antwort gar mit „Das glaube ich Ihnen nicht" kommentieren: Bleiben Sie ruhig und sachlich. Sie können sich später immer noch überlegen, ob Sie in einer solchen Firmenkultur arbeiten wollen. Lassen Sie sich vor Ort jedenfalls nicht aus der Ruhe bringen, denn das ist bei solchen Provokationen meist die Intention. Es kann aber auch sein, dass Ihr Gegenüber keine Ahnung hat, wie man Interviews führt.

3.3 Strukturiertes Interview

Es ist so weit, der Bewerber besucht das Unternehmen. Idealerweise kennt der Bewerber bereits aus der schriftlichen Einladung die teilnehmenden Gesprächsteilnehmer namentlich. Aufgrund des Allgemeinen Gleichbehandlungsgesetzes (AGG) sollte ein Unternehmen einem Bewerber immer mit mindestens zwei Firmenvertretern begegnen, um im Klagefall zwei firmenseitige Zeugen zu haben. Auch bevor dies arbeitsrechtlich geboten war, gab es qualitative Gründe, einen Bewerber mit mindestens zwei Interviewern zu befragen. Je mehr Firmenvertreter anwesend sind, umso weniger Fehlentscheidungen sind wahrscheinlich und umso valider lässt sich die Leistung der Bewerber beurteilen, insbesondere, wenn die Interviewer strukturiert vorgehen und dementsprechend einen Vergleichsmaßstab für die Beurteilung haben. Es lässt sich nachweisen, dass sich der Einsatz strukturierter Interviews in betriebswirtschaftlichem Nutzen niederschlägt.

Wie gehen Interviewer nun „strukturiert" vor, und welcher Aufbau empfiehlt sich für ein Bewerbungsgespräch? Meistens haben Bewerbungsgespräche in etwa den folgenden Aufbau: Begrüßungs- und Aufwärmphase, Firmenvorstellung, Bewerbervorstellung, Fokussierung der neuen Aufgabe, schließlich Klärung offener Fragen und Abschluss bzw. für die Interviewer die Beurteilung.

In der Begrüßungsphase sollten die Firmenvertreter den Bewerber zunächst nach seinem Befinden fragen, nach der Anreise, ob alles gut gefunden wurde, etc. Die Begrüßung bietet zum einen die Gelegenheit, sich auf den anderen einzustimmen, und zum anderen dem Bewerber die Möglichkeit, nicht nur physisch, sondern auch psychisch anzukommen. Nachdem Getränke etc. angeboten wurden, sollten sich die Vertreter des Unternehmens vorstellen und noch einmal kurz erläutern, wie lange das Gespräch dauern wird, ob es ggf. Folgegespräche geben wird etc. Außerdem wird es hier einige Worte zum Unternehmen generell geben, auch Kurzvideopräsentationen können sinnvoll sein. Beispielsweise kann bei emotionalen Produkten ein Video viel mehr vermitteln, als es eine Unternehmenspräsentation über Folien könnte.

Als Nächstes sollte der Bewerber aufgefordert werden, seinen Lebenslauf darzustellen. Manche Interviewer fragen gezielt nach Stationen oder etwa „Knicken" im Lebenslauf, andere lassen den Bewerber selbst wählen, was für ihn die wichtigsten Stationen seines

Lebens bzw. seiner Qualifikationen waren. Welche Philosophie die Interviewer auch wählen, entscheidend ist, den Redeanteil des Bewerbers möglichst hoch zu halten. Schließlich wollen die Interviewer etwas über den Bewerber erfahren, und das geht nur, wenn dieser auch die Möglichkeit dazu hat. Das heißt aber nicht, dass der Bewerber ungebremst reden sollte. Gerade eloquente und geübte Bewerber werden die Zeit so zu ihren Gunsten zu nutzen wissen. Vielmehr geht es darum, den Bewerber mit gezielten Fragen dazu zu bringen, das zu erzählen, was die Interviewer wissen wollen. Hier gilt: Wer fragt, führt. Wie man diese Fragen am besten formuliert, werden wir gleich erläutern.

Damit im strukturierten Interview der rote Faden nicht verloren geht, ist es sinnvoll, dass die Interviewer bereits am Anfang des Gesprächs darauf hinweisen, dass der Bewerber am Ende des Gesprächs noch Zeit hat, seine Fragen zu stellen. Wenn zwei Interviewer eingesetzt werden, können sie sich die Fragen so aufteilen, dass sich je ein Interviewer voll und ganz auf den Bewerber konzentriert und Fragen stellt, während der andere seine Notizen ergänzt und auf die eigenen Fragen vorbereitet.

Die konkrete Vorstellung der Zielfunktion sollte erst nach der Vorstellung des Bewerbers erfolgen, um zu verhindern, dass sich Bewerber bezüglich ihrer Antworten an den erwünschten Aspekten orientieren. Nach den Kenntnissen wird im Weiteren, in Anlehnung an die Struktur des Anforderungsprofils, die relevante Berufserfahrung zu thematisieren sein. Schließlich bilden die Soft Skills, also die sogenannten Schlüsselqualifikationen oder Fähigkeiten, den Schwerpunkt des Interviews. Kenntnisse und Erfahrungen sind den Interviewern bereits aus dem Lebenslauf ersichtlich, ggf. bieten die Arbeitszeugnisse hier ergänzenden Aufschluss. Allerdings sind Zeugnisse das am wenigsten valide Auswahlkriterium, weil Zeugnisse immer wohlwollend formuliert sein müssen.

Die Klärung der Fähigkeiten sollte einen nicht unerheblichen Teil des Interviews einnehmen. Gerade weil Selbstaussagen im Lebenslauf oder im Anschreiben hierzu nicht in Betracht gezogen werden können, (z. B. „Sie gewinnen mit mir einen durchsetzungsfähigen und äußerst teamfähigen Mitarbeiter.“) lohnt es sich, hinsichtlich der Bewertung der Fähigkeiten möglichst valide Auswahlinstrumente einzusetzen. Sollte aufgrund von Zeit- und Ressourcenaufwand ein Assessment Center nicht durchzuführen sein, empfiehlt sich zur Erhöhung der Validität im Interview in jedem Fall die ergänzende Abfrage der gesuchten Fähigkeiten mithilfe von Fragetechniken. Wie formuliert man nun diese Fragen am besten?

Offene Fragetechniken nach dem Verhaltensdreieck

Zunächst ist es immer sinnvoll, offene Fragen zu formulieren, sogenannte „W-Fragen“. Damit sind Fragen gemeint, die mit „Wie“, „Was“, „Warum“, „Wann“ usw. beginnen, z. B.: „Weshalb würden Sie sich als Teamplayer bezeichnen?“ Solche Fragen laden das Gegenüber ein, zu erzählen. Dagegen sind sogenannte geschlossene Fragen weniger geeignet, etwas über das Gegenüber zu erfahren. Sie zeichnen sich dadurch aus, dass sie mit „Ja“ oder „Nein“ beantwortet werden können. Fragen, die bereits eine Antwort unterstellen, werden Suggestivfragen genannt, z. B.: „Sie bringen doch die notwendigen IT-Kenntnisse für diese Stelle mit?“

Die Validität der gestellten Fragen lässt sich noch weiter erhöhen, wenn die offenen Fragen im Rahmen des sogenannten Verhaltensdreiecks gestellt werden. Das Verhaltensdreieck beinhaltet die drei Komponenten Situation, Verhalten und Ergebnis. Zu diesen Komponenten werden nun die offenen Fragen gestellt. Beispielsweise: „Wann haben Sie schon einmal in einem Projekt mitgewirkt? Welche Rolle hatten Sie inne? Welche Ergebnisse wurden erreicht?“ Oder: „Beschreiben Sie bitte eine Situation, in der Sie sich gegenüber anderen durchsetzen und positionieren mussten. Wie haben Sie sich verhalten? Was war das Ergebnis?“ Der Ablauf eines strukturierten Interviews ist in Abb. 3.4 dargestellt:

Woran liegt es nun, dass Fragen nach dem Verhaltensdreieck die Validität erhöhen? Ähnlich wie im Assessment Center wird damit der hypothetische Anteil in der Kommunikation verringert und konkretes Verhalten und dessen Wirkung besprochen. Das AC bietet eine fast vollständige Simulation der Wirklichkeit. Dies kann das Interview nicht, da es sich immer auf der Ebene der sprachlichen Wirklichkeit aufhält und damit eine Metaebene über der Verhaltensebene bildet. Die geringere Validität des Interviews gegenüber dem AC liegt demnach darin begründet, dass es für den Bewerber leichter ist, die Interviewer im Sprechen über sein Verhalten zu täuschen, als ein konkretes Verhalten selbst vorzutäuschen, beispielsweise bei einem Assessment Center.

Solange Interviewer nicht mithilfe des Verhaltensdreiecks operieren, ist es für den Bewerber sicherlich noch einfacher, den Interviewern etwas vorzuspielen. Das lässt sich natürlich auch mit dem Verhaltensdreieck nicht ausschließen. Aber es ist für den Bewerber schwieriger, weil er konkrete Situationen beschreiben muss. Verhaltensorientierte Fragen im Interview verhindern Fehlinterpretationen durch konkrete Beispiele und beugen falschen Urteilen vor, da weniger persönliche Eindrücke denn konkretes Verhalten im Mittelpunkt steht. Dies macht es dem Bewerber schwer, sich zu verstellen, da es schwierig ist, auf konkrete Fragen spontan schlüssige, aber unwahre Antworten zu geben.

Mit dem Gesagten soll Bewerbern keineswegs unterstellt werden, dass sie generell eine Täuschungsabsicht haben. Die Absicht von Auswahlinstrumenten muss dennoch immer sein, den Bewerber möglichst authentisch kennenzulernen. Verhaltensbeschreibungsfragen sind als valider zu betrachten als situative Fragen. Situative Fragen zielen im Gegensatz zu Verhaltensbeschreibungen nicht auf tatsächlich Erlebtes, sondern auf hypothetische Situationen ab. Man sagt deshalb zu dieser Frageform auch „hypothetisches Fragen“. Dabei können situative Fragen sehr hilfreich sein, in denen vergleichbare Vergangenheitsdaten fehlen, oder wenn ein Bewerber behauptet, er habe eine solche Situation (z. B. Konflikt) noch nie erlebt.

Weitere Interviewrunden

Ein Bewerber muss darauf gefasst sein, nach erfolgreichem Erstinterview noch ein bis zwei weitere Interviewrunden zu durchlaufen. Zum einen wird dadurch der Bewerberkreis weiter eingeengt und der potenziell kleinere Bewerberkreis nun auch hochrangigeren Entscheidern vorgestellt. Auch Verhandlungen zu näheren möglichen Vertragskonditionen wie Gehalt, Dienstwagen etc. werden meist erst im zweiten Durchgang zur Sprache kommen. Je weiter ein Bewerber bei diesen Interviewrunden rückt, umso sicherer kann er sein, dass nun zunehmend „weiche“ Faktoren, wie Fähigkeiten und Schlüsselqualifikationen, entscheidend werden, da in diesen Runden der bereits eingegrenzte Bewerberkreis hinsichtlich Kenntnissen und Erfahrungen gleichwertig ist.

Das Stressinterview

Durch die Generierung von Stresssituationen in einer Auswahlsituation versucht ein Unternehmen, Hinweise darüber zu erlangen, wie ein Bewerber unter Druck, Anspannung oder auch auf provokative Situationen reagiert. Insbesondere für spezielle Arbeitssituationen, welche eine Stressresistenz von Mitarbeitern erfordern, kann dies sinnvoll sein. Das Setting für derartige Fragen im Interview oder Übungen in einem Assessment Center sollte aber wohldurchdacht sein. Sollte der Zusammenhang für einen Bewerber innerhalb einer Übung oder auch während des Interviews nicht erkennbar sein, so empfiehlt sich dringend für die Interviewer oder Beobachter, diese Art des Fragens oder Vorgehens im Feedback zu erklären, sodass dem Bewerber der Zweck klar wird. Ansonsten drohen seitens des Bewerbers Unverständnis und unter Umständen Ablehnung oder ein Vertrauensverlust aufgrund des erfolgten Bruchs in der Kommunikation.

Grundsätzlich ist es auch zweifelhaft, ob der Nutzen dieser Art des Vorgehens die Nachteile überwiegt. Die Erfahrung lehrt, dass es meistens mehr nützt, eine offene und wertschätzende Art gegenüber dem Bewerber aufrechtzuerhalten und die relevanten Qualifikationen zu Durchsetzungsfähigkeit, Stressresistenz etc. in Form von offenen Fragen nach dem Verhaltensdreieck zu evaluieren. Sollte ein Bewerber dennoch ein derartiges Verhalten erfahren (z. B. durch die Interviewer unterbrochen werden, provokative Fragen etc.), wird er es sich wohl gut überlegen, ob er im Falle eines Angebotes diesem Unternehmen beitreten will. Bewerber sollten sich allerdings darauf gefasst machen, dass gemäßigtere Formen des Stressinterviews durchaus in einigen Unternehmen üblich sind. Dazu können z. B. absichtliche Pausen der Interviewer nach einer Bewerberantwort zählen. Manche Bewerber fühlen sich daraufhin verunsichert, zweifeln unter Umständen an ihrer Antwort und versuchen, diese zu ergänzen oder zu korrigieren. Auch ein abrupter Wechsel in eine Fremdsprache, die aufgrund der Stellenausschreibung gefordert ist, sollte einen Bewerber nicht überraschen und zählt zu den üblichen Hürden im Laufe eines Bewerbungsgespräches.

Die meisten Bewerber lassen es sich nicht nehmen, ein bis zwei Wochen nach einem erfolgten Bewerbungsgespräch nachzufragen, wie es um Ihre Bewerbung steht. Viele Unternehmen werten dies als Motivation eines Bewerbers. Im öffentlichen Dienst, bei staatlichen Stellen etc. ist hier Vorsicht geboten. Dort kann das „Nachhaken“ als aufdringlich gewertet werden, da staatliche Entscheidungsprozesse und deren Instanzen oft mehr Durchläufe bis zur Entscheidung benötigen.

Es ist also sinnvoll für Bewerber, bereits im Vorstellungsgespräch sensibel zu eruieren, ob es möglich oder gewünscht ist, nach gegebener Zeit nachzufragen. Manche Bewerber stellen diese Frage bereits am Ende des Interviews. Hier werden die meisten Interviewer auf das Nachgespräch der Interviewer verweisen, auf die Gespräche mit weiteren Bewerbern, die noch zu führen sind usw. Es kann aber durchaus sinnvoll sein, bereits gewonnene

Eindrücke, die sich auf das Verhalten des Bewerbers und die Wahrnehmung des Interviewers stützen, rückzumelden. So können sich beispielsweise mögliche Irritationen, die aufseiten des Interviewers entstanden sind, unter Umständen schnell durch eine Erklärung des Bewerbers auflösen. Solange sich Interviewer nicht in ihrer Entscheidung drängen lassen, spricht nichts gegen eine spontane Rückmeldung. Diese sollte allerdings nicht über eine Klärung bestimmter Verhaltensweisen oder erfolgter Wahrnehmungen hinausgehen. Zu Bewertungsaussagen sollten sich die Interviewer nicht hinreißen lassen.

Letztlich kommt die Besprechung nach einem Interview und damit die qualifizierte Konsensentscheidung aller Interviewer auch dem Bewerber zugute. Idealerweise sollte das Unternehmen die Bewerber nach der Entscheidung informieren und aktiv die fachlichen Bewertungsgründe mitteilen. Schließlich bleiben auch abgelehnte Bewerber potenzielle Bewerber für die Zukunft und nicht zuletzt auch potenzielle Kunden des Unternehmens. Auch verbreiten sich negative Eindrücke eines Bewerbers im Netzwerk des Bekannten- und Freundeskreises sehr schnell, und ein positiver Eindruck hat hier eine multiplikatorische Wirkung hinsichtlich des Unternehmensimages. Es hat sich gezeigt, dass die Entscheidung von Bewerbern, ein Einstellungsangebot anzunehmen, wesentlich von den Interviewern als Repräsentanten des Unternehmens abhängt.

3.4 Assessment Center

Das Assessment Center (AC) hat seinen Ursprung in der Offiziersauswahl der Weimarer Republik. Nach den deutschen Streitkräften haben sowohl die britische Armee als auch der amerikanische Nachrichtendienst das Konzept weitergeführt. Nachdem die amerikanische Wirtschaft das Verfahren ebenfalls mit Erfolg eingeführt hatte, wurde es Ende der 1970er Jahre auch in Deutschland wieder vermehrt eingesetzt, nun im zivilen Bereich. Das Assessment Center (to assess = bewerten) ist ein hocheffizientes Verfahren zur Potenzialeinschätzung bei Auswahl und Beurteilung von möglichen Mitarbeitern und Führungskräften. Hier werden die Leistung und das Verhalten einzelner oder mehrerer Teilnehmer gleichzeitig von mehreren Beobachtern zu definierten, unternehmensspezifischen Anforderungen beobachtet und beurteilt. Es wird nicht primär zur Feststellung fachlicher Kenntnisse, sondern persönlicher Fähigkeiten eingesetzt.

Das AC gilt als multiple Verfahrenstechnik aus der eignungsdiagnostischen Gruppe der Arbeitsprobe. Dabei werden Einschätzungen von Beobachtern, die im Verhältnis eins zu zwei zur Zahl der Beurteilten stehen und am besten zwei Hierarchieebenen über den Beurteilten sein sollten, abgegeben. ACs dauern in der Regel zwei bis drei Tage, und es nehmen durchschnittlich doppelt so viele Kandidaten wie Beobachter teil. Da ACs aufwendig sind, sollte man sie dort einsetzen, wo sie am meisten Nutzen entfalten können.

Im AC können auch bei entsprechender Schulung nicht mehr als drei Merkmale von den Beobachtern simultan gut beobachtet werden. Deshalb gilt für die Praxis die Empfehlung, lieber weniger Inhalte zu erheben, dafür aber mit mehreren Übungen oder sogar mehreren Verfahren dieselben Kriterien mehrfach zu beurteilen. Im Vordergrund steht beim AC dabei nicht die Bewertung von fachlichen Kenntnissen, sondern die Beurteilung von Fähigkeiten. Die hohe Validität eines ACs kann nur gewährleistet werden, wenn anerkannte Qualitätskriterien in der Konzeption und der Durchführung eingehalten werden.

Generell ist bei einem AC zu beachten, dass es sich um kein Masseninstrument handelt, sondern vielmehr dann angezeigt ist, wenn man aufgrund der Verantwortung der zu besetzenden Position einen erhöhten Zeit- und Ressourcenaufwand betreiben will, um aus einem ansonsten hinsichtlich Kenntnissen und Berufserfahrungen vergleichbaren Bewerberpool diejenigen auszuwählen, welche am besten hinsichtlich der geforderten Soft Skills (Fähigkeiten) für die Position passen.

Als Trends im Assessment Center gelten etwa Dynamisierung und Flexibilisierung des Verfahrens, was aber noch nicht zu einer messbaren Verbesserung des Verfahrens geführt hat. Zunehmend werden die Beobachterevaluationen elektronisch erhoben und zusammengeführt, was in der Praxis Zeitersparnis, Fehlereliminierung und Erleichterung gebracht hat.

3.4.1 Die Validität des Assessment Centers

Die eignungsdiagnostische Validität von Auswahlinstrumenten wird oft in Prozent der Prognosegüte angegeben. Damit ist die Wahrscheinlichkeit gemeint, mit der aus dem im Auswahlverfahren festgestellten Ergebnis auch auf die spätere Leistung am Arbeitsplatz gefolgert werden kann. So weisen nach Angaben des Arbeitskreises AC [1] bekannte Auswahlverfahren etwa folgende Prognosegüte auf (siehe Abb. 3.5):

Diese Angaben sind in der wissenschaftlichen Literatur zur Eignungsdiagnostik durchaus unterschiedlich. Das hängt aber auch damit zusammen, dass nicht immer Gleiches verglichen wird. Letztlich sind Vergleiche nur sinnvoll, wenn das Setting hinsichtlich der verwendeten Qualitätskriterien möglichst identisch ist. So ist es durchaus plausibel, dass erfahrene Interviewer mit einem strukturierten Interview, das offene Fragen nach dem Verhaltensdreieck benutzt, eine höhere Validität erzielen werden als ungeschulte Beobachter in einem schlecht konzipierten AC. Geht man aber von einem gut durchdachten

Abb. 3.5 Prognosegüte von Auswahlverfahren

Setting aus, eignet sich das AC am ehesten für eine realistische Prognose, auch wenn es das zeitaufwendigste Instrument ist.

Woraus resultiert nun aber die behauptete hohe Validität eines AC? Die dahinterstehende Philosophie vermutet einen Anstieg der Validität, je näher man sich im Auswahlverfahren an die Wirklichkeit der späteren Arbeitstätigkeit annähert. Demnach ist die Simulation im AC, in der spätere Arbeitssituationen in Übungen oder Fallarbeiten nachempfunden werden, das Verfahren, das der Wirklichkeit hinsichtlich des zu beobachtenden Verhaltens, wenn auch unter „Laborbedingungen", am nächsten kommt. Es ist einleuchtend, dass dahinter die Vermutung steht, dass sich konkretes Verhalten schlechter vortäuschen lässt als die sprachliche Vermittlung. Auch kann man sich als Bewerber besser auf die hypothetische Ebene von sprachlichen Fragen vorbereiten als auf einen Verhaltenstest. Die Ebene des konkreten Verhaltens ist im Beurteilungsprozess des ACs deshalb auch die unmittelbare Ausgangsbasis für die Beobachter.

Konstruktion geeigneter Übungen

Bei der Konstruktion geeigneter Übungen aus dem Anforderungsprofil ist immer zu beachten, dass die zu prüfenden Fähigkeiten die Übungen bestimmen sollen und nicht umgekehrt. Soll z. B. Kommunikationsfähigkeit geprüft werden, muss man untersuchen, in welchen praktischen Fällen der Arbeitswelt diese später gezeigt werden muss. Geht es vor allem um Vorträge und Präsentationen, wird man eine Präsentationsübung konstruieren. Geht es eher um die Kommunikationsfähigkeit innerhalb einer Gruppe oder eines Teams, so ist eine Gruppenübung zu wählen, welche der späteren Arbeitswirklichkeit möglichst nahekommt.

All diese Übungen sind Standard für große Unternehmen, da die Inhalte zum Arbeitsalltag aller Mitarbeiter gehören. Sollte der spätere Mitarbeiter Präsentationen vor allem vor Führungskräften, möglicherweise sogar vor einem internationalen Board halten müssen, wird man die Präsentationsübung mit Rollenspielen verbinden, bei denen die Beobachter Fragen stellen, und die Präsentation z. B. in englischer Sprache durchführen lassen.

Für die Simulation von Mitarbeitergesprächen bieten sich Rollenspiele zu zweit an, wobei es sinnvoll ist, dafür einen eigenen Pool an externen Schauspielern zu akquirieren. Aufgrund von Vertraulichkeit und Qualität sollten nur dann Mitarbeiter des eigenen Unternehmens infrage kommen, wenn die Bewerber ausschließlich extern sind und die Rollenspieler ausreichend geschult sind. Hierbei ist insbesondere auf eine ausreichende Kalibrierung der Rollenspieler untereinander zu achten, da die Ergebnisse sonst verzerrt werden können.

Die Übungen sollten von Zeit zu Zeit überarbeitet werden, z. B. wenn sich das Qualifikationsprofil ändert oder weil sich herausstellt, dass in den Gruppenübungen nicht genug Dynamik entsteht, um differenziert beobachten zu können. Das Setting ist abhängig vom gewünschten Resultat: Übungen, die dahin ausgerichtet sind, analytische Fähigkeiten, Geschäftsverständnis etc. zu bewerten, werden stärker direktiv angelegt sein. Eine Verschärfung des Anspruchs kann meist über eine Erhöhung der Anforderungen sowie eine Reduktion der zur Verfügung gestellten Zeit erreicht werden.

Anders verhält es sich bei reinen Soft Skills wie Kommunikationsfähigkeit, Teamfähigkeit, Einfühlungsvermögen, Durchsetzungsfähigkeit, Initiative etc. Bewegt sich ein AC im Bereich dieser Fähigkeiten, so zeigt die Erfahrung, dass der Druck und der Anspruch für Kandidaten reziprok zur Spezifizierung der Aufgaben ansteigen. So kann es zielführend sein, eine Kandidatengruppe mit möglichst wenigen Aufträgen zu versorgen, um die Gruppendynamik zu steigern.

3.4.2 Zeitplan und Aufbau eines Assessment Centers

Ein AC hat je nach Anzahl der Kandidaten und Durchführungstage einen erheblichen Vorlauf und Voraufwand. Dieser beginnt bereits Wochen vorher, wenn unter Zugrundelegung des Anforderungsprofils zunächst passende Fähigkeiten und dann passende Übungen, die diese Fähigkeiten sichtbar machen, abgeleitet werden. Auch die verantwortlichen Beteiligten werden festgelegt und ein weiterer „Projektplan" erstellt, denn ein gelungenes AC hängt wesentlich von der geleisteten Vorarbeit ab. Die Führung dieser Checkliste und auch die gesamte Projektsteuerung sollte ein Mitarbeiter des Personalwesens übernehmen. Für die Einhaltung der administrativen Erfordernisse sowie der Festlegung der Verantwortlichen sollten die Entscheidungsträger zur Besetzung der Vakanzen zuständig sein.

Der nächste Meilenstein vor dem Assessment-Center-Tag ist eine ausführliche Beobachterschulung. Ein AC ohne geschulte Beobachter, welche die Bewertung der Kandidaten durchführen, ist nicht viel wert. Nach dem eigentlichen AC ist eine Beobachterkonferenz durchzuführen. Hier ist es sinnvoll, dass die Konsensentscheidung aller Beobachter unter Anleitung eines erfahrenen Moderators aus dem Personalwesen durchgeführt wird. Das AC endet schließlich mit einem ausführlichen Feedback an die Teilnehmer. Auch wenn noch keine endgültige Zu- oder Absage an die Bewerber erfolgen kann, sollte in jedem Fall am gleichen Tag Feedback hinsichtlich der beobachteten Stärken und Schwächen von den Beobachtern gegeben werden, die an dem Tag anwesend waren. Im Einzelfall kann es sinnvoll sein, nach dem Feedback eine kleine Supervisionsrunde für die Beobachter durchzuführen. Gerade Beobachter, die viele negative Rückmeldungen erteilen mussten, können so „aufgefangen" werden. Abbildung 3.6 skizziert noch einmal die wesentlichen Meilensteine, die das „Projekt" AC begleiten.

3.4.3 Die Rolle des Moderators im AC

Assessment Center werden entweder von externen Dienstleistern für ein Unternehmen konzipiert und durchgeführt oder, falls intern, meist von der Personalabteilung. Dementsprechend obliegt auch die Durchführung eines ACs einem Mitarbeiter des Personalwesens. Abhängig von der jeweiligen Unternehmenskultur und den jeweiligen Bedingungen,

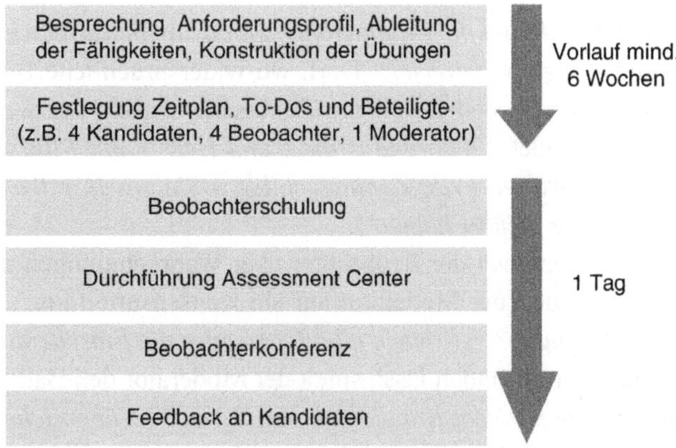

Abb. 3.6 AC-Meilensteine

wie sie etwa in Betriebsvereinbarungen geregelt sind, kann die Durchführung eignungsdiagnostischer Instrumente wie des ACs an bestimmte Bedingungen geknüpft sein. So ist es nicht unüblich, dass in großen Unternehmen die Konzeptionierung sowie die Durchführung eines ACs von Betriebspsychologen geleistet wird, was bedeutet, dass die Durchführung bzw. Überwachung nur von ausgebildeten Psychologen erfolgt. Über die Einhaltung dieser Regelung wacht, sofern eine entsprechende Betriebsvereinbarung vorliegt, der Betriebsrat. In der Durchführung des ACs nimmt der Betriebspsychologe dann meist die Rolle des Moderators ein.

Was kennzeichnet die Aufgabe des Moderators beim AC nun im Einzelnen? Zunächst führt der Moderator vor dem AC mit den Beobachtern eine Beobachterschulung durch, um sicherzustellen, dass alle Rahmenbedingungen, wie Organisation, Beobachterunterlagen, Zeitabläufe, geklärt sind. Dann erhalten die Beobachter eine Wahrnehmungsschulung und trainieren die Urteilsfindung. Auch Feedbacktraining ist Bestandteil der Beobachterschulung, sofern Feedbacks im Rahmen des ACs stattfinden. Während der Durchführung des ACs achtet der Moderator auf die organisatorische und inhaltliche Einhaltung der AC-Regeln. Bei quantitativen Bewertungen sammelt er die Ergebnisse nach den Übungen und bildet diese in einem Gesamtergebnis ab, das in der Beobachterkonferenz vorgestellt wird.

In der Beobachterkonferenz soll der Moderator das AC lediglich moderieren und die Beobachter nicht in ihrer Entscheidungsfindung manipulieren. Deshalb muss der Moderator genau auf seine eigenen Formulierungen achten. Beobachterrolle und Moderatorenrolle in einer Person schließen sich demnach aus. Ziel des Moderators ist es, dass die Beobachter im Konsens und in der veranschlagten Zeit zu einer Entscheidung in der Konferenz kommen. Zunächst stellt der Moderator in der Beobachterkonferenz den jeweiligen Kandidaten anhand eines Kurzporträts vor, insbesondere dann, wenn nicht alle Beobachter diesen kennen bzw. in einer Übung beobachten konnten.

Anschließend wird die Gesamtbewertung aufgelegt. Der Moderator fasst die bewerteten Stärken und Schwächen zusammen, beispielsweise: „*Der Kandidat wurde von Ihnen eindeutig positiv in der Präsentation hinsichtlich seiner Kommunikationsfähigkeit beurteilt. Im Rollenspiel zeigt sich jedoch kein eindeutiges Bild, was die Kundenorientierung angeht, während die Analysefähigkeit positiv bewertet wurde. Im Interview wurde die Initiative negativ bewertet.*" Dort, wo widersprüchliche Bewertungen vorliegen, fragt der Moderator bei den jeweiligen Beobachtern nach, auf welche Wahrnehmungen sich das Urteil gründet: „*Während Frau X und Herr Y mit Plus gewertet haben, hat Frau Z mit Minus gewertet. Frau Z, bitte schildern Sie uns Ihre Wahrnehmungen, die Sie zu dieser Bewertung geführt haben.*"

Nachdem sich die Beobachter über Wahrnehmungen und Beurteilungen ausgetauscht haben, steuert der Moderator auf ein Konsensurteil hin: „*Können Sie sich auf dieses Ergebnis einigen?*" „*Können alle Beobachter die Entscheidung mittragen?*" Wenn sich kein Konsensurteil finden lässt, spielt der Moderator den Ball an die Beobachter zurück: „*Wie wollen Sie mit dem Kandidaten verfahren?*" „*Für welches Ergebnis wollen Sie sich entscheiden?*" Schließlich gehört es auch zu den Aufgaben eines Moderators, nach den erfolgten Feedbackgesprächen am Ende eines ACs für eine Supervision der Beobachter zur Verfügung zu stehen. Die Wertschätzung, die die Kandidaten in der Durchführung direkter Feedbackgespräche erfahren haben, sollte bei den Beobachtern nicht halt machen, insbesondere wenn man diese für erneute Durchführungen von ACs in Anspruch nehmen will. Der Moderator wird die Endrunde mit der Frage einleiten: „*Wie ist es Ihnen in Ihren Feedbacks ergangen?*" Dabei sollten in einem „Blitzlicht" die Rückmeldungen von allen Beobachtern eingefangen werden.

Ziel ist es, die Beobachter, insbesondere wenn diese noch keine oder wenig Erfahrung mit AC oder Feedbackregeln generell haben, gerade nach schwierigen Rückmeldungen wieder einzufangen, sodass diese durch Supervision der anderen Beobachterkollegen nicht mit einem schlechten Gefühl nach Hause gehen. Am Ende der Runde bietet es sich an, die Beobachter generell nach Feedback hinsichtlich des Assessment-Center-Tages zu fragen. Dadurch erfährt der Moderator, was unter Umständen noch verbessert werden kann, auch können offene Fragen geklärt werden.

Letztendlich zählt das Feedback am Ende zu den Qualitätskriterien des Verfahrens. Das Ende der Feedbackrunde könnte mit einer kleinen Aufmerksamkeit für die Beobachter, als Dankeschön für die aufgewendete Mühe, einen gelungenen Abschluss finden. In der Summe hat der Moderator darauf zu achten, dass die Entscheidungsträger im Konsens und in der vereinbarten Zeit zu einer Entscheidung kommen, und daran wird er von den Beobachtern auch gemessen werden.

3.4.4 Die Beobachterschulung

Vor jedem Assessment Center sollte eine Beobachterschulung durchgeführt werden. Das heißt, nicht nur vor jedem erstmalig durchgeführten AC, sondern auch, wenn AC-Module iterativ z. B. als Standardauswahlelemente innerhalb der Personalauswahl oder Personalentwicklung eingesetzt werden. Auch routinierte Beobachter, ebenso wie Profis aus dem Personalbereich, sollten sich nicht scheuen, die Schulung, auch wenn sie diese bereits kennen, im Abstand von sechs bis zwölf Monaten zu wiederholen.

Eine gut moderierte Beobachterschulung, für die man sich ausreichend Zeit nimmt, erspart dem Moderator unter Umständen viel Moderationsarbeit in der Beobachterkonferenz. Normalerweise werden dazu ein bis zwei Stunden notwendig sein, je nach Setting. Die Beobachterschulung ist derjenige Ressourcenaufwand, den viele Führungskräfte am ehesten kürzen oder ganz streichen wollen. Es bedarf meist einiger rhetorischer Kunst des Moderators, den Sinn dieses Bausteins zu erläutern, und auch Standfestigkeit, nicht von der Durchführungszeit abzuweichen.

Wie streng dies durchgehalten wird, hängt nicht zuletzt sowohl von der Durchsetzungsfähigkeit des Moderators als auch von der Firmenkultur und der Akzeptanz des Verfahrens ab. Eine Beobachterschulung sollte als Agenda sowohl die wesentlichen organisatorischen Fragen beantworten, als auch die Teilnehmerunterlagen besprechen. Der eigentliche Teil der Beobachterschulung sollte dann zur Schulung der Wahrnehmungs- und Beurteilungsfähigkeit der beobachtenden Führungskräfte genutzt werden.

Wenn sich die Beobachter sowohl über den Bewertungsmaßstab als auch über die Vorgehensweise im Klaren sind, lässt sich eine qualifizierte Konferenz durchführen. Auch erleichtert ein gemeinsames Commitment zum Konsens die Möglichkeit, in der Konferenz zügig fortzuschreiten. In der Beobachterkonferenz sollte der Moderator nach einer Vorstellungsrunde der Beobachter den Ablauf des ACs erläutern, insbesondere den zeitlichen Ablauf, da ein AC zeitlich sehr straff durchgeführt werden muss. Da oft in parallelen Gruppen gearbeitet wird, führt eine Verzögerung einer Gruppe zu einer Verschiebung des ganzen ACs. Das bringt nicht nur die Beobachterpläne und vorgesehenen Rücksprachezeiten durcheinander, sondern auch etwaige Abreisezeiten der teilnehmenden Führungskräfte. Ist der Grund für die straffe Einhaltung des Zeitplans den Beobachtern klar, werden sie es auch verstehen, wenn der Moderator als Verantwortlicher hier konsequent auf die Einhaltung der Zeitfenster achtet.

3.4.5 Beobachtungsmaterialien

Ein wesentlicher Teil der Beobachterschulung sollte der Durchsprache der Beobachtermatrix, also des Skripts, das Beobachter zur Notiz ihrer Wahrnehmungen und Bewertungen verwenden, gewidmet sein. In neuester Zeit gibt es den Trend, Assessment-Center-Materialien online zu benutzen. Alle Einträge des Beobachters (oder zumindest die Gesamtbewertung einzelner Übungen) werden damit elektronisch sofort übertragen, was dem Moderator bzw. den anwesenden Hilfskräften viel Zeit spart. Aus Kostengründen sind elektronische Beobachterunterlagen aber noch nicht sehr verbreitet.

Die gesamte Beobachterkonferenz und damit auch deren Erfolg stützt sich auf die Unterlagen, welche die Beobachter über den Tag eingegeben haben. Deshalb muss der Moderator dafür sorgen, dass die Beobachter ohne Aufwand mit den Unterlagen arbeiten wollen und können, sonst werden sie diese nicht pflegen. Zum anderen muss der Moderator sichergehen, dass die Beobachter das aufschreiben, was später in der Konferenz Grundlage für die Diskussion ist. Die Durchsprache der Unterlagen ist also essenziell und sollte immer am Anfang der Schulung stehen. Sollten andere Teile der Beobachterschulung aus bestimmten Gründen wegfallen, so ist doch sichergestellt, dass die Führungskräfte mit den Unterlagen umgehen können.

Wann den Beobachtern die Materialien zugänglich gemacht werden, ist von Unternehmen zu Unternehmen unterschiedlich. Manche schicken sie bereits im Vorfeld zu, um sicherzugehen, dass die Beobachter beispielsweise schon die Lebensläufe aller Kandidaten gesehen haben. Dagegen spricht nur, dass Entscheider, die als Beobachter an einem AC teilnehmen, meist wenig Zeit finden werden, die Unterlagen neben dem Tagesgeschäft durchzusehen. Man läuft mit diesem Vorgehen dann eher Gefahr, dass die Unterlagen am Assessment-Center-Tag vergessen werden. Es ist deshalb die sicherste Methode, die Unterlagen den Beobachtern selbst während der Schulung zu überreichen. Die qualitativ beste Methode ist es, die Schulung nicht am gleichen Tag vor dem AC stattfinden zu lassen, sondern bereits eine Woche vorher. Aus Ressourcen- und Zeitgründen ist das aber in den meisten Unternehmen nicht realistisch.

Inhaltlich wichtigstes Ziel für den Moderator ist es, den Beobachtern die Wichtigkeit des Unterschieds von Wahrnehmungen und Bewertungen zu vermitteln. Demnach sollte eine Beobachtungsmatrix so aufgebaut sein, dass der meiste Platz für die Notiz der wahrgenommenen Verhaltensweisen bleibt. Wahrnehmung und Bewertung sollten deutlich getrennt sein. Das stellt sicher, dass in der Konferenz bei unterschiedlichen Bewertungen auf die jeweiligen Wahrnehmungen der Beobachter zurückgegriffen werden kann. So sollen die Beobachter schon vor Beginn des ACs dafür sensibilisiert werden, dass die Trennung von Wahrnehmung bzw. Verhalten und daraus abgeleiteter Bewertung sinnvoll und notwendig ist.

Je qualitativ hochwertiger ein AC aufgebaut ist bzw. je mehr Zeit man aufgrund von nur wenigen Teilnehmern hat, umso offener lässt sich die Beobachtungsmatrix gestalten. So findet man bei großen Auswahltagen oft Beobachtungsmaterialien, die sehr quantitativ orientiert sind und dementsprechend die Bewertung und ein entsprechendes quantitatives Ranking der Kandidaten nach Bewertungspunkten in den Vordergrund stellen.

Dagegen kommen bei kleinen ACs mit wenigen Teilnehmern sowie bei ACs für Führungskräfte („Management Appraisal") öfter qualitative Evaluierungsmethoden vor. Diese beinhalten beispielsweise freie Wahrnehmungsfelder. Auch wird man im qualitativen Verfahren keine Rankings erstellen, sondern Diskussionen über individuelle Entwicklungswege führen, eine hochwertige, aber auch zeitaufwendige Methode. Normalerweise finden sich auf der Matrix bereits Bewertungen, für die meist im Anschluss an die Übungen einige Minuten Zeit eingeräumt werden muss, um aufgrund der Wahrnehmungen zu einer Bewertung zu kommen. Bei der Prüfung von Fähigkeiten in den Übungen erhöht sich die Validität, wenn dieselbe Fähigkeit in mehreren Übungen beobachtet wird. Es ist sinnvoll, beispielsweise Kommunikationsfähigkeit sowohl in der Präsentationsübung als auch im strukturierten Interview und der Gruppenübung zu bewerten. Je mehr sich die Ergebnisse über die verschiedenen Übungen hinweg gleichen, umso valider wird die Fähigkeit bewertet. Es ist besser, die wesentlichen Kernfähigkeiten im AC durchgängig durch alle Übungen abzufragen, als zu versuchen, möglichst viele Fähigkeiten in einem AC unterzubringen. Mehr als vier bis fünf Fähigkeiten qualifiziert zu prüfen, erweist sich in den meisten Fällen, auch aufgrund der zeitlichen Limits, als wenig praktikabel.

Hinsichtlich der Bewertungsmaßstäbe finden sich in den Beobachtungsmaterialien oft verschiedene Philosophien. Manche Evaluationsbögen verwenden gerade, manche ungerade Maßstäbe. Dahinter liegt die Annahme, dass geradezahlige Maßstäbe (––/–/+/++) die Beobachter eher dazu antreiben, sich für eine Tendenz zu entscheiden und nicht nur in der „unverfänglichen" Mitte (–/o/+) zu bewerten. Gerade wenn jemand dazu neigt, Entscheidungen nicht allzu leicht und schnell zu treffen, kann die Möglichkeit einer Mittelbewertung in der „0" verlockend sein. Dies äußert sich dann aber in einem erhöhten Moderations-und Diskussionsaufwand in der Beobachterkonferenz, da letztendlich eine Differenzierung der Fähigkeiten Ziel des Auswahlverfahrens ist.

Schließlich wird den Beobachtern die Matrix gezeigt, welche am Ende für jeden Kandidaten alle Ergebnisse zusammenfasst. Hier ist es sinnvoll, nochmals nach jedem Beobachter zu differenzieren, sowie auch nach Übung und Beobachterfähigkeit. Manche Beurteiler neigen dazu, besonders hohe Maßstäbe anzulegen und zeigen die Tendenz zur Strenge (der sogenannte Härteeffekt). Dies lässt sich durch eine Kalibrierung umgehen, indem man eine gemeinsame Nulllinie definiert, welche den Anforderungen der Stelle entsprechend definiert ist.

3.4.6 Interviewleitfaden im Assessment Center

Auch innerhalb eines ACs empfiehlt es sich, einen strukturierten Interviewleitfaden zu verwenden, um die Vergleichbarkeit der Teilnehmer zu gewährleisten. Die Bewertungsskalierung sollte demnach der Matrix in den verschiedenen Übungen angeglichen sein. Ebenso muss geklärt sein, wie das Interview mit anderen Übungen in der Bewertung gewichtet werden soll, eine Frage, die sich natürlich auch innerhalb der verschiedenen Übungen stellt. Im Normalfall wird man keine mathematische Formel einführen, um die Übungen am Ende in ein Verhältnis zu setzen, weil die Zeit dazu fehlt und die Gefahr von Fehlern bei der Übertragung damit noch wächst.

Beobachtern, die selten Interviews durchführen, sollte man noch einige Tipps mit auf den Weg geben. So sollten die Beobachter möglichst präzise Fragen stellen. Am besten wird der Interviewleitfaden mit offenen Fragen nach dem Verhaltensdreieck konzipiert, sodass die Beobachter diesem nur noch folgen müssen. Eine kurze Einführung in die Methode offener Fragestellung ist dabei sicherlich nützlich, ebenso der Hinweis, dass der Redeanteil der Interviewer nur ca. 30 % der Gesamtredezeit ausmachen sollte. Auch der Hinweis, nicht nur die positiven Aspekte der zukünftigen Tätigkeit, sondern realistische Tätigkeitsbeschreibungen zu geben, ist hilfreich. Ansonsten gelten die gleichen Inhalte, die bereits im strukturierten Interview geschildert wurden, also: Stellen Sie möglichst präzise Fragen! Halten Sie Ihren Redeanteil so kurz wie möglich (ca. 1/3 der Gesamtzeit)! Stellen Sie keine geschlossenen, sondern offene Fragen! Stellen Sie keine Suggestivfragen! Stellen Sie nicht nur die positiven Aspekte der zukünftigen Tätigkeit dar, sondern geben Sie realistische Tätigkeitsinformationen! Stellen Sie situative Fragen, die sich auf erlebte Situationen beziehen, um die Zuverlässigkeit der Verhaltensprognose zu erhöhen (Verhaltensdreieck SVE)!

Unter Umständen liegt ein besonderer Reiz der Verwendung eines strukturierten Interviews innerhalb eines ACs darin, eine Verzahnung mit den beobachteten Verhaltensweisen herzustellen. Die Übungen im AC liefern eignungsdiagnostisch gesehen das „Was“ und „Wie“ des Kandidaten, das Interview kann nun dazu eingesetzt werden, das „Warum“ zu erkunden. Das setzt natürlich voraus, dass die Beobachter im Interview den Kandidaten zuvor auch in mindestens einer Übung gesehen haben. Indem die Beobachter nun einen Verweis auf die Übungen generieren, können sie den Kandidaten befragen, was ihn zu bestimmten Verhaltensweisen in den Übungen geführt hat. Um sich diese Option offenzuhalten, empfiehlt es sich, das Interview zeitlich nach den Übungen zu positionieren.

3.4.7 Wahrnehmungsschulung

Das Kernstück der AC-Systematik ist die Orientierung am wahrgenommenen Verhalten. Die zugrunde liegende Annahme ist, dass gezeigtes Verhalten eine höhere Prognosegüte hat als sprachliche Beschreibungen. Das Verhalten des Kandidaten soll von den Beobachtern möglichst so notiert werden, wie diese es unmittelbar durch die Sinne wahrgenommen, also gehört oder gesehen haben. Erst von dieser reinen Wahrnehmung aus sollen die Beobachter die Wirkung, die dieses Verhalten auf sie gehabt hat, und schließlich die aus dieser Wirkung abgeleiteten Schlussfolgerungen aufnehmen.

Dieses Verfahren kann in der Beobachterschulung vom Moderator nicht oft genug betont werden. Die Rückführung von Urteilen und Wirkungen auf wahrgenommenes Verhalten erweist sich als die beste Vorgehensweise, denn über Wahrnehmungen lässt sich am wenigsten streiten. Es kann zwar sein, dass Beobachter einige Wahrnehmungen nicht gemacht haben. Aber sobald die Erinnerung oder die Notiz an eine gemeinsame Wahrnehmung gefunden ist, ist ein sehr guter Ausgangspunkt geschaffen, die Wirkungen, welche ein und dasselbe Verhalten hervorgerufen haben, zu diskutieren und die erfolgte subjektive Beurteilung eventuell infrage zu stellen.

Dies ist der Kernpunkt des ACs und zugleich der Grund, warum es valider als andere Methoden der Personalauswahl sein kann: Mehrere Beobachter bündeln ihre subjektiven Eindrücke (die allerdings auf qualitativ starken Fakten der Verhaltenswahrnehmung fußen) zu einem Konsens und machen diese damit ein Stück weit objektiver. Das führt in den meisten Fällen dazu, der Leistung eines Kandidaten gerechter zu werden, denn je mehr Objektivität vorherrscht, umso mehr nähert man sich einem umfassenden Bild des Kandidaten, das der Wirklichkeit entspricht. Die im AC zugrunde gelegten Annahmen entsprechen demnach einem erkenntnistheoretischen Realismus [1]. Um diese Grundhaltung bei den Beobachtern zu erzeugen, empfiehlt es sich, die Wahrnehmungsschulung mit Bildern zu beginnen. Hierzu eignen sich beispielsweise Vexierbilder, die mehrdeutige Darstellungen zeigen, wie in Abb. 3.7.

Abb. 3.7 Vexierbilder. (Quelle: modifiziert nach Block und Yuker [2])

Um die Geduld der Beobachter nicht zu überstrapazieren, empfiehlt es sich, nach mehreren Bildinterpretationen zügig zu erklären, wofür die Bilder stehen sollen. Es sollte klargestellt werden, dass alle Äußerungen der Beobachter richtig waren und es somit keine falsche Version der Wahrnehmung gibt, sondern jede einzelne Wahrnehmung zum Gesamtbild der Wirklichkeit beiträgt. Dementsprechend soll jede Äußerung eines Beobachters willkommen sein, auch wenn sie gegebenenfalls von allen anderen Beobachtungen abweicht, weil sie das Bild vom Kandidaten ergänzt und auch eine andere Sicht des Kandidaten zulässt. Visualisierungen ermöglichen meist eine schnelle, intuitive Erkenntnis, aber auch Texte können geeignet sein.

Die Wahrnehmung ist von vorherigen Eindrücken beeinflusst und graduell ändert sich die Wahrnehmung dann zu einem neuen Ordnungsparameter. Das sogenannte Hysterese-Phänomen zeigt uns, dass die Übergänge bei den Kippbildern nicht abrupt vonstatten gehen, sondern vielmehr graduell. Das liegt daran, dass erste Eindrücke vorhanden bleiben, auch wenn sie nicht mehr wahrgenommen werden (griech. *hysteros* = hinterher). Den graduellen Übergang von einem Ordnungsparameter in der Wahrnehmung zum nächsten kann man sehr schön beim Übergang vom „Männergesicht" der oberen Zeile zur „Frauengestalt" in der unteren Zeile von Abb. 3.8 beobachten. Bei diesem Bild ist interessant, dass 86 % der Männer in einem Versuch zuerst die junge Frau sehen [3].

Eine andere „Wahrnehmungsfalle" ist der sogenannte Halo-Effekt. Demnach überstrahlt ein besonderes Merkmal alle anderen – wenn ein Bewerber beispielsweise zu spät kommt und ein Beobachter daraufhin auf eine generelle Unpünktlichkeit des Bewerbers schließt oder aufgrund eines Kleidungsmerkmals auf generelle Ordentlichkeit. Der „Kontrast-Effekt" beschreibt, wie Urteile durch unmittelbar vorhergehende Leistungen beeinflusst werden. Der „Primacy-" bzw. „Recency-Effekt" beschreibt die Tendenz, als Beobachter seinem ersten bzw. letzten Eindruck stärkeres Gewicht zu verleihen. Das zuerst und zuletzt Wahrgenommene wird demnach am besten behalten und hat überproportional großen Einfluss auf die Entscheidung. Der Psychologe Solomon Asch erläuterte den Primacy-Effekt schon im Jahre 1946, indem er Versuchspersonen dieselben Attribute, nur in

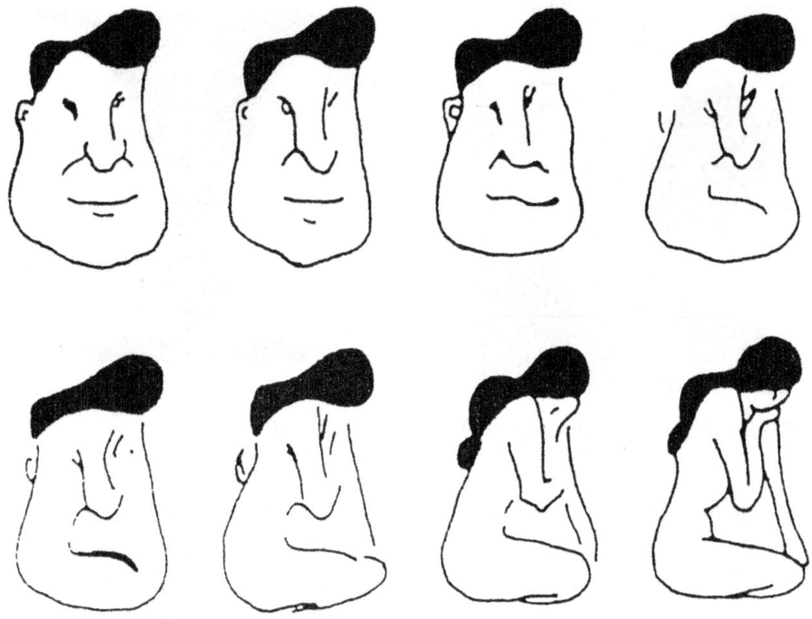

Abb. 3.8 Hysterese-Effekt

umgekehrter Reihenfolge, darbot. Dabei wurden die ersten entscheidend für die Gesamtbeurteilung der Teilnehmer. Um diesen Effekt in einem AC zu vermeiden, lautet die Botschaft des Moderators in der Schulung, dem ersten Eindruck eine zweite Chance zu geben.

Eine weitere psychologische Wahrnehmungsfalle ist die „Implizite Persönlichkeitstheorie". Sie beschreibt das eigene System von Überzeugungen, das bei Wahrnehmung und Beurteilung anderer mitwirkt, also beispielsweise: „Wer dick ist, ist auch gemütlich." Schließlich ist es sicher hilfreich, sich auch das „Ähnlichkeitsphänomen" vor Augen zu halten. Demnach werden Menschen, die einem selbst ähnlicher sind, etwa hinsichtlich Aussehen, Auftreten, Herkunft, gleichem Dialekt oder gleicher Universität, besser beurteilt.

Die Beobachter sollten auch dafür offen sein, dass alle Teilnehmer in einer Übung nur gut oder nur schlecht abschneiden können. Eine Normalverteilung wäre Zufall, auch wenn unser Bauchgefühl dazu tendiert. Zusammenfassend wird der Moderator die Beobachter darauf hinweisen, dass es unmöglich ist, die erwähnten Wahrnehmungsfallen in Gänze zu vermeiden. Es ist aber sicher hilfreich, die psychologischen Mechanismen, die in die Beurteilung mehr oder weniger bewusst mit einfließen, zu kennen, und so unter Umständen Wahrnehmungsfallen zugunsten eines reflektierten Gesamtbildes, das sich vor allem auf die gezeigten Verhaltensweisen und damit die Leistung im AC stützt, in den Hintergrund treten zu lassen.

3.4.8 Generelle Spielregeln im Assessment Center

Beobachtern generelle Verhaltensregeln zu empfehlen, kann für den Moderator heikel werden, insbesondere wenn hochrangige Führungskräfte anwesend sind. Hier wird erneut die Unternehmenskultur und auch die persönliche Akzeptanz des Moderators ausschlaggebend sein, wie weit er hier gehen kann. Eine der wichtigsten Empfehlungen für die Beobachter ist es, während der Übungen auf Signale zu verzichten, die Teilnehmer als gute oder schlechte Bewältigung der Aufgabe interpretieren könnten. Dies hätte eine unmittelbare Auswirkung auf die Teilnehmer und verändert unter Umständen das Verhalten und die Leistung des Einzelnen. Etwas anderes ist es, wenn eine Rückmeldung an alle Teilnehmer gegeben wird; damit wird die Beeinflussung aber auch messbar, da sie ein Teil des dynamischen Settings wird.

Die Beobachter sollten jedem Teilnehmer offen begegnen, auch wenn dieser gegebenenfalls in einzelnen Übungen nicht zu überzeugen wusste. Auch sollten die Beobachter versuchen, jedem Teilnehmer die volle Aufmerksamkeit über die gesamte Dauer des Auswahltages zu schenken, um zu verhindern, sich früh einen geeigneten Kandidaten für die eigene Abteilung auszusuchen und in der Folge sich nur noch auf diesen zu konzentrieren. Bereits für die Beobachtungsnotizen ist es sinnvoll, sowohl die Stärken als auch die Schwächen des Teilnehmers zu würdigen. Kein Teilnehmer ist nur gut oder schlecht.

Normalerweise versucht man in der Beobachterauswahl so vorzugehen, dass sowohl direkte Vorgesetzte von Teilnehmern als auch Beobachter, welche aufgrund von früherer Zusammenarbeit einzelne Teilnehmer kennen, nicht aufeinandertreffen. Lässt sich dies nicht vermeiden, sollten diese Beobachter verstärkt auf eine möglichst vorurteilsfreie Beobachtung achten. Dies gilt insbesondere für das Development Center (DC), welches im Unterschied zum AC nur interne Mitarbeiter als Teilnehmer hat. Das Development Center hat, wie der Name schon vermuten lässt, die Personalentwicklung im Fokus. Im Unterschied zum AC, das eine Auswahl für bestimmte Vakanzen trifft, hat das DC eine Potenzialaussage zum Ergebnis.

3.4.9 Verhaltensregeln beim Feedback

Am besten ist es, wenn man innerhalb der Beobachterschulung Zeit findet, ein eigenes Feedbacktraining zu machen. Da hierfür meist keine Zeit sein wird, sollte man zumindest auf einige wenige wesentlichen Verhaltensempfehlungen für die Beobachter hinweisen. Dazu gehört es von Beobachterseite aus, nach Schilderung von Wahrnehmungen und daraus abgeleiteter Konsensbeurteilung dem Kandidaten nicht auf eigene Initiative Ratschläge zur Verbesserung zu geben. So können aus Ratschlägen wirklich Schläge werden. Stattdessen sollte man das Feedback über die beobachteten Kriterien nur ausdehnen, wenn der Kandidat dies wünscht bzw. gezielt nachfragt. Damit betont man den Beratungsaspekt im Ratschlag, welcher keinen Zwang zur Änderung impliziert. Das dieser Haltung zugrunde liegende Menschenbild kommt in dem bekannten Spruch des Gestalttherapeuten

Fritz Perls zum Ausdruck: „*Ich bin ich und du bist du. Ich bin nicht auf dieser Welt, um so zu sein, wie du mich wünschst, und du bist nicht auf dieser Welt, um so zu sein, wie ich dich wünsche.*"

Um dies zu gewährleisten, ist es sinnvoll, möglichst strukturiert in Schritten vorzugehen. Zunächst sollte der Kandidat sein subjektives Empfinden des Auswahltages schildern können. Damit bekommt er die Möglichkeit, seine Stärken und Schwächen selbst anzusprechen. So kann sich der Beobachter auf die Äußerungen beziehen und man vermeidet eine Defensivsituation für den Kandidaten. Im Folgenden sollte die konkrete Rückmeldung der Beobachter stehen. Zunächst weisen die Beobachter darauf hin, dass die Entscheidung eine Konsensentscheidung aller Beobachter ist. Dann schildern die Beobachter die positiven Aspekte und im Anschluss daran die Entwicklungsmöglichkeiten des Kandidaten.

Wichtig ist es, diese Erläuterungen immer anhand von konkreten Verhaltensbeobachtungen zu geben, sodass der Kandidat die Beurteilungen möglichst genau auf einzelne Situationen zurückführen kann. Vor allem externe AC-Teilnehmer erkundigen sich oft bei einer Ablehnung für eine bestimmte Stelle nach weiteren Bewerbungsmöglichkeiten im Unternehmen. Deshalb muss bei der Beobachterkonferenz bereits geklärt werden, ob der Kandidat generell zum Unternehmen passt, sodass die Beobachter dementsprechend Rückmeldung geben können. Der letzte Eindruck des Bewerbers sollte positiv sein, d. h., er sollte sich respektiert fühlen. Jeder Bewerber ist ein potenzieller Kunde! Für Mitarbeiter, die innerhalb eines Unternehmens ein AC besuchen, sollte gewährleistet sein, dass diese auch bei einem schlechteren Abschneiden motivierte Mitarbeiter bleiben. Ein professionelles, wertschätzendes Feedback trägt dazu bei. Der „Feedback-Burger" in Abb. 3.9 illustriert, wie man professionell Feedback gibt.

Es ist sinnvoll, die Feedbackregeln anhand konkreter Fallbeispiele einzuüben. Hier sind zwei Übungen dazu:

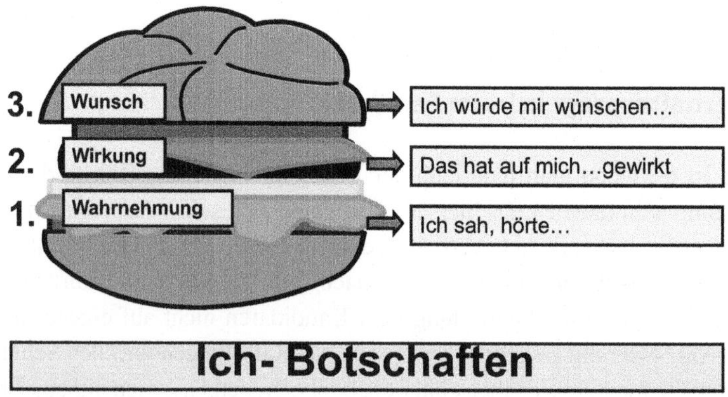

Abb. 3.9 Feedback-Burger

Übung 1: Formulieren Sie folgende Kommunikationsbeispiele gemäß den Feedbackregeln um!

- „Sie sind der unzuverlässigste Mensch, den es gibt! Wenn Sie nächstes Mal wieder zu spät zur Besprechung kommen, können Sie gleich draußen bleiben!"
- „Ich habe keine Lust mehr, immer die gleichen Schleifen zu drehen! Wann lernen Sie endlich mal, auf den Punkt zu kommen?"
- „Mir platzt jetzt gleich der Kragen! Sie fordern nur ständig vom Unternehmen, statt selbst einmal Verantwortung zu übernehmen. Das ist hier doch kein Wunschkonzert! Ihr Beitrag ist gleich null!"

Übung 2:

Schildern Sie ein Erlebnis aus Ihrem Leben, bei dem es eine Kommunikationsstörung gab.

Analysieren Sie anhand des Dreischrittes von Wahrnehmung, Interpretation und Bewertung, wie es dazu kam!

Feedbacktraining

Am Anfang eines Feedbacktrainings sollte die Vereinbarung einer gemeinsamen Haltung der Bobachter stehen. Dabei sollte nicht außer Acht gelassen werden, dass ein Beurteilungsfeedback für die Beobachter keine leichte Aufgabe ist. Demnach ist es sinnvoll, die Beobachter zunächst zu stärken bzw. ihnen ein „Rüstzeug" mitzugeben, das sie auch bei eventuellen Anfeindungen von Teilnehmern, denen ein schlechtes Ergebnis mitgeteilt wird, stützt.

Dazu gehört zunächst, gerade mit der Assessment-Center-Thematik wenig vertraute Beobachter darin zu stärken, dass sie fachlich fundierte Beurteilungen rückmelden, und dass ein AC ein hoch valides Auswahlverfahren ist, wenn es nach Qualitätskriterien ausgerichtet ist. Als ungerecht empfundene Urteile können nie vermieden werden, doch mit dem AC sind alle Möglichkeiten eines möglichst fairen Verfahrens genutzt. Auch das Angebot des Feedbacks zeigt die Wertschätzung der Beobachter bzw. des Unternehmens gegenüber dem Kandidaten.

Sollte ein Bewerber sehr unzufrieden mit dem Ergebnis oder uneinsichtig sein, ist den Beobachtern zu raten, verständnisvoll und geduldig zuzuhören, aber keinesfalls an der Güte der Entscheidung zu zweifeln. Dabei sollten die Beobachter unbedingt auf die für das Feedback vorgesehene Zeit achten. Andernfalls besteht die Gefahr, dass manche Feedbackempfänger immer wieder die gleichen Punkte hinterfragen. Solche Feedbackschleifen bringen aber keinen zusätzlichen Erkenntniswert für den Kandidaten und dehnen das Feedback nur unnötig aus.

Während es zum einen notwendig ist, manche Beobachter vor zu viel Verteidigungshaltung im Feedback zu bewahren, gibt es auch solche, denen vor allzu viel Überheblichkeit abgeraten werden muss. Dabei ist zu bedenken, dass sich die Beobachter bereits in der stärkeren Position befinden, auch der Kandidat empfindet das so. Gerade Beobachtern, bei denen der Moderator die Gefahr sieht, dass sie überheblich reagieren, sollte eingeschärft werden, möglichst auf Nachfragen des Kandidaten einzugehen und den Kandidaten nicht zu unterbrechen. Dazu gehört auch, dem Kandidaten aktiv zuzuhören und sich nicht schon Gegenargumente zu überlegen, noch während der Kandidat spricht. Zu einer wertschätzenden Haltung gehört es ebenfalls, Blickkontakt mit dem Bewerber zu halten und eine dem Bewerber zugewandte Körperhaltung zu zeigen. Allgemeine Feedbackschritte haben wir bereits erörtert, sozusagen als komprimierte Version für eine Feedbackschulung innerhalb der Beobachterschulung. Im Folgenden wird Feedback als Anleitung für Beobachter in ausführlichen Schritten dargestellt.

Feedback in Schritten

Zunächst sollte der Kandidat nach seinem subjektiven Erleben gefragt werden. Dann sollten die Beobachter darauf hinweisen, dass die Entscheidung im Konsens aller Beobachter getroffen wurde und nicht nur die Meinung Einzelner ist. Danach sollte das Ergebnis des ACs mitgeteilt werden. Es ist sinnvoll, dabei die Fähigkeiten, die in den Übungen beobachtet wurden, zu erläutern. Hierbei ist es hilfreich, eine Übersicht zu verwenden, welche sowohl die durchgeführten Übungen des ACs als auch die dabei beobachteten Fähigkeiten visuell aufzeigt. Dafür sollte man Zeit verwenden, denn die Teilnehmer erfahren zu diesem Zeitpunkt zum ersten Mal, was in welcher Übung überhaupt beobachtet wurde. Deshalb ist es hilfreich, bei den Fähigkeiten konkrete Verhaltensdefinitionen anzuführen, um den Teilnehmern schnell verständlich zu machen, welche Unternehmensdefinition sich hinter der jeweiligen Fähigkeit verbirgt.

Im Anschluss sollten die Einzelergebnisse der Fähigkeiten durchgesprochen werden. Als Beginn eignet es sich, die Stärken aufzuzählen, um dann zu den Entwicklungspotenzialen überzugehen. Schließlich sollte dem Kandidaten im Einzelfall nach Wunsch mitgeteilt werden, wie das Ergebnis zustande kam. Dabei bietet es sich an, im Dreischritt von „W-I-E“ vorzugehen. Zunächst werden die konkreten Wahrnehmungen erläutert („*Wir haben beobachtet, dass ...*“), danach die davon abgeleiteten Interpretationen („*Wir haben daraus geschlossen, dass ...*“) und schließlich die Entscheidung („*... und haben uns deshalb dafür entschieden, dass ...*“).

Generell sollten die Beobachter in „Ich“- und „Wir“-Botschaften sprechen, um dem Kandidaten zu vermitteln, dass keine Urteile über seine Persönlichkeit ausgesprochen, sondern lediglich mehrere subjektive Eindrücke geschildert werden (also nicht: „*Sie sind ein ... Mensch*“, sondern: „*Sie haben ... Verhalten gezeigt ... das hat auf uns ... gewirkt. Wenn Sie sich ... verhalten würden, würde das bei uns ... ankommen.*“). Der Unterschied zum normalen Feedback besteht im AC-Feedback vor allem darin, dass nach den ersten beiden Schritten von Wahrnehmung und Wirkung kein Wunsch formuliert wird, wie das Gegenüber sein Verhalten ändern könnte, sondern eine Beurteilung steht.

3.5 Qualitätskriterien im AC

Im Laufe der Ausführungen über ACs wurde immer wieder der Begriff Qualität gestreift, ohne näher zu beschreiben, was darunter zu verstehen ist. Dabei ist zu beachten, dass der Begriff selbst noch keinen Maßstab abgibt, er bedeutet zunächst nur die Erfüllung von bestimmten Anforderungen, die zu definieren sind.

Dementsprechend ist ein Assessment-Center-Verfahren hinsichtlich der Prognosegüte nur dann anderen eignungsdiagnostischen Instrumenten überlegen, wenn das AC qualitativ hochwertig konstruiert ist. Im Folgenden werden deshalb noch einmal wesentliche Designkriterien für ACs zusammengefasst, orientiert sowohl an zahlreichen Erfahrungswerten als auch an Standardkriterien in der Literatur. Derartige Kriterien finden sich z. B. in den Qualitätsstandards des Arbeitskreises Assessment Center e. V. (www.arbeitskreis-ac.de) oder in der DIN 33430, welche Anforderungen für berufsbezogene Eignungsuntersuchungen beschreibt. Wir wollen im Folgenden neun Qualitätsstandards betrachten: 1) Anforderungsorientierung, 2) Verhaltensorientierung, 3) Prinzip der kontrollierten Subjektivität, 4) Simulationsprinzip, 5) Transparenzprinzip, 6) Individualitätsprinzip, 7) Systemprinzip, 8) Lernorientierung des Verfahrens, 9) Organisierte Prozesssteuerung.

Am Anfang jeder Eignungsdiagnostik sollte das Anforderungsprofil stehen. Wenn man nicht weiß, wofür man etwas entwickelt, kann man es auch nicht entwickeln. Dabei sollte das Anforderungsprofil immer auf die unternehmensspezifischen Anforderungen zugeschnitten sein. Einige Beratungsunternehmen zwingen den Unternehmen ein externes Qualifikationsprofil auf, das der Nomenklatur des Beratungsunternehmens entspricht. Das spart den Unternehmensberatungen Arbeit, führt aber dazu, dass Kriterien unter Umständen vorbei am vorhandenen Unternehmensleitbild und an der bestehenden Unternehmenskultur angelegt werden. Demnach sollte im Prozess immer der Dreischritt von Anforderungsprofil, Ableitung unternehmensspezifischer Fähigkeiten und Konstruktion geeigneter Übungen beachtet werden (siehe Abb. 3.10).

Ein weiterer Qualitätspunkt im AC ist die strikte Einhaltung protokollierter Verhaltensbeschreibungen in den Beobachtermaterialien, um Wahrnehmung und Interpretation sowie Beurteilung nachträglich trennen zu können. Auch hier empfiehlt es sich wiederum, den Dreischritt von Verhaltensbeschreibung, Interpretation und Beurteilung einzuhalten (siehe Abb. 3.11).

Weiterhin ist dringend die Durchführung einer ausführlichen Beobachterschulung zu empfehlen, bei größeren Abständen zwischen denselben ACs ist eine iterative Durchführung ebenso sinnvoll und den Beobachtern durchaus zumutbar. In der Schulung ist zu gewährleisten, dass die Beobachter einheitlich geschult sind. Das sollte dazu führen, dass die Beobachter die eingesetzten Materialien kennen, aktiv den Beurteilungsprozess eingeübt haben, für Wahrnehmungsverzerrungen sensibilisiert wurden und möglichst sogar Feedback im Rollenspiel trainiert haben (siehe dazu auch Abb. 3.12). Sofern die Ressourcen es zulassen, sollten in den Übungen so viele Beobachter wie möglich eingesetzt werden. Nur ein Beobachter pro Übung führt das Verfahren ad absurdum. Wie bereits erwähnt, bietet es sich an, den Moderator aus dem Kreis des Personalwesens eines Unternehmens

Grundsatz: ***Eignung ohne Analyse des konkreten Wofür ist sinnleer!***

Das AC muss auf Grundlage unternehmensspezifischer Anforderungen entwickelt sein, eine Übernahme externer Kriterien ist nicht zielführend!

Dreischritt: 1) Anforderungsprofil – **2)** Ableitung unternehmensspezifischer Fähigkeiten – **3)** Konstruktion geeigneter Übungen

Verstöße:

- Verzicht auf Anforderungsanalyse
- Übernahme Merkmale anderer Zielgruppen/Unternehmen/Beratungen
- Festlegung der Anforderungen nach den Fähigkeiten vorhandener Eignungsdiagnostik
- Verzicht auf Situationsanalysen zugunsten allgemeiner Merkmale der Führungsstilforschung

Abb. 3.10 Qualitätsstandard 1 – Anforderungsorientierung

Grundsatz: ***Protokollierte Verhaltensbeschreibungen sind das einzige Mittel, zwischen tatsächlichem Teilnehmerverhalten und Interpretationen oder Schlußfolgerungen der Beobachter zu unterscheiden!***

Dreischritt: 1) Verhaltensbeschreibung – **2)** Interpretation - **3)** Beurteilung

Verstöße:

- Einsatz diagnostischer Mittel, deren Bezug zu realem Verhalten nicht hinreichend nachgewiesen ist (die meisten Testverfahren)
- Nur Methoden, bei denen der Verhaltensbezug hypothetisch ist (z.B. Interview)

Abb. 3.11 Qualitätsstandard 2 – Verhaltensorientierung

zu besetzen, alle anderen Beobachter sollten möglichst hochrangige Entscheider aus dem Unternehmen sein.

Selbstredend sollte ein AC nur solche Situationen simulieren (siehe Abb. 3.13), die der späteren Arbeitswirklichkeit im Unternehmen entsprechen.

Hinsichtlich der Teilnehmer ist vor allem zu beachten, dass das Assessment Center möglichst transparent sein sollte (siehe Abb. 3.14). Das heißt für das Unternehmen, im Vorfeld bereits über den Ablauf zu informieren, bei einem Development Center mit internen Mitarbeitern auch hinsichtlich etwaiger Risiken einer Teilnahme. Ein Verschweigen der Beobachtungsschwerpunkte trägt nicht zur Validität des Verfahrens bei, sondern verunsichert die Teilnehmer und wirkt negativ auf das Unternehmensimage zurück.

Grundsatz: ***Die objektive Wahrheit ist uns nicht zugänglich!***
Mehrere, einheitlich geschulte! Beobachter, die Entscheidungsträger sind, führen zu objektiveren Urteilen! Die Beobachterschulung muss folgende Ziele haben:
- Kenntnis der eingesetzten Materialien
- Aktive Einübung des Beobachtungs/Beurteilungsprozesses anhand von Verhaltensbeschreibungen
- Aufmerksamkeit für spontane Wahrnehmungsverzerrungen
- Einübung von Rückmeldegesprächen (Beobachter profitieren für ihr eigenes Führungsverhalten!)

Verstöße:

- Verzicht auf Beobachtertraining
- Überwiegender Einsatz von Nichtentscheidern (Personal/Externe)
- Einsatz nur eines Beobachters/Übung
- Keine integrative Konsensbildung sondern Mehrheitsentscheidung
- Quantitative Urteilsbildung ohne qualitative Diskussion anhand der beobachteten Verhaltensbandbreiten

Abb. 3.12 Qualitätsstandard 3 – Kontrollierte Subjektivität

Grundsatz: ***Es werden nur Situationen simuliert, die der späteren Arbeitswirklichkeit entsprechen!***

Verstöße:

- Kein Einsatz von Simulationen
- Nur Einsatz von Methoden mit hypothetischem Simulations-Charakter (z.B. Interview)
- Einsatz von Simulationen die der Wirklichkeit paradox widersprechen (z.B. Auswahl der Rollenspieler)
- Überbetonung einzelner Übungstypen aus Ökonomiegründen (z.B. Einsatz vieler Gruppendiskussionen vs. wichtigerer Zweiergespräche etc.)

Abb. 3.13 Qualitätsstandard 4 – Simulation

Dementsprechend ist ein offenes Feedback, das möglichst noch am gleichen Tag des Assessment Centers durch die jeweiligen Beobachter direkt und individuell gegeben wird, die beste Weise, Transparenz zu unterstützen (siehe Abb. 3.15).

Wichtig für Development Center innerhalb eines Unternehmens ist die Verzahnung der Ergebnisse im Rahmen aller vorhandenen Personalentwicklungsmaßnahmen und Performance Managementsysteme (siehe Abb. 3.16). Andernfalls war der erhebliche Aufwand des Verfahrens umsonst.

Es sollte gewährleistet sein, dass jedes AC lernorientiert aufgebaut ist, also ständig bemüht ist, aus Rückmeldungen von Teilnehmern und Beobachtern zu lernen und nicht zuletzt notwendig gewordene Veränderungen aus einem Wandel der Umgebung (Markt, Wettbewerber, eigenes Unternehmen, Anforderungsprofil etc.) wahrzunehmen (siehe Abb. 3.17). Auch muss ein AC ständig hinsichtlich der Prognosegüte geprüft werden, also

Grundsatz: ***Wer nicht weiß worum es geht, kann sich auch nicht geeignet verhalten oder geeignetes Verhalten beobachten!***

- Info der Teilnehmer vorab über Ziel, Ablauf, Bedeutung, und Chancen/Risiken einer Teilnahme
- Beobachter sind durch Schulung über Verfahren und Übungsarten informiert
- Rückmeldung im Nachgang über Ergebnis, Anschlussmaßnahmen und Konsequenzen an die Teilnehmer (am Besten durch die Beobachter)

Verstöße:

- Keine Vorinformationen der Teilnehmer
- Keine klaren (oder versteckte) Zielvorgaben vor den Übungen
- Verschweigen der Beobachtungsschwerpunkte der Übungen (z.B. Mahlzeiten, Stadtrundfahrt etc.)
- Informationsweitergabe (ohne Einverständnis/Wissen) an Vorgesetzte

Abb. 3.14 Qualitätsstandard 5 – Transparenz

Grundsatz: ***Die Teilnehmer bekommen die Rückmeldung von den beteiligten Beobachtern selbst unmittelbar, detailliert und mit positiver Grundhaltung!***

Verstöße:

- Verzicht auf Rückmeldung
- Lediglich Verkündigung von Gesamtergebnissen (Rangreihe, Punktzahl, etc.)
- Persönlichkeitsorientierte Globalbotschaften
- Rückmeldung ohne Beobachterbeteiligung
- Rückmeldung schriftlich und/oder nach unangemessen langen Zeitspannen

Abb. 3.15 Qualitätsstandard 6 – Individualität

Grundsatz: ***Das AC muss in das Gesamtsystem der Personal- und Organisationsentwicklung eines Unternehmens eingebettet sein!***

Verstöße:

- Keine Berücksichtigung der Themen Vorauswahl, Aus- und Fortbildung etc.
- Stabilitätsdiagnostik (Eignung als unveränderbare Grundausstattung des Teilnehmers)
- Keine Beteiligung der PE/OE im Unternehmen

Abb. 3.16 Qualitätsstandard 7 – Systemprinzip

Grundsatz: *Ohne Güteprüfung und Qualitätskontrolle wird das AC zu einem sinnlosen Ritual!*

Eine fortlaufende Qualitätsprüfung stellt sicher, dass das Verfahren ständig verbessert, Fehler behoben und Wandlungen der Eignungslandschaft (Markt, Organisation, Anforderungsprofil) berücksichtigt werden.

Verstöße:

- Einmaliger Aufbau des AC ohne Güteprüfung
- Statt empirischer Güteprüfung (z.B. Aufstiegsgeschwindigkeit, Gehaltszuwachs) begnügen mit Bestätigung durch positive Einzelrückmeldungen

Abb. 3.17 Qualitätsstandard 8 – Lernorientierung

beispielsweise durch einen Abgleich erfolgreicher Assessment-Center-Teilnehmer mit deren weiterer Entwicklung im Unternehmen.

Bei der Auswahl des Moderators für ein AC sollte darauf geachtet werden, dass dieser sowohl das inhaltliche Verständnis für ein so komplexes Verfahren mitbringt, als auch genügend Erfahrung für die Durchführung besitzt. In der Vorbereitungsphase muss er, ähnlich wie im Projektmanagement, darauf achten, dass alle Meilensteine zeitlich und inhaltlich eingehalten werden, sonst muss er das AC ggf. im Vorfeld abbrechen. Die Durchführung eines ACs erlaubt oft keine zeitlichen Puffer, und gerät der Zeitplan durcheinander, hat dies auch Auswirkungen auf alle anderen Übungen.

Die Vorbereitung nimmt daher einen sehr hohen Stellenwert ein und ist meist zu einem großen Teil für den Erfolg verantwortlich. In der Durchführung steuert der Moderator den Prozess, achtet auf die Qualität (z. B. der Feedbacks) und leitet die Beobachterkonferenz. Dabei ist zu beachten, dass ein Moderator nie selbst Beobachter sein kann. Auch muss der Moderator alle Signale vermeiden, welche die Beobachter in ihrer Urteilsfindung manipulieren könnten.

Der Moderator wirkt auf eine Konsensentscheidung hin, eine Mehrheitsentscheidung ist nicht Sinn des Assessment-Center-Verfahrens. Das Setting des ACs sollte demensprechend angelegt sein, und der Moderator sollte in der Beobachterkonferenz darauf hinwirken, die Entscheidung qualitativ, also aufgrund von Diskussion über Verhaltensableitungen, zu erwirken, nicht als reine quantitative Summierung der Einzelergebnisse. Ein AC geht davon aus, dass mehrere subjektive Beobachtungen letztendlich zu einer objektiveren Sicht des Kandidaten führen. Dies kann nur mit einer Diskussion über Verhaltensweisen und davon abgeleiteten Interpretationen und Bewertungen geschehen (siehe Abb. 3.18).

Grundsatz: ***Ein qualifizierter Moderator steuert das Verfahren, achtet auf die Qualität des Prozesses und leitet die Beobachterkonferenz ohne die Entscheider zu manipulieren!***

Verstöße:

- Verzicht auf Moderator
- Doppelbelastung Beobachter = Moderator
- Moderator manipuliert versteckt durch wertende Formulierungen
- Moderator ist nicht ausgebildet und erfahren
- Rolle des Moderators wurde den Teilnehmern und den Beobachtern bereits vor dem Verfahren nicht eindeutig erläutert

Abb. 3.18 Qualitätsstandard 9 – Prozessorientierung

Beispiele für Prüfungsfragen

- Till ist Personalreferent bei einem renommierten deutschen Autobauer. Eines Tages kommt der Leiter der Motorenentwicklung zu ihm und möchte mit ihm besprechen, wie man nächste Woche ein möglichst effektives Assessment Center durchführen könnte, um 20 dringend von ihm gesuchte Ingenieure einzustellen. Allerdings liegt weder ein Kompetenzprofil vor, ja sogar ein Anforderungsprofil fehlt. Wie müsste Till die Führungskraft hinsichtlich der weiteren Schritte beraten?
- Heike ist zu einem Vorstellungsgespräch eingeladen. Sie freut sich auf den Termin. Allerdings wird sie von einem ungemütlichen Stressinterview überrascht. Als Heike schließlich zermürbt nach Hause geht, fragt sie sich, ob eine solche Methode eignungsdiagnostisch überhaupt valide ist. Was würden Sie Heike antworten? Und mit welchen Methoden könnte sie sich in Zukunft optimal auf Interviewsituationen vorbereiten?
- Schildern Sie ein typisches arbeitsplatzanalytisches Verfahren zur Erstellung eines Anforderungsprofils. Warum zahlt sich diese Vorarbeit bei der Konzeption eines Auswahlverfahrens aus?
- Welche Fragetechniken im strukturierten Interview kennen Sie?

Literatur

1. Achouri, C. (2003). *Epistemologische Grundlagen des Assessment Center*. Lörrach: Information Philosophie.
2. Block, R. J., & Yuker, H. E. (1996). *Ich sehe was, was du nicht siehst. 250 optische Täuschungen und visuelle Illusionen*. München: Goldmann.
3. Haken, H. (2004). Synergetik der Gehirnfunktionen. In G. Schiepek (Hrsg.), *Neurobiologie der Psychotherapie*. Stuttgart: Schattauer.
4. Schuler, H. (2005). *Lehrbuch der Personalpsychologie*. Göttingen: Hogrefe.

Headhunter-Management 4

> **Lernziele**
> - Sie können Headhunter für ein Unternehmen professionell auswählen und beurteilen.
> - Sie wissen, wie Headhunter-Management in einem Unternehmen gesteuert werden sollte und kennen die relevanten Schnittstellen.

Headhunting, auch Personalberatung genannt, bedeutet die Suche und Auswahl von Mitarbeitern, insbesondere Führungskräften. Während Headhunter-Management in den USA bereits seit den 1950er Jahren bekannt ist, wurde das Aufkommen dieser Dienstleistung in Deutschland verzögert, was auch an dem staatlichen Arbeitsvermittlungsmonopol der Bundesanstalt für Arbeit (1952 in Kraft getreten) lag. Dies änderte sich erst ab 1970, als Personalberatung als Arbeitsvermittlung in Deutschland nicht mehr verboten war. In den 1980er Jahren boomte die Branche bereits, was allerdings auch dazu führte, dass unseriöse Anbieter, die nur am schnellen finanziellen Erfolg interessiert waren, auf den Markt drängten und so auch die etablierten Beratungen mit in Verruf brachten.

Die 1990er Jahre standen für die Personalberatungen in Deutschland unter dem Zeichen der Legitimation, da die international bereits übliche Direktansprache nun auch in Deutschland offiziell zugelassen wurde. Obwohl Headhunting in Deutschland auch heute noch nicht so weitverbreitet ist wie bereits seit Jahrzehnten in den USA oder in Großbritannien, so stellt es inzwischen auch in Deutschland einen effizienten und wesentlichen Recruiting-Kanal dar.

Dabei unterscheiden sich die Leistungen der Anbieter durchaus. Neben Zeitarbeitsfirmen, die im Rahmen der Arbeitnehmerüberlassung tätig sind, oder Personalvermittlern, die bei Bedarf Qualifikationsprofile liefern, übernimmt der klassische Headhunter alle Funktionen in der Personalbeschaffung, wie sie sonst von einem internen Recruiting

C. Achouri, *Human Resources Management*,
DOI 10.1007/978-3-8349-4740-6_4

wahrgenommen werden. Dazu können die Erstellung eines Anforderungsprofils, die Formulierung und Platzierung von Inseraten, die Datenbankrecherche bis hin zur Direktansprache von Kandidaten („Direct Search“) und sogar die komplette Durchführung des Auswahlprozesses gehören.

Als Vorteile der Personalberater sind unter anderem sehr gute Kenntnisse der aktuellen Arbeitsmarktlage sowie meist eine einschlägige akademische Ausbildung, die betriebswirtschaftliches Denken und Handeln mit Personalmanagement verbindet, zu nennen. Dazu kommen Neutralität, Diskretion und Imageschutz sowie eine erhoffte Fehlerreduktion bei der Mitarbeiterauswahl durch höhere Objektivität.

Größere Unternehmen bzw. solche, deren Namen sehr attraktiv für Bewerber sind, werden unter eigenem Namen inserieren, während unbekanntere Unternehmen meist die beauftragte Personaldienstleistung namentlich in Erscheinung treten lassen werden. Dem Bewerber wird so erst bei einer Einladung zum Headhunter das beauftragende Unternehmen genannt.

Während Headhunter früher bevorzugt im reinen Führungskräftesegment, dem sogenannten Executive Search tätig waren, haben viele heute ihr Spektrum auch auf Expertenfunktionen erweitert. Insbesondere beim „Direct Search“, also beim direkten Abwerben von einem Wettbewerber, ist die Zielgruppe entweder das Topmanagement oder auch Spezialisten, die besondere Berufserfahrung auf ihrem Gebiet vorzuweisen haben. Das unterscheidet das Headhunting von anderen Recruiting-Kanälen wie Internetrecherche, anzeigengestützte Suche, Internetjobbörsen etc., die bevorzugt für Positionen eingesetzt werden, in denen es eine Vielzahl von Bewerbern gibt, z. B. Hochschulabsolventen.

Die Direktansprache einer Person am Arbeitsplatz durch den Headhunter ist aufgrund rechtlicher Bestimmungen nicht unproblematisch, das beauftragende Unternehmen sollte deshalb in seiner Rahmenvereinbarung mit dem Personaldienstleister die Einhaltung relevanter Bestimmungen fordern. Laut Wettbewerbsrecht ist der Erstkontakt zu fremden Mitarbeitern per telefonischer Ansprache unter Berücksichtigung von bestimmten Kriterien erlaubt. Andernfalls besteht unter Umständen die Gefahr, dass bei Verstoß gegen rechtliche Bestimmungen nicht nur das Personaldienstleistungsunternehmen, sondern auch die beauftragende Firma verklagt wird. Die Forderung der beauftragenden Unternehmen nach Einhaltung geltender Bestimmungen sollte möglichst umfassend sein. Auch die Einhaltung des AGG sollte darin enthalten sein.

4.1 Headhunter-Management als HR-Prozess

So vielfältig die verschiedenen Schritte im Personalbeschaffungs- und Auswahlprozess sind, so unterschiedlich sind auch die Leistungen, die von Headhuntern angeboten bzw. von einem Unternehmen gefordert werden. Dies kann sich sogar bis zur Personalfreisetzung ausdehnen, die viele Personaldienstleister ebenso anbieten, was an der Ähnlichkeit der Tätigkeitsinhalte liegt. Wie bereits erläutert, haben die Portfolios der internen Abteilungen von Recruiting, Placement und Outplacement erhebliche Schnittmengen. Es ist demnach sinnvoll, Headhunter-Management innerhalb eines Unternehmens in der Personalabteilung anzusiedeln, am besten im Recruiting. Alternativ bietet sich eine Steuerung über die Einkaufsabteilung eines Unternehmens an, denn diese sollte sowieso insbesondere bei der Erstellung und Verhandlung von Rahmenverträgen involviert sein. Für die Durchführung des Headhunter-Managements ist sie aber von den ablaufenden Prozessen zu weit entfernt. Es empfiehlt sich demnach ein enger Schulterschluss zwischen Recruiting und Einkauf hinsichtlich des Headhunter-Managements.

Eine weitere strategische Überlegung für die effiziente Steuerung von Headhunter-Leistungen bezieht sich auf die Frage, von welcher Kostenstelle aus die Headhunter-Leistungen bezahlt werden. Verbucht man die Kosten als jeweilige Belastung des beauftragenden Fachbereichs eines Unternehmens, läuft das Unternehmen Gefahr, sowohl in finanzieller als auch qualitativer Sicht benachteiligt zu werden. Finanziell gesehen lassen sich mit einer zentralen Steuerung aller Aufträge im Verhältnis zur Unternehmensgröße unter Umständen erhebliche Rabatte über die erzielten Auftragsmengen erzielen.

Qualitativ gesehen ist eine Steuerung seitens HR nur möglich, wenn diese auch zugelassen wird. Nicht selten wird ein zahlender Fachbereich, wenn er die finanzielle Belastung trägt, sich inhaltlich nicht beeinflussen lassen. Aus diesem Grund hat es sich als praktisch erwiesen, nicht nur den Prozess der inhaltlichen und qualitativen Steuerung an das Personalwesen zu geben bzw. dort zu lassen, sondern auch das notwendige Budget von dort aus zu steuern. Mit dieser Strategie bleibt Recruiting im gesamten Prozess der Auswahl und Beschaffung verantwortlich, auch wenn bestimmte Dienstleistungen an externe Firmen weitergegeben werden.

Sinnvollerweise sind demnach alle Prozessbestandteile des Headhunter-Managements im Recruiting gebündelt. Dies umfasst die Entscheidung, ob Headhunting überhaupt ein sinnvoller Recruiting-Kanal ist, die Verwaltung des Budgets, die Auswahl geeigneter Dienstleister, die Steuerung während des Auftrages sowie schließlich die Evaluation am Ende des Projektes, die wieder bei neuen Aufträgen in die Empfehlung mit einfließt. Im Umkehrschluss heißt dies auch: keine Beauftragung ohne Human Resources, ebenso wie unter Umständen Abbruch eines Auftrages.

Diese Verlagerung der Verantwortung auf das Recruiting bedeutet sowohl für den besetzenden Fachbereich eines Unternehmens als auch für den beauftragten Personalberater einen Mehrwert. Das liegt daran, dass die Fachabteilung einen steuernden und inhaltlich kompetenten Partner hat, der die Profile vorselektiert, und bei der Präsentation der Kandidaten anwesend ist. Die Personalberatungsfirma hat ebenfalls einen kompetenten internen Ansprechpartner, der bei schwer zu besetzenden Aufträgen auch einen Vertrauensbonus aus der Vergangenheit gibt. Außerdem bietet ein kompetenter Ansprechpartner im beauftragten Unternehmen Schutz vor überzogenen oder unfairen Ansprüchen, wenn sich z. B. während der Suche das Kandidatenprofil ändert. Aus den aufgeführten Gründen sollte ein Unternehmen Headhunter-Management nicht den Fachbereichen überlassen, sondern dies innerhalb des Recruitings ansiedeln und dort alle Prozesse und Verantwortlichkeiten bündeln.

4.2 Bedarfsermittlung

Wir werden uns im Folgenden nicht damit beschäftigen, wie ein Headhunter intern arbeitet, sondern das Ganze aus Sicht des beauftragenden Unternehmens betrachten. Demnach bildet zunächst der Bedarf der Besetzung den Ausgangspunkt. Die Personalabteilung eines Unternehmens, meist in der Rolle des Personalreferenten, wird mit dem Fachbereich aus der jeweiligen Geschäftsstrategie die Personalstrategie ableiten, und daraus ergibt sich der konkrete Personalbedarf. Dieser Personalbedarf sollte dann möglichst konkretisiert werden, bis auf die Form eines Anforderungsprofils hin.

Wenn dieses Profil feststeht, stellt sich die Frage, woher diese Qualifikation zu bekommen ist. Möglicherweise wird man aus dem internen Personalentwicklungsprozess eigene (Förder-)Kandidaten kennen, die infrage kommen, oder man vermutet aufgrund der geforderten Qualifikationen Ressourcen im eigenen Unternehmen. In diesem Fall wird man die Vakanz eventuell nur unternehmensintern kommunizieren, also etwa über Aushänge und die interne Jobbörse im Intranet. Meist sehen die Betriebsvereinbarungen in Unternehmen vor, dass offene Stellen über einen bestimmten Mindestzeitraum veröffentlicht werden. Melden sich nun nicht genügend potenzielle Kandidaten, so ist der zweite Schritt, die Vakanz auch auf dem unternehmensexternen Markt zu veröffentlichen, in Print-Anzeigen und Internetjobbörsen.

Große Unternehmen haben meist Dauerverträge mit mehreren Internetbörsen zugleich geschlossen. Zusätzlich kann das Recruiting eines Unternehmens aktiv Profilrecherche nach passenden Kandidatenprofilen in vorhandenen Datenpools oder auch im Internet betreiben. Sollte sich herausstellen, dass alle diese Bemühungen nutzlos bleiben, weil sich keine geeigneten Kandidaten beworben haben, dann und erst dann ist die Beauftragung eines Headhunters geboten.

Auch wenn sich aufgrund der Besonderheit eines gesuchten Profils bereits abzeichnet, dass eine interne Suche sinnlos ist, so sollte diese trotzdem immer der Beauftragung eines externen Personaldienstleisters vorgeschaltet sein, möglicherweise zeitlich komprimierter. Damit ist sichergestellt, dass mit dem Budget für die Beauftragung verantwortungsvoll umgegangen wird. Auch hier zahlt sich die Steuerung über Human Resources aus. Insbesondere im Fall von Spezialistenprofilen, die nur selten am Markt zu finden sind, ist es sinnvoll, dass die Fachabteilung des beauftragenden Unternehmens eine Zielfirmenliste erstellt, wo diese Qualifikationen vermutet werden, schließlich kennt das Business eines Unternehmens seinen Wettbewerb am besten. Bevor nun ein Headhunter mit der Suche betraut wird, sollte man sich als Unternehmen gut überlegen, anhand welcher Kriterien man den für sich passenden Dienstleister auswählt.

4.3 Auswahl des richtigen Headhunters

Sollte ein Unternehmen vermehrt über externe Personaldienstleistungen Personal besetzen, so lohnt es sich unter Umständen, Rahmenverträge mit ausgewählten Anbietern abzuschließen. Die Anbieter profitieren von einer größeren Menge von Aufträgen und das Unternehmen profitiert von finanziellen Nachlässen. Auch sollte die dabei wesentliche Vertrauensbasis zwischen Auftraggeber und Auftragnehmer nicht unterschätzt werden, die insbesondere in der Personaldienstleistung eine große Rolle spielt. Das bezieht sich sowohl auf das Engagement der beauftragten Firma als auch auf die Lauterkeit im Umgang miteinander. Schließlich ist Personalauswahl immer auch mit erheblichen Variablen, Unklarheiten und Hypothesen und damit Risiken verbunden und lässt sich schwieriger messen als dies im Produktbereich möglich ist.

Eine Differenzierung von Anbietern für einen Headhunterpool sollte ein Unternehmen nach Markt und Branche sowie nach unterschiedlichen Qualifikationslevels vornehmen. Je nach Masse und Vielfalt des Bedarfs kann hier noch nach Portfolio der Dienstleister unterschieden werden, also z. B. Zeitarbeitsfirmen, Personalvermittlung, Outplacement, Interimsmanagement etc. Im Folgenden werden wir uns auf das klassische Headhunting mit dem Schwerpunkt „Direct Search“ beziehen.

Nachdem ein Unternehmen die eigenen Schwerpunktbedarfe festgelegt hat, sollten spezielle Kriterien erstellt werden, nach denen Headhunter ausgewählt werden. Diese Auswahl kann zunächst durchaus anhand von Hard Facts, beispielsweise über Broschüren der Dienstleister, Internetauftritte etc. erfolgen. Letztendlich entscheidend ist aber immer der persönliche Kontakt. Das liegt zum einen daran, dass sich nur damit feststellen lässt, ob das externe Dienstleistungsunternehmen hinsichtlich Auftreten, Kommunikationsformen, Kleidung etc. zum beauftragenden Unternehmen passt. Schließlich stellt der Headhunter den ersten Kontakt mit potenziellen Kandidaten her und vertritt damit das beauftragende Unternehmen.

Zum anderen lebt das Personaldienstleistungsgeschäft wie Personalmanagement überhaupt von den Kommunikationsfähigkeiten, welche die Protagonisten mitbringen. Demnach ist es für das beauftragende Unternehmen wichtig, nicht nur etwaige Geschäftsführer des Dienstleisters kennenzulernen, sondern auch die Personalberater, die den jeweiligen Auftrag durchführen. Wenn ein potenzieller Dienstleister in das Unternehmen für ein erstes Briefinggespräch eingeladen wird, so sollte das Unternehmen darauf gut vorbereitet sein.

4.4 Headhunter-Briefing

Beim Headhunter-Gespräch gelten ähnliche Grundregeln wie für ein Bewerbungsgespräch. Am besten stellen die Unternehmensvertreter offene Fragen und halten den eigenen Gesprächsanteil gering, um möglichst viel über den Dienstleister zu erfahren. Sonst läuft man Gefahr, dass der Gesprächspartner die gewünschten Antworten heraushört.

Auch bietet sich ein strukturierter Gesprächsleitfaden an, zum einen, um im Sinne einer Checkliste sicherzugehen, keine relevanten Fragen vergessen zu haben, zum anderen, um später die Dienstleister im direkten Vergleich bewerten zu können. Der Gesprächsleitfaden sollte so systematisiert sein, wie später auch die Daten verglichen und gespeichert werden. Sollte eine elektronische Datenbank als qualitatives Bewertungsinstrument genutzt werden, muss der Leitfaden dementsprechend die Struktur der Datenbank abbilden.

Grundsätzlich ist zu empfehlen, die Personalberatung so wenig wie möglich im Vorfeld über aktuelle Profilbedarfe zu informieren. Das mag für den Dienstleister eine schwierigere Ausgangsposition sein, gibt dem Unternehmen aber die Möglichkeit, die Schwerpunkte des Portfolios kennenzulernen, ohne dass sich die Beratung auf den Kunden einstellt. Auch Profile sollten demnach im Vorfeld nicht versandt werden. Dadurch kann das Unternehmen sehen, wie sehr sich ein Personaldienstleister bereits mit dem potenziellen zukünftigen Kunden befasst hat, ob er also beispielsweise die Unternehmensphilosophie sowie derzeit vakante Jobs recherchiert hat.

Zu Beginn des Gesprächs sollte der Dienstleister die Möglichkeit haben, seine Firma und das Portfolio kurz zu präsentieren, um Auskunft über Größe und Struktur der Personalberatung zu geben. Bei großen Unternehmen wird bei der Besetzung von vielen Profilen auch die Frage entscheidend sein, ob ein externer Dienstleister neben anderen bereits bestehenden Aufträgen den neuen Auftrag etwa auch im Falle von Urlaubs- oder Krankheitsvertretung stemmen kann. Je größer eine Personalberatung ist, umso mehr wird diese arbeitsteilig aufgestellt sein. Während im „Ident" und „Research" Zielfirmen hinsichtlich ihrer Struktur und potenzieller Kandidaten erfasst werden und auch die Erstansprache erfolgt, führt der Personalberater die Gespräche und begleitet potenzielle Kandidaten auch zum beauftragenden Unternehmen. Hier ist auf eine ausreichende Qualifikation der betroffenen Mitarbeiter, insbesondere in der Identifizierungsphase, zu achten.

Eine wesentliche Frage an das Beratungsunternehmen wird sein, wie diese das beauftragende Unternehmen einem potenziellen Bewerber präsentieren würde. Der Personaldienstleister sollte auch immer gefragt werden, welches Alleinstellungsmerkmal am Markt ihn gegenüber anderen Beratungen auszeichnet. Häufig wissen Beratungsfirmen darauf nur zögerlich Antwort, was ein schlechtes Zeugnis für die Firma bzw. den Personalberater darstellt. Auch die Aufbereitung der Bewerbungsunterlagen sowie laufende Statusberichte sollten hier besprochen werden. Wesentlich ist auch die Frage, was ein Headhunter unternimmt, wenn die gelieferten Profile vom Unternehmen als nicht passend beurteilt werden.

Zuletzt sollten die Honorarkonditionen besprochen werden. In großen Unternehmen wird es sich lohnen, Rahmenverträge mit einem ausgesuchten Kreis von Anbietern abzuschließen. Die Vorteile sind Rabatte für das Unternehmen, bessere Qualität des Dienstleisters sowie mehr Engagement. Außerdem muss das Unternehmen nicht bei jedem Anbieter neue Konditionen vereinbaren bzw. auf die des jeweiligen Headhunters eingehen, sondern es gibt bestimmte Rahmenbedingungen vor, die durch einzelvertragliche Regelungen nur ergänzt werden. Eine gute Vertragsregelung für Konditionen stellt eine gestaffelte Honorarregelung nach Erfolg bzw. nach Erfüllung von Teilleistungen dar. Einige Personaldienstleister haben ein Fixhonorar, das erst bei der Besetzung fällig wird. Andere vereinbaren Honorare, die beispielsweise nach Auftragserteilung, Präsentation von Kandidaten sowie Arbeitsvertragsunterzeichnung fällig werden.

Diese Konditionen sollte das beauftragende Unternehmen immer so genau wie möglich vertraglich präzisieren, um später bei ausbleibendem Erfolg Streitigkeiten zu vermeiden. So ist es sinnvoll, die zu präsentierenden Kandidaten vorher hinsichtlich der Eignung vom Unternehmen bestätigen zu lassen. Eine Mindestanzahl solcher geeigneter Kandidaten sollte vertraglich festgeschrieben sein. Sollte es bereits während der Probezeit eines vermittelten Kandidaten zu einer Trennung kommen, sollte die Nachbesetzung vereinbart werden usw. Auch die Schließung eines sogenannten „Nichtangriffspaktes" sollte schriftlich erfolgen, also das Verbot der Abwerbung eigener Mitarbeiter für einen gewissen Zeitraum. Dies ist wichtig, weil der Dienstleister während des laufenden Auftrages detaillierte Informationen und Zugang zu den Mitarbeitern des beauftragenden Unternehmens bekommt.

4.5 Headhunter-Controlling

Ein weiterer Vorteil bei der Steuerung des Headhunter-Managements durch das Personalwesen ist neben dem erwähnten finanziellen der qualitative Aspekt. Je mehr Erfahrung ein Unternehmen mit einem Dienstleister sammelt, umso weniger muss es sich auf externe Referenzen verlassen und kann ein eigenes Controlling etablieren, durch das die durchgeführten Dienstleistungsprojekte bewertet werden. Diese Bewertungen fließen dann in die zukünftige Empfehlung ein. Hierbei empfiehlt sich ein elektronisches Controlling-Instrument, da die Bewertungen für einzelne Kriterien automatisch ausgewertet werden können und in Gesamtbewertungen einfließen. Außerdem ergibt sich so für große Konzerne die Möglichkeit, eine unternehmensübergreifende Plattform zu schaffen, die beispielsweise sowohl für die jeweilige Personalorganisation als auch für den Einkauf einsehbar und nutzbar ist.

Es ist darauf zu achten, dass die Kriterien für die Bewertung möglichst präzise aus Fakten abgeleitet werden. Je mehr Personen eine Bewertung durchführen, umso mehr muss darauf geachtet werden, dass es hierfür einen gemeinsamen Kalibrierungsmaßstab gibt. Die Struktur der elektronischen Datenbank sollte sich an der des verwendeten Briefing-Leitfadens orientieren. Der umfangreiche Ablauf bzw. die Schnittstellen für ein qualifiziertes Headhunter-Management durch die Personalabteilung sind in Abb. 4.1 noch einmal im Überblick dargestellt.

Beispiele für Prüfungsfragen

- Dirk arbeitet in einer internationalen Firma als Einkäufer. Er ist mit seinem Job eigentlich sehr zufrieden. Dennoch ist er sehr interessiert, als ein Headhunter ihn am Arbeitsplatz anruft und fragt, ob er an einer Leitungsfunktion bei einem anderen Unternehmen interessiert wäre. Als Dirk am Ende des Gesprächs den Hörer auflegt,

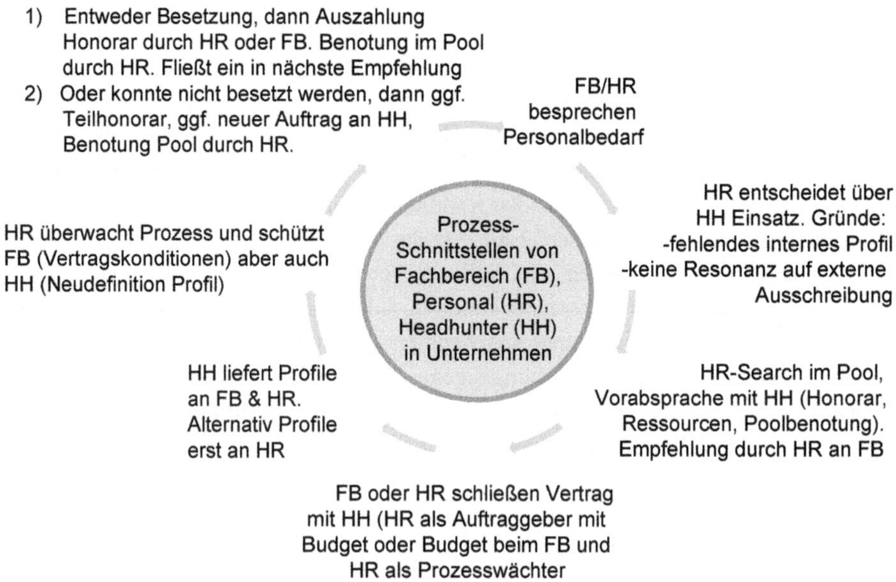

Abb. 4.1 Schnittstellen im Headhunter-Management-Prozess

fragt er sich, ob das eigentlich legal ist, wenn er am Arbeitsplatz abgeworben wird. Außerdem würde er gerne wissen, welche Person ihn gerade angerufen hat. War das eine Führungskraft des Headhunter-Unternehmens oder gibt es bei denen gar keine Hierarchien? Bitte beantworten Sie Dirks Fragen.

- Wie kann eine gestaffelte Honorarregelung zwischen Unternehmen und Headhunter aussehen? Skizzieren Sie bitte a) eine einseitig vorteilhafte Vertragsvereinbarung für Unternehmen, b) eine einseitig günstige Vertragsvereinbarung für Headhunter und c) eine marktübliche „Win-win"-Vertragsregelung.
- Sie beschließen, für Ihr Unternehmen einen externen Headhunter zu beauftragen. Da Sie davon ausgehen, dass Sie diese Dienste noch öfter in Anspruch nehmen werden, haben Sie vor, einen Pool mit geeigneten Dienstleistern anzulegen. Um eine Selektion zu treffen, laden Sie Personalberatungsfirmen ein, um diese persönlich kennenzulernen. a) Erarbeiten Sie hierfür einen Interviewleitfaden mit inhaltlichen Fragen. b) Wie könnte die Struktur Ihres elektronischen Headhunter-Pools aussehen? c) Wie wollen Sie den Pool zukünftig für Ihre Zusammenarbeit mit Headhuntern nutzen?

Literatur

1. Hassel, V. (2007). *Branchenführer Personalberater: Personalbeschaffung und Personaldienstleistungen in Deutschland.* München: Huss.

5 Einführung in die psychologische Eignungsdiagnostik

> **Lernziel**
> - Sie kennen und verstehen die wesentlichen Begriffe der psychologischen Eignungsdiagnostik.

Die psychologische Eignungsdiagnostik hat das Bemühen, Zusammenhänge zwischen menschlichen Merkmalen und beruflichem Erfolg zu entdecken bzw. Methoden zu entwickeln, um beides zu messen und zueinander in Beziehung zu setzen. Voraussetzung qualifizierter Eignungsdiagnostik ist nicht nur die Verfügbarkeit brauchbarer Verfahren, sondern auch die Kompetenz zu deren Anwendung. Grundlage der Eignungsdiagnostik ist die traditionelle Klassifikation psychologischer Merkmale in Kenntnisse, Fähigkeiten und Fertigkeiten, ergänzt durch Eigenschaften.

In China gab es bereits vor 3000 Jahren erste Auswahlverfahren für öffentliche Bedienstete in Form einer Testbatterie für die Eignung von Verwaltungsaufgaben im Staatsdienst. Im Abendland galten bereits bei Aristoteles die äußeren Zeichen bzw. das Erschcinungsbild eines Menschen als seine charakteristischen Persönlichkeitsmerkmale, was sich später in der phrenologischen Lehre bei J. C. Lavater oder F. J. Gall wiederfindet, bei der charakteristische physiognomische Merkmale identifiziert und als valide eignungsdiagnostische Indikatoren definiert werden. Dieser Einfluss reicht heute noch bis in die Grafologie hinein.

Persönlichkeitstests wurden bereits seit den 1920er Jahren in den USA zur Auswahl von Verkäufern eingesetzt. Vorläufer des Assessment Centers finden sich erstmals ab Ende der 1920er Jahre in der Offiziersauswahl der deutschen Reichswehr, gefolgt von Verfahren in Großbritannien zur Auswahl von Offiziersanwärtern und den USA zur Auswahl bzw. dem Training von Agenten. Wesentlich für die Verbreitung des ACs als Methode im zivilen Bereich scheint die von der American Telephone and Telegraph Company (AT&T) durchgeführte „Management Progress Study" zur Führungskräftenachwuchsentwicklung

C. Achouri, *Human Resources Management*,
DOI 10.1007/978-3-8349-4740-6_5

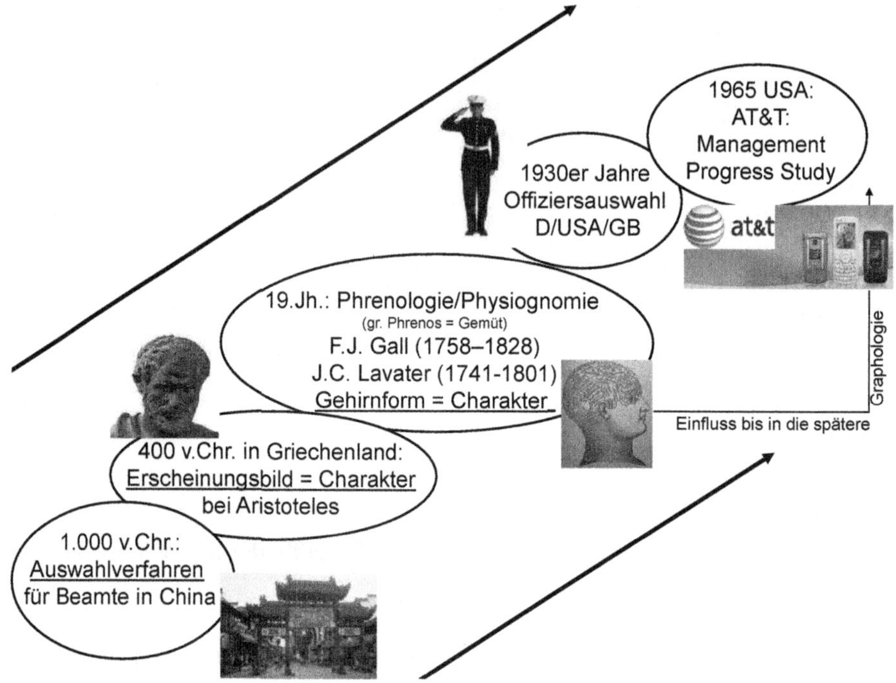

Abb. 5.1 Kleine Geschichte der Eignungsdiagnostik

im Jahre 1965 zu sein. Das dort angewandte Repertoire an Übungen zählt auch heute noch zum Standard eines Assessment-Portfolios. Abbildung 5.1 gibt einen kleinen Überblick über die Geschichte der Eignungsdiagnostik:

In der praktischen Anwendung bleiben die eingesetzten Verfahren leider oft hinter den methodischen Möglichkeiten zurück, was durch den Rückzug wissenschaftlich arbeitender Betriebspsychologen aus der Eignungsdiagnostik in den Unternehmen zusätzlich gefördert wird. Dieser Trend hat sich in den letzten Jahren noch verstärkt, was dazu geführt hat, dass häufig Betriebswirte die Rolle des Eignungsdiagnostikers übernommen haben. Wünschenswert wären hier sicherlich interdisziplinäre Arbeitsgruppen, sodass Verfahren effizienter gemacht werden, ohne dass dies auf Kosten der Qualität und damit der Beurteilten geht.

Gäbe es nicht Gütekriterien wie Objektivität (Unabhängigkeit der Messwerte vom Auswählenden), Reliabilität (Zuverlässigkeit und Wiederholbarkeit der Messung zu einem späteren Zeitpunkt mit gleichem Ergebnis) und vor allem Validität (Gültigkeit und Nachweis einer erfolgreichen Prognose des Berufserfolges), könnte im Rahmen der Eignungsdiagnostik jedes beliebige Kriterium zur Vorhersage von Eignung herangezogen werden. Gütekriterien werden mit Maßzahlen im Bereich 0 bis 1 gemessen, die beispielsweise angeben, wie genau ein Verfahren ein geprüftes Merkmal erfasst, ob bei wiederholter Messung das gleiche Ergebnis resultieren würde etc.

5.1 Validität

Die Validität gibt an, wie gut ein Instrument das misst, was es zu messen vorgibt. Dementsprechend ist ein Intelligenztest valide, wenn er tatsächlich Intelligenz und nicht z. B. Konzentrationsfähigkeit misst. Damit ist die Validität das bedeutendste Entscheidungskriterium bei der Auswahl diagnostischer Verfahren. Validität lässt sich wiederum in Inhalts-, Konstrukt- und Kriteriumsvalidität unterscheiden.

Inhaltlich valide ist ein Verfahren, wenn die zu bearbeitenden Aufgaben Beispiele für die spätere berufliche Tätigkeit sind. Konstruktvalidität gibt an, inwieweit das Verfahren tatsächlich ein spezifisches Merkmal, und nicht ein anderes, erfasst. Wenn man von Validität bei eignungsdiagnostischen Verfahren spricht, ist in der Regel die Konstruktvalidität gemeint. Sie befasst sich damit, inwieweit das Auswahlverfahren Ergebnisse liefert, welche mit der Theorie übereinstimmen, auf der es begründet ist. Kriteriumsbezogene Validierung stellt schließlich einen Bezug zwischen dem Testergebnis und einem relevanten Außenkriterium her. Hierfür wird häufig die Leistungsbeurteilung des Vorgesetzten herangezogen und Erfolgskennwerte wie Gehalt, Produktivitätskennzahlen, Mitarbeiterzufriedenheitskennzahlen etc.

5.2 Reliabilität

Reliabilität ist eine notwendige, aber keine hinreichende Bedingung für Validität, da sie lediglich feststellt, wie stabil ein Ergebnis ist. Man unterscheidet zum einen die Retest-Reliabilität. Diese überprüft, ob dasselbe Ergebnis bei der gleichen Person mit dem gleichen Verfahren auch wieder gleich ausfallen würde. Die Retest-Reliablität oder Stabilität eines Verfahrens zeigt, wie stabil das Testergebnis über einen bestimmten Zeitraum bleibt. Ein guter Wert beginnt bereits ab 0,70. Die Retest Übereinstimmung beträgt z. B. beim MBTI (vgl. Kap. 6) 82 bis 87 % innerhalb einer Zeitspanne von neun Monaten, bei Zeiträumen darüber 75 bis 77 %.

Zum anderen überprüft die Paralleltest-Reliabilität, ob unterschiedliche Versionen eines Verfahrens das Gleiche überprüfen. Dies ist beispielsweise relevant, um zu verhindern, dass Bewerber voneinander abschreiben, oder wenn man ein Testverfahren mehrmals verwenden will. Ein Wert von 0,80 darf bereits als hoch bezeichnet werden.

Die interne Konsistenz (oft als „Cronbachs Alpha" angegeben) ist als Maß für die Homogenität des Verfahrens ein Indikator, ob die verschiedenen Items eines Verfahrens dasselbe Merkmal messen. Sie liegt nicht selten bei einem Wert von 0,80 bis 0,90. Mit der Split-Half-Reliabilität schließlich kann man prüfen, inwieweit zwei Testhälften miteinander korrelieren.

5.3 Korrelationseffizienz

Der Korrelationskoeffizient „r" sagt etwas darüber aus, wie stark der Zusammenhang zwischen Testergebnis und erforderter Qualifikation ist. Die Korrelation ist umso stärker, je näher der Wert an der Zahl 1 liegt, also entweder +1 oder −1. Ein Korrelationskoeffizient von +1 würde bedeuten, dass mithilfe einer bestimmten Auswahlmethode eine perfekte Prognose aus dem Test auf den Berufserfolg möglich wäre. Ein Wert von 0 lässt keinen Zusammenhang zwischen Auswahlmethode und Erfolg herstellen und schließlich drückt −1 einen negativen Zusammenhang aus. Bei den Korrelationskoeffizienten in der Eignungsdiagnostik handelt es sich fast immer um Dezimalwerte wie 0,34 oder 0,50, eine Korrelation von 1 wäre illusorisch. Korrelationskoeffizienten zwischen $r=0{,}30$ und $r=0{,}50$ sind bereits als gut einzustufen, zwischen $r=0{,}50$ und $r=0{,}70$ sind sie als sehr gut zu sehen, ein Wert darüber lässt sich in der Praxis kaum erzielen.

5.4 Anwendungen

Im Gegensatz zu Leistungstests bestehen Persönlichkeitsverfahren aus Selbstaussagen. Persönlichkeitstests lassen sich demnach durchaus verfälschen. Qualifikationen sollten deshalb nicht nur mithilfe von Selbstbeschreibungsverfahren gemessen, sondern durch situative Verfahren ergänzt werden. Dabei erhöht sich in der Regel die Validität von Selbstbeschreibungen, wenn der Bewerber weiß, dass die Aussagen mithilfe von situativen Verfahren überprüft werden.

Umstritten bei Persönlichkeitstests bleibt, dass diese fast ausschließlich für die klinische Forschung entwickelt wurden und nicht für die Eignungsdiagnostik. Trotz der Vorbehalte liefern Persönlichkeitstests eine prognostische Validität zwischen 0,20 und 0,40. Im Urteil sowohl Auswählender als auch der Bewerber ist das Interview die am meisten geschätzte Form der Personalauswahl, wahrscheinlich deshalb, weil es sich um die „menschlichste Situation" handelt, die auch die meisten Interventionsmöglichkeiten bietet.

Die Validität dagegen ist mit Werten zwischen 0,05 bis 0,25 geringer als bei allen anderen Verfahren. Das ändert sich jedoch, wenn man strukturierte Interviews durchführt. Mithilfe von situativen Fragen im Sinne von Wissensarbeitsproben sowie komplexen biografiebezogenen Fragen, die mit Verhaltensbeschreibungen arbeiten, lassen sich Korrelationen von 0,37 bis zu 0,63 erzielen. Das AC erreicht je nach Güte der Konstruktion Werte von 0,40 bis 0,75. Die Vorgesetztenbeurteilung liegt in der Validität durchschnittlich auf gleicher Höhe wie gute Auswahlverfahren, d. h. um 0,40.

Lange Zeit galt Intelligenz als Merkmal, das für alle beruflichen Aufgaben eine wichtige und grundlegende Eigenschaft ist. Dabei wurde eine Analogie zwischen der beruflichen Aufgabenstellung und den frühkulturellen Daseinsanforderungen des Menschen gezogen. Für beide Anforderungsdimensionen sollte Intelligenz zwar nicht als einzige, aber besonders wichtige Eigenschaft entscheidend sein.

Andererseits werden Selbstvertrauen und Leistungsmotivation ebenso als wichtige Determinanten beruflichen Erfolges angesehen. Auch Fachkenntnisse sind eine wichtige Voraussetzung für beruflichen Erfolg. Ein Trend in der Eignungsdiagnostik ist das Fünf-Faktoren-Modell der Persönlichkeit, das fünf grundlegende, voneinander unabhängige Persönlichkeitsfaktoren, die „Big Five", als berufliche Erfolgsfaktoren definiert: Extraversion, emotionale Stabilität, Verträglichkeit, Gewissenhaftigkeit und Offenheit für Erfahrungen. Obwohl diese Kriterien plausibel sind, konnten sie noch nicht überzeugend belegt werden.

Es empfiehlt sich nach wie vor, auf eine Kombination von Verfahren zu setzen. Der Einsatz mehrerer Verfahren erhöht die Sicherheit der Entscheidung, erfordert allerdings eine Kombination der erhaltenen Informationen. Wir müssen uns klarmachen, dass sich auch heute die Entwicklung menschlicher Fähigkeiten und Motive zum Teil nicht voraussehen lässt, wodurch der Prognosevalidität Grenzen gesetzt sind. Dabei wird oft übersehen, dass Eignungsdiagnostik nicht nur der Leistungsmessung dient, sondern auch eine Über- wie Unterforderung verhindern soll und damit den Menschen zugute kommt, was sich in der arbeitspsychologischen Stressforschung zeigt (vgl. [1]).

Die Abkehr von der Nivellierung persönlichkeitsspezifischer Unterschiede gerade hinsichtlich Motivation, Einsatzbereitschaft und natürlich auch der Leistungsfähigkeit hat die Haltung zur Eignungsdiagnostik heutzutage wieder etwas entspannt, wie wir im nächsten Kapitel sehen werden, und sie wird nicht mehr so stark als bedrohlich empfunden. Eignungsdiagnostik kann auch so verstanden werden, dass Menschen dann am glücklichsten sind, wenn sie ihre vorhandenen Fähigkeiten voll entfalten und einsetzen können. Professionell angewandte Eignungsdiagnostik kann dabei helfen, diese Fähigkeiten zu erkennen.

Beispiele für Prüfungsfragen

- Martin sitzt in der Personalklausur, hat aber nicht gelernt. Kein Problem, denkt er sich, schließlich sitzt er neben Martina und die lässt ihn sicher abschreiben. Martina ist auch gerne dazu bereit. Allerdings stellt sich heraus, dass der fiese Professor verschiedene Klausurversionen verteilt hat. Martin geht später in die Klausureinsicht und fragt seinen Professor, ob damit nicht die Aufgaben unterschiedlich schwer waren. Dieser antwortet ihm, er habe eine wissenschaftliche Methode angewandt, die sicherstellt, dass es gerecht zugehe. Von welcher Methode spricht der Professor?
- Bitte führen Sie fünf eignungsdiagnostische Verfahren an und vergleichen Sie diese anhand Ihres jeweiligen Korrelationskoeffizienten. Wie lassen sich die jeweiligen Werte erklären?

Literatur

1. Schuler, H. (2000). *Psychologische Personalauswahl. Einführung in die Berufseignungsdiagnostik.* Göttingen: Hogrefe.

Talent- und Karrieremanagement 6

> **Lernziele**
> - Sie können den Einfluss von Talent, Übung, Intelligenz, aber auch sozialer Faktoren auf den beruflichen Erfolg beschreiben.

Mit Talentmanagement bezeichnet man heute im HRM meist eine Vielzahl von unternehmerischen Maßnahmen zur Sicherstellung der Verfügbarkeit von Talenten für Schlüsselfunktionen. Gerade die demografische Entwicklung hat mit ihrem Fachkräftemangel in den entwickelten Industrienationen die Rolle eines professionellen Talentmanagements zu einem entscheidenden Wettbewerbsfaktor gemacht. Versteht man Talentmanagement aber nur als modernes effizientes Recruiting, etwa unter der Nutzung von Social Media und anderen aktiven Beschaffungsmethoden, verkennt man nicht nur die Bedeutung von Talentmanagement. Man füllt dann auch nur neuen Wein in alte Schläuche.

Aber auch das Personalmarketing, die Mitarbeiterselektion, die Mitarbeiterbindung oder die Mitarbeiterentwicklung sind nicht primär Inhalt des Talentmanagements. Schließlich sollten dementsprechende Methoden bereits in einem professionellen HR-Portfolio eines Unternehmens vorhanden sein. Es geht vielmehr darum, in einem Unternehmen eine Definition und ein Verständnis davon zu erarbeiten, was man unter „Talenten", „Begabungen", „High Potentials" oder dergleichen versteht. Das kann von Unternehmen zu Unternehmen sehr unterschiedlich sein und hängt nicht nur vom Geschäftsgebiet ab, sondern auch von Faktoren wie Unternehmenskultur und Internationalität. Bevor ein Unternehmen für sich definiert, was als Talent gelten soll, und dementsprechend die internen Instrumente wie Anforderungs- und Jobprofile sowie Beurteilungs- und Entwicklungssysteme darauf anpasst, sollte man sich mit dem allgemeinen Verständnis, das die aktuelle Talentforschung aufweist, vertraut machen.

C. Achouri, *Human Resources Management*,
DOI 10.1007/978-3-8349-4740-6_6

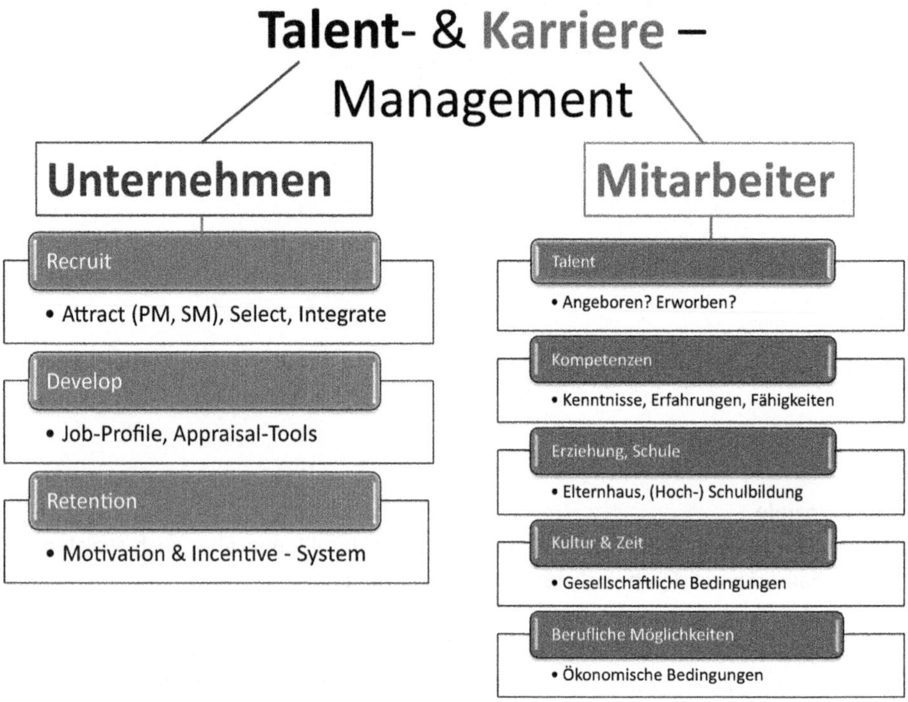

Abb. 6.1 Talent- und Karrieremanagement

Wir wollen im Folgenden nicht die Unternehmerseite des Talentmanagements beleuchten, sondern vielmehr die Mitarbeiterseite, oftmals einfach „Karrieremanagement" genannt (siehe Abb. 6.1). Auch hier kommt es darauf an, sein Talent zu „managen", also zu wissen, was man besonders gut kann und wie man seine Begabungen möglichst gut entwickelt. Wie entscheidend sind das Elternhaus, die Schule, Umwelt und Kultur? Nicht zuletzt ist der Fokus vor allem von Berufsanfängern darauf gerichtet, wie sie mit ihren jeweiligen Begabungen beruflich erfolgreich sein können. Worauf es zur Erreichung von Spitzenleistung wirklich ankommt, darauf wollen wir unseren Blick im Folgenden richten. Wie entsteht überhaupt Können? Ist es angeboren, oder wird es über viele Jahre erlernt, bis man zum Experten wird?

6.1 Von der Begabten- zur Expertiseforschung

Begabungs- und Expertiseforschung unterscheiden sich vor allem in ihrer Richtung: Die Begabungsforschung versucht, Begabungen möglichst früh zu identifizieren, um spätere Leistung vorhersagen zu können. Die Expertiseforschung geht den umgekehrten Weg. Sie setzt bei Hochleistern an und versucht nun retrograd zu erklären, was diese zu ihrer Leistung befähigt hat und wie diese erworben wurde. Aufgrund der Tatsache, dass sich

Hochbegabung			
	Bildnerische-	Intellektuelle-	Musikalische-
Eltern	o Freiheitlich erzogen	o <- Mittelstellung ->	o Eltern nehmen beim Unterricht teil
	o Werden ermutigt	o Schulleistung im Fokus aber keine kontrollierte Beeinflussung	o Beaufsichtigen das Üben
	o Selbstverwirklichung, nicht Leistung		
	o Kein Übungsdrill	o Domänenunspezifische Förderung	o Geben wenig Unabhängigkeit
	o Eltern oft selbst bildnerisch tätig	o Freude am Lernen soll vermittelt werden	o Eltern können oft nicht loslassen
			o Spielen meist selbst Instrument

Abb. 6.2 Hochbegabte und ihre Familien

selbst aus eindeutig diagnostizierten Talenten keine Prognose für die spätere Erlangung von Höchstleistung ableiten lässt, hat die Methode des retrospektiven Forschungsansatzes hohe Verbreitung gefunden, beispielsweise mit Interviews. Der beste Indikator für Leistung bleibt die Betrachtung vorangegangener Leistung. Die Befunde der Expertiseforschung belegen, dass es keine unveränderlichen Begabungsmerkmale gibt. Es gibt praktisch kaum Unterschiede bezüglich Kapazität und Effektivität zwischen Hochbegabten und durchschnittlich Begabten. Es lässt sich empirisch zeigen, dass Motivation spätere Leistung ebenso gut voraussagen kann wie ein hoher Intelligenzquotient.

6.2 Begabung und Elternhaus

Die kulturbezogenen Vergleichsstudien stützen die milieufokussierte Auffassung, wonach hohe elterliche Erwartungen von entscheidender Bedeutung für die Höchstleistungen von Kindern sind. Das familiäre Umfeld spielt eine große Rolle, unterscheidet sich allerdings durchaus signifikant hinsichtlich der jeweiligen Domäne, wie Abb. 6.2 illustriert.

6.3 „Schüchterne" in der Arbeitswelt

Management-Urvater Peter Drucker bezeichnet „einige der effizientesten Führungspersönlichkeiten", mit denen er gearbeitete hatte, als Menschen, die sich lieber in ihr Büro vergrüben als gesellig zu sein. Auch hätten sie meist wenig oder kein Charisma. Auch Management-Guru Jim Collins zeichnet ein Bild des erfolgreichen Spitzenmanagers, das sich eher an Introvertierten orientiert. Er charakterisiert sie als „still", „einfach", „bescheiden", „reserviert", „scheu", „liebenswürdig", „zurückhaltend" und „unaufdringlich".

Diese Einschätzungen widersprechen allerdings dem Mainstream, insbesondere dem amerikanischen Ideal des Extravertierten. Schon in den 1940er Jahren ließen Eliteuniversitäten wie Harvard und Yale verlauten, man suche keine „sensiblen, neurotischen", „intellektuell überstimulierte" oder „düster blickende" Studenten, sondern „gesunde", „extravertierte" und „vielseitige" junge Menschen. Die Rektoren waren sich sicher, dass die extravertierten Studenten auch später im Beruf Erfolg haben werden.

Inzwischen hat sich in allen westlichen Industrienationen der Glaube verbreitet, Schüchternheit passe nicht mit Karriere zusammen. So gelten männliche als auch weibliche Erwachsene, die schüchtern sind, auch meist als ängstlicher, deprimierter und einsamer und in Hinblick auf Beruf und Bildung als weniger erfolgreich. Der introvertierte Typ gilt als sozial unerwünschter als der extrovertierte, was nicht nur die Ergebnisse von Assessment Centern für Wirtschaftspositionen dokumentieren.

Die Lebensläufe besonders kreativer oder hochbegabter Menschen sprechen allerdings eine völlig andere Sprache als diese gesellschaftlichen Vorurteile. Sie widersprechen geradezu der landläufigen Auffassung, wonach nur mit intensiven sozialen Kontakten Glück zu erlangen sei. Gerade in der Kunst, der Literatur oder der Philosophie zeigen viele biografische Beispiele, wie Introversion und auch Alleinsein mit einer ausgewiesenen Schöpfungskraft einhergehen.

6.4 Ist Talent angeboren oder erworben?

Wir wissen heute, dass Francis Galtons Annahme, wonach Höchstleistung eher angeboren denn erworben ist, falsch ist. Galton gilt als Ahnherr aller psychologischen Testverfahren. Er wies darauf hin, dass beispielsweise Körpergröße oder Aussehen angeboren seien. Im Weiteren behauptete er, dass genetische Mechanismen nicht nur die inneren Organe wie das Nervensystem oder das Gehirn regulierten, sondern auch die geistige Leistungsfähigkeit im Wesentlichen bei der Geburt determiniert seien.

Dieses Bild bestimmt unsere Kultur bis heute, wenn beispielweise behauptet wird, das individuelle Potenzial eines Menschen sei durch biologische Determinanten limitiert. Obwohl man heute weiß, dass langanhaltendes Training eine Vorbedingung für Höchstleistung ist, werden immer noch geringere Leistungen als Mangel an natürlichen Gaben fälschlich attribuiert. Dementsprechend führt dies dazu, dass man das eigene Potenzial erst gar nicht ausschöpft. Trotz des Fokus auf die Gene hat Galton selbst bereits multiple Einflussfaktoren für Höchstleistung verantwortlich gemacht, nämlich Begabung, Begeisterung und harte Arbeit. Eine generelle Begabung in Zusammenhang mit einer generell hohen Intelligenz anzunehmen, so wie Galton es tat, hat sich seitdem in der Forschung nicht bestätigt.

Begeisterung scheint dagegen durchaus ein charakteristisches Merkmal zu sein, dass sich bei allen Hochleistern findet. Ebenso ist die Bereitschaft, aber auch die Fähigkeit, über lange Zeit hart an etwas zu arbeiten, ein wesentliches Kriterium für Höchstleistungen. Sicherlich sind Begeisterung und harte Arbeit die Kernkriterien, die im weiteren Leben Höchstleistung zulassen. Ob es auch angeborene Dispositionen für jeweilige Begabungen gibt oder ob diese Dispositionen nicht vielmehr gerade unsere Begeisterung auf eine bestimmte Tätigkeit lenken und auch die Begeisterungsfähigkeit definieren, ist heute noch nicht sicher zu sagen, auch wenn das sehr wahrscheinlich klingt. Angeborene Dispositionen hinsichtlich bestimmter Fähigkeiten können die Begeisterungsfähigkeit eines Menschen auf bestimmte Gebiete lenken.

Woher diese Begeisterung und die Arbeitsmotivation kommen, darüber kann man streiten. Der Wunsch, aber auch die Bereitschaft, sich gegenüber anderen auszuzeichnen, das Beste aus sich herauszuholen, hart zu arbeiten und dementsprechend den Großteil der eigenen Zeit für die Entwicklung bestimmter Fähigkeiten zu investieren, sind zu einem großen Teil das Ergebnis eines herausfordernden elterlichen oder schulischen Umfeldes. Auch das Selbstkonzept, das Kinder dadurch entwickeln, ihre Werte und Einstellungen werden in der primären Sozialisation massiv von außen beeinflusst.

Sämtliche Ergebnisse aller Studien zu Hochbegabung und Hochleistung zeigen, dass von einem bestimmten Punkt an Unterschiede in den ursprünglichen Fähigkeitsgraden mit der Zeit und der Übung zunehmend unwichtiger werden und Persönlichkeitsmerkmale wie Motivation, Durchhaltewille und Kreativität viel bedeutsamer werden.

6.5 Intelligenz

Lange Zeit dachte man, dass eine hohe Begabung auf eine hohe allgemeine Intelligenz zurückzuführen sei und sie beginne ab der magischen Grenze eines IQ von 130. Diese Annahme geht auf Francis Galton zurück. Galton setzte im Jahre 1869 schlicht Begabung mit hoher Intelligenz gleich. Andere Forscher wie Louis Leon Thurstone oder Joy Paul Guilford teilten dieses Paradigma nicht und vertraten die Annahme, es gäbe mehrere Intelligenzen. Ein aktueller Vertreter der Annahme multipler Intelligenzen ist der Harvard-Professor Howard Gardner, der von acht unterschiedlichen Intelligenzen ausgeht. Auch Robert Sternberg postuliert mehrere Intelligenzen. Anders als bei Gardner sind diese jedoch nicht unabhängig voneinander, sondern die analytische, die kreative und die praktische Intelligenz sind bei ihm in seiner „triarchischen Theorie“ interaktiv vernetzt. Erst alle drei zusammen ergeben die „Erfolgsintelligenz“. Abbildung 6.3 zeigt eine Gegenüberstellung.

Ein IQ-Test macht keine Aussage über die Gesamtintelligenz eines Menschen. Emotionale oder soziale Intelligenz werden nicht erfasst, eben so wenig wie musikalische oder sportliche Intelligenz. Schließlich sagt der IQ-Wert auch nichts über die tatsächlichen Erfolge im Leben aus; die Intelligentesten sind also nicht die Besten. Abgesehen davon ist kein Intelligenztest wirklich so neutral, dass kulturelle und bildungsrelevante Unterschiede vernachlässigt werden können. IQ-Tests messen nur ein sehr begrenztes Spektrum menschlicher Fähigkeiten, insbesondere mathematische und sprachliche Begabungen. Domänen wie Musik oder bildende Kunst verlangen aber meist Fähigkeiten, die damit nicht gemessen werden. So ist es sinnvoller, Leistungstests auf Spezialisierungen hin durchzuführen als an Gesamt-IQs festzuhalten.

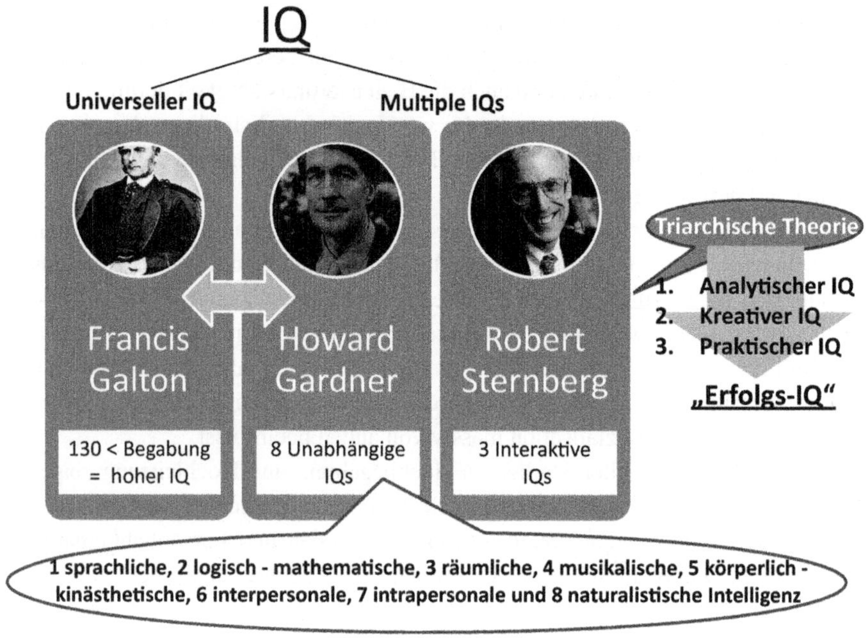

Abb. 6.3 Universelle oder multiple Intelligenz?

6.6 Allgemeine und spezielle Intelligenz

Wir gehen heute davon aus, dass es eine sogenannte allgemeine („fluide") Intelligenz gibt, welche die Basis für die spezifische („kristalline") Intelligenz ist. Aus der allgemeinen Intelligenz speisen sich, gleichsam einer geistigen Energie und Leistungsfähigkeit, die besonderen Begabungen und Talente. Sprachgefühl, mathematisches Geschick oder musikalisches Talent – sie alle können unabhängig voneinander existieren. Rechengenies müssen nicht sozial kompetent sein und herausragende Künstler nicht überdurchschnittlich intelligent.

Die allgemeine Intelligenz wird als Potenzial charakterisiert, das relativ stabil bleibt. Kristalline Intelligenz hingegen ist „erworbene" Intelligenz, abhängig von Kultur, sozialem Umfeld und persönlichen Erfahrungen. Auf den ersten Blick scheint sich die kristalline Intelligenz nicht von praktischer Intelligenz zu unterscheiden, beide lassen sich mit Übung und Erfahrung erweitern.

Während man unter kristalliner Intelligenz aber mehr den individuellen Wortschatz oder das aufgenommene Schulwissen versteht, bezieht sich der Terminus der praktischen Intelligenz mehr auf die Fähigkeit, Probleme zu lösen, insbesondere solche, bei denen es keine korrekte Lösungsstrategie oder Antwort gibt. Kristalline Intelligenz meint Fähigkeiten, die auf Erfahrungswissen beruhen, also Urteilsvermögen, soziale Intelligenz, sprachliche Fähigkeiten und induktives Denken.

Fluide Intelligenz beruht auf grundlegenden Informationsverarbeitungsfähigkeiten: Beziehungen zwischen visuellen Reizen erkennen, die Geschwindigkeit der Informationsverarbeitung oder die Kapazität des Arbeitsgedächtnisses. Während die fluide Intelligenz bereits ab dem zwanzigsten Lebensjahr wieder abnimmt, nimmt die kristalline Intelligenz bis in das mittlere Erwachsenenalter zu. Der kristalline IQ erreicht seinen Höhepunkt zwischen dem 45. und 54. Lebensjahr und nimmt erst mit dem 80. Lebensjahr wieder ab. Routine und Erfahrung haben hier einen stabilisierenden Effekt. Zugleich kommt mildernd hinzu, dass die Nutzungseffizienz im höheren Alter wächst.

Entstanden sind diese Konzepte nicht zuletzt durch die Kritik an einem Intelligenzverständnis, das im Wesentlichen „akademische Intelligenz" genannt werden kann. Dieses fokussierte sehr stark auf verbalem Geschick, Kopfrechnen und induktivem bzw. deduktivem Denken und damit insgesamt zu einem hohen Maße auf vorhandene Bildung. Intelligenz ist nicht nur bildungs-, sondern auch kulturabhängig: Man verbindet mit ihr auf der Welt nicht immer das Gleiche. Das Problem international verschiedener Maßstäbe tritt auch auf, wenn man die Begabung an den Intelligenzfaktor bindet. Wenn in Deutschland jemand mit einem IQ von 130 als „hochbegabt" gilt, entspricht das international gerade der Bewertung „begabt" („gifted"). Verschiedene IQ-Tests können auch erheblich in ihren Aussagen abweichen. Darüber hinaus ist es schwierig, IQ-Tests kulturneutral zu konzipieren, um Ethnozentrismus zu vermeiden.

6.7 Übung macht den Meister

Eine Richtlinie der Expertenforschung besagt, dass man in den meisten Gebieten mindestens zehn Jahre strategischen Übens benötigt, um bis zu einem Experten-Level zu gelangen. Der Begriff „Experte" selbst fußt auf der Auffassung der „10-Jahre/10.000-Stunden"-Regel: So braucht man mindestens eine zehnjährige Vollzeitbeschäftigung mit insgesamt mindestens 10.000 Übungsstunden, um es in einem Feld zur Meisterschaft zu bringen, oder um es modern zu sagen, „Expertise" zu erlangen.

Während es hochbegabte Talente gibt, die ihre Begabung nie für Höchstleistung einsetzen können, investieren erfolgreiche Experten nicht nur vorab Zeit in die richtige Strategie, sie besitzen generell ein beträchtliches Organisations- und Planungsgeschick. Wie wichtig Organisationsfähigkeit für Erfolg ist, weiß man schon lange in der Wirtschaft. Im Arbeitsleben zählen Planungs- und Organisationsfähigkeit sowie strategisches Denken zu den Schlüsselqualifikationen erfolgreicher Manager.

6.8 Beruflicher Erfolg

Um in hohem Maße leistungsfähig zu sein, genügt es nicht, nur Talent zu besitzen. Man muss auch einen Beruf finden, der den eigenen Bedürfnissen entspricht. Es gibt eine in der Karriereberatung oft verwendete Lebensweisheit, die lautet: „Tue das, was du liebst, und der Erfolg kommt von alleine." Ebenso wichtig wie der richtige Beruf und das richtige Interesse ist der Grad an Leidenschaft, der mit dem Interesse einhergeht. Er bestimmt die selbstgesteckten Herausforderungen und hängt eng mit dem eigenen Selbstwert zusammen.

Einer der wichtigsten Faktoren für beruflichen Erfolg ist das Selbstverständnis und Selbstbild, das wir von uns haben, wichtiger als IQ, familiäres Umfeld, Ausbildung usw., auch wenn sich die Kriterien untereinander bedingen. Wichtig für die Personalauswahl der Unternehmen ist es demnach, dieses Selbstbild zu erfragen und es mit den abgeleiteten Folgerungen für Motivation, Ziel, Art der beruflichen Tätigkeit und der Vorstellung des Bewerbers in Einklang zu bringen.

Um beispielsweise für Unternehmen herauszubekommen, ob man es mit einem „High-Potential"-Kandidaten zu tun hat, reicht es nicht, zu untersuchen, was diese Person kann oder schon erreicht hat, sondern auch was sie will und wie sie sich selbst schätzt. So nimmt man an, dass selbst bei nur mäßiger Begabung mit hoher Motivation und geeigneten persönlichen Voraussetzungen eine Kompensation erreicht werden kann, insbesondere wenn man noch mehr Zeit und Mühe investiert.

Beispiele für Prüfungsfragen

- Welche Kritik kann man gegenüber Intelligenztests anführen und was kann man daraus lernen?
- Ist es für beruflichen Erfolg besser, schüchtern oder extravertiert zu sein? Bitte diskutieren Sie!

Literatur

1. Achouri, C. (2014). *Talent- und Karrieremanagement*. Wiesbaden: Springer.
2. Ericsson, K. A., Charness, N., Feltovich, P. J., & Hoffman, R. R. (Hrsg.). (2006). *The Cambridge handbook of expertise and expert performance*. New York: Cambridge University Press.

Placement 7

> **Lernziele**
> - Sie wissen, was eine professionelle Placement-Beratung beinhaltet.
> - Sie verstehen, wie der Persönlichkeitstest MBTI aufgebaut ist, können Ihren Persönlichkeitstyp ermitteln und angeben, welche beruflichen Empfehlungen dazu passen.

Placement bedeutet schlicht „Platzierung", und zwar von Bewerbern auf Stellen. Im Gegensatz zu den Begriffen „Outplacement" oder „Newplacement", die beide eine Platzierung von Mitarbeitern eines Unternehmens auf dem externen Stellenmarkt im Auge haben, bedeutet das reine Placement die Platzierung von Mitarbeitern im eigenen Unternehmen. Placement kann dabei dem Mitarbeiter die Arbeit, sich zu bewerben, nicht abnehmen und ist auch nicht als Bypass für interne Jobbörsen in der Personalentwicklung zu sehen. Placement schafft keine Jobs, sondern setzt den Mitarbeiter in den Stand, eine berufliche Selbstorientierung vorzunehmen (Coaching-Aspekt), seine Bewerbung von den Bewerbungsunterlagen bis zum Auftreten zu optimieren (Beratungsaspekt) sowie ihn mit den notwendigen Informationen zu versorgen, sodass er sich selbst auf dem Stellenmarkt dauerhaft orientieren kann. Wie kommt so ein Placement-Gespräch zustande?

Die Initiative hierfür sollte vom Mitarbeiter ausgehen, der beraten werden will. Der Mitarbeiter darf nicht von seiner Führungskraft „überwiesen" werden. Es hängt stark von der Kultur des jeweiligen Unternehmens ab, ob die Führungskraft vom Wunsch des Mitarbeiters, in die Placement-Beratung zu gehen, weiß. Schließlich signalisiert dies einen Veränderungswillen des Mitarbeiters. In einer transparenten Unternehmenskultur ist dies ohne Probleme möglich. Entscheidend bei der Beratung bleibt aber dennoch der Aspekt der Vertraulichkeit. Hier zeigt sich die Verschmelzung von Recruitment und Placement erneut als günstig, denn obwohl Recruiting ein operativer Bestandteil des Personalwesens ist, hat es keine Ordnungsfunktion inne. Damit fallen mögliche Berührungsängste von

C. Achouri, *Human Resources Management*,
DOI 10.1007/978-3-8349-4740-6_7

Mitarbeitern weg, die in der Vergangenheit schlechte Erfahrung mit der Personalabteilung gemacht oder von solchen gehört haben. Dies setzt voraus, dass auch innerhalb des Personalwesens die Placement-Beratungen vertraulich behandelt werden. Die Vertraulichkeit gegenüber der Führungskraft des beratenen Mitarbeiters versteht sich von selbst.

Den operativen Teil des Recruitings mit dem Placement zu verbinden, macht insbesondere dann Sinn, wenn man in der Personalentwicklung nicht nur den strategischen Teil des Placements betrachtet, (also wie ein Unternehmen mit Förderkandidaten umgehen will, wie Potenzialaussagen getroffen werden usw.), sondern vielmehr den Beratungs- und Coaching-Aspekt von Personalentwicklungsgesprächen im Auge hat. Denn Recruiter und Placement-Berater haben tendenziell unterschiedliche „Hüte" auf, weil sie zunächst unterschiedliche Interessen verfolgen.

Während Recruiter darauf achten, die offenen Stellen mit den besten Kandidaten zu besetzen, und so bei allen Bewerbern Stärken und Schwächen möglichst offenlegen, unterstützt der Placement-Berater seine Kandidaten als Coach und steht auf deren Seite. Wenn Recruiter und Placement-Berater aber nicht nur von einer Person verkörpert werden, sondern auch im Gegensatz zum externen Personalberater in das Unternehmen eingegliedert sind, findet sich hinsichtlich des Bewerbungsprozesses eine weitere Interessenskollision. Denn jedes Unternehmen hat eigene Prozessabläufe, welche im Fall des Recruitings auch nur von Recruitern einsehbar sind.

Einerseits kann der Recruiter kein Interesse haben, diese internen Prozesse einem Bewerber transparent zu machen, andererseits verschaffen sie dem Placement-Berater natürlich Vorteile für seinen Kandidaten. Dazu würde auch der Einfluss des Recruiters auf die Führungskraft, welche die Stelle besetzt, zählen. In der Praxis hat sich gezeigt, dass im Normalfall keiner dieser Konflikte nachteilig für Unternehmen oder Kandidaten geworden ist, es aber innerhalb des Unternehmens notwendig ist, die spezifischen Rollen von Recruitern und Placement-Beratern zu definieren und zu kommunizieren. In der Tat kann ein Unternehmen einen großen Nutzen aus der Zusammenziehung beider Funktionen ziehen.

So wird es in Zeiten großen Personalbedarfs für einen Recruiter vorteilhaft sein, auf einen Pool von Placement-Kandidaten zurückgreifen zu können. Und Placement-Kandidaten, die sich verändern wollen, haben an der Seite des Recruiters die Möglichkeit, von den neuesten Entwicklungen auf dem internen Stellenmarkt zu profitieren. Im Folgenden sollen einige wesentliche Schritte eines Placement-Gespräches, die sich in der Praxis als Best Practice erwiesen haben, skizziert werden. Sie können zugleich als Inhalt jedes Bewerbungstrainings Anwendung finden.

7.1 Bewerbungstraining im Placement

Zunächst sollten folgende Fragen im Laufe der Beratung beantwortet werden: Was will der Mitarbeiter (Orientierungsphase)? Wie nennt sich diese Tätigkeit im Unternehmen (Entwicklungsphase)? Welche Kompetenzen fehlen dafür noch (Bewerbungsphase)?

Was will der Mitarbeiter?
Was will der Kandidat kurz-, mittel- und langfristig erreichen (beruflich und privat)? Was macht der Kandidat gerne, weniger gerne, wo liegen nach Selbsteinschätzung die Stärken und Schwächen? Welche Stärken und Schwächen wurden dem Mitarbeiter im Laufe seines Berufslebens rückgemeldet? Was motiviert den Mitarbeiter? Wo engagiert er sich? Was empfindet der Mitarbeiter als sinnstiftend im (beruflichen) Leben?

Wie nennt sich diese Tätigkeit?
Wenn geklärt ist, was der Mitarbeiter generell will, sollte der Schritt, konkrete Tätigkeiten abzuleiten, keine große Hürde darstellen. Gegebenenfalls helfen Fragen nach dem beruflichen und privaten Umfeld, also beispielsweise, wer im Bekanntenkreis des Kandidaten erstrebenswerte Tätigkeiten ausübt, die ein ähnliches Qualifikationsprofil erfordern. Hier muss der Berater erkennen, ob das erstrebte Profil als Tätigkeit im eigenen Unternehmen oder auf dem Markt vorkommt, und hierbei ist die Doppelfunktion von Placement-Berater und Recruiter in einer Person von großem Nutzen. Recruiter kennen nicht nur die offenen Vakanzen im Unternehmen und deren Anforderungsprofile, sie verfügen auch über einen Erfahrungsschatz hinsichtlich vergleichbarer Tätigkeiten am Arbeitsmarkt und können ggf. auch Headhunter, mit denen sie zusammenarbeiten, empfehlen. Wenn die gewünschte berufliche Tätigkeit des Kandidaten eine Bezeichnung gefunden hat (nicht selten eine andere als der Kandidat selbst dachte), kann ein Matching auf vorhandene Vakanzen stattfinden. Bei Bedarf wird der Berater dem Kandidaten auch anhand von Entwicklungslandkarten die möglichen zukünftigen Veränderungen innerhalb dieser Jobfamilie aufzeigen.

Welche Kompetenzen fehlen noch?
Anhand aktueller Qualifikationsprofile in den Stellenausschreibungen sowie des Erfahrungsschatzes des Recruiters hinsichtlich vergangener vergleichbarer Bewerbungsprozesse können die notwendigen „Hard Facts", also im Wesentlichen die möglichen Kenntnisse und Erfahrungen des Kandidaten, für das angestrebte Profil ermittelt werden. Daraus wiederum lässt sich sehr gut ein möglicher Weiterbildungsbedarf konkretisieren, welcher nun aufgrund dessen, dass ein Kandidat sehr präzise seine weitere berufliche Entwicklung skizzieren kann, in der Genehmigung durch die Führungskraft (soweit eingebunden) meist Aussicht auf Erfolg hat.

Im eigentlichen Bewerbungstraining lernen Kandidaten, sich mit geeigneten Marketingverfahren günstig ins Licht zu rücken. Eine Möglichkeit hierfür bietet der „Zwei-Minuten-Spot" der Interviewführung (siehe Abb. 7.1).

7.2 Einsatz von Persönlichkeitstests

Im Rahmen von Weiterbildungsmaßnahmen, im Coaching oder auch innerhalb von Organisationsentwicklung (z. B. für Teamentwicklungen) finden Persönlichkeitstests bereits Verbreitung. Für Personalauswahl ebenso wie für Performance-Managementsysteme

Sender	Empfänger
1. Geburt, Herkunft	Einflussfaktoren, Umfeld
2. Ausbildung, Berufsabschlüsse	Fähigkeiten, Abschlüsse Kompetenzen
3. Berufspraxis und Stationen	Arbeitgeber Fachkenntnisse Horizont Charakteristik Flexibilität Lebensplanung
4. Aktuelle Position	Begründung und Motivation
5. Brücke zur aktuellen Situation	Trennungsgrund und Motivation des W echsels
6. Zielsetzung	Lebensplanung, positive Grundeinstellung Zuversicht Aktivität

Abb. 7.1 Der Zwei-Minuten-Spot

haben sich hingegen verhaltensorientierte Instrumente bewährt. Innerhalb der Outplacement- und Placement-Beratung generell bietet sich die Verwendung von Persönlichkeitstests dagegen an, und sie werden auch weitgehend genutzt. Ziel ist es dabei, keine Auswahlentscheidung zu treffen, sondern dem Kandidaten bzw. Klienten anhand des Testverfahrens eine zusätzliche Entscheidungshilfe hinsichtlich beruflicher Neuorientierung oder Karriereberatung zu geben.

Der Test erfüllt hier mehrere Zwecke. Zum einen zeigt sich in der Beratungspraxis, dass sich Kandidaten schneller öffnen, wenn als Einstieg in die Orientierungsphase einer Beratung ein Testverfahren verwendet wird. Gerade psychologisch wenig erfahrene Kandidaten erleben Tests meist als aussagekräftig. Die Neigung, eine Distanz zum Berater aufrechtzuerhalten oder unter Umständen eine Rolle aufrechtzuerhalten, die der Wirklichkeit nicht entspricht, schwindet. Hierbei muss der Berater aber sehr feinfühlig vorgehen, sodass sich der Klient nicht entblößt fühlt. Es versteht sich deshalb von selbst, das Testverfahren nur bei völliger Akzeptanz der Klienten durchgeführt werden sollten.

Zum anderen schafft ein Testverfahren oft eine grundsätzliche Öffnung eines Placement-Kandidaten für grundsätzliche (Berufs-)Möglichkeiten, da der Raum der jetzigen bekannten beruflichen Optionen verlassen wird. Deswegen bietet es sich an, Testverfahren immer an den Anfang der Placement-Beratung zu stellen, an den Anfang der Orientierungsphase. Viele Testverfahren haben einen klinisch psychologischen und therapeutischen Hintergrund und sind für den Einsatz in Wirtschaftsunternehmen nur bedingt geeignet. Der Einsatz von Testverfahren, seien es Persönlichkeits- oder auch Intelligenztests, wird in Deutschland unterschiedlich gehandhabt. Während im Weiterbildungs- und Trainingsbereich zahlreiche Anbieter Persönlichkeitstests einsetzen, werden diese im Unternehmensbereich kaum verwendet. Das hat mehrere Ursachen:

Meist verbietet die unternehmerische Mitbestimmung, wie sie z. B. in Betriebsvereinbarungen verankert ist, eignungsdiagnostische Instrumente, die in den Privat- bzw. Persönlichkeitsbereich reichen. Werden sie eingesetzt, so setzt dies eine Einwilligung der Testperson voraus. Insbesondere Intelligenztests werden meist nur bei Zielpersonen angewendet, die (noch) kein Hochschulstudium absolviert haben, um logisch-analytische Kompetenz zu messen.

International zeigt sich ein immer stärkerer Trend zu gemischten Verfahren. So bietet sich an, z. B. innerhalb eines AC Testverfahren als Ergänzung anzuwenden. Wie bereits erwähnt, misst das AC das „Was" und das „Wie". Ein Test kann in Ergänzung dazu erklären, warum ein Kandidat ein bestimmtes Verhalten zeigt. Insbesondere ergänzend zu Verhaltensergebnissen im AC, der Selbstsicht des Kandidaten im Interview und den Ergebnissen von Testverfahren lässt sich so ein interessantes eignungsdiagnostisches Instrumentarium herstellen. In der Praxis wird man aufgrund von Zeitersparnis meist nicht das komplette Instrumentarium bemühen. Es ist demnach erforderlich, eine Priorisierung vorzunehmen, die oft zugunsten verhaltensdiagnostischer Instrumente ausfällt.

Zudem sprechen sich viele Experten und Unternehmen auch grundsätzlich gegen die Verwendung von Testverfahren aus. Dies liegt zum Teil an einer fraglichen Validität einiger Tests, aber auch an der fraglichen Verknüpfung etwa persönlichkeitsrelevanter Merkmale mit beruflich geforderten Qualifikationen. Für ein Unternehmen ist es diesbezüglich nicht wesentlich, ob ein Bewerber z. B. grundsätzlich gerne im Team arbeitet oder eher ein Einzelgänger ist. Wichtig ist, ob der Bewerber bei Bedarf im Team arbeiten kann. Es ist demnach für ein Unternehmen nicht notwendig zu wissen, ob dem Verhalten eine bestimmte Persönlichkeitsstruktur zugrunde liegt, solange das gewünschte Verhalten gezeigt wird.

Umgekehrt lässt sich auch fragen, ob aus einer bestimmten diagnostizierten Persönlichkeitsstruktur unmittelbar auf bestimmte Verhaltensweisen geschlossen werden kann, wie es bei den sogenannten psychologischen Trait-Modellen der Fall ist. Trait- oder Eigenschaftsmodelle leiten Verhalten aus einer stabilen Persönlichkeitsstruktur ab. Typenmodelle dagegen lassen zwischen Persönlichkeitsstruktur und gezeigtem Verhalten einen Spielraum, in dem sie beispielsweise von Präferenzen sprechen, die bestimmte Verhaltensweisen begünstigen, aber dennoch veränderbar bleiben.

Typpräferenzen führen also nicht zu Verhalten, sondern sind vielmehr als Ausdruck einer Verhaltensweise zu sehen. Dies lässt innerhalb der Typenmodelle die grundsätzliche Entscheidung für ein bestimmtes Verhalten zu. Verhält sich demnach ein bestimmter Typ nicht gemäß seiner Anlage, so muss er mehr Energie aufwenden, aber dieses Verhalten ist grundsätzlich möglich.

Allen Tests ist gemeinsam, dass sie Selbstaussagen der Kandidaten abbilden, die immer auch die Gefahr bergen, dass eine bestimmte gewünschte Rolle kommuniziert wird. Trait-Modelle gehen davon aus, dass bei jedem Menschen alle Persönlichkeitsmerkmale zumindest minimal ausgeprägt sind und damit universell auftreten. Diese Ausprägung ist messbar und führt zu einem bestimmten gezeigten Verhalten einer Person. Entsprechende statistische Signifikanz vorausgesetzt, entsteht bei der Auswertung der Ergebnisse eine Normalkurve, wobei die Werte der meisten Menschen irgendwo in der Mitte liegen und damit eine durchschnittliche Ausprägung des betreffenden Persönlichkeitsmerkmales aufweisen. Insbesondere an den Extremwerten, die meist auch mit extremen Formulierungen im Test („äußerst", „energisch" etc.) einhergehen, werden Werturteile über die Anpassungsfähigkeit oder die Kompetenz eines Menschen, gemessen an einer Normalverteilung, getroffen. In der Wirtschaft lassen sich diese Tests für Personalauswahlverfahren gezielt einsetzen. Man kann demnach beispielsweise anhand des geforderten Merkmals der Flexibilität eine graduelle Differenzierung der Kandidaten bezüglich der Eignung messen.

Dagegen gehen Typenmodelle davon aus, dass Menschen kategoriell verschieden und Präferenzen nicht universell vorhanden sind. Da es keine Normalverteilung von Typpräferenzen gibt, lassen sich diese auch nicht graduell werten. Eine graduelle Einordnung erfolgt lediglich hinsichtlich der Eindeutigkeit, mit der man die kategorielle Einordnung messen kann. Dies schließt aber nicht aus, dass Menschen ihre nicht präferierten Seiten ebenso nutzen bzw. entwickeln.

Typenmodelle erweisen sich demnach für die Personalauswahl als ungeeignet und sollten bevorzugt als Instrumente der Personalentwicklung eingesetzt werden. Im Folgenden wird mit dem MBTI als Beispiel für ein Typenmodell ein Instrument beleuchtet, das sich aufgrund der Ausrichtung an gesunden Personen für den Einsatz in der Wirtschaft gut eignet. Die Ausrichtung als Typenmodell ist ein Ansatz, der dem Entwicklungsgedanken der Kompetenzmodelle von Unternehmen nahesteht. Schließlich sind für Unternehmen nur solche Personalentwicklungsinstrumente von Nutzen, welche mit veränderbaren Verhaltensweisen arbeiten und aus denen sich (Weiterbildungs-)Maßnahmen ableiten lassen.

7.3 Einführung in den MBTI

Der MBTI (Myers-Briggs Type Indicator) gehört zu den Persönlichkeitstests, die weltweit am meisten im Einsatz sind. So gibt es Übersetzungen des Fragebogens in mehr als 30 Sprachen und groß angelegte empirische Statistiken, die insbesondere in Großbritannien durchgeführt wurden. Mögliche Einsatzfelder sind persönliche Entwicklung, Karriereberatung, Managementschulung, aber auch ganz allgemein Beziehungsberatung oder Problemlösung. Im Bereich der Teamentwicklung ist der MBTI weit verbreitet, und es ist nicht selten, im angelsächsischen Sprachraum auf Visitenkarten die MBTI-Ausprägung abgedruckt zu sehen. Auch ist es keine Seltenheit, wenn Teams hinsichtlich ihrer MBTI-Ausprägung zusammengestellt werden. Hierbei ist das Ziel, möglichst viele verschiedene Typen im Team abzubilden, sodass keine „Kompetenzlöcher" entstehen. Wenn man kein Gruppen-Placement durchführt, ist der Einsatz des MBTI innerhalb von Placement auf Einzelpersonen abgestimmt und soll helfen, sich selbst besser einzuschätzen. Die

Aussagen des MBTI gehen dabei so weit, eine konkrete Berufswahl aus den jeweiligen Typen abzuleiten.

Dem Test liegt die Typenlehre von Carl Gustav Jung zugrunde, und die Testautoren fordern, dass MBTI-Trainer sich mit diesen theoretischen Grundlagen des Verfahrens auseinandersetzen. Ein Zertifizierungsverfahren für MBTI-Trainer soll sicherstellen, dass der Test aus qualitativen Gründen nur von zertifizierten MBTI-Trainern durchgeführt wird. Katherine Briggs (1875–1968) und deren Tochter, Isabel Briggs Myers (1897–1980), haben sich in der Folge bemüht, die Jungsche Theorie der psychologischen Typen verständlich und nutzbar zu machen.

Obwohl der MBTI wie die meisten Testverfahren als Fragebogen zur Selbstauswertung aufgebaut ist, legen die Autoren Wert darauf, ihn nicht als Test im eigentlichen Sinne zu bezeichnen, sondern als „Indikator". Das MBTI-Verfahren arbeitet nicht mit Eigenschaftsmodellen wie der „16-Persönlichkeits-Faktoren-Test" (16PF), das „California Psychological Inventory" (CPI) oder der „Occupational Personality Questionnaire" (OPQ) dies tun, sondern mit Präferenzaussagen.

Was mit Präferenzen gemeint ist, wird am besten deutlich, wenn man die im MBTI-Training übliche Übung zum Präferenzverständnis durchführt. Man schreibt seinen Namen sowohl mit der eigentlichen Schreibhand als auch mit der anderen Hand. Wie sich das Schreiben mit der bevorzugten Hand anfühlt, veranschaulicht, was der MBTI mit Präferenz meint. Man kann beide Hände zum Schreiben benutzen, was die grundsätzliche Entwicklungsfähigkeit im MBTI ausdrückt. Kompetent, effizient und angenehm geschieht dies aber nur mit unseren Präferenzen.

7.3.1 Konstruktionsgrundlagen

Der MBTI beschreibt auf vier Skalen jeweils dichotome Persönlichkeitsmerkmale, damit ergeben sich insgesamt acht verschiedene Typenmuster bzw. 16 verschiedene Persönlichkeitstypen. Die erste Skala misst, woraus psychische Energie bezogen wird, entweder extravertiert (E) über die Außenwelt oder introvertiert über die Innenwelt (I). Die zweite Skala misst die Art, wie Informationen bevorzugt aufgenommen werden, über die sinnliche Wahrnehmung (S) oder über die Intuition (N). Die dritte Skala beschreibt, wie Entscheidungen bevorzugt getroffen werden, logisch-analytisch (T) oder gefühlsbezogen (F). Schließlich wurde durch Briggs und Myers-Briggs die vierte Skala hinzugefügt, welche den Umgang mit der Außenwelt beschreibt, entweder strukturiert und planend (J) oder spontan und prozessorientiert (P). Die Buchstabenkürzel entsprechen dabei den englischen Bedeutungen Extraversion (E), Introversion (I), Sensing (S), Intuition (N), Thinking (T), Feeling (F), Judging (J) und Perceiving (P). Dabei geht die Theorie davon aus, dass die Kenntnis des eigenen Typus bzw. anderer Typen die Kommunikation und Zusammenarbeit erleichtert, was den Einsatz innerhalb der Teamentwicklung erklärt. Den Präferenzen sind definierte Beschreibungen hinterlegt:

Extraversion Energie aus der Umwelt aufnehmen, beim Tun, bei der Beschäftigung mit Dingen in der Außenwelt und im Kontakt mit Menschen.

Introversion Energie aus der Innenwelt beziehen durch ruhiges Nachdenken, sich auf die eigenen Gedanken und Ideen konzentrieren.

Sensation (Empfinden) Neigung, sich an konkreten Informationen und Fakten zu orientieren, um herauszufinden, was tatsächlich gerade passiert. Beachten, was um einen herum gerade vor sich geht, besonders im Hinblick auf praktische Aspekte.

Intuition Neigung, die Aufmerksamkeit auf Muster und größere Zusammenhänge zu richten, statt auf die konkreten Daten. Sich dafür interessieren, wie das eine mit dem anderen zusammenhängt. Nach dem Ausschau halten, was sein könnte, und sich nicht unbedingt an dem orientieren, was ist. Fokus auf Ideen und Möglichkeiten.

Thinking Neigung, Entscheidungen von einem objektiven Standort aus zu treffen, von dem aus man die logischen Konsequenzen einer Entscheidung oder Handlung analysieren kann. Objektive Kriterien, Regeln und Prinzipien anwenden. Sich oft von einer Situation distanzieren, um sie objektiv bewerten und Ursache und Wirkung analysieren zu können.

Feeling Neigung, Entscheidungen von einem subjektiven Standpunkt aus zu treffen, von dem aus man die Auswirkung von Handlungen auf die eigenen persönlichen Überzeugungen überprüft. Harmonie suchen und die Wichtigkeit der mitschwingenden unterschiedlichen Werte abschätzen. Sich oft in eine Situation hineinversetzen, um sie persönlich anhand der eigenen Werte zu deuten.

Judging Neigung, Entscheidungen auf einen Punkt hinzuführen. Sein Leben eher in geordneten und geplanten Bahnen führen und die Dinge unter Kontrolle und geregelt wissen. Gern einen Plan erstellen und sich daran halten, bis er umgesetzt ist. Man ist zufrieden, wenn die Arbeit getan ist.

Perceiving Neigung, für neue Erfahrungen und Informationen offen zu sein. Sein Leben lieber flexibel und spontan leben. Sich ohne Weiteres auf den Lauf der Dinge einlassen und durchaus den Vorteil von „Last-Minute“-Optionen mitnehmen. Sich gern auf neue Ressourcen einlassen und anpassungsfähig sein und sich durch Pläne und Strukturen eher eingeengt fühlen.

Aus der Entscheidung für die jeweiligen Präferenzen ergibt sich der jeweilige Typ, der in vier Buchstaben beschrieben werden kann, also z. B. „ESTJ“. Die visuelle Darstellung der Präferenzwerte lässt dabei eine graduelle Darstellung der Ausprägung zu.

7.3.2 MBTI-Auswertung

Eine qualitativ hochwertige MBTI-Auswertung ist zeitlich sehr umfangreich. Kunden sollten bei der Auswahl des MBTI-Beraters darauf achten, dass dieser zertifiziert ist. Zum anderen sollte beachtet werden, dass sich das Instrument zum Einsatz in Gruppen nur unter bestimmten Bedingungen eignet. Der MBTI eignet sich für den Einsatz in einer Teamentwicklung nur für Gruppen bis ca. zwölf Teilnehmern. Ansonsten muss die Durchführung, um qualitativ zu bleiben, ggf. mit einem zweiten Trainer ergänzt werden. Dem eigentlichen Teamevent sollte eine Einzelauswertung vorausgehen, sodass man sich am Durchführungstag selbst auf diejenigen Übungen konzentrieren kann, die zur Verdeutlichung der Dichotomien dienen, die im jeweiligen Team vorhanden sind. Die Vorauswertung und das individuelle Rückmeldegespräch müssen also zeitlich vor dem Teamevent eingeplant werden.

Eine ausführliche MBTI-Durchführung beinhaltet demnach für den Einzelnen folgende Schritte: Zunächst füllt ein Kunde den Fragebogen selbst aus (Dauer ca. 20 min) und schickt diesen an den Trainer zurück. Dieser wertet den Bogen aus und führt mit dem Kunden ein Feedbackgespräch (Dauer ca. eine Stunde). In dem Rückmeldegespräch werden dem Kunden zunächst die einzelnen Dichotomien mit hinterlegten Beispielen vorgestellt. Der Kunde entscheidet sich auf dieser Basis für einen Selbsteinschätzungstyp in Form von vier Buchstaben. Anschließend zeigt der MBTI-Berater dem Kunden die Buchstabenkombination des berichteten Typs. Statistisch stimmt bei vielen Menschen die Selbsteinschätzung mit dem vom Berater ausgewerteten Typ überein. Damit steht der Typ fest. Wenn es Unterschiede zwischen Selbsteinschätzung und berichtetem Typ gibt, entscheidet der Kunde selbst, welche Aspekte aus beiden Ergebnissen besser auf ihn zutreffen. Daraus ergibt sich der sogenannte Best-Fit Type.

Für eine mögliche Abweichung zwischen Selbsteinschätzung und berichtetem Typ werden mehrere Erklärungen angeboten. Zum einen kann die Arbeitsumgebung oder die Art der Arbeit dazu geführt haben, die weniger präferierte Seite einsetzen zu müssen. Diese Menschen haben wahrscheinlich viel Mühe investiert, um in jener weniger bevorzugten Art produktiv tätig zu sein. Aber es ist wahrscheinlich weniger interessant und kostet mehr Energie, als wenn man sich innerhalb der bevorzugten Bereiche aufhält. Auch kann das soziale Umfeld, in dem Menschen aufgewachsen sind oder in dem sie aktuell leben, verhindern, dass die wahren Präferenzen ausgelebt werden können. Diese Personen fühlen sich demnach gedrängt, eine bestimmte soziale Rolle zu spielen, welche die weniger bevorzugte Präferenz erfordert.

7.3.3 Typendynamik

Die Aussagen, die sich aufgrund der Buchstabenkombination ergeben, reichen für eine detailliertere Persönlichkeitsanalyse nicht aus. So ergibt sich aus den Funktionspaaren ST, SF, NT, NF zwar ein erster Anhaltspunkt, es wird aber beispielsweise nicht klar, ob bei der

Kombination ST die sinnliche Wahrnehmung (S) oder die analytische Beurteilung (T) als stärkste Präferenz wirkt. Um diese Präferenz innerhalb eines bevorzugten Funktionspaares näher kennenzulernen, muss man das dynamische Ineinanderwirken der Funktionen verstehen. Für dieses Verständnis eignet sich die Metapher eines „Autos" bzw. der „Mitfahrenden".

Die dominante Funktion

Dabei wird die sogenannte dominante Funktion durch den Fahrer repräsentiert. Er fährt das Auto, bestimmt Fahrtrichtung, Geschwindigkeit, Pausen und Regeleinhaltung bzw. Überschreitung. Menschen setzen diese stärkste Funktion bevorzugt in dem Bereich ein, aus dem sie ihre Energie beziehen. Bei Extraversion geschieht dies bevorzugt in der Außenwelt, vergleichbar dem erzählenden und gestikulierenden Fahrer.

Bei Introversion findet die dominante Funktion ihre Anwendung in der Innenwelt, was bedeutet, dass die Person erst über die Situation reflektiert, bevor sie sich äußert. Somit gibt es zu jeder Funktion immer zwei Ausrichtungen, z. B. Fühlen (F) als Fe oder Fi, also je nach Ausprägung extra- oder introvertiert. Ein Beobachter sähe demnach in einer Situation nicht, was in einer introvertierten dominanten Funktion eines beobachteten Menschen vor sich geht. Wir setzen unsere dominante Funktion vorwiegend in ihrer bevorzugten Welt ein. Wenn wir mehr Energie aus der Außenwelt beziehen, also extravertiert sind, dann wird sich die dominante Funktion auch dort äußern. Beispielsweise hat der ESTJ-Typ das Denken (Thinking T) als dominante Funktion. Durch die extravertierte Ausprägung (E) wird dieser Typ seine logischen Begründungen und Schlussfolgerungen auch laut aussprechen.

Die Hilfsfunktion

Die sekundäre Funktion, auch Hilfsfunktion genannt, wird im Bild des Autos in der Person des Beifahrers repräsentiert. Er liest die Landkarte und unterstützt somit den Fahrer. Die Hilfsfunktion wird in Hinsicht auf den Bezug zur Außenwelt als entgegengesetzt zur dominanten Funktion verwendet. Ist die dominante Funktion extravertiert, dann ist die Hilfsfunktion introvertiert und umgekehrt. Um im Beispiel ESTJ zu bleiben, bezieht dieser seine Informationen für Entscheidungen aus dem introvertierten Empfinden, also z. B. Erfahrungen aus der Vergangenheit, aus dem, was andere getan haben usw.

Die tertiäre Funktion

Die sogenannte tertiäre Funktion ist vergleichbar mit einem pubertierenden Jugendlichen auf dem Rücksitz hinter dem Beifahrer. Zeigt er sich am Geschehen eher uninteressiert, gibt er doch oft auch brauchbare Kommentare von sich. Die tertiäre Funktion ist noch entwicklungsbedürftig.

Die inferiore Funktion

Schließlich spiegelt die vierte oder auch sogenannte inferiore Funktion das Verhalten eines Säuglings wider, der während der Fahrt mit Sicherheit einmal schreit, den Fahrer

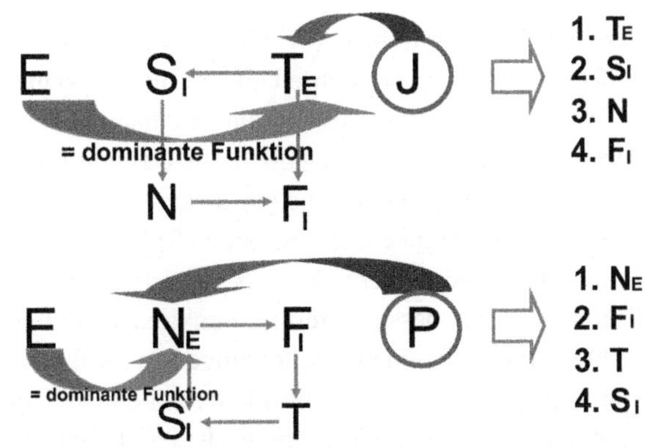

Abb. 7.2 Ermittlung der Typendynamik – zwei Beispiele

damit nervt, aber auch nicht leicht ruhiggestellt werden kann. In der Theorie von C. G. Jung entspricht diese vierte Funktion dem Unbewussten und beinhaltet damit das, was ein Mensch persönlich nicht wahrnehmen will und was ggf. unserem Ich-Ideal widerspricht. Gerade diese unbewussten Merkmale können vorwurfsvoll auf andere projiziert werden. Dabei bietet die inferiore Funktion eine große Chance für die persönliche Entwicklung. Jung ging davon aus, dass Personen insbesondere in der zweiten Lebenshälfte auf die Entwicklung ihrer inferioren Funktion achten. Die inferiore Funktion ist ebenso wie die Hilfsfunktion entgegengesetzt ausgeprägt zur dominanten Funktion hinsichtlich der Richtung auf die Außenwelt.

Formel zur Berechnung der Typendynamik
Dabei gilt als generelle Formel zur Bestimmung der Typendynamik: J verweist auf T oder F, P verweist auf N oder S. Der Verweis der vierten Skala bestimmt immer zunächst die extravertierte Ausprägung, der andere Teil des Funktionspaares bestimmt sich danach introvertiert. Im Folgenden bestimmt sich durch die erste Skala die dominante Funktion. Hilfsfunktion, tertiäre Funktion und inferiore Funktion leiten sich dementsprechend davon ab. Dabei wird der tertiären Funktion keine Ausprägung (introvertiert oder extravertiert) zugewiesen, während die inferiore Funktion immer die ihrem Typenmuster gegensätzliche Ausprägung bekommt. Abbildung 7.2 zeigt zwei Ableitungsbeispiele zur Ermittlung der Typendynamik.

Auswirkung in Stresssituationen
Im Alltag zeigt sich die inferiore Funktion vor allem in Stresssituationen. Der MBTI liefert dabei Vorhersagen über die wahrscheinlichen Reaktionen der verschiedenen Typen auf Stress- bzw. Konfliktsituationen, welche sich in Phasen darstellen: Zunächst versucht die dominante Funktion, der Situation Herr zu werden, indem sie verstärkt die Kontrolle übernimmt. Wachsen der Konflikt und der Stress weiter an, kippt die dominante Funktion irgendwann über und die inferiore Funktion kommt zum Vorschein. Je nach Ausprägung findet bei extravertierten Typen dieser Prozess nach außen sichtbar bzw. bei introver-

tierten Typen eher unbemerkt statt. So versetzen introvertierte Menschen, die unerwartet außengerichtet reagieren, ihre Umwelt oft in Erstaunen.

Wenn die inferiore Funktion die Oberhand in akutem Stress hat, kann dies in verschiedenen Funktionen unterschiedlich zur Geltung kommen. Ist bei einem Intuition-(I)-Typ die inferiore Funktion Sensing (S), so kann sich beispielsweise eine zwanghafte Besessenheit für Details ergeben. Ein Sensing-(S)-Typ, welcher als inferiore Funktion Intuition (I) hat, wird sich möglicherweise in pessimistischer Weise auf die Zukunft konzentrieren. Ein Feeling-(F)-Typ, dessen inferiore Funktion Thinking (T) ist, kann dazu tendieren, vereinfachte, unangemessene Entscheidungen zu treffen, welche auf inkompetenter Anwendung von Logik gründen. Umgekehrt kann bei einem Thinking-(T)-Typ, bei dem als inferiore Funktion Feeling (F) wirkt, übergroße emotionale Sensibilität bis zum Selbstmitleid entwickelt werden.

Die inferiore Funktion kann sich generell im Gegensatz zur dominanten Funktion auf kindische, verzerrte und inakzeptable Weise äußern. Die dominante Funktion dagegen kann gezielt als Stärke eingesetzt werden. Eine mögliche Hilfe, der Stressfalle zu entgehen, bietet in der Theorie des MBTI eine Konzentration auf die jeweilige sekundäre Hilfsfunktion bzw. einfach das Einlegen einer Ruhepause. Zusammenfassend kann bemerkt werden, dass ein Aufhalten im Rahmen der präferierten Bereiche grundsätzlich den meisten Erfolg verspricht. Darüber hinaus regt die Theorie aber an, auch die unterentwickelten Bereiche ein Leben lang weiterzuentwickeln, um die Persönlichkeit reifen zu lassen.

7.3.4 MBTI in Teamentwicklung und Projektarbeit

Die Philosophie des Einsatzes in der Zusammensetzung von Teams gründet sich auf der Vorstellung, dass sich die Zusammenarbeit im Team verbessert, wenn die Persönlichkeitsprofile der einzelnen Teammitglieder bekannt sind. So lässt sich die Effektivität des gesamten Teams erhöhen und Schwächen der Performance können analysiert werden. Beispielsweise kann eine Überbetonung von logisch-analytischen Entscheidungen (Thinking) in einem Team dazu führen, dass die persönlichen Werte der Teammitglieder (Feeling) zu wenig Berücksichtigung finden. Findet eine zu starke Fokussierung auf strategische Arbeit (Intuition) statt, kann dies auf Kosten einer Vernachlässigung effizienter Implementierung (Sensing) geschehen.

Unterschiedliche Typen organisieren nach der MBTI-Theorie ihre Arbeit auf unterschiedliche Art und Weise. So ermöglicht die Kenntnis des eigenen Lern- und Arbeitsstiles, die eigenen Stärken zu nutzen. Ebenso kann bei einer Rekrutierung von Mitarbeitern für Projektarbeit durch die unterschiedlichen Ausprägungen die Team-Performance maximiert werden, indem man die verschiedenen Erfordernisse, die z. B. in einem Projekt auftauchen können, abdeckt. Dabei weiß man, dass für die Performance eines Teams, sei es temporär in einem Projekt oder auch mittelfristig in einer bestehenden Abteilung, die gruppendynamische Ebene eine wesentliche Rolle spielt. Die Erfahrung zeigt, dass Menschen den Umgang mit Personen der eigenen Typ-Präferenz als einfacher beschreiben, analog zum Übertragungseffekt (siehe „Ähnlichkeitsphänomen" in Kap. 3), wonach ähnliche Menschen als sympathischer erlebt werden. Negative Eigenschaften hingegen werden eher Personen zugeordnet, die eine entgegengesetzte Präferenz besitzen.

Betrachtet man nun die Performance eines Teams oder die Ergebnisse eines Projekts, so stehen nicht die Beziehungen der Beteiligten im Vordergrund, sondern die optimale Lösung der Aufgaben. Dementsprechend ist es hilfreich, bezüglich der Performance von Teams die üblichen Stadien der Zusammenarbeit zu kennen („Forming", „Storming", „Norming", „Performing") und das Team dementsprechend zu begleiten, statt an der Nivellierung der Unterschiede zu arbeiten bzw. von vornherein diese Unterschiedlichkeit aufgrund homogener Teamzusammenstellung zu verhindern. Auch können die unterschiedlichen Kompetenzen der Teammitglieder zur Bewältigung des Gruppenprozesses hin zu einem High-Performance-Team nutzbringend eingebracht werden.

Beispielsweise kann in der Planungsphase eines Projektes zur Situationsanalyse die Kompetenz der Faktensammlung des Sensation-Typs in Anspruch genommen werden, während der Intuition-Typ vielleicht verschiedene Problemlösungsmöglichkeiten im Brainstorming erarbeitet. Auf der Entscheidungsebene kann der Thinking-Typ eine Analyse aller Lösungsvorschläge vornehmen, während schließlich der Feeling-Typ die individuellen Konsequenzen der Wahl beachten wird. Ein Team wird demnach umso effektiver sein, je mehr unterschiedliche Typen in ihm wirken.

7.3.5 Der MBTI in der Karriereberatung

Wie bereits erwähnt, liefert die Typentheorie des MBTI nicht nur eine Beschreibung der Präferenzen, sondern macht darüber hinaus auch konkrete Angaben zur Weiterentwicklung. Besonders interessant für diesen Kontext, insbesondere im Rahmen der Placement-Beratung, ist dabei die Zuweisung der Präferenzen zu konkreten beruflichen Interessen. Dabei besteht zum einen die Möglichkeit, ganz am Anfang in der Orientierungsphase des Kunden eine Klarheit über die eigenen Stärken zu schaffen. Am Ende der Beratung, wenn es um konkrete Weiterentwicklung bzw. Jobplatzierung geht, wird der MBTI oft verwendet, um konkrete Berufsmöglichkeiten aufzuzeigen. Dabei geht das Instrument so weit, sogar konkrete Berufe mit den Funktionspaaren (ST, SF, NF, NT) zu verbinden.

ST – Berufliche Interessen

Typen mit der Präferenz für Sensation/Thinking konzentrieren sich vor allem auf Tatsachen. Dabei wenden sie objektive Analyseverfahren und auch bereits gemachte Erfahrungen an. Daraus ergibt sich meist auch ein praktisches und analytisches Wesen. Interessen findet dieser Typ in Bereichen, die technisches Können mit Objekten und Fakten verlangen. Daraus leiten sich die konkreten Berufsmöglichkeiten in Wissenschaft, Wirtschaft, Verwaltung, aber auch Produktion oder Bauwesen ab.

SF – Berufliche Interessen
Typen mit Präferenz auf Sensation/Feeling konzentrieren sich ebenfalls auf Tatsachen, wenden jedoch im Umgang vor allem persönliche Wärme an und stellen die Rücksicht auf andere in den Vordergrund. Sie sind daher meist mitfühlend und freundlich und finden in der praktischen Hilfe für andere auch ihr Interesse. Als konkrete Berufswahl empfiehlt die Theorie demnach Tätigkeiten im Gesundheits- und Lehrwesen, in religiösen Einrichtungen und der Wohlfahrt.

NF – Berufliche Interessen
Präferenzen von Intuition/Feeling konzentrieren sich nicht auf Tatsachen, sondern auf Möglichkeiten, und richten demnach auch mehr Augenmerk auf das Potenzial anderer Menschen. Sie sind daher meist einsichtig und begeisterungsfähig im Wesen und haben Kompetenzen für das Verständnis und die Ermutigung anderer. Als konkrete Berufstätigkeit werden für diesen Typ demnach Einsatzmöglichkeiten im Bereich der Psychologie, des Personal- und Lehrwesens, aber auch in Kunst und Musik gesehen.

NT – Berufliche Interessen
Intuition/Thinking-Typen konzentrieren sich ebenfalls auf Möglichkeiten und wenden dementsprechend bevorzugt theoretische Konzepte und Systeme an. Sie sind daher meist logisch und analytisch und interessieren sich für theoretische und technische Strukturen. Konkret zu empfehlende Berufsfelder wären demnach Physik, Forschung, IT, Rechts- und Ingenieurwesen.

7.3.6 Ethische Grundsätze und MBTI Best Practice

Die Anwendung des MBTI unterliegt bestehenden Empfehlungen, die auf die Einhaltung sowohl von Qualitätskriterien als auch von ethischen Grundsätzen gerichtet sind. Wie bereits erwähnt, sollten nur zertifizierte Trainer eingesetzt werden, und es sollte – eine Regel, die für alle Testverfahren gilt – auf die Freiwilligkeit der Teilnehmer geachtet werden. Wie generell im Coaching auch, sollte eine Vertragsvereinbarung zwischen Trainer und Kunde geschlossen werden, die Zeit und Kostenaufwand beinhaltet.

Wird der MBTI innerhalb einer Teamentwicklung oder als Gruppenauswertung angewendet, sollte der Trainer sicherstellen, dass die Ergebnisse den jeweiligen Teilnehmern gehören und eine Weitergabe an Dritte bzw. die Veröffentlichung eines Gruppenergebnisses nur mit ausdrücklichem Einverständnis jedes Beteiligten erfolgt. Die Vertraulichkeit gilt im Sinne des Datenschutzes natürlich auch für die Aufbewahrung der Teilnehmerunterlagen.

Grundsätzlich soll das Instrument dazu verwendet werden, Teilnehmern zu helfen, sich selbst besser kennenzulernen, und keinesfalls dazu, Grenzen zu setzen oder Möglichkeiten einzuschränken. Ein Einsatz des MBTI als Auswahlinstrument verbietet sich demnach. Für die Anwendung des MBTI ist ausreichend Zeit einzuplanen. Zusätzlich zur benötigten

Zeit für die Beschriftung und die Auswertung des Fragebogens ist ein Feedbackgespräch von mindestens einer Stunde pro Teilnehmer einzuplanen. Dieses Gespräch sollte möglichst persönlich erfolgen und nicht nur telefonisch.

Beispiele für Prüfungsfragen

- Angela weiß noch nicht so recht, was sie später beruflich machen will. Glücklicherweise besucht sie die Vorlesung „Grundlagen im Human Resource Management". Dort lernt sie den Persönlichkeitstest MBTI kennen und wertet ihn für sich aus. Der beschriebene Persönlichkeitstyp „ESTJ" passt allerdings ihrer Meinung nach überhaupt nicht zu ihr. Er beschreibt sie völlig falsch und rät ihr auch noch zu drei völlig falschen Idealberufen. Was hat Angela aus dem Persönlichkeitstest erfahren?
- Sie wollen den MBTI in der Teamentwicklung einsetzen. Auf welche Entwicklungsstadien haben Sie dabei Rücksicht zu nehmen? Wie sollten Sie mit Persönlichkeitsunterschieden im Team umgehen? Bitte nennen Sie drei mögliche Beispiele!

Literatur

1 Keirsey, D., & Bates, M. (1990). *Versteh mich bitte. Charakter und Temperamenttypen.* USA: Prometheus Nemesis.
2 Oppitz, T., & Lorenz, T. (2004). *30 min für Profilierung durch Persönlichkeit. Auf der Basis des Meyers-Briggs Type Indicator (MBTI) Instruments.* Offenbach: Gabal.

8 Outplacement

> **Lernziel**
> - Sie wissen, wie sich Outplacement als personalpolitisches Instrument einsetzen lässt.

Outplacement verhilft Mitarbeitern zu einem neuen Arbeitsplatz außerhalb des Unternehmens. Dabei kommt es vor allem in personalpolitischen Krisen zum Einsatz. Krisen können eher konjunkturelle oder strukturelle Gründe haben. Davon muss der Einsatz der passenden personalpolitischen Instrumente abhängig gemacht werden. Während konjunkturelle Krisen eher temporär sind, erfordern strukturelle Krisen oft einen erheblichen Umbau des Unternehmens.

Dementsprechend kann auf konjunkturelle Krisen mit personalpolitischen Maßnahmen wie Kündigung von 40 h-Verträgen, Teilzeitoffensiven, Sabbaticals, einem Abbau von Resturlaub oder auch Kurzarbeit, wie während der Finanzkrise 2009 erfolgt, reagiert werden. Auch der Abbau von Gleitzeitguthaben oder ein Inhouse-Placement kann die Zeit überbrücken, bis die Konjunktur wieder anzieht. Grundsätzlich geht ein Unternehmen davon aus, dass konjunkturelle Krisen vor allem externe Gründe haben, die sich wieder legen. Demgemäß will ein Unternehmen in solchen Zeiten nicht Personal abbauen, das nach Beendigung einer konjunkturellen Krise teuer wieder eingekauft werden muss.

Anders bei strukturellen Krisen. Hier reicht das personalpolitische Repertoire vom Nichtersatz von Fluktuationen, Altersteilzeitmodellen, vorzeitiger Beendigung über Outsourcing bis hin zu Standortschließungen und betriebsbedingten Kündigungen. Grundüberlegung hierbei ist, dass die Zukunft veränderte strukturelle Anforderungen an das Unternehmen stellt und bestimmte Kompetenzen oder Funktionen nicht mehr oder zukünftig in anderer Weise oder Anzahl benötigt werden.

Wer einmal die imageschädigende Wirkung demonstrierender, weil unfreiwillig ausscheidender Mitarbeiter in den Medien gesehen hat, der kann sich vorstellen, dass es

C. Achouri, *Human Resources Management*,
DOI 10.1007/978-3-8349-4740-6_8

nicht nur im Sinne der Mitarbeiter, sondern auch gerade im Sinne eines Unternehmens liegen muss, den Personalabbau sozial verträglich zu gestalten. Outplacement ist hierfür das Instrument der Wahl. Dabei müssen insbesondere die Führungskräfte der betroffenen Mitarbeiter vielen Anforderungen gerecht werden, wollen sie Outplacement verantwortungsvoll begleiten und allen Stakeholdern genügen. Während die Geschäftsleitung den Prozess leise, schnell und günstig haben will, bemüht sich die Personalabteilung um Sozialverträglichkeit und einen fairen und humanen Umgang. Die Mitarbeiter wiederum haben das Interesse, ihre Arbeit zu behalten sowie hinsichtlich Gehalt und Status das Gesicht zu wahren. Outplacement versucht, alle diese divergierenden Interessen in Einklang zu bringen.

Bevor Outplacement im Unternehmen beginnen kann, müssen die Schritte wohlüberlegt werden. Beispielsweise gilt eine unprofessionelle Kommunikation an die Mitarbeiter als einer der häufigsten Fehler, die im Trennungsprozess gemacht werden. Aber auch mangelhafte Vorbereitung (Konditionen, Termine, Personalakte), die Delegation des Gesprächs an Personalabteilung oder Externe oder fehlender Konsens in der Unternehmensleitung hinsichtlich des Vorgehens sind typische Beispiele, wie man es nicht machen sollte. Gibt die Unternehmensleitung unklare Kündigungsbotschaften und sorgt sie für eine unbedachte Informationspolitik (Gerüchte), so ist der Schaden meist nicht nur auf die von der Trennung betroffenen Mitarbeiter begrenzt, sondern dehnt sich auf die verbliebene Mannschaft schnell aus. Wenn die Verbleibenden übersehen werden, kommt es zu einem Vertrauens- und Motivationsverlust und es entsteht das sogenannte Survivor-Syndrom: Die verbliebenen Mitarbeiter haben Angst, dass auch ihre Stellen wegfallen, und in der Folge kommt es zu einer abnehmenden Leistungs- und Risikobereitschaft. Nicht zu vergessen ist die „Überlebensschuld" gegenüber den ehemaligen Kollegen, gerade wenn soziale Netzwerke über das Arbeitsumfeld hinaus bestehen bleiben.

Auch wenn die Kosten für Outplacement 15 oder 20 % des Jahreseinkommens eines vermittelten Mitarbeiters betragen, so sind diese Kosten gering gegenüber den Kosten, die durch Imageverlust, Arbeitsgerichtskosten oder auch unproduktiv am Arbeitsplatz verbleibende Mitarbeiter entstehen. Während die wahrgenommenen Kosten etwa die Abfindungskosten, den Sozialplan, Trainings- und Beratungskosten oder auch Arbeitsgerichtskosten umfassen, sind die Folgekosten unprofessioneller Personalfreisetzung um ein Vielfaches schlimmer: Fluktuationskosten, Sitzungszeiten, Vertrauensverlust, Fehlzeiten, verminderte Produktivität, schlechtes Betriebsklima, Vertretungskosten etc.

Aber nicht nur das Unternehmen, auch der Mitarbeiter muss sich gut überlegen, ob eine Outplacement-Maßnahme für ihn hilfreich sein kann. Überlegen Sie anhand des folgenden Beispiels, was Sie Herrn Neubeginn raten würden. Seine Führungskraft hat ihn vor die Wahl gestellt, ein Aufhebungsangebot anzunehmen oder bei voller Freistellung von der Arbeit ein Outplacement-Training zu besuchen (siehe Abb. 8.1).

Outplacement muss von Coaching oder Therapie unterschieden werden. Coaching ist nur eine Phase innerhalb des Outplacements. Während im klassischen Coaching das Ziel vom Coachee benannt wird und der Coach nur Hilfe zur Selbsthilfe gibt, hat der Outplacement-Berater ein festes Ziel vor Augen: die möglichst zügige Platzierung seines Klienten.

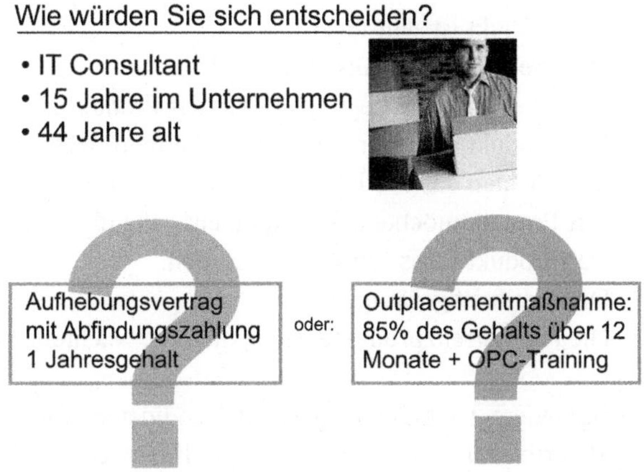

Abb. 8.1 Der Fall „Herr Neubeginn“

Dabei zeigt sich übrigens, dass der neue Verantwortungsbereich und die Vergütung meist nicht wesentlich unter den Konditionen des alten Unternehmens liegen. Manche Klienten verbessern sich sogar.

Dies darf jedoch nicht darüber hinwegtäuschen, dass Outplacement für die zu beratenden Mitarbeiter eine emotional schwierige Situation darstellt. Drohender Arbeitsplatzverlust, bestehende familiäre und finanzielle Verpflichtungen sowie meist ein fortgeschrittenes Alter schaffen für die Klienten ein hohes Belastungspotenzial. Deshalb prägte William J. Morin, einer der Begründer der Outplacements in den USA, einmal den Satz:

> Termination should end the job, not the man!

Outplacement hat auch nichts mit Therapie zu tun; persönlichen und privaten Problemen kann weder zeitlich noch inhaltlich begegnet werden. Ein Outplacement-Berater hat in der Regel das Ziel, seine Klienten in neun bis zwölf Monaten mit einer Vermittlungsquote von 80 % und mehr in eine neue Beschäftigung zu bringen.

Eine Trennung von privaten und beruflichen Dingen während einer Outplacement-Beratung lässt sich nicht immer konsequent durchführen. Oft sehen sich Mitarbeiter, die im Rahmen von Outplacement beraten werden, damit konfrontiert, sich nach unter Umständen jahrzehntelanger Pause erneut bewerben zu müssen. Die Spielregeln für erfolgreiches Marketing müssen (neu) erlernt werden, was zum Teil auch psychologische und kulturelle Erschwernisse bringt. Anders als am amerikanischen Bewerbermarkt, wo man mit dem Verständnis von „Selbstmarketing“ bzw. mit der Sichtweise auf sich selbst als „Produkt“, um sich möglichst erfolgreich „verkaufen“ zu können, weniger Probleme hat, sehen viele Deutsche diese Art von Selbstanpreisung eher kritisch. Dabei kann die Analogie zum Marketing verdeutlichen, mit welchen Erschwernissen im Outplacement zu rechnen ist. Überlegen Sie doch einmal, wie Sie ein Produkt vermarkten würden, das folgende Eigenschaften hat:

- Das Produkt ist sehr teuer.
- Das Produkt ist ein Auslaufmodell.
- Sie haben nur eine begrenzte Zeit, das Produkt zu verkaufen.
- Das Produkt verändert sich im Marketingprozess.
- Sie möchten das Produkt verschönern, aber das Produkt möchte das nicht.
- Das Produkt möchte überhaupt nicht gekauft werden.
- Das Produkt muss selbst aktiv werden.
- Der Markt ist gesättigt.
- Die Konkurrenzprodukte haben die o. g. Nachteile nicht.

Insbesondere wenn Outplacement-Kandidaten Vorbehalte haben, sich selbst auf dem Markt erfolgreich zu behaupten, kann die Coaching-Phase am Anfang des Outplacements durchaus den größten und schwierigsten Teil aller Outplacement-Phasen darstellen. Grob eingeteilt kann man sagen, dass Outplacement im Kern aus effizientem Bewerbungstraining sowie aktiver Bewerbungsphase besteht, flankiert von Coaching davor und danach. Es lassen sich demnach im Outplacement vier Beratungsphasen unterscheiden (siehe Abb. 8.2):

Wie jeder Headhunter weiß, sind diejenigen Bewerbungsstrategien am erfolgreichsten, die nicht jeder anwendet. So gehen nur wenige Bewerber über den verdeckten Arbeitsmarkt, lange bevor eine Ausschreibung erfolgt. Das eigene Kontaktnetz hat sich dabei als effektivster Weg der Jobbesetzung erwiesen, und wesentlicher Bestandteil jedes Outplacements ist die Erstellung einer Zielfirmenliste sowie die Auflistung und Kontaktierung aller Bekannten, die entweder selbst von Vakanzen wissen oder wiederum jemanden kennen, der für den eigenen Berufsweg relevant ist oder werden könnte. Aktives Vorgehen im ver-

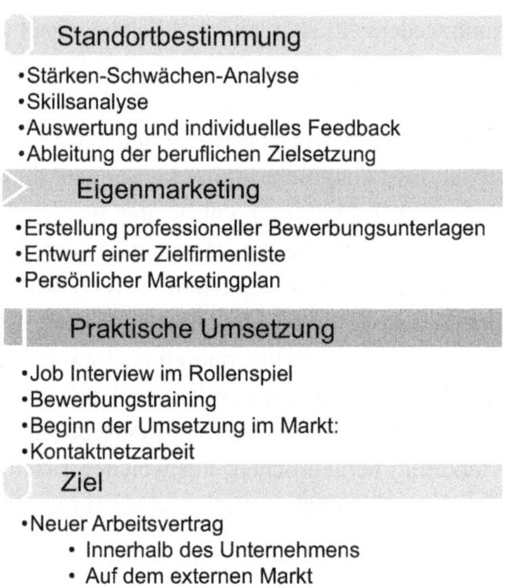

Abb. 8.2 Beratungsphasen im Outplacement

deckten Arbeitsmarkt mit direkter Ansprache der Entscheider kostet am meisten Arbeitsintensität. Die Effektivität steigt aber gegenüber wahllos versandten Bewerbungen, welche unter Umständen mit Hunderten anderen konkurrieren müssen, um ein Vielfaches.

Outplacement erlebt gerade in Krisen regelmäßig Aufwind. Aber auch unabhängig von temporären konjunkturellen Schwankungen wird Outplacement in der Zukunft wohl tendenziell an Bedeutung gewinnen. In einer sich immer schneller entwickelnden Welt, in der ständige Lern- und Veränderungsfähigkeit von den Mitarbeitern erfordert wird, wird zugleich die Wahrscheinlichkeit, bei einem oder sogar zwei Arbeitgebern sein Leben lang beschäftigt zu sein, zunehmend geringer. Wandel und Trennung werden in Zukunft verstärkt das Wirtschaftsleben begleiten. Eine professionelle Trennungskultur wird als Teil alltäglicher Personalarbeit somit ein Dauerthema für Führungskräfte und HR-Manager. In Zukunft wird es also für Arbeitnehmer vorrangig nicht mehr nur darum gehen, „Employment“ zu haben, sondern die „Employability“ zu erhalten. Lebenslanges Lernen, ständige Weiterbildung „on and off the job“ auf Mitarbeiterseite sowie eine funktionierende Personalentwicklung auf Unternehmensseite können dazu beitragen, dass es gar nicht erst zum Outplacement kommen muss.

Outplacement gestern und heute

Ebenso wie die militärische Vergangenheit des Recruitings (ursprünglich das Anwerben von Rekruten) hat auch Outplacement militärische Wurzeln. Dort kamen die ersten Personalauswahlverfahren zum Einsatz, bis hin zu psychologischen Tests. Sowohl amerikanische Streitkräfte als auch Standard Oil of New Jersey (heute Exxon) haben aufgrund der schlechten Wirtschaftslage in den 1960er Jahren Konzepte zur Betreuung ausscheidender Angestellter entwickelt. Dabei wurde auf Erfahrungen zurückgegriffen, welche die amerikanische Regierung nach dem 2. Weltkrieg mit der Wiedereingliederung ehemaliger Soldaten zurück in die zivile Wirtschaft gemacht hatte.

Bereits in den 1960er Jahren begannen einige amerikanische Firmen, dieses Verfahren auf Unternehmen zu übertragen, da es sehr geeignet war, Mitarbeiter bei Bedarf sozialverträglich und ohne hohen gesellschaftlichen Imageverlust für das Unternehmen an den Arbeitsmarkt weiterzuvermitteln. Bereits in den 1970er Jahren war Outplacement als eigene Beratungsleistung in den USA verbreitet. Insbesondere in der amerikanischen Rezessionsphase Anfang der 1970er Jahre setzte sich Outplacement zunehmend als Freisetzungsinstrument in der betrieblichen Praxis durch, auch wenn sich das Beratungsangebot zunächst lediglich an ausscheidende Führungskräfte der mittleren und oberen Führungsschicht richtete.

Heute beziehen sich Outplacement-Leistungen zunehmend auch auf Mitarbeiter- und Expertenfunktionen. Hierbei fand insbesondere die Form des Gruppen-Outplacements Verbreitung. In der Folge kam diese Dienstleistung insbesondere in den 1980er Jahren auch in Deutschland zur Anwendung, etwa als Erweiterung des Portfolios von Personalberatungen oder als Karriereberatung. Dabei stellen Recruitment und Outplacement zwei Komplemente in mehrerer Hinsicht dar:

Outplacement und Recruiting – eine Zweckehe?
Während Recruitment potenzielle Mitarbeiter vom Arbeitsmarkt zu gewinnen sucht, bemüht sich Outplacement, für Mitarbeiter eines Unternehmens einen neuen Job auf eben diesem Arbeitsmarkt zu gewinnen. Damit ergänzen sich beide hinsichtlich konjunktureller Wellen: In Zeiten hohen Personalbedarfs schwingt das Pendel zum Recruiting, in Zeiten schwacher Konjunktur hin zum Outplacement. Demnach war es nur eine Frage der Zeit, bis Unternehmen anfingen, darüber nachzudenken, ob sie beide Tätigkeiten nicht in einer Abteilung sinnvoll verbinden könnten.

Hinzu kommt, dass die Mitarbeiter einer solchen Abteilung zu einem großen Teil auf ähnliches Wissen zurückgreifen. Recruiter müssen den Arbeitsmarkt und die Wettbewerbsfirmen in der Branche kennen, z. B. um geeignete Headhunter gezielt einsetzen zu können. Outplacement-Berater brauchen eben diese Kenntnisse, um zu wissen, ob bzw. mit welchem Erfolg und wohin sich ein Mitarbeiter mit seinen vorhandenen Qualifikationen auf dem externen Arbeitsmarkt entwickeln könnte. Eine Melange von Recruiting und Outplacement lässt Unternehmen nicht nur flexibel auf Erfordernisse von außen reagieren, auch innerhalb des Personalwesens lassen sich so Ressourcen sehr agil, je nach Anforderung, verschieben.

Zusätzlich kann eine „Job Rotation" zwischen Recruiter und Outplacement-Berater eine willkommene Personalentwicklungsmaßnahme sein. Auf der anderen Seite muss ein Unternehmen darauf achten, dass sich positiv konnotierte Dienstleistungen wie Recruitment und Placement bei Mitarbeitern nicht mit eher emotional kritisch belegten Begriffen wie Outplacement vermischen. Auch hier ist eine professionelle unternehmensinterne Kommunikation gefragt.

Beispiele für Prüfungsfragen

- Welche personalpolitischen Instrumente eignen sich zur Bewältigung konjunkturbedingter Krisen? Warum?
- Welche „Stakeholder" gibt es im Outplacement-Prozess und welche Interessen haben sie?
- Was sind die häufigsten Fehler, die bei einem Trennungsprozess stattfinden?

Literatur

1 Heizmann, S. (2009). *Outplacement. Die Praxis der integrierten Beratung.* Bern: Huber.
2 Up in the Air. (2009). *Tragikkomödie mit George Clooney. Vera Farmiga u. a.* Regie: Jason.

HR-Controlling 9

▶ **Lernziele**

- Sie können Vor- und Nachteile der Humanvermögensrechnung benennen.
- Sie kennen typische HR-Kennzahlen und können diese mithilfe der Balanced Scorecard aus Strategieaufträgen ableiten.

9.1 Humanvermögensrechnung

Wir wollen uns in diesem Kapitel sowohl mit dem Controlling der Leistung einer Human-Resources-Abteilung innerhalb eines Unternehmens befassen als auch mit der Evaluierung des Humankapitals eines ganzen Unternehmens, auch Humanvermögensrechnung genannt. Sah man früher nicht nur die Sekundärfunktionen eines Unternehmens, wie administrative Bereiche oder die Personalabteilung, als Kostentreiber, welche selbst keinen Profit generieren, sondern vor allem Kosten verursachen, wird in Zeiten fortgeschrittener technischer Rationalisierung das Humankapital zum Hoffnungsträger weiterer Produktivitätssteigerung.

Versucht man, das Humankapital zu beziffern, so werden durchaus beeindruckende Summen genannt. Folgt man beispielsweise der vom Institut für Managementkompetenz (IMK) 2008 veröffentlichten Studie zur Bezifferung des Humankapitals der DAX-30-Unternehmen, so werden etwa für Siemens 21 Mrd. €, für BMW immerhin 6 Mrd. € genannt. Für Daimler bezifferte das IMK aufgrund der in den Jahren 2005 und 2006 erfolgten Umstrukturierung gar einen Verlust von 5 Mrd. € an Humankapital. Hier lohnt es sich, zunächst einmal näher hinzusehen, was mit Humankapital überhaupt gemeint ist.

Der Begriff Humankapital schaffte es 2004 zum Unwort des Jahres, unter anderem mit der Begründung, der Mitarbeiter würde zum Kostenfaktor degradiert und damit werde die Menschenwürde verletzt. Dabei war die Intention der Erfinder eine durchaus andere,

C. Achouri, *Human Resources Management*,
DOI 10.1007/978-3-8349-4740-6_9

nämlich gerade den personellen Beitrag in Unternehmen als etwas Wertvolles zu beziffern, etwas, das Zinsen trägt und das man vermehren will. Mitarbeiter sollten als Symbol für wirtschaftliche Gesundheit gesehen werden und damit ein Paradigmenwechsel vom Mitarbeiter als Kostenfaktor hin zum Mitarbeiter als Vermögenswert eingeleitet werden.

Der Human Capital Club e. V. prognostizierte einst, dass im Jahr 2010 die Leistungen der Unternehmer und Manager maßgeblich nach ihrem Beitrag zur Wertsteigerung des Humankapitals beurteilt würden. Auch wenn dies nicht Wirklichkeit geworden ist, ist man sich doch bewusst, dass dies eine wünschenswerte Vision ist, und es gibt immer mehr Modelle zur Humanvermögensrechnung, welche diese Vision immer praktikabler machen.

9.1.1 Humankapital aus volkswirtschaftlicher Sicht

Aus volkswirtschaftlicher Sicht ergänzt das Humankapital die traditionellen Produktionsfaktoren von Boden, Arbeit und Kapital und trägt zum gesamtwirtschaftlichen Output bei (siehe auch Abb. 9.1). Gerade in der Informations- und Wissensgesellschaft, in der wir heute leben, wird das Humankapital zum entscheidenden Erfolgsfaktor, der im Gegensatz zur natürlichen Begrenzung von Boden, Arbeit oder Kapital grundsätzlich unbegrenzt ist. Durch Steigerung des Humankapitals kann insbesondere eine Informations- und Wissensgesellschaft bei begrenztem Boden, Arbeit und Kapital mehr produzieren, mehr verdienen und damit einen höheren Lebensstandard erreichen.

Unter diesem Aspekt ist der demografische Geburtenmangel in Deutschland eine volkswirtschaftlich unterlassene Investition. Schon um unseren heutigen Lebensstandard zu halten, müssen wir bei den im internationalen Vergleich hohen Löhnen einen Vorsprung durch Wissen kultivieren. Bei den gegebenen demografischen Bedingungen kann das Humankapital volkswirtschaftlich beispielsweise durch eine Verlängerung der Lebensarbeitszeit, durch eine Erhöhung der Hochschulabsolventenquote oder auch durch vermehrte Einbeziehung qualifizierter Frauen erhöht werden.

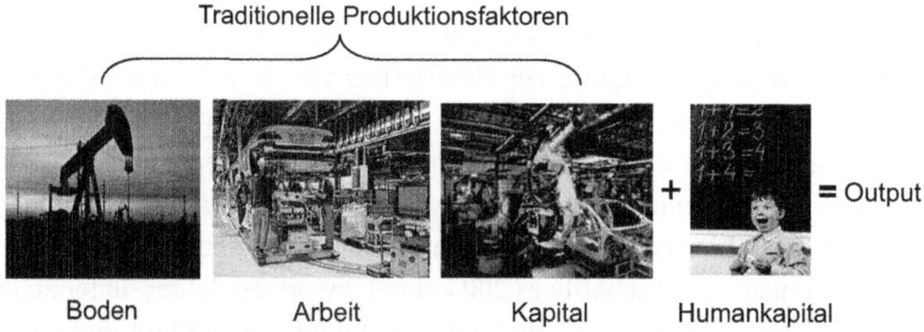

Abb. 9.1 Humankapital aus volkswirtschaftlicher Sicht

9.1.2 Humankapital aus betriebswirtschaftlicher Sicht

Wenden wir uns nun dem Humankapital in Unternehmen zu. Thomas A. Stewart, (Chief Marketing Officer, Booz & Company), beschrieb das Humankapital einmal als „*Something that you cannot touch, but still makes you rich*". Man zählt das Humankapital, ebenso wie beispielsweise den Wert einer Marke, zu den „Intangible Assets", also den immateriellen Vermögenswerten eines Unternehmens. Dagegen zählen zu den materiellen Vermögenswerten eines Unternehmens beispielsweise Gebäude, Produktionsanlagen oder auch seine Produkte (siehe Abb. 9.2).

Das Verhältnis von materiellen und immateriellen Vermögenswerten unterscheidet sich dabei nicht nur branchen-, sondern auch unternehmensbezogen. Während beispielsweise bei Coca-Cola nur relativ profane Abfüllanlangen produktionsseitig benötigt werden und auch das Know-how zur Bedienung relativ überschaubar ist, gilt der Wert der Marke als entscheidender immaterieller Vermögenswert. Sehr viel ausgeglichener stellt sich das Bild bei einer Hightech-Premiummarke wie BMW dar. Beträchtliche materielle Vermögenswerte komplexer Fertigungsanlagen erfordern hohes Know-how der Ingenieure und zudem hat die Marke einen hohen Status im Premiumsegment der Automobilbranche. In der Dienstleistungsbranche der Unternehmensberater ist dagegen der Einsatz materieller Vermögenswerte, selbst wenn man von repräsentativen Bürogebäuden absieht, gering. Das entscheidende Asset ist hier das Beratungs-Know-how aufseiten der immateriellen Vermögenswerte. Bei Premiumanbietern kommt zudem ein hoher Markenwert hinzu.

Der Wert des Humanvermögens wird zunehmend als Basis von Investitionsentscheidungen in Unternehmen zurate gezogen. Insbesondere Due-Diligence-Prüfungen im Rahmen von Mergers & Acquisitions versuchen, eine Prognose über zukünftige Potenziale und Risiken auch des Humankapitals abzugeben, um so bei der Bestimmung eines mög-

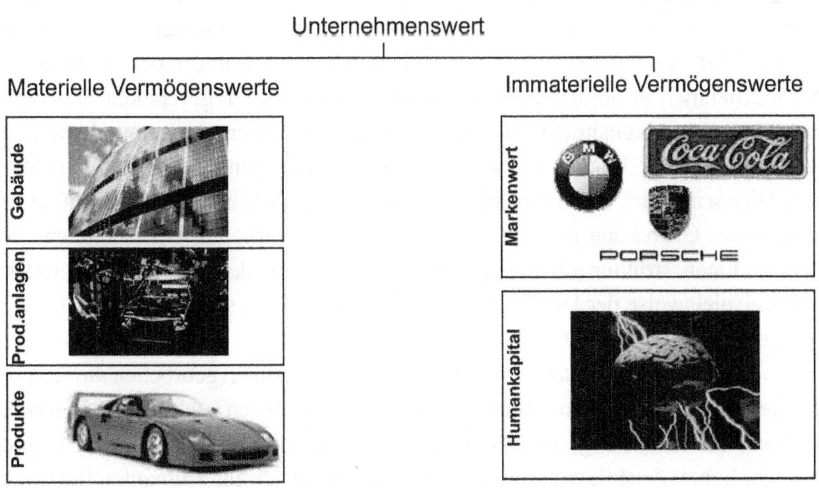

Abb. 9.2 Humankapital aus betriebswirtschaftlicher Sicht

lichen Kaufpreises herangezogen zu werden. Dies kann für ein Unternehmen als Käufer ebenso interessant sein wie für Aktienkäufer an der Börse.

Der übergeordnete Wert des Humankapitals zeigt sich schnell, wenn man Übernahmen betrachtet. Nehmen wir an, ein Marketingartikelhersteller will sein Angebot erweitern und eine Kreativagentur kaufen. Diese hat 5 Inhaber und 15 Mitarbeiter. Der vorab taxierte Unternehmenswert liegt bei 6 Mio. €. In den Kaufverhandlungen wird den Käufern nun bewusst, dass das kreative Know-how in den Köpfen der Inhaber sitzt. Dieses immaterielle Humankapital verkörpert auch den wesentlichen Wert der Agentur. Die Käufer drängen schließlich auf eine Klausel im Kaufvertrag, wonach bei Verlassen der Inhaber Teile des Kaufpreises zurückzuzahlen wären.

Ein anderes Beispiel: Eine Großbank bezieht einen wichtigen Teil ihrer Software von einem Unternehmen, das auf Bankensoftware spezialisiert ist. Um sich das Know-how langfristig zu sichern, prüft die Bank den Kauf der Firma. Diese hat 80 Mitarbeiter. Davon wiederum sind 20 Mitarbeiter mit der Programmierung von Bankensoftware beschäftigt, wiederum 50 % davon tatsächlich mit deren Entwicklung. Hier würde eine Übernahme nur unnötig Ballast bringen. Das kreative Know-how der relevanten zehn Softwareentwickler könnte pragmatischer gewonnen werden, wenn man diese gezielt durch einen Headhunter abwerben würde.

Auch andere Übernahmen wie die von Pecaso durch Accenture zeigten, dass Humankapital als fragiles Gut zu sehen ist. Aufgrund der stark wettbewerbsorientierten Unternehmenskultur und dementsprechend „fordernden" Anreizsystemen bei Accenture kam es zu einem Braindrain der Entwickler und Programmierer in die Selbständigkeit oder zu Wettbewerbern. Ein ähnliches Beispiel zeigt die Übernahme von Debis durch T-Systems, die mehr als 30 % der Führungskräfte kostete und weitere 20 % nach einem Jahr. In diesen Beispielen wird auch deutlich, wie wichtig es ist, den „weichen" Aspekten bei M&A-Maßnahmen, etwa durch Maßnahmen der Organisationsentwicklung, Rechnung zu tragen.

Die Ermittlung des Humankapitals ermöglicht eine Aussage über das Potenzial eines Unternehmens zur Schaffung von Personalwert, dem sogenannten Human Economic Value. Der Wert des Personals soll so vergleichbar werden und einen Benchmark zwischen Unternehmen ermöglichen. Die Humankapitalbewertung versucht demnach auch zu ermessen, was Maßnahmen wie Betriebskantinen, Unternehmenskindertagesstätten, Betriebsausflüge oder Workshops wirklich für die Steigerung des Unternehmenswertes bringen. Hier wird klar, dass eine solche Bewertung verschiedene Ansatzpunkte berücksichtigen muss. Grob kann man die drei Kategorien Mitarbeiter, Unternehmensprozesse und Unternehmensstruktur als relevante Säulen der Humankapitalbewertung unterscheiden, wie beispielsweise der Human Capital Club vorschlägt (siehe Abb. 9.3):

Der Wert des Humankapitals lässt sich aber nicht nur in volkswirtschaftlichem oder betriebswirtschaftlichem Zusammenhang sehen. Auch heruntergebrochen auf individuelle Möglichkeiten lassen sich so „Humanvermögenskapitalisten" und „Humanvermögenspauperisten" ausmachen (vgl. [1]). Humanvermögenskapitalisten sind mobil, unabhängig, haben einen hohen Ausbildungsstand und können demnach ihr Humankapital höchstbietend an den Markt bringen. Sie haben die Möglichkeit, Dauerarbeitsverhältnisse zu be-

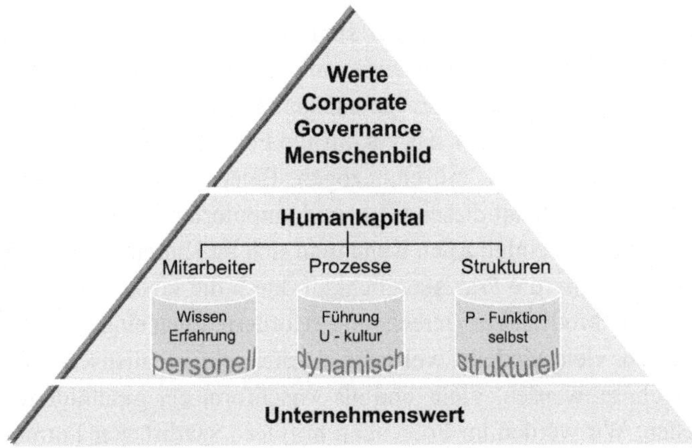

Abb. 9.3 Die drei Säulen des Humankapitals

kleiden, mit allen Vorteilen arbeitgeberseitiger Sozialleistung oder innerbetrieblicher Personalentwicklung. Mit ihrer Qualifikation, die sich aufgrund der Demografie einer noch höheren Nachfrage erfreut, haben sie so vielfältige Chancen am Arbeitsmarkt, dass es ihnen gut möglich ist, zu Wettbewerbern zu wechseln. Dementsprechend gering fällt ihre Bindung an ein Unternehmen aus. Anders die Humanvermögenspauperisten. Hier werden eher Zeitarbeitsverhältnisse mit niedrigerem Einkommen vorherrschen und Personalentwicklungskosten beispielsweise trägt der Humanvermögenspauperist größtenteils selbst.

Nachdem wir uns darüber klar geworden sind, wie wichtig die Beachtung des Humankapitals ist, wenden wir uns der Frage zu, wie eine sinnvolle Humankapitalbewertung aussehen kann. Man kann im Wesentlichen fünf Ansätze in der Humankapitalbewertung unterscheiden: marktwertorientierte, Accounting-, indikatorenbasierte, Value Added- und ertragsorientierte Ansätze. Im Folgenden betrachten wir die Accounting-Ansätze etwas näher.

Innerhalb der Accounting-Ansätze kann man Input- und Outputorientierung unterscheiden. Beispiele für Inputorientierung wären der kosten- oder preisorientierte Ansatz. Der wertorientierte Ansatz wäre am Output orientiert. Im kostenorientierten Ansatz sieht man, wie der Name schon sagt, nur die Kosten, welche die Mitarbeiter verursachen, Leistungen und Zukunftspotenzial bleiben unberücksichtigt. Die Leistungen eines Unternehmens für einen Mitarbeiter müssen aber nicht notwendigerweise seinem Wert für das Unternehmen entsprechen. Man kann sich das leicht klarmachen, wenn man an einen Mitarbeiter denkt, der versucht, möglichst wenig zu arbeiten, aber ein hohes Gehalt und viele Zusatzleistungen vom Unternehmen bezieht. Aufgrund des kostenorientierten Ansatzes ergäbe sich ein hoher Humankapitalwert, der aber keinesfalls der Wettbewerbsfähigkeit entspräche. Raffinierter arbeitet der preisorientierte Ansatz, der mit einkalkuliert, wie viel es kosten würde, einen Mitarbeiter durch eine Person gleicher Qualifikation am Markt zu ersetzen. Die Wettbewerbsfähigkeit ist hier zwar berücksichtigt, doch über das zukünftige Potenzial wird durch diese Humankapitalbewertung ebenso nichts ausgesagt.

So leuchtet es schnell ein, dass es sinnvoller wäre, statt zu messen, was man in einen Mitarbeiter investiert, zu messen, was man durch ihn bekommt, also eine outputorientierte Betrachtung zur Berechnung des Humankapitals anzustellen. Hier wird nicht nur die aktuelle Leistung, sondern auch das zukünftige Potenzial, das beispielsweise durch erfolgte Ausbildung abzusehen ist, mit einbezogen. Beispielsweise das Institut der Wirtschaftsprüfer (IDW) hat sich auf diesen wert- und outputorientierten Ansatz als sinnvollsten Bewertungsstandard geeinigt. Auch wenn man sich im Klaren ist, dass dieser Ansatz vielversprechend ist, bleibt die Praxistauglichkeit durch die vielen Variablen, welche komplexe mathematische Modelle zur Berechnung erfordern, noch eingeschränkt.

Es gibt sehr viele Modelle, welche versuchen, einer realistischen Humankapitalberechnung gerecht zu werden. Viele sind als Mischform der geschilderten Bewertungsansätze zu sehen. Wir werden im Folgenden mit der „Saarbrücker Formel" exemplarisch ein Modell näher betrachten, das stark diskutiert wurde. Die Aussagekraft der Saarbrücker Formel geht dabei nicht nur hin zu einer absoluten Berechnung des Humankapitals, auch Inkremente bzw. Dekremente eines Kapitalaufbaus wurden für die DAX-Unternehmen festgehalten.

9.1.3 Das Saarbrücker Modell

Die Saarbrücker Formel ist eine Mischform von markt-, accounting- und indikatorenorientiertem Ansatz (siehe Abb. 9.4). Die Marktorientierung zeigt sich etwa an der Verwendung der Anzahl der Vollzeitkräfte (Full Time Equivalents, FTE), was den verfügbaren Arbeitskräften entspricht, oder auch am Rückgriff auf marktübliche Gehälter (l), statt die tatsächlich im Unternehmen gezahlten zu berücksichtigen. Eine Accounting-Orientierung ist bei der Berücksichtigung der Personalentwicklungskosten (PE) als Personalinvestition analog einer abschreibbaren Sachinvestition gegeben. Indikatorenbasiert wäre beispielsweise der

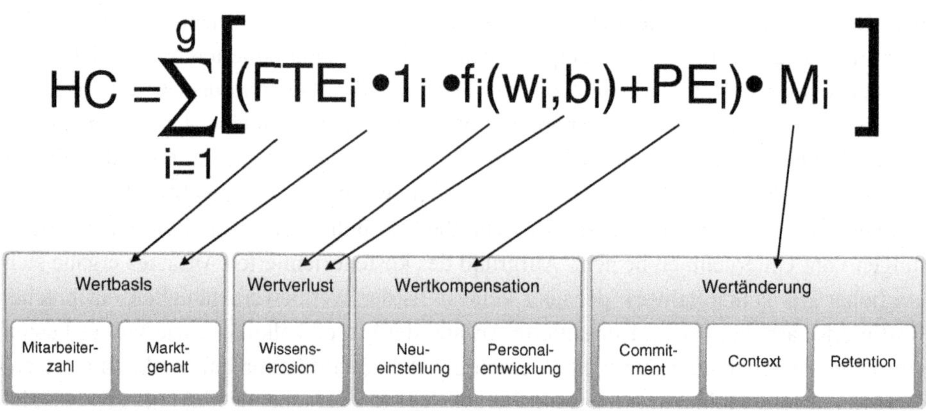

Abb. 9.4 Elemente der Saarbrücker Formel

Faktor Betriebszugehörigkeit zu sehen. Die Formel berücksichtigt so die Variablen der Vollzeitbeschäftigten, deren marktübliches Gehalt, die vorhandene Lernfähigkeit anhand von Wissen und Betriebszugehörigkeit, die Personalentwicklungskosten sowie die vorhandene Motivation der Mitarbeiter [4].

Vollzeitbeschäftigte (FTE)
Die Beschäftigten eines Unternehmens werden zunächst in Vollzeitarbeitskräfte (FTE) umgerechnet und in Beschäftigtengruppen eingeteilt (i), die nach ihrer strategischen Bedeutung für das Unternehmen differenziert werden. Zur Gruppierung der Beschäftigten gilt als Kriterium der höchste erreichte Bildungsabschluss, womit sich neun Differenzierungen (i=9) durch Hauptschulabschluss, Mittlere Reife, Abitur, Lehre, Berufsakademieabschluss, Fachhochschulabschluss, Universitätsabschluss, Master of Business Administration (MBA) und Promotion ergeben. Aus den Vollzeitkräften (FTE) und der Beschäftigtengruppe (i) resultiert die Größe Vollzeitbeschäftigte der Gruppe i (FTEi).

Vergütung (l)
Die Preiskomponente des Humanvermögenswertes ergibt sich aus den branchenüblichen Durchschnittsgehältern und -löhnen pro Beschäftigtengruppe. Um Manipulationen des Humanvermögenswertes durch Lohnerhöhungen zu verhindern, werden keine unternehmensspezifischen Ist-Gehälter angesetzt. Die marktübliche Entlohnung wird über die jeweils aktuelle Lohnstrukturerhebung des Statistischen Bundesamtes oder über Gehaltsstudien ermittelt. Der Wert der Mitarbeiter bemisst sich demnach input-, resp. preisorientiert danach, was die Mitarbeiter marktüblich, im Sinne ihres Wiederbeschaffungswertes, am Arbeitsmarkt verdienen.

Wissensrelevanzzeit (w) und Betriebszugehörigkeit (b)
Die durchschnittliche Wissensrelevanzzeit bedeutet die berufsspezifische Halbwertszeit des Wissens, unterschieden in Ausbildungsgruppen und Branchen (z. B. kürzere Halbwertszeit des Wissens in Naturwissenschaft oder IT-Branche). Wissen wird als betriebliche Wertschöpfungsressource verstanden, die veraltet, wenn keine Investition im Sinne von Weiterbildung erfolgt. Auf den Wert der durchschnittlichen Betriebszugehörigkeit wirkt sich die Personalbeschaffung positiv aus. Die Werte von Wissensrelevanzzeit und Betriebszugehörigkeit korrelieren dabei miteinander: Wenn die Wissensrelevanzzeit größer als die durchschnittliche Betriebszugehörigkeit ist, so ist das Unternehmenswissen als relativ aktuell einzustufen. Sind die Werte gleich, ist der Zeitpunkt erreicht, an dem Wissen erneuert werden sollte, bei einem Dekrement der Wissensrelevanzzeit gegenüber durchschnittlichen Betriebszugehörigkeiten nimmt das Humanvermögen bereits ab, wenn nicht durch entsprechende Personalentwicklungsmaßnahmen gegengesteuert wird.

Die Wissensrelevanzzeit wird aus Wissensverlaufskurven erstellt, die aus Effizienzgründen aus branchenübergreifenden Kurven bestehen, die auch wesentliche Charakteristika aller Unternehmen erfassen können. Im Zuge dessen beträgt das angenommene Berufsleben 30 Jahre und das Erfahrungswissen maximal 50% des berufsspezifischen

Kernfachwissens. Spätestens nach 15 Jahren beginnt Fachwissen ohne entgegensteuernde Maßnahmen zu erodieren, relativiert durch Berufsgruppe und Branche. Die Wissensrelevanzzeiten werden in sieben Kategorien aufgeteilt.

Personalentwicklung (PE)

Der Wert PE evaluiert die tatsächlichen Personalentwicklungsausgaben im Sinne der für das Unternehmen nutzbringenden Weiterbildungs- und Schulungsmaßnahmen. Erhöhen sich die unternehmensseitigen Ausgaben hier, trägt dies positiv zum Humankapitalwert bei.

Motivation (M)

Der Motivationswert bildet in der Formel den Antrieb der Mitarbeiter ab, sich für das Unternehmen einzusetzen, und wird unterteilt in Commitment, Context und Retention, oder anders ausgedrückt in das Wollen (Zufriedenheit der Mitarbeiter), das Können (Arbeitsumfeld) und die langfristige Bindung an das Unternehmen.

Das Humanvermögen wird nach dem Saarbrücker Modell gesteigert, je mehr Vollzeitkräfte in einem Unternehmen arbeiten, je höher die marktüblichen Durchschnittsgehälter sind, je höher das wertschöpfungsrelevante Wissen der Mitarbeiter ist, je geringer die durchschnittliche Betriebszugehörigkeit ist, je höher die Personalentwicklungsmaßnahmen sind und je höher die Motivation der Mitarbeiter ist. Dies lässt durchaus intervariable und komplexe Aussagen über die Generierung von Humankapital zu. So müssen personalfreisetzende Maßnahmen wie Outplacement beispielsweise nicht zwangsläufig zu einer Dezimierung des Humankapitals führen. Wenn durch eine hochwertige Outplacement-Beratung betroffene Mitarbeiter schnell in angemessene neue Arbeitsverhältnisse gebracht werden und geeignete Kommunikationsmaßnahmen während der Maßnahme und auch insbesondere danach gewählt werden, um die Motivation der Verbliebenen nicht zu beeinträchtigen, kann beispielsweise im Unternehmen trotz Personalabbau eine „Aufbruchsstimmung“ entstehen, welche Mitarbeiter motiviert in die Zukunft blicken lässt.

Offene Fragen im Saarbrücker Modell

So attraktiv das Saarbrücker Modell ist, bleiben dennoch Fragen offen. „Zusammengefasst resultiert aus der konsequenten Umsetzung der Saarbrücker Formel in personalpolitische Entscheidungen die Empfehlung, möglichst viele gering qualifizierte Mitarbeiter mit veralterungsresistentem Wissen einzustellen, diese in möglichst teuren Personalentwicklungsmaßnahmen weiterzuqualifizieren, unterdurchschnittlich zu vergüten und zur Senkung der Betriebszugehörigkeit die Anreize zu freiwilliger Fluktuation zu erhöhen.“ [2].

Die Kritik von Becker zeigt, wie komplexe Berechnungsmodelle für dergleichen skurrile Folgerungen angreifbar werden, auch wenn die Autoren der Saarbrücker Formel diese Konsequenzen nicht gewollt haben. In der Tat kann man aber feststellen, dass bei der Halbwertszeit von Wissen nicht eine sprunghafte Entwertung berücksichtigt wird, eine Tatsache, die sich aber mit den neuen Technologien immer wieder zeigt. Dadurch, dass die Dauer der Betriebszugehörigkeit reziprok zum Humankapital verläuft, wird Erfahrungswissen nicht berücksichtigt. Sowohl hinsichtlich der spezifischen Kompetenzen älterer Mitarbeiter als auch hinsichtlich deren wachsender Bedeutung innerhalb eines schrumpfenden Arbeitnehmeranteils durch demografische Entwicklungen, wirkt diese Annahme nicht aktuell. Vielmehr wird in der Formel hohe Fluktuation honoriert.

Auch der lineare Bezug durchgeführter Personalentwicklungsmaßnahmen zum Wert des Humankapitals berücksichtigt nur die erfolgten Weiterbildungskosten. Der Transfererfolg, der Bezug der Weiterbildungsinhalte zur tatsächlichen Arbeit, die Aktualität dieses Wissens etc. werden dabei nicht evaluiert. Daraus könnte unter anderem auch gefolgert werden, man solle vor allem die Führungskräfte belohnen, welche besonders hohen Weiterbildungskosten für ihre Mitarbeiter zustimmen. Auf die Mitarbeiterleistung kann in der Formel nur indirekt ein Bezug hergestellt werden, beispielsweise über Ausbildung oder Motivation. Dennoch führen ein hoher Ausbildungsgrad und vorhandene Motivation nicht zwangsläufig auch zu hoher Leistung.

Die aufgeführte Kritik ließe sich fortführen. Damit soll allerdings nicht das Saarbrücker Modell diskreditiert werden, sondern vielmehr eine Sensibilität dafür geweckt werden, wie schwierig es ist, eine mathematische Formel zu finden, mit welcher sich der Wert des Humankapitals einigermaßen präzise berechnen lässt. Doch mit diesen Schwierigkeiten kämpfen alle Modelle der Humanvermögensrechnung. Wir fassen deshalb im Folgenden einige allgemeine typische Grenzen, die sich bei der Berechnung von Humankapital ergeben, zusammen:

9.1.4 Offene Fragen der Humanvermögensrechnung

Selbst wenn es mathematisch möglich wäre, Humankapital bis auf individuelle Werte herunterzubrechen, ist fraglich, ob dies ethisch wünschenswert wäre. Es würde eine nicht wünschenswerte Unternehmenskultur schaffen, und wir können froh sein, dass heute schon aus datenschutzrechtlichen Bestimmungen heraus solch eine individuelle Zuweisung nicht zulässig ist.

Humanvermögensrechnung unternehmerisch zu betreiben, stellt einen großen Aufwand dar. Insbesondere für kleine Unternehmen, welche nicht auf umfangreiche IT-Daten ihrer Betriebssysteme zurückgreifen können, ist der Aufwand hoch. Auch wenn man solche Daten elektronisch generieren kann, so stellt sich bei der Auswertung meist das Problem, die einzelnen Komponenten zuzuordnen (Separationsproblem). Wir setzen hier außerdem immer voraus, dass die erhobenen Kennzahlen überhaupt aktuell, vergleichbar und aussagekräftig sind. Will man von einem input- und kostenorientierten Personalmanagementdenken weg, welches das Personal zu einem großen Teil nur als Kostenverursacher sieht, so braucht man zunächst Kennzahlen vom Markt, die Vergleichbarkeit und Wettbewerbssituation eindeutig belegen, um zu Wertschöpfungsindizes zu gelangen.

Nimmt man entsprechend aktuellen Empfehlungen eine output- und wertorientierte Perspektive ein, bleibt immer noch zu klären, wie man Potenzial, das heute noch ungenutzt ist, in seinem zukünftigen Wert überhaupt realistisch bewerten kann. Disfunktionale

Weiterbildungsinhalte etwa, welche übergreifende Kenntnisse und Fähigkeiten schulen sollen, die im Moment nicht unmittelbar auf die jetzige Funktion eines Mitarbeiters abzielen, können in ihrem Nutzen nur mittel- und langfristig bewertet werden und nach entsprechenden Zeitspannen stellt sich erneut das Separationsproblem. Die Humanvermögensrechnung sieht sich hier mit einem ähnlichen Problem konfrontiert, das die Eignungsdiagnostik schon immer hatte, nämlich aus dem Heute Prognosen ableiten zu wollen.

Schließlich lässt sich fragen, inwieweit das Instrument Humanvermögensrechnung wirklich für unternehmerische Strategien anwendbar ist. Kennzahlen setzen immer einen Standard, einen Benchmark voraus, der den Wert der Kennzahl festlegt. Diese Orientierung an Standards ist aber notwendigerweise immer vergangenheitsorientiert. Vergangenheitsorientierung kann aber keine Innovation hervorbringen und ist schlecht geeignet, zukünftige Strategien zu entwickeln. Die Zahl „42" als Antwort in dem Roman „Per Anhalter durch die Galaxis" von Douglas Adams veranschaulicht dies auf charmante Weise. Es ist die Antwort, die nach langer Zeit von dem leistungsfähigsten Computer auf die Frage „nach dem Leben, dem Universum und dem ganzen Rest" gefunden wurde und deshalb mit Sicherheit korrekt berechnet ist. Aber es kann niemand etwas damit anfangen, weil man nicht weiß, wie die Frage genau lautet. Kennzahlen sind kein Selbstzweck. Sie erfordern eine Interpretation und erst als Mittel zum Zweck einer Strategie werden sie relevant.

Zusammenfassend können wir also zur Humanvermögensrechnung festhalten, dass mit ihr keine unternehmerische Strategie formuliert wird. Allenfalls können die Kennzahlen als Grundlage dafür dienen, eine solche zu erarbeiten. Dies wird durch die komplexen rechnerischen Möglichkeiten, überhaupt konkrete Kennzahlen zu finden, die Aussagen über den Wert des Humankapitals zulassen, zusätzlich eingeschränkt. Dennoch gibt es schon Modelle, die umfangreiche Variablen berücksichtigen. Das Ziel muss für zukünftiges Personalmanagement deshalb sein, diese Möglichkeiten zu erweitern, denn eine Bewertung des spezifischen Wertbeitrags der im Unternehmen vorhandenen Humanressourcen legitimiert zugleich den Erfolgsbeitrag des Personalmanagements in Unternehmen. Wir wollen im Folgenden sehen, wie erhobene Kennzahlen in ein strategisches Personalcontrolling einfließen können.

9.2 Strategisches Personalcontrolling

Während Controlling generell als umfassendes Steuerungsinstrument ergebnisorientierter unternehmerischer Aktivitäten verstanden wird, fokussiert sich das Personalcontrolling auf die strategischen Zielgrößen, die speziell das Personal im Unternehmen bzw. die angewandten Verfahren im Personalmanagement betreffen. Controlling bezieht sich dabei sowohl auf die Analyse vorangegangener Prozesse als auch auf die Ableitung geeigneter Maßnahmen und die Prognose bzw. zukunftsgerichtete Planung. Dabei ist klar, wie bei jeder Art von Analyse, dass diese in sich selbst keine Entscheidungskriterien trägt. Controlling muss als Unterstützung des Managements verstanden werden, denn die Ableitung von Schlüssen aus den analysierten Daten obliegt immer dem Management.

Etwa seit Beginn der 1990er Jahre hat sich in vielen Unternehmen ein Denken etabliert, das qualitativen Messgrößen ebenso Rechnung trägt wie rein quantitativen. Dabei waren die Verantwortlichen im Personalwesen oft selbst nicht interessiert, diesem Denken Vorschub zu leisten, etwa mit der Argumentation, Personalarbeit sei zu einem großen Teil qualitativ und lasse sich nicht mit quantitativen Messzahlen gleichsetzen. Heutzutage ist es selbstverständlich, alle Personalprozesse einem detaillierten Controlling zu unterwerfen, und Instrumente wie die Balanced Scorecard eignen sich vorzüglich, auch qualitative Schlüsselkennzahlen, sogenannte Key Performance Indicators (KPIs), abzuleiten.

Je nachdem, wie ein Unternehmen aufgestellt ist, wird dieses Controlling von den Personalverantwortlichen selbst oder auch von anderen Stellen im Unternehmen evaluiert, etwa dem Qualitätsmanagement. Ebenso wie es in der Qualitätssicherung um die Erfüllung von Anforderungen geht, die immer erst definiert werden müssen, ist Controlling per se inhaltsleer und muss durch konkrete inhaltliche Zielvorgaben gespeist werden. Im Folgenden wird anhand der Balanced Scorecard, als einem möglichen Instrument im Personalcontrolling, die Ableitung von Kennzahlen beschrieben.

9.2.1 Balanced Scorecard

Die Balanced Scorecard (BSC) wurde Anfang der 1990er Jahre von Robert Kaplan, Professor an der Harvard Business School, und David Norton, Präsident der Beratungsfirma Renaissance Solutions, Inc., konzipiert [3]. Ziel war es, den Führungskräften eines Unternehmens ein Instrument an die Hand zu geben, das die Aktivitäten des Unternehmens anhand von Kriterien misst, die über die Betrachtung aus rein finanztechnischer Sicht (etwa „Du-Pont-Schema" oder das spätere „ZVEI-Kennzahlensystem") hinausgehen. Obwohl die Kriterien für jedes Unternehmen individuell festgelegt werden müssen, wird eine Betrachtungsspanne vorgeschlagen, die zusätzlich zur obligaten Finanzperspektive mindestens auch die Perspektiven von Mitarbeitern, Kunden und Prozessen berücksichtigt (siehe Abb. 9.5).

Diese Perspektiven können natürlich beliebig auf weitere, für ein Unternehmen relevante Stakeholder wie Lieferanten, Gesellschaft, Politik usw. ausgeweitet werden. Die Balanced Scorecard will so nicht nur Shareholder-, sondern auch Stakeholder Value schaffen, was letztlich auch den Shareholdern wieder zugutekommt. Die BSC bricht unter Umständen relativ vage formulierte Ziele und Leitbilder zunächst auf mindestens vier Perspektiven herunter, um danach aus diesen Perspektiven konkrete quantitative Kennzahlen oder auch qualitative Maßnahmen abzuleiten. Sollten sich keine Kennzahlen formulieren lassen, ist es wichtig, einen vergleichbaren qualitativen Maßstab anzulegen, wie er etwa in einem Maßnahmenplan oder Zielvereinbarungen nach S.M.A.R.T. zum Ausdruck kommt (siehe Abb. 9.6).

Die Erreichung der Zielvereinbarungen ist rückgekoppelt mit den ursprünglichen Zielen bzw. fließt in neue Strategieformulierungen mit ein. In der BSC werden die Ziele ausgewogen (balanced) verfolgt, d. h., es werden ständig die Auswirkungen der Maßnahmen

Abb. 9.5 Balanced Scorecard

Abb. 9.6 Zielformulierung nach S.M.A.R.T.

auf alle Ziele bewertet. Es sollten demnach nicht zu viele Kennzahlen zugleich betrachtet werden, weil die Umsetzung sonst nicht realistisch ist. Ein Richtwert sind ein bis zwei Kennzahlen pro Perspektive, insgesamt sollten keinesfalls mehr als 20 KPIs Verwendung finden.

Dies ist ein wichtiger Punkt, welcher zugleich die Achillesferse des Instruments deutlich macht: Auch zu viele, zu komplexe oder einfach falsche Ziele können durch die Balanced Scorecard professionell umgesetzt werden, denn die Zielinhalte selbst werden üblicherweise bei Controllinginstrumenten nicht geprüft. Während Kennzahlen numerisch klar feststellbar sind, sollten Zielvereinbarungen nach dem S.M.A.R.T.-Prinzip erfolgen und konkrete Maßnahmen in einem detaillierten Maßnahmenplan beschrieben sein, welcher die Maßnahme, die Verantwortlichen und das Datum festhält.

Sollten diese Kriterien aus irgendwelchen Gründen nicht eingehalten und beispielsweise gegen das „Achievable“-Kriterium der S.M.A.R.T.-Prinzipien verstoßen werden, so muss darauf in einer Unterscheidung zwischen eigen- und fremdverantworteten Abweichungen vom Soll-Plan eingegangen werden. Werden die Kriterien der BSC innerhalb eines Mitarbeitergesprächs verwendet, so kann man unerwarteten Abweichungen beispielweise Rechnung tragen, indem die Gründe der Zielabweichung angeführt werden. Die Einführung von Risiken erweitert dabei die ursprüngliche Konzeption von Kaplan und Norton, welche kein Risikomanagement bezüglich der Umsetzung von Zielvereinbarungen beinhaltete.

9.2.2 Kennzahlen im Human Resource Management

Im Folgenden werden einige Beispiele für Kennzahlen im Human Resource Management genannt. Auf der Ebene der Strategie finden sich meist nur allgemeine, unspezifische Beschreibungen, wie beispielsweise das Ziel, ein wettbewerbsfähiges Recruiting im Unternehmen zu etablieren. Bricht man diese sehr vage Beschreibung auf mögliche Perspektiven herunter, so lassen sich konkrete Handlungsfelder ausmachen. Auf der Finanzseite könnte dies beispielsweise die Reduktion von Kosten bezogen auf die Einstellung neuer Mitarbeiter sein. Werden diese Kosten als nicht wettbewerbsfähig gesehen, ließen sich im Folgenden beispielsweise Aufgabenteile nach extern verlagern. So bietet es sich insbesondere für kleinere Firmen an, eventuelle konjunkturelle Stoßzeiten nicht mit dem Aufbau einer eigenen spezialisierten Recruiting-Abteilung zu beantworten, sondern z. B. diese Aufgabe an einen externen Personalberater zu vergeben. Eine mögliche Antwort auf diese Herausforderung könnte auch sein, nur Teile der Personalbeschaffung, die viel Zeit verschlingen, z. B. die Vorselektion von Kandidaten, an unternehmensexterne Dienstleister zu vergeben.

Ist dieser Weg etwa aus Gründen der Personalmarketingstrategie nicht vorteilhaft, könnten Kosten auch gesenkt werden, indem Personaldienstleistungen innerhalb des Hauses verrechnet werden. Statt auf eine unternehmensinterne Umlagenverrechnung angewiesen zu sein, könnten Personalabteilungen ihre Leistungen direkt den Kosten verursachenden Abteilungen in Rechnung stellen. Damit wird eine gerechtere Verteilung der Kosten im Unternehmen gewährleistet, und zugleich werden auch die erbrachten Leistungen transparenter gemacht.

Auf der Perspektivenebene der Kunden könnte die Strategie „Erhöhung der Bewerberzufriedenheit“ lauten. Als abgeleitete Handlungen könnten Interviews eingeführt werden, die sowohl mit eingestellten als auch mit abgelehnten Bewerbern geführt werden. Auch wenn der Recruiting-Prozess streng genommen mit der Einstellung neuer Mitarbeiter endet, wird die Integrationsphase oft noch als Bestandteil desselben gesehen. Demnach lässt sich der Unzufriedenheit neu eingestellter Mitarbeiter ebenso wie einer eventuell ungewollten Fluktuation während der Probezeit durch ein Integrationsprogramm entgegenwirken, welches insbesondere der Bildung von Netzwerken dient.

Schließlich kann sich wettbewerbsfähiges Recruiting auf der Perspektive der Prozesse in den Kennzahlen von „Time to hire" bzw. „Time to fill" spiegeln. Sollte sich hier zeigen, dass der Prozess bis zur Vertragsunterzeichnung bzw. bis zum konkreten Arbeitsbeginn zu langwierig ist, könnte beispielsweise die Einführung einer elektronischen Bewerberabwicklung als Maßnahme erwogen werden.

Alle skizzierten Maßnahmen lassen sich weiter präzisieren und müssen in der konkreten Umsetzung ihren Ausdruck in weiteren Meilensteinen, Maßnahmenplänen mit Verantwortlichen und Terminen oder direkt in quantitativen Kennzahlen finden. Sinnvolle Kennzahlen für erfolgreiche Personalarbeit könnten im Recruiting auch die Kosten pro Einstellung sein oder die Quote, welche die Vertragsangebote mit den unterschriebenen Verträgen abgleicht. Wie viele Interviews werden geführt, bis es zu einer Einstellung kommt? Wie groß ist die Zufriedenheit der neu eingestellten Mitarbeiter? Wie hoch ist die Fluktuation während der Probezeit? Wie hoch ist die Korrelation zwischen den Ergebnissen der Auswahlverfahren und dem späteren Erfolg im Unternehmen? In der weiteren Auswertung dieser Kennzahlen wird man nicht umhin kommen, die qualitativen Gründe für diese zu ermitteln, beispielsweise die Gründe für eine hohe Fluktuation in der Probezeit oder die angegebenen Ablehnungsgründe von Bewerbern. Die Ursachenforschung ist dabei nicht nur notwendig zur erfolgreichen Gegensteuerung von Problemen, sondern kann direkt in die Rückkopplung zur Strategie einfließen und neue Strategien und Zieldefinitionen hervorbringen, die ihrerseits wieder mit der Balanced Scorecard auf neue Zielvereinbarungen heruntergebrochen werden. Abbildung 9.7 stellt die Ableitung einer Recruiting Balanced Scorecard dar.

Kennzahlen für erfolgreiches Personalmarketing könnten die Anzahl qualifizierter Bewerbungen sein oder auch die Ergebnisse eines Unternehmens im Bewerberranking

Abb. 9.7 Ableitung einer Recruiting-BSC

beliebter Arbeitgeber. Auch hier wäre im nächsten Schritt dann qualitativ auszuwerten, was beispielsweise als Entscheidungsgrund für die Bewerbung angegeben wird, um die Kennzahlen präzise auswerten zu können, aber auch um eine Zuordnung zu Verursachern feststellen zu können. So kann eine Personalmarketingabteilung nicht für das gesamte Arbeitgeberimage, das sogenannte Employer Branding, verantwortlich gemacht werden. Verfolgt eine Personalabteilung ein sozialverträgliches Trennungsmanagement, so lässt sich der Erfolg beispielsweise an einer vorgegebenen Vermittlungsquote (z. B. mehr als 80 %) in einem vorgegebenen Zeitraum (z. B. 9–12 Monate) festhalten. Aber auch die Quote derjenigen, die nach erfolgreicher Vermittlung während der Probezeit gekündigt werden, könnte als relevante Kennzahl für Outplacement angegeben werden.

Die Tage, als Personalentwicklung noch im Wesentlichen als Weiterbildung betrieben wurde und sich hartnäckig weigerte, aus der als rein qualitativ beschriebenen Arbeit quantitative Kennzahlen abzuleiten bzw. ableiten zu lassen, sind längst vorbei, und dementsprechend umfangreich sind die Ziele geworden, die an eine moderne Personalentwicklung heutzutage herangetragen werden. So stehen beispielsweise nicht mehr nur die Anzahl der Weiterbildungen oder deren Kosten im Fokus, auch die Durchführung und Implementierung von Mitarbeiterbefragungen und Organisationsentwicklungsprozessen und Performance-Managementinstrumenten samt deren Erfolgsmessung gehören heute zum Alltag: Wie hoch ist die Mitarbeiterzufriedenheit? Wie hoch ist die Fluktuationsrate? Inwieweit treffen die über Personalentwicklungsinstrumente ermittelten Aussagen über Mitarbeiterpotenziale, bezogen auf die nachfolgend zu beobachtenden Karrieren im Unternehmen, ein? Was sind Gründe für qualifizierte Mitarbeiter, das Unternehmen zu verlassen? Was folgt aus diesen Ergebnissen? Welche Maßnahmen werden durchgeführt, um für die Probleme Abhilfe zu schaffen? Welchen Erfolg haben wiederum diese Maßnahmen?

Aktives Personalmanagement wird nicht warten, bis vonseiten des Controllings oder des Qualitätsmanagements der Ruf nach einem Nachweis erfolgreicher Personalarbeit in Form von Kennzahlen laut wird, sondern in Vorleistung bereits konkrete Kennzahlen definieren und regelmäßige Reports aufbereiten. Auf Ebene des Abteilungsreportings bietet es sich für die Personalverantwortlichen an, bereits an der Formulierung der übergeordneten Strategie mitzuwirken, nicht nur, um hier Experten-Know-how mit einfließen zu lassen, sondern auch, um auf eine positive Erwartungserfüllung hinzuwirken. Abbildung 9.8 gibt einen Überblick über die typischen HR-Kennzahlen.

Beispiele für Prüfungsfragen

- Bitte berechnen Sie zwei Beispiele mithilfe des Saarbrücker Modells der Humanvermögensrechnung, bei dem unsinnige Ergebnisse herauskommen.
- Bitte formulieren Sie eine beliebige Abteilungsstrategie in einem Unternehmen und leiten Sie entsprechende Zielvereinbarungen mit der Balanced Scorecard ab, an denen sich die Abteilung evaluieren lassen kann.

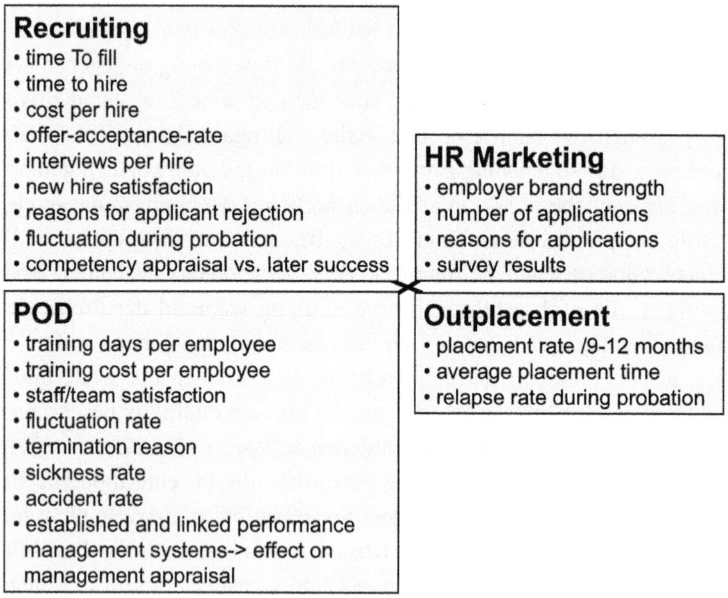

Abb. 9.8 Typische HR-Kennzahlen

Literatur

1. Becker, M. (2010). *Personalwirtschaft. Lehrbuch für Studium und Praxis*. Stuttgart: Schäffer-Poeschel.
2. Becker, M., Labucay, I., & Rieger, C. (2006). Formel ohne Fortschritt. *Personal, 11,* 30–32.
3. Kaplan, R. S., & Norton, D. P. (1996). *The balanced scorecard: Translating strategy into action.* Harvard Business Review Press.
4. Scholz, C., Stein, V., & Müller, S. (2007). Personalwirtschaftliche Humankapitalbewertung. *Weiterbildung, 02.*

Personalentwicklung 10

▶ **Lernziele**

- Sie wissen, was ein Unternehmen tun muss, um ein professionelles Performance Management zu installieren.
- Sie kennen gängige Kommunikationsmodelle und können diese anwenden.
- Sie können Qualitätskriterien für die Auswahl und Steuerung von Führungskräfte-Coaches entwickeln und wissen die Vor- und Nachteile verschiedener Beratungsansätze zu diskutieren.

Im Folgenden wollen wir ausgesuchte Themen moderner Personalentwicklung näher betrachten, dabei vor allem den Performance-Managementprozess mit Mitarbeiterbeurteilung und Vorgesetztenbeurteilung sowie aktuelle Themen wie Führungskräfte-Coaching bis hin zu grundlegenden Kommunikationsregeln des Feedbacks.

Im weiteren Sinne könnte man sagen, Personalentwicklung sei von der Philosophie her ein Ansatz, Visionen und Werte innerhalb eines Unternehmens in den Mitarbeitern lebendig werden zu lassen. Die Geschichte von den drei Steinmetzen ist ein schönes Beispiel hierfür:

> Drei Steinmetze werden gefragt, was sie tun. Der erste antwortet: „Ich verdiene meinen Lebensunterhalt." Der zweite erklärt: „Ich mache die beste Steinmetzarbeit im ganzen Land." Aber der dritte verkündet mit leuchtenden Augen: „Ich baue eine Kathedrale!"

Wir unterscheiden Maßnahmen der Personalentwicklung, die mehr auf die Mitarbeiter bezogen sind, und Maßnahmen der Organisationsentwicklung, welche sich mehr auf Prozesse und Strukturen im Unternehmen beziehen. Während beispielsweise zu den letzteren Veränderungsmanagement (Change Management) oder Kommunikationsmaßnahmen zur Bildung der Unternehmenskultur gehören, fasst man unter die Personalentwicklung auch

C. Achouri, *Human Resources Management*,
DOI 10.1007/978-3-8349-4740-6_10

Mitarbeitergespräche, Mitarbeiter- und Vorgesetztenbeurteilungsinstrumente und Weiterbildungsmaßnahmen.

Dabei können Personalentwicklungsmaßnahmen im Sinne einer Laufbahnplanung im Rahmen der regulären Mitarbeitergespräche angestoßen werden, die implementierte Karriereplanung selbst ist dabei allerdings auch schon als Personalentwicklung zu werten. Personalentwicklung findet aber auch statt, wenn Austrittsgespräche geführt werden, Mitarbeiter in die Outplacement-Beratung geführt werden oder der Ruhestand vorbereitet werden soll.

Weiterbildung kann als persönlichkeitsorientierte Maßnahme generell zur Verbesserung der Fähigkeiten eines Mitarbeiters eingesetzt werden oder funktionell, im Rahmen der konkreten Anforderungen der aktuellen Aufgabe. Die Weiterbildung kann extern oder intern erfolgen, auch Trainee-Programme oder Kooperationen mit externen Bildungsstätten sind Bestandteil der Personalentwicklung und werden in Zukunft hinsichtlich des Erfordernisses lebenslangen Lernens eine noch größere Rolle spielen.

Früher wurden oft Fachexperten als Führungskräfte empfohlen, um ihnen ein Weiterkommen in der Karriere zu ermöglichen. Dabei stellte sich heraus, dass man dadurch oft gute Experten verliert und schlechte Führungskräfte bekommt; schließlich stellen Führungsaufgaben meist andere Anforderungen an die Fähigkeiten der Mitarbeiter als es Fachkenntnisse tun. Es ist ein Verdienst der Personalentwicklung, hier an der Entwicklung von pluralen Laufbahnmodellen mitgewirkt zu haben, welche es einer guten Fachkraft ermöglichen, auch als Experte Karriere zu machen. Gleiches gilt für die Karriere als Projektleiter.

10.1 Performance Management

> Mein Job war es, Talente zu entwickeln. Ich war der Gärtner, der Wasser und andere Nahrung für unsere besten Leute bereitstellte. Natürlich musste ich auch etwas Unkraut rupfen. (Jack Welch)

Um Mitarbeiter zu fördern und einen unternehmens- und mitarbeitergerechten Einsatz zu gewährleisten, geht jeder individuellen Personalentwicklung eine Personalbeurteilung voraus. Personalentwicklung stellt so sicher, dass in einem Unternehmen ein aussagekräftiger Performance-Managementprozess (PMP) etabliert ist, welcher zumindest aus Mitarbeiterbeurteilung (Staff Dialogue) und Vorgesetztenbeurteilung (Upward-Feedback) besteht. Als weitere Instrumente der Personalentwicklung kommen das Assessment Center (AC), die Führungskräftebeurteilung (Management Appraisal) oder das Development Center (DC) infrage. Während das AC klassischerweise die Personalauswahl thematisiert, sind DC dazu da, reine Potenzialaussagen über Mitarbeiter zu treffen, um so eine Prognose über weitere Entwicklungschancen im Unternehmen abzugeben.

Ein sehr zeit-, kosten- und ressourceneffizientes Instrument im Performance Management ist das 360-Grad-Feedback. Hier lässt man beispielsweise eine Führungskraft über

Abb. 10.1 Staff Dialogue & Upward-Feedback

elektronische Fragebögen von Kunden, Mitarbeitern, Kollegen und der eigenen Führungskraft beurteilen, um zu einem umfassenden Bild über ihre Arbeitsleistung zu gelangen. Performance Management bezeichnet den Prozess der Leistungsmessung, Leistungssteuerung und kontrolle von Mitarbeitern, Teams sowie Führungskräften. Das Ziel dieses Prozesses ist eine kontinuierliche Verbesserung von Individualleistungen und letztlich der gesamten Unternehmensleistung. In Erweiterung einer rein am Rechnungswesen orientierten Fokussierung, welche im Schwerpunkt vergangenheitsorientiert ist, hat Performance Management auch nichtfinanzielle Leistungsindikatoren im Blickfeld. Dieser ganzheitliche Planungs- und Steuerungshorizont wird zudem auch auf zukünftige Herausforderungen ausgerichtet.

Hauptbestandteil der Performance-Evaluation in Unternehmen sind zwei sich gegenseitig ergänzende Instrumente: die Mitarbeiterbeurteilung (auch Mitarbeitergespräch oder Staff Dialogue genannt) und die Vorgesetztenbeurteilung (auch Aufwärtsbeurteilung oder Upward-Feedback genannt). Während im Mitarbeitergespräch die Führungskraft ihren Mitarbeitern Rückmeldung über die von ihr beurteilte Leistung gibt, beurteilen in der Vorgesetztenbeurteilung wiederum die Mitarbeiter ihre Führungskraft. Die dahinterstehende Philosophie ist, dass eine Führungskraft nur so gut sein kann, wie sie auch von ihren Mitarbeitern gesehen wird (siehe Abb. 10.1).

10.1.1 Mitarbeiterbeurteilung

Bei einer Mitarbeiterbeurteilung besprechen Führungskraft und Mitarbeiter üblicherweise jährlich, mit einem zusätzlichen unterjährigen Review-Termin Inhalte wie Zielvereinbarungen, Beurteilung der gezeigten Leistung, persönliche und fachliche Weiterbildung, generelle Entwicklungsmöglichkeiten im Unternehmen usw. Häufig orientieren sich diese Gespräche an Personalbögen, Leitfäden, Checklisten oder Formularen, die als Struktur für die Gesprächsführung durch die Führungskraft dienen, aber auch im Sinne der Vergleichbarkeit aller beurteilten Mitarbeiter sind.

Obwohl die Inhalte und Elemente optional sind und den betrieblichen Erfordernissen angepasst werden können und sollen, gibt es eine vergleichbare Grundstruktur, die ein Mitarbeitergespräch haben sollte. Die Mitarbeiterbeurteilung ist ebenso wie andere Feedbackinstrumente, die ein Unternehmen einsetzt (z. B. Vorgesetztenbeurteilung, Mitarbeiterbefragung, 360-Grad-Feedback, AC), mit der Arbeitnehmervertretung abzustimmen und ggf. in schriftlichen Betriebsvereinbarungen festzuhalten.

Ein Mitarbeitergespräch kann zu verschiedenen Anlässen Einsatz finden, z. B. zum Ende der Probezeit, am Ende einer Befristung, bei Aufhebung oder Kündigung, zur Leistungs- und Potenzialbewertung, bei Weiterbildungsmaßnahmen, bei der Veränderung von Aufgaben, nach Rückkehr aufgrund von Arbeitsunfähigkeit oder Krankheit, zur Karriereentwicklung oder Konfliktanalyse usw.

Ausgangspunkt ist die Beschreibung der Aufgabe, die ihrerseits der Definition des Anforderungsprofils jeder Stelle zugrunde liegt. Nach Besprechung der Aufgaben bildet üblicherweise ein Rückblick auf das vergangene Jahr den Ausgangspunkt des Gespräches. Hier wird festgestellt, welche Aufgaben in welchem Erfüllungsgrad erledigt wurden und was dafür die jeweiligen Gründe waren. Im Folgenden werden die Ziele für das nächste Jahr (oder bei Antritt einer neuen Funktion unter Umständen für die ersten sechs Monate) vereinbart und gegebenenfalls auch ein Termin für einen Review festgelegt, der nach einigen Monaten prüft, ob sich der Mitarbeiter auf dem richtigen Weg befindet, um im Zweifel einer Zielverfehlung gegensteuern zu können.

Auch eine mittel- und langfristige Karriereplanung sollte besprochen und ggf. Maßnahmen in der Weiterbildung, die diese Entwicklung flankieren und unterstützen, vereinbart werden. Inhaltliche Kriterien, die im Mitarbeitergespräch behandelt werden, lassen sich z. B. sehr gut über die Perspektiven der Balanced Scorecard festhalten. Eine mögliche Struktur eines Mitarbeitergesprächs zeigt Abb. 10.2:

Das Gespräch sollte in einer ruhigen Atmosphäre ohne Zeitdruck und ohne Störung stattfinden. Wenn ein Mitarbeitergespräch einmal jährlich durchgeführt wird, ist ein Zeitrahmen von einer Stunde sicherlich sinnvoll. Gegenseitige Wertschätzung sollte nicht nur bei Eröffnung und Abschluss zum Ausdruck gebracht werden, sondern auch Grundlage des ganzen Gesprächs sein. Hier hilft ein Vorgehen anhand von professionellen Feedbackregeln, da sie die Kommunikation versachlichen und konkrete Verhaltensanker als Orientierung für die Beurteilung und eine etwaige Verhaltensänderung liefern. Im Anschluss an das Vieraugengespräch zwischen Führungskraft und Mitarbeiter sollte die Führungskraft ihre Beurteilung sowie die angedachten weiteren Schritte der Karriereplanung einem gleichrangigen Führungsgremium vorstellen (siehe Abb. 10.3).

Dies verhindert größere „blinde Flecken" in der Mitarbeiterbeurteilung aufseiten der Führungskraft und schafft darüber hinaus den Rahmen für eine vergleichende Beurteilung.

1. Auflistung der derzeitigen Funktion, Verantwortungsbereiche, Aufgabeninhalte, erforderlichen Kompetenzen
2. Analyse Zielerreichung des vergangenen Geschäftsjahres anhand
   - Finanzen/Mitarbeiter/Kunden/Prozesse
   - Rahmenbedingungen, welche die Zielerreichung positiv oder negativ beeinflusst haben
3. Vereinbarung von Zielen für das kommende Geschäftsjahr anhand
   - Finanzen/Mitarbeiter/Kunden/Prozesse
4. Persönliche Perspektiven des Mitarbeiters, Funktions- oder Ortswechsel, Zeitpunkt der Veränderung, Entwicklungsziele, Einkommen, erforderliche (Weiterbildungs-) Maßnahmen
5. Mittel-/langfristiges Entwicklungsziel des Mitarbeiters, erreichbare Zielfunktion/Funktionsgebiet/Einsatzbereich/Geschäftsart/Einkommensgruppe
6. Nächster Schritt/Funktion/Zeitpunkt

Abb. 10.2 Aufbau eines Mitarbeitergesprächs

Schließlich müssen Leistungsaussagen erst kalibriert werden in der Abstimmung mit den Evaluationen anderer Vertreter des Führungskräfteleitungskreises.

Die Eichung, welche Leistung als durchschnittlich, überdurchschnittlich oder auch unterdurchschnittlich zu bewerten ist, hängt nicht nur von den Vergleichen mit anderen Mitarbeitern ab, sondern auch von den strategischen Zielen des Unternehmens, den offenen Positionen, der Anzahl an Potenzialträgern, der jeweiligen Qualifikation, die zur Verfügung steht etc. Eine reine Beurteilung des Mitarbeiters durch seine Führungskraft wäre also nicht nur ungerecht, sondern würde auch dem Unternehmensinteresse entgegenstehen.

Im Performance-Managementprozess folgen dem Mitarbeitergespräch zwischen Führungskraft und Mitarbeiter demnach die Vorstellung und Beurteilung des Mitarbeiters im übergeordneten Führungsgremium, wiederum gefolgt von einer erneuten Vieraugen-Rückmeldung der verabschiedeten Beurteilung und Ergebnisse an den Mitarbeiter von seiner direkten Führungskraft.

Abb. 10.3 Mitarbeiterbeurteilungsprozess

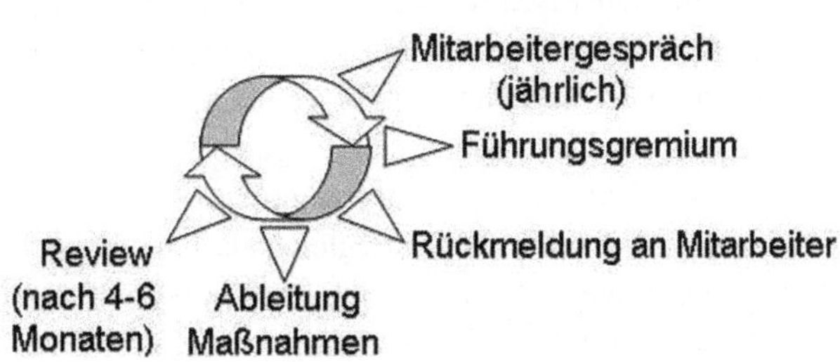

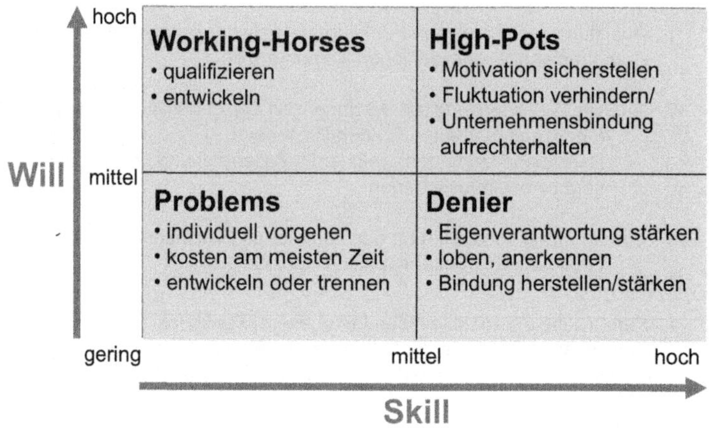

Abb. 10.4 Will-Skill-Matrix

Im Führungsgremium ist es üblich, die Mitarbeiter aus verschiedenen Abteilungen sowohl hinsichtlich ihrer Motivation (Will) als auch hinsichtlich ihrer Kompetenzen (Skill) zu besprechen. Abbildung 10.4 zeigt zugleich Handlungsmöglichkeiten auf:

10.1.2 Vorgesetztenbeurteilung

Ich muss von denjenigen, mit denen ich arbeite, verlangen, dass sie auch mir gegenüber Kritik üben. Wenn sie das nicht tun, dann sind sie mir und dem Hause Siemens nicht von Nutzen. (C. F. von Siemens)

Während das Mitarbeitergespräch die Beurteilung der Leistung des Mitarbeiters zum Inhalt hat, zielt die Vorgesetztenbeurteilung als Ergänzung darauf, die Führungskräfte von ihren Mitarbeitern beurteilen zu lassen. Mitarbeiterbeurteilung und Vorgesetztenbeurteilung ergänzen sich demnach im Performance-Managementprozess. Ein Unternehmen, das um eine kontinuierliche Verbesserung der Personalführung und eine offene Unternehmenskultur bemüht ist, sollte die Chance der Mitarbeiterrückmeldung nicht ungenutzt lassen. Im Fokus der Vorgesetztenbeurteilung steht das Verhältnis Vorgesetzter zu Mitarbeiter anhand der Beurteilung der Führungsperson durch ihre Mitarbeiter. Der Zweck ist vor allem die Bewertung der Führungsleistung des Vorgesetzten.

Obwohl in der Regel anonym bewertende Mitarbeiter ihre Vorgesetzten schlechter einschätzen als offen Urteilende, gibt es gute Gründe für die Durchführung als persönliches Gespräch. So kann eine Vorgesetztenbeurteilung, die beispielsweise im Rahmen eines Workshops durchgeführt wird, zugleich als Teamentwicklung genutzt werden. Außerdem stellt ein derartiges Instrument eine Intervention im Sinne der Organisationsentwicklung eines Unternehmens dar und ist geeignet, die Etablierung einer kooperativen Führungskultur sowie etwa einer Unternehmenskultur, die auf Vertrauen und offenem Dialog gründet, zu begünstigen, sofern dies in der Unternehmensstrategie aktiv gewünscht wird.

Die Vorgesetztenbeurteilung als Feedbackinstrument ist dabei noch nicht lange etabliert, da sie das traditionelle Rollenverständnis (Top-down-Verfahren) durchbricht und Führungskräfte in ihrem Machtprivileg einschränkt. Eine Abhängigkeit von den Mitarbeitern kann entstehen, die jetzt in die Lage versetzt werden, ihrer Führungskraft ein „Zeugnis“ auszustellen. Im Zuge von partizipativen oder kollegialen Führungsstilen hat sich aber die Rolle der Führungsperson zum Berater und Teamplayer hin verändert und stellt Werte wie partnerschaftlichen Umgang und teamorientiertes Arbeiten in den Vordergrund.

Anlass für eine Vorgesetztenbeurteilung kann ein schlechtes Betriebsklima oder auch Kritik seitens der Mitarbeiter an der Führung sein, oder aber ein Soll-Ist-Vergleich der selbst auferlegten Führungsleitlinien des Unternehmens. Ungeachtet dieser defizitären Strategie sind viele Unternehmen dazu übergegangen, die Vorgesetztenbeurteilung ohne akuten Anlass als festen Bestandteil ihres Performance-Managementprozesses zu etablieren und regelmäßig wiederkehrend durchzuführen, komplementär zur iterativen Mitarbeiterbeurteilung.

Dabei hat es sich als klug erwiesen, Mitarbeiter- und Vorgesetztenbeurteilung zeitlich im Performance-Managementprozess zu entzerren. Eine Vorgesetztenbeurteilung, die unmittelbar vor der Mitarbeiterbeurteilung stattfindet, ist ungeeignet, weil sich die Mitarbeiter hierbei nicht frei in ihren (insbesondere kritischen) Äußerungen fühlen werden, aus der Angst heraus, diese könnten ihnen in ihrer eigenen Beurteilung nachteilig ausgelegt werden.

Wenn die Vorgesetztenbeurteilung im Rahmen eines Workshops durchgeführt wird, ist darauf zu achten, dass die Führungsspanne der Führungskraft groß genug ist, um ein zumindest relativ anonymes Gruppenfeedback zu ermöglichen, ohne dass einzelne Mitarbeiter sich über Gebühr exponiert fühlen. Als Erfahrungswert wird man hier von einer Führungsspanne von mindestens sechs bis sieben Mitarbeitern als untere Grenze ausgehen.

Die Führungskraft erhält anhand der Rückmeldungen Informationen darüber, wie sich das Selbst- vom Fremdbild unterscheidet, also wie das eigene Verhalten von den Mitarbeitern wahrgenommen wird und wie es sich von der Eigenbeurteilung unterscheidet. Gerade weil in diesem Bereich oft eine große Diskrepanz besteht, zahlt sich die Arbeit mit Feedbackregeln aus, um eine möglichst sachliche, nichtoffensive Atmosphäre zu ermöglichen. Feedbackregeln werden deshalb in jeder Vorgesetztenbeurteilung, die nicht elektronisch, sondern im Rahmen eines persönlichen Austausches durchgeführt wird, eine feste Rolle im Ablauf spielen.

Durch das Instrument der Vorgesetztenbeurteilung erhalten die Mitarbeiter Einfluss und Verantwortung in Bezug auf die Gestaltung der Beziehung zu ihrer Führungskraft. Inwieweit dieser Einfluss nicht bloß gefühlt, sondern wirklich zur Änderung des Führungsverhaltens und damit auch der Unternehmenskultur hinreichend ist, hängt nicht nur von der Einsicht und Kritikfähigkeit der einzelnen Führungskraft, sondern auch von der Konzeption des Performance-Managementprozesses durch das Unternehmen ab. Hier zeigt sich eine Bandbreite in der Umsetzungsbereitschaft von Unternehmen, welche von der bloß formalen Etablierung einer Führungskräftebeurteilung bis hin zur Knüpfung realer Vergütungsanteile der Führungskraft an die Ergebnisse der Beurteilung reicht.

Als Mittelweg zeigt sich, dass oft schon eine Kontrolle der Durchführung bzw. eine Transparenz darüber, z. B. im Intranet des Unternehmens, einen erheblichen Hebel in der Wirksamkeit darstellt. Letztendlich soll die Vorgesetztenbeurteilung zu einer Verbesserung des Verhältnisses von Führungskräften und Mitarbeitern, zu einer Steigerung der Motivation und der Leistungsergebnisse sowie zur Etablierung einer Kultur des offenen Dialogs führen. Dieser sollte geprägt sein von gegenseitigem Respekt und einer vertrauensvollen, angstfreien Unternehmenskultur.

Eine positive Beurteilung kann bei der Führungskraft eine positive Einstellung zur partizipativen Führung und Zusammenarbeit fördern und es können konkrete Ansätze für die eigene Personalentwicklung gewonnen werden. Eine Führungskraft kann mit gehobenem Interesse für das eigene Führungsverhalten reagieren oder aber mit Abwehr oder Trotz aufgrund von negativen Beurteilungen. Oft führen die Rückmeldeergebnisse auch zu einer Verunsicherung der Führungskraft über das eigene Führungsverhalten. Dies ist insbesondere bei Nachwuchsführungskräften zu beobachten, die noch nicht viele Fremdwahrnehmungen zu ihrer Führungsrolle gespiegelt bekamen.

Mitarbeiter reagieren auf das Instrument der Vorgesetztenbeurteilung in der Regel mit einer Steigerung der Motivation und des Selbstwertgefühls sowie generell verbesserter Arbeitsleistung im Team. Genauso können die Folgen jedoch Angst vor Sanktionen, unrealistische Erwartungen bezüglich konkreter Veränderungen, ein Überforderungsgefühl oder eine Überschätzung des eigenen Einflusses auf Veränderungsprozesse sein.

Auch Resignation kann sich einstellen, insbesondere wenn die Mitarbeiter Erwartungen an das Instrument haben, welche dann aus verschiedenen Gründen nicht erfüllt werden. Das kann an einer uneinsichtigen Führungskraft, an schlechter Moderation oder einfach an überhöhten Erwartungen liegen. Es ist demnach wichtig, dass die Ergebnisse aus der Beurteilung konkrete Folgen nach sich ziehen und sichtbare Veränderungen anstoßen.

Die Wirkungen der Vorgesetztenbeurteilung als Performance-Managementinstrument für das Unternehmen können vielfältig sein. Es ist jedoch abzusehen, dass eine Einführung des Verfahrens eine erhebliche Intervention in der Organisationsentwicklung darstellt. So wird es Rückkopplungen bezogen auf die Kommunikationskultur, die Führungsleitlinien sowie auf den Führungsstil im Ganzen geben. Eine Einführung der Vorgesetztenbeurteilung als Performance-Managementsystem ohne aktive Kommunikation einer partizipativen, kollegialen Führungskultur ist von vornherein zum Scheitern verurteilt.

Die Beurteilung stellt ein Frühwarnsystem für Motivationsverlust und Leistungsbereitschaft der Mitarbeiter dar. Ein Unternehmen muss darauf achten, dass Führungskräfte mit schlechten Ergebnissen nicht stigmatisiert werden, sondern das Verfahren als Feedbackangebot für die Personalentwicklung verstanden wird. Beurteilungsfehler und subjektive Wahrnehmungsfehler wie Halo-, Primär- und Rezenzeffekt usw. können und werden auftreten. Unterstellt man, dass eine Führungskraft immer nur so gut ist wie die Mitarbeiter diese sehen, und zieht man in Betracht, dass sich weder Führungskräfte ihre Mitarbeiter, noch Mitarbeiter ihre Führungskräfte immer aussuchen können, erscheint es zumutbar, dass sich Führungskräfte den Bewertungen ihrer jeweiligen Mitarbeitergruppe stellen, auch unabhängig von deren Qualifikation.

10.1.3 Das 360-Grad-Feedback

Während die Mitarbeiterbeurteilung Top-down geführt wird, und die Vorgesetztenbeurteilung Bottom-up, erweitert das 360-Grad-Feedback diese beiden Wege zusätzlich noch um den Kreis der Kollegen (die „Peergroup"), die Kunden, die übergeordnete Führungskraft und bei Bedarf um weitere Beteiligte. Das Konzept der 360-Grad-Beurteilung wurde bereits in den 1970er Jahren von dem amerikanischen Psychologen Clark Loudon Wilson entwickelt, und findet heute, meist in elektronischer Form, weltweite Verbreitung in Unternehmen im Rahmen von Führungskräftebewertungen („Management Audits").

Wird ein 360-Grad-Feedback zusätzlich zur Vorgesetztenbeurteilung durchgeführt, lässt dies eine gelungene Verwendung der Ergebnisse in der Vorgesetztenbeurteilung zu. Man kann so die Ergebnisse der Mitarbeiterseite, welche in anonymisierter Form vorliegen, in das Rückmeldegespräch mit einbeziehen. Der Moderator hat dafür zu sorgen, dass dabei nicht anonymisierte Rückmeldungen mit Gewalt personifiziert werden, sondern vielmehr die Chance genutzt werden kann, die oft standardisierte Weise der Rückmeldungen in Fragebogenform durch Beispiele und Erläuterungen für die Führungskraft transparenter zu machen bzw. Verständnisfragen der Führungskraft an die jeweiligen Autoren zu erlauben. Der Vorteil der 360-Grad-Beurteilung liegt sowohl in der Möglichkeit, die beurteilte Person von allen wesentlichen Blickwinkeln der Organisation bewerten zu lassen, als auch, insbesondere bei elektronischer Vorgehensweise, eine schnelle Befragung und Auswertung sogar auf internationaler Ebene ohne Weiteres durchzuführen.

Das 360-Grad-Feedback wird meist für die Bewertung von Führungskräften verwendet, aber auch bei Projektleitern oder anderen Schlüsselfunktionen im Unternehmen ist eine Anwendung sinnvoll. Liegt keine disziplinarische Führung vor, lässt man den Bereich der Mitarbeiter offen bzw. ergänzt ihn durch andere relevante Beteiligte. Es kann sinnvoll sein, die Ergebnisse aus der 360-Grad-Bewertung mit einer Selbsteinschätzung zu den gleichen Kriterien zu vergleichen, um der übergeordneten Führungskraft weitere Informationen für die Personalentwicklung der bewerteten Führungskraft zu geben.

Wie für alle Performance-Managementsysteme gilt auch für die 360-Grad-Beurteilung der Grundsatz, die bewerteten Kriterien an den vorhandenen Führungsleitlinien bzw. dem allgemeinen Kompetenzmodell eines Unternehmens zu orientieren und keine externen Kriterien zu übernehmen, wie sie allzu oft von beauftragten Unternehmensberatern an ein Unternehmen herangetragen werden.

Die Grundlage aller Performance-Managementinstrumente bleibt eine professionelle Kommunikation. Sie ist dabei schon selbst als Führungsinstrument zu sehen und alle eingesetzten Verfahren stehen und fallen mit der Qualität der Kommunikation. Für die Kommunikation, die zur Rückmeldung über Verhalten und Leistung genutzt wird, hat sich in Anlehnung an den naturwissenschaftlichen Begriff der Rückkopplung der Begriff des Feedbacks durchgesetzt.

10.2 Feedback

Feedback ist inzwischen eines der bekanntesten Managementinstrumente überhaupt. Die praktische Umsetzung wird jedoch oft durch entweder unzureichendes Verständnis der Thematik erschwert oder durch die Tatsache, dass zu wenig Überzeugung vorhanden ist, das gelernte Wissen auch praktisch einzusetzen. Jedenfalls lässt sich in der durchschnittlichen betrieblichen Praxis kein signifikanter Zuwachs an positiver Kommunikationskultur ausmachen.

Zugleich kann man aber behaupten, dass das Geben und Nehmen von Feedback als wichtigstes Führungs-, Entwicklungs-, sogar als das wichtigste Personalinstrument überhaupt zu gelten hat. Wenn man notgedrungen auf alle Personalinstrumente verzichten müsste, ließe sich doch auf eine produktive und geregelte Kommunikation nicht verzichten. Der Unterschied in der Relevanz, die Feedback haben sollte, und die es bei vielen Führungskräften hat, ist aber erheblich.

Der beste Weg, an einer produktiven Feedbackkultur zu arbeiten, ist, den theoretischen Input mit unmittelbaren Praxiseinheiten zu kombinieren. Erst das Training schafft das Verständnis für die (oft unbewusst) vorhandenen Kommunikationsmuster, und erst Training kann lang etablierte Kommunikations- und Verhaltensweisen aufbrechen. Ein rein kognitiver, bewusster Zugang ist hier meist nicht ausreichend.

Auch zeigt sich beim Training mit Rollenspielen erst, wie weit die theoretischen Inhalte wirklich verstanden und internalisiert wurden. Eigeneinschätzung und Trainingsergebnis stimmen deshalb zunächst häufig nicht überein. Es zeigt sich in der Praxis, dass es meist lange dauert, bis Feedbackregeln so formuliert werden können, dass sie weder auswendig gelernt, noch inszeniert klingen. Insbesondere im Umgang mit gleichgestellten Kollegen in Unternehmen, aber auch im privaten Bereich, kann es sich als echte Herausforderung herausstellen, Feedback professionell zu formulieren, ohne die eigene Authentizität und Natürlichkeit einzubüßen.

In der Personalführung ist die Lage anders. Hier sind Werte wie Authentizität und Natürlichkeit zwar ebenso Desiderata einer von den Mitarbeitern akzeptierten Führungskraft. Allerdings kommt hier das Moment der Beurteilung mit allen etwaigen Folgen hinzu. Demnach liegt das Ziel in der Kommunikation der Führungskraft mit ihren Mitarbeitern vor allem in der Eindeutigkeit und Präzision der Aussagen und zugleich im sachlichen und nicht offensiven Ton. Liegen diese Aspekte in der Kommunikation der Führungskraft vor, wird der Mitarbeiter das Gespräch als professionell bewerten, auch wenn die Feedbackregeln nicht hundertprozentig internalisiert sind und unter Umständen „holprig" bzw. mit Mühe formuliert werden. Anders als im unprofessionellen Plauderton einer oft missverständlich „authentischen" Führungskraft wird dort gerade durch die bewusst eingehaltene Feedbackform auch verbal ausgedrückt, dass der Beurteilungsprozess respektiert wird und die Führungskraft versucht, dieser Evaluation gerecht zu werden. Wir wenden uns nun zunächst typischen Kommunikationsanalysemodellen zu, um dann ein Kommunikationsregelmodell vorzustellen.

10.2.1 Kommunikationsanalysemodelle

Entstanden ist Feedback aus der Arbeit von Sozialpsychologen und Gruppendynamikern wie beispielsweise Kurt Lewin. Feedback ist eine Rückmeldung an eine Person über deren Verhalten und darüber, wie dieses von anderen wahrgenommen, verstanden und erlebt wird. Solche Rückmeldungen finden im Kontakt mit anderen ständig statt, bewusst oder unbewusst, spontan oder erbeten, in Worten oder körpersprachlich. Um diese Vorgänge deutlich zu machen und zu üben, und um die Selbst- und Fremdwahrnehmung zu verbessern, wird Feedback seit Langem im gruppendynamischen Training gezielt als Übung eingesetzt. Hierbei geht es darum, sein eigenes Selbstbild zu überprüfen und mit Fremdbildern abzugleichen.

Ein typisches Instrument hierfür ist das sogenannte Johari-Fenster, ein Modell bewusster und unbewusster Persönlichkeits- und Verhaltensmerkmale zwischen einer Person und anderen bzw. einer Gruppe. Entwickelt wurde es 1955 von den amerikanischen Sozialpsychologen Joseph Luft und Harry Ingham, nach deren Vornamen auch das Akronym entstand. Mithilfe des Johari-Fensters wird vor allem der sogenannte blinde Fleck im Selbstbild eines Menschen illustriert, siehe Abb. 10.5:

Öffentlich ist dabei alles, was ein Mensch von sich preisgibt, was also ihm selbst und Dritten bekannt ist. Geheim ist alles, was der Betroffene weiß oder kennt, aber Dritten nicht zugänglich macht oder aktiv vor ihnen verbirgt. Unter „blinder Fleck" versteht man alles, wovon der Betroffene selbst keine Ahnung hat, von dem Dritte aber sehr wohl wissen. Unbekannt schließlich ist alles, was sowohl dem Betroffenen als auch Dritten nicht bekannt ist, mit den Worten Sigmund Freuds das „Unbewusste".

Ein wesentliches Ziel von Lernen in der Gruppendynamik ist es nun, den gemeinsamen Handlungsspielraum transparenter und weiter zu gestalten. Im Johari-Fenster wird dabei das linke obere Feld immer größer, die anderen drei werden zunehmend kleiner. Durch

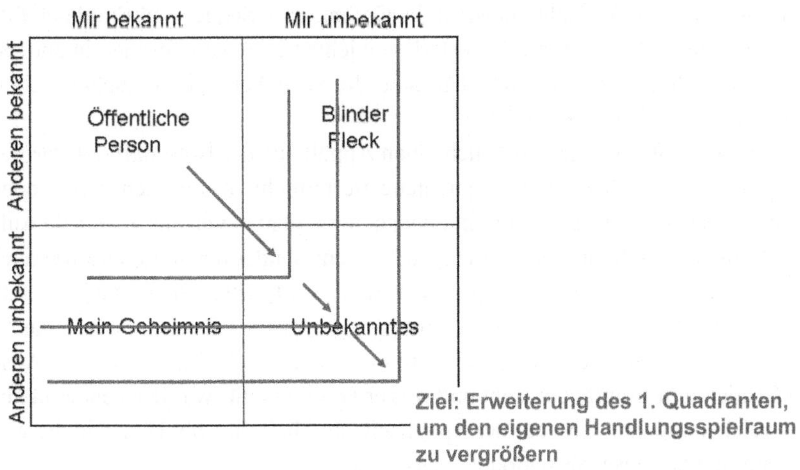

Abb. 10.5 Johari-Fenster

das Aufdecken von blinden Flecken gewinnt der Betroffene Erkenntnisse über sich selbst und kann so seinen privaten und öffentlichen Handlungsspielraum bewusster wahrnehmen und ausfüllen.

Eine andere bekannte Illustration zur Darstellung der bewussten und unbewussten Anteile in der Kommunikation ist das sogenannte Eisbergmodell, welches sich auf den Psychoanalytiker Sigmund Freud zurückführen lässt. Demnach findet nur ein relativ geringer Teil der Kommunikation auf der Oberfläche des Meeres statt, dem sichtbaren Eisberg. Der weitaus größere Anteil der nonverbalen, emotionalen und unbewussten Kommunikation ist der unmittelbaren Sicht verborgen.

Dieser Tatsache trug auch Ruth Cohn, Psychoanalytikerin und Begründerin des Konzepts der „Themenzentrierten Interaktion" (TZI), Rechnung mit ihrer Formulierung „Störungen haben Vorrang". Demnach ist es insbesondere in der Arbeit mit Gruppen notwendig, vorhandene (emotionale) Störungen, die in der Kommunikation spürbar werden, zu thematisieren, sie an die Oberfläche des Eisbergs zu bringen und damit eine sachliche, bewusste Klärung zu ermöglichen. Räumen wir den Störungen keinen Vorrang ein, werden sie sich de facto Vorrang schaffen, ob wir diesen einräumen oder nicht. Der Gruppenprozess und damit auch die sachliche Klärung von Aufgaben und Problemen kann dann wieder auf den Anfang zurückgeworfen werden. Die TZI nennt vier entscheidende Faktoren im Gruppenprozess: die individuellen Anliegen (Ich), die Bedürfnisse der Gruppe (Wir), die Aufgabe (Es) und das Umfeld (Globe).

Ein weiteres, inzwischen weit verbreitetes Modell zur Analyse von Kommunikation ist das Modell der „Vier Seiten einer Nachricht" des deutschen Psychologen Friedemann Schulz von Thun. Jede Nachricht wird vom Sender ausgesendet (= codiert), dann übermittelt und schließlich vom Empfänger aufgefangen (decodiert). Bei Ver- und Entschlüsselung können schwerwiegende Übersetzungsfehler entstehen. Die Gründe dafür können vielfältig sein, z. B. technische Störungen (rauschendes Telefon) oder auch sprachliche Schwierigkeiten (Fremdsprache). Jeder Sender spricht mit vier „Zungen", jeder Empfänger hört mit vier „Ohren". Daher entsteht die Gefahr, dass Sender und Empfänger die vier Seiten einer Botschaft unterschiedlich stark gewichten bzw. von vornherein anders interpretieren. Die vier Seiten einer Botschaft sind die Sachebene, die Beziehungsebene, die Selbstoffenbarung sowie der Appell.

Man hört zum Beispiel ganz deutlich einen Appell aus der Botschaft des Partners, obwohl dieser nur etwas über seine momentane Befindlichkeit mitteilen wollte oder auch nur sachlich beschreibt. Das Kommunikationsquadrat geht davon aus, dass jede Äußerung nach vier Seiten hin interpretiert werden kann – vom Sender der Äußerung wie auch vom Empfänger. Auf der Sachseite informiert der Sprechende über den Sachinhalt, d. h. über Daten und Fakten. Die Selbstkundgabe umfasst das, was der Sprecher durch das Senden der Botschaft von sich zu erkennen gibt. Auf der Beziehungsseite kommt zum Ausdruck, wie der Sender zum Empfänger steht und was er von ihm hält. Was der Sender beim Empfänger erreichen möchte, wird auf der Appellseite deutlich. In Abb. 10.6 sind die verschiedenen Kommunikationsanalysemodelle dargestellt.

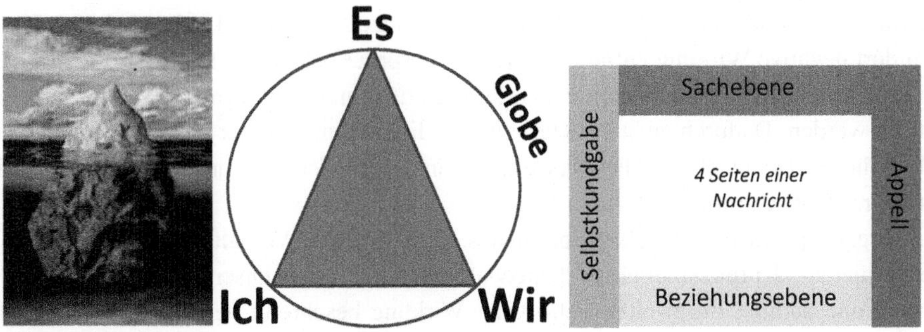

Abb. 10.6 Eisbergmodell, TZI, Kommunikationsquadrat

Johari-Fenster, Eisbergmodell und Kommunikationsquadrat sind Beispiele für die Analyse von Kommunikation. Sie liefern noch kein Handlungsmuster oder eine Empfehlung, wie Kommunikation erfolgen soll, sondern sie beschreiben zunächst, welche Aspekte in der Kommunikation von Menschen vorhanden sind und wie sie wirken. Wenden wir uns nun konkreten Empfehlungen für Kommunikation zu, wie sie beispielsweise in den Feedbackregeln gegeben werden.

10.2.2 Kommunikationsregelmodell

Grundsätzlich gilt für jedes Feedback, dass es vom Feedbacksender nur gegeben werden sollte, wenn der Feedbacknehmer dies auch wünscht, insbesondere im Kreise gleichrangiger Arbeitskollegen. Im Falle der Führungskräfte gilt dies nur eingeschränkt, da zum einen Mitarbeitergespräche, die eine Rückmeldung über die Leistung des Mitarbeiters enthalten, fest im Performance-Managementprozess etabliert und damit auch verbindlich vorgeschrieben sind.

Zum anderen ergibt sich für eine Führungskraft darüber hinaus die Verpflichtung, ihren Mitarbeitern Rückmeldung auch ungebeten zu geben, wenn es sich um die Beurteilung von Verhalten handelt, das im Weiteren für die Leistungsmessung relevant ist. Jede Führungskraft hat die Verpflichtung, situativ und aktiv auf ihre Mitarbeiter zuzugehen und Feedback nicht nur anzubieten, sondern auch konkret zu adressieren. Ansonsten sollte sich der Feedbackprozess, wie er in der Kommunikation von Führungskraft zu Mitarbeiter stattfindet, nicht von jedem anderen Feedbackprozess unterscheiden. Im Feedback kann der Empfänger erfahren, wie er auf andere wirkt. Er kann nun überlegen, ob er das so beibehalten will, und kann ggf. sein Verhalten verändern.

In menschlichen Beziehungen wird vieles verschwiegen bzw. findet Kommunikation auch verdeckt statt, wie wir mit dem Eisbergmodell oder dem Johari-Fenster sehen können. Durch offenes Feedback wird Verborgenes erkannt; Wünsche und Bedürfnisse, Freude und Anerkennung können ausgetauscht, aber auch Ängste und Verletzungen angesprochen werden. Dadurch entstehen Verständnis, Nähe, Verlässlichkeit und schließlich

Vertrauen. Insbesondere in Gruppen werden Gefühle oft unter den Tisch gekehrt und können dort negative Wirkung entfalten. Auch widersprüchliche Ziele können zu Konflikten führen. Im offenen Feedback können Gefühle gezeigt und Beweggründe und Bedürfnisse erklärt werden. Dadurch entsteht Klarheit und diese kann zu einer besseren Zusammenarbeit führen. Demnach wird Feedback immer in dem Dreischritt von Wahrnehmung, Wirkung und Wunsch formuliert.

Ausgangspunkt ist ein wahrgenommenes, beobachtbares Verhalten. Wahrnehmbar bedeutet hier auf der rein sinnlichen Ebene wahrnehmbar, also in unserem Kontext vor allem visuell und auditiv. Im zweiten Schritt der Wirkung beschreibt der Feedbacksender die Wirkung, die das angesprochene wahrgenommene Verhalten auslöst. Diese Wirkung ist notwendigerweise subjektiv und löst bei verschiedenen Menschen sehr wahrscheinlich völlig unterschiedliche Wirkungen aus. Es ist sinnvoll, diese Wirkung als Ich-Botschaft zu formulieren. Dies nimmt der Aussage ihre Schärfe, indem sie subjektiv relativiert wird. Im letzten Schritt kann ein Wunsch formuliert werden. Der Feedbacksender wünscht sich erneut in Form einer Ich-Aussage eine Änderung des Verhaltens vom Feedbackempfänger. Man kann sich hier überlegen, ob es sinnvoll ist, wirklich einen Wunsch zu formulieren, denn jeder Wunsch enthält, auch als Ich-Botschaft relativiert, einen Wunsch zur Verhaltensänderung des Gegenübers. Es erscheint deshalb sinnvoller, den dritten Schritt als „Vorschlag" oder „Alternative" zu begreifen und dies auch so zu formulieren. Statt: „Ich würde mir wünschen, dass Sie dies oder jenes ändern", könnte man formulieren: „Wenn Sie so oder so handeln, dann würde es bei mir nicht diese (negative) Reaktion auslösen, sondern jene Reaktion (positiv)."

Was diese Vorgehensweise so wirkungsvoll macht, ist die nicht offensive Art der Vermittlung. Es werden keine Persönlichkeitsaussagen getroffen, die in ihrer Invarianz und Allgemeinheit verletzend wirken können („Sie sind ein … Mensch!"). Vielmehr wird zunächst auf der Ebene objektiver Wirklichkeit ein sinnlich beobachtbares Verhalten angesprochen und daraufhin ein subjektives persönliches Anliegen formuliert. Hierin liegen zwei besondere Vorteile: Zum einen wird in der reinen Wahrnehmung auf etwas referiert, was der Feedbacknehmer (hoffentlich) ebenso wahrgenommen hat, obwohl natürlich nicht ausgeschlossen ist, dass diese Wahrnehmung dem Feedbackempfänger nicht bewusst war oder von ihm oder ihr schlichtweg geleugnet wird.

Wenn man allerdings die Basis der gemeinsamen Wahrnehmung einmal geschaffen hat, ist es leichter, darüber zu sprechen, wie dieses Verhalten gemeint war und welche Wirkung es entfaltet hat. Die Schilderung der konkreten Verhaltensweisen bietet dem Feedbacknehmer zum anderen auch die Möglichkeit eines produktiven Ansatzes für seine mögliche Verhaltensänderung.

Wenn eine Führungskraft ihren Mitarbeiter beispielsweise beschimpft: „Sie sind ein unzuverlässiger Mensch", so wirkt diese Äußerung zunächst nur verletzend für den Mitarbeiter. Wenn die gleiche Aussage nach Feedbackregeln getroffen wird, könnte sie z. B. lauten: „Sie kommen regelmäßig fünf bis zehn Minuten zu spät zu unseren Meetings. Das stört den Ablauf und wirkt auf mich so, als nähmen Sie meine Termine nicht ernst. Ich würde mir wünschen, dass Sie ab jetzt pünktlich zu den Terminen erscheinen." Damit ist nicht nur ein entspannter Rahmen für Kommunikation geschaffen, sondern der Mitarbeiter weiß durch die Wahrnehmungsschilderung konkret, wie er sein Verhalten ändern könnte, um eine andere Reaktion bei seiner Führungskraft hervorzurufen.

Die Erfahrung zeigt, dass diese Art der Kommunikation auch die jeweilige Erlebniswelt des Feedbackempfängers besser beschreibt. So wird man feststellen, dass sich Feedbackempfänger oft gar nicht über das eigene Verhalten und vor allem auch dessen Wirkung auf andere im Klaren sind. Das Verhalten ist meist nicht als Provokation gedacht, es war nur nicht reflektiert. Eine Beleidigung der ganzen Person, wie im obigen Beispiel geschehen, würde die Erlebniswelt des Mitarbeiters unter Umständen völlig verfehlen und ihrerseits nur provozieren. Hier hilft es, sich einen Gedanken des Philosophen Sokrates vor Augen zu halten, wonach Menschen nicht bewusst aus schlechter Absicht handelten, sondern aufgrund von fehlender Einsicht. Feedback hilft, diese Einsicht zu ermöglichen.

10.2.3 Grenzen von Feedback

Das rechte Maß zu wissen, ist die höchste Kunst. (Heraklit)

Der Spruch von Heraklit gilt auch für Feedback als Kommunikationsinstrument. Demnach lässt sich auch Feedback nicht unbegrenzt einsetzen, und es ist notwendig, Grenzen zu setzen, um Feedback nicht zu einer Kommunikationswaffe werden zu lassen. Wir haben bereits darauf hingewiesen, dass Feedbackprozesse auf gleicher Augenhöhe (im Kollegenkreis oder im Privaten) sich von der Anwendung als Führungsinstrument unterscheiden. Ein weiterer wesentlicher Punkt betrifft die Relevanz, die Feedback für die Umsetzung hat. Nur der Feedbacknehmer entscheidet, ob er das Feedback annimmt. Dies gilt auch für die Situation Führungskraft und Mitarbeiter, auch wenn hier andere Konsequenzen zu erwarten sind als im Umgang mit Kollegen.

Für die Führungskraft wird die Relevanz des Feedbacks dadurch bestimmt, welche Relevanz der Inhalt des Feedbacks bezogen auf den Arbeitsplatz hat. Alle Aussagen, die nicht mit der unmittelbaren Arbeitsumgebung zusammenhängen und dazu gedacht sind, die Zusammenarbeit zu fördern, gehören nicht in den Aufgabenbereich der Führungskraft. So verbietet es sich für eine Führungskraft, Rückmeldungen auf die gesamte Person, also auf die generelle Lebensführung, ethische Haltung etc. eines Mitarbeiters auszuweiten. Auch Ratschläge können Schläge sein, insbesondere wenn sie von Autoritätspersonen ausgesprochen werden oder innerhalb eines bestehenden Machtverhältnisses, wie es das Verhältnis Führungskraft zu Mitarbeiter darstellt, geäußert werden.

Auch wenn eine Führungskraft Feedback gibt, muss der Mitarbeiter entscheiden, inwieweit die Wünsche zu Verhaltensänderungen angenommen werden. Hierbei stellt sich in Anbetracht der Führungskraft als Vertreter des Unternehmens im Weiteren auch die Frage, inwieweit ein Mitarbeiter die Wünsche zur Verhaltensänderung in Anpassung an eine spezifische Unternehmenskultur umsetzen will und kann. Diese Entscheidung kann letztlich immer nur individuell fallen.

Es ist für Führungskräfte wie für Mitarbeiter wichtig zu verstehen, dass Feedback als Instrument nicht dazu da ist, unbegrenzte Wünsche an Einzelne zu formulieren, denen der Feedbackempfänger dann entsprechen muss. De facto werden täglich viele verschiedene Wünsche an uns herangetragen, denen wir nicht entsprechen können und wollen. Insbesondere Führungskräfte lernen oft schmerzhaft, dass sie es nicht allen recht machen können, selbst wenn sie das wollten. Die Setzung eines Rahmens, innerhalb dessen kritisch das eigene Verhalten geprüft wird, insbesondere aufgrund der Rückmeldungen von anderen, und auf der anderen Seite auch die Zurückweisung von Ansprüchen, denen man nicht gerecht werden kann oder will, gehört entscheidend mit zur Durchsetzungsfähigkeit, welche Führungskräfte haben oder erlernen müssen.

10.3 Coaching

Coaching gilt als Königsweg der Führungskräfteentwicklung. Coaching ist teurer und zeitaufwendiger als übliche Weiterbildungsseminare, aber der wesentliche Mehrwert liegt darin, dass Führungskräfte und Schlüsselfunktionsträger eines Unternehmens ein maßgeschneidertes Paket für ihr spezifisches Problem oder ihren Entwicklungsbedarf bekommen. Während ein Standardtraining gleichsam mit der „Gießkanne" ein vorher festgelegtes Seminar- oder Trainingsziel an einen ganzen Mitarbeiter- oder Führungskreis ausschüttet, setzt Coaching als individuelle Maßnahme immer nur an der jeweiligen Ausgangslage der Führungskraft, dem Coachee, an.

Im Gegensatz zum Trainer kann der Coach das Ziel des Coachings nicht bereits von Beginn an im Auge haben, sondern es entwickelt sich während der Entwicklungsmaßnahme. Letztlich muss der Coachee das Ziel selbst definieren, der Coach soll auf dem Weg dazu beraten und unterstützen. Ebenso wie von Trainingsmaßnahmen lässt sich Coaching auch von therapeutischen Maßnahmen abgrenzen. Auch wenn viele Coaches ausgebildete Therapeuten sind und diese Tätigkeit oft parallel ausüben, zielt Coaching auf die Entwicklungsaspekte der Führungskraft, welche für den Arbeitsplatz und das Unternehmen relevant sind. Persönliche Anliegen können tangiert werden, sollten aber nicht zum Hauptthema der Sitzungen werden. Hier ist die Ethik des Coaches gefragt, denn ein professioneller Coach wird das Coaching mit einer Führungskraft abbrechen, wenn deutlich wird, dass die Sitzungen privaten Inhalt bekommen bzw. dass der Coachee eigentlich eine Therapie benötigt.

Während die Abgrenzung der Rolle des Coaches von derjenigen des Therapeuten oder Trainers immer relativ klar umrissen war, hat sich in den letzten Jahren ein neuer Trend Bahn gebrochen, nämlich die Ausübung der Doppelrolle von Führungskraft und Coach. Hier wird in den Aufgaben der Führungskraft auch die Ausübung einer Coaching-Funktion für deren Mitarbeiter gewünscht. Dabei lässt sich die Frage stellen, ob es möglich ist, diese Doppelrolle ohne Interessenkonflikt auszufüllen. Einerseits soll die Führungskraft ihre Mitarbeiter als Coach beraten, andererseits als vorgesetzte Führungskraft bewerten.

Ist es aber für Mitarbeiter zumutbar, die eigenen Schwächen zu offenbaren, im Wissen darum, dass dies dann im Rahmen der Leistungsbeurteilung von der Führungskraft gegen sie verwendet werden kann?

Viele Unternehmen fassen die Doppelrolle von Führungskraft und Coach nicht so weit, wie es professionelles Coaching tut. Mit der Doppelrolle der coachenden Führungskraft wird eher die Beratung und das Mentoring des Mitarbeiters zu Themen der Personalentwicklung gemeint, also das Aufzeigen persönlicher Entwicklungswege im Unternehmen, die Erteilung von Ratschlägen bezüglich der weiteren Schritte usw. Doch dies ist eigentlich sowieso die Aufgabe von Führungskräften. Indem Führungskräfte als Coaches ihrer Mitarbeiter ausgebildet werden, werden sie in ihrer Funktion, Personalentwickler der eigenen Mitarbeiter zu sein, unterstützt und bestärkt. Die Rolle als professioneller Coach ist damit aber nicht gemeint, und deshalb sollte der Begriff im engeren Sinn auch nur für Entwicklungsmaßnahmen verwendet werden, welche mit einem externen, neutralen, professionellen Coach außerhalb des Unternehmens stattfinden.

Coaching kann im Unternehmen als vorbeugende Maßnahme zur Personalentwicklung (PE) von Führungskräften eingesetzt werden (prophylaktisch) oder dann, wenn ein konkretes Problem oder ein Entwicklungsfeld sichtbar wird (defizitär). Performance-Schwächen von Führungskräften oder Schlüsselfunktionsträgern eines Unternehmens (z. B. Projektleiter, Vertriebsmitarbeiter etc.) können dabei weitreichende Auswirkungen haben, die nicht nur die Person selbst betreffen. Eine schlechte Performance einer Führungskraft kann viele Mitarbeiter in ihrer Leistungserbringung hemmen und mit einer organisationalen Störung einhergehen. Setzt man Coaching hier ein, so ist das Coaching als Intervention im Rahmen der Organisationsentwicklung (OE) zu sehen.

10.3.1 Qualitätskriterien und Prozessphasen

Nachdem der Begriff „Coaching" nicht geschützt ist und demgemäß keine allgemeingültige Ausbildung mit Zertifizierung am Markt vorhanden ist, tut ein Unternehmen unter Umständen gut daran, eigene Qualitätskriterien zu definieren. Diese Kriterien sollten sich sowohl auf die Ausbildung von Coaches als auch auf den Ablauf des Coaching-Prozesses beziehen.

Dabei stellt das Controlling der Personalabteilung keinen Bruch mit der Vertraulichkeit zwischen externem Coach und der Führungskraft als Coachee dar, denn es ist möglich, dieses rein auf die Prozessevaluation zu beziehen, ohne inhaltliche Offenlegung der Sitzungen. Vielmehr legt die Personalabteilung den Rahmen fest, innerhalb dessen sich professionelles Coaching im Unternehmen bewegt, und schützt damit nicht nur das Unternehmen vor übermäßigen Ausgaben, sondern auch die gecoachten Führungskräfte vor unseriösen Coaches. Wir wollen im Folgenden mögliche Kriterien, an welche die Auswahl von Coaches durch ein Unternehmen geknüpft werden kann, beleuchten.

10.3.2 Zertifizierungskriterien

Sollte ein Unternehmen die Auswahl von Coaches an Qualitätskriterien knüpfen, bietet es sich an, dies in Form von Zertifizierungsinterviews, welche die Personalabteilung mit externen Coaches führt, umzusetzen. Wie bei allen Auswahlinterviews bietet sich ein strukturierter Interviewleitfaden mit offenen Fragen an, welcher Vergleichbarkeit und Prozesssicherheit gewährleistet und am besten die einzelnen Fragen gewichtet und wertet.

Um mit den zu coachenden Führungskräften auf einer Augenhöhe zu sprechen, sollte ein Hochschulstudium vorausgesetzt werden, ergänzt durch eine Coaching- oder auch Supervisionsausbildung. Wenn die Abschlüsse nicht vergleichbar sind (z. B. Supervisionsausbildung durch die Deutsche Gesellschaft für Supervision [DGSV] oder durch diese Institution anerkannte Ausbildungen), sollten Ausbildungsinhalte sowie die Dauer und der Zeitraum der erfolgten Ausbildung genau unter die Lupe genommen werden. Eine dreimonatige Ausbildung, welche an einem Stück absolviert wurde, ist sicherlich von der Intensität nicht mit einer mehrjährigen, berufsbegleitenden Ausbildung oder sogar einer Vollzeitausbildung zu vergleichen.

Der Beratungsansatz, welcher der Ausbildung zugrunde liegt, sollte ebenso hinterfragt werden. Auch wenn das beauftragende Unternehmen hierbei keine Präferenzen zeigt, etwa hinsichtlich psychotherapeutischer, gestalttherapeutischer oder familientherapeutischer Ausrichtung, so sollte die Berufserfahrung des Coaches Hinweise darauf geben, ob ein reibungsloser Transfer der therapeutischen Inhalte auf den ökonomischen Berufsalltag der Führungskräfte in Unternehmen geleistet ist. Auch wenn „Besucheraugen“ des Coaches durchaus nützlich für die Beratung sein können, wird die eigene Führungserfahrung eines Coaches, ebenso wie Branchenkenntnis, nicht nur beim Coaching hilfreich sein, sondern auch die Akzeptanz bei der Führungskraft erhöhen.

Andere Kriterien könnten an folgenden Fragen ansetzen: Betreibt der Coach eigene Qualitätssicherung, beispielsweise nachgewiesen durch eigene Supervision und Weiterbildung? Welche Referenzen können insbesondere im beauftragenden Unternehmen vorgewiesen werden? Wie viele Jahre bzw. Stunden Coaching-Erfahrung liegen vor? Situationsbezogene Fragen bieten sich insbesondere an, um Arbeitsmethode und Arbeitsethos des Coaches zu ersehen. Was wird als Interessenkonflikt in der eigenen Arbeit gesehen? Wie wird damit umgegangen? Wie wird Qualität, aber auch Erfolg im Coaching gemessen? Schließlich wird es immer wichtig sein zu ermitteln, für welche Themen und für welche Zielklientel der Coach sich am besten eignet. Niemand kann alle Themen gleich professionell anbieten, und ebenso wird es beim Coach Vorlieben, bezogen auf wünschenswerte Klienten, geben. Wie in der Dienstleistung üblich, sollte auch der Coach seine USP angeben und begründen können. Ein Beispiel für ein Zertifizierungsinterview gibt Abb. 10.7:

10.3.3 Prozesskriterien

Sobald eine Personalabteilung genügend Coaches für einen Coachingpool zertifiziert hat, kann das Coaching beginnen. Wie viele Coaches ein Pool enthalten sollte, richtet sich

Ausbildung
- Welche akademische Ausbildung haben Sie?
- Welche Zusatzausbildungen/Zertifikate haben Sie? (Coaching, Supervision, PE/OE, Beratungsschwerpunkt) (Institut, Dauer, Zeitpunkt)?
- Wie stellen Sie Ihre eigene Weiterentwicklung sicher (regelmäßige eigene Supervision, Weiterbildung etc.)?
- In welchen Interessenverbänden/Netzwerken sind Sie aktiv?

Erfahrung
- Wie viele Jahre sind Sie als freier Coach aktiv (Kundenstruktur, Zielgruppen, Level, Nachwuchs)?
- In welchen weiteren Rollen sind Sie aktiv (Trainer, Ausbildung von Coaches etc.)?
- Welche eigene Business-/Führungserfahrung haben Sie (Führungsspanne, Branche, Erfahrung, Referenz)?

Ansatz
- Welches Menschenbild prägt Ihre Coaching-Arbeit?
- Welche Beratungsansätze wenden Sie bei Ihrer Coaching-Arbeit an (auch Tests etc.)?
- Warum präferieren Sie diese/wo sehen Sie die Vorteile gegenüber anderen Ansätzen?

Methode/Qualität
- Wie gestalten Sie einen Standard-Coaching-Prozess (Typischer Ablauf)?
- Wie würden Sie im folgenden Fall vorgehen...?
- Schildern Sie ein besonders herausforderndes Beispiel aus Ihrer Praxis!
- Was war für Sie ein Interessenkonflikt im Coaching? Wie gingen Sie damit um?
- Wie definieren Sie „Qualität" im Coaching? Wie sichern Sie diese?
- Wie messen Sie Ihren Erfolg? Wie lässt sich Ihr Erfolg unternehmensseitig messen?

USP
- Für welche Themen/Zielgruppen eignen Sie sich besonders gut?
- Warum sollten wir Sie empfehlen?
- Was zeichnet Sie aus? USP?

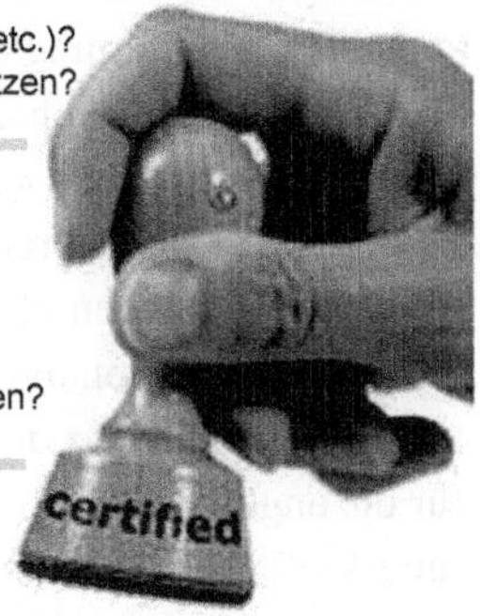

Abb. 10.7 Interviewleitfaden zur Auswahl von Coaches

nach Variablen wie Unternehmensgröße, Standortverteilung, Beratungsschwerpunkten, Akzeptanz im Unternehmen usw.

Die Beauftragung eines Coaches kann sich aufgrund prophylaktischer oder defizitärer Erfordernisse ergeben, wie wir gesehen haben. In beiden Fällen ist es sinnvoll, wenn diese Indikation durch einen Personalverantwortlichen, welcher die betroffene Führungskraft betreut, erfolgt. Erfolgt die Beauftragung durch die dem potenziellen Coachee übergeordnete Führungskraft, so befindet sich der Personalverantwortliche im selben Dilemma wie ein Coach, der einem Coachee verordnet wird. In beiden Fällen werden Personalverantwortlicher wie Coach versuchen, im Dreiecksverhältnis von übergeordneter Führungskraft, potenziellem Coachee und Coach den Auftrag zu klären, transparent zu machen oder ggf. auch abzulehnen.

Der Personalverantwortliche muss erkennen, ob aufgrund der geschilderten Sachlage beim Coachee ein Coaching-Bedarf vorliegt oder andere Maßnahmen zu raten sind. Das können interne oder externe Weiterbildungsmaßnahmen, Förderprogramme oder Ähnliches sein. Im Einzelfall muss der Personalverantwortliche auch erkennen, wo die Grenze zu persönlichen Themen und Problemen gezogen werden muss, und an die Sozialberatung des Unternehmens verweisen, welche ihrerseits ggf. auch externe therapeutische Hilfe vorschlagen kann.

Um auch zwischen Coachee und Personalabteilung die Vertraulichkeit zu wahren, muss die Indikationsphase auf die Eingrenzung und Priorisierung der für den Coachee relevanten Problemstellung beschränkt bleiben. Der Personalverantwortliche muss für die Auswahl eines geeigneten Coaches aus dem Coachpool lediglich thematische Eckdaten vom potenziellen Coachee erfahren.

Sobald der Personalverantwortliche die Themen- und Problemstellung der Führungskraft eruiert hat, muss er aufgrund seiner Kenntnisse und Erfahrungen entscheiden können, welche berufliche Maßnahme sich am besten eignet. Die Bandbreite reicht hier von beruflichen zu persönlichen Weiterbildungsmaßnahmen im Unternehmen, von innerbetrieblichen Fördermaßnahmen bis zu Kooperationen mit Universitäten und Weiterbildungsorganisationen außerhalb des Unternehmens. Sollte der Personalverantwortliche persönliche Probleme indizieren, welche nicht für den beruflichen Alltag relevant sind resp. welche die Möglichkeiten der beschriebenen Maßnahmen einschließlich Coaching sprengen, so sollten der Führungskraft entsprechende Ansprechpartner in oder auch außerhalb des Unternehmens empfohlen werden. Innerbetriebliche Anlaufstellen, die sich anbieten, sind, falls im Unternehmen vorhanden, Sozialberatungsstellen oder auch betriebsärztliche Einrichtungen, welche ihrerseits nach weiterer Indikation ggf. auch z. B. an externe therapeutische Einrichtungen überweisen können.

Sollte der Personalverantwortliche zu dem Schluss kommen, dass Coaching eine sinnvolle Maßnahme für die Führungskraft ist, wird er aus dem Coachingpool zwei bis drei für die angesprochenen Themen geeignete Coaches auswählen und diese Profile der Führungskraft vorstellen. In dieser Vorstellung sollten sowohl Lebenslauf, Foto, Referenzen, Homepage als auch Honorarvorstellungen enthalten sein, sodass sich die Führungskraft ein umfassendes Bild sowohl der Hard Facts als auch der Soft Facts machen und in der Folge einen Coach auswählen kann.

Es ist auch der Tatsache Rechnung zu tragen, dass Führungskräfte eine Präferenz für ein bestimmtes Alter, Geschlecht etc. des Coaches haben. Im Weiteren ist es durchaus vertretbar, dass die Führungskraft mit allen vorgeschlagenen Coaches ein persönliches Gespräch führt, welches kostenlos und unverbindlich ist und lediglich zur Feststellung der notwendigen Sympathie dient. Die Möglichkeit eines kostenlosen und unverbindlichen Erstgespräches ist dabei vom Personalverantwortlichen bereits in den Zertifizierungsinterviews neben allen weiteren Prozessschritten mit den Coaches zu verhandeln. Nach den Erstgesprächen sollte sich die Führungskraft für einen Coach entscheiden.

Obwohl jeder Coach ein anderes methodisches Vorgehen an den Tag legen wird, ist es sinnvoll, bestimmte Prozessphasen als Qualitätskriterien zu definieren, welche in keinem Coaching fehlen sollten und welche es sowohl dem Personalverantwortlichen als auch der Führungskraft erlauben, den Status und Fortschritt der Sitzungen transparent zu machen, ohne vertrauliche Inhalte preiszugeben. Zudem sollte der Erfolg des Coachs gemessen und dokumentiert werden. Auch sollte man daran denken, die erfolgte Evaluation in zukünftige Empfehlungen miteinfließen zu lassen. Ein Prozesscontrolling von Coaching könnte sich beispielsweise an den Phasen, die in Abb. 10.8 gezeigt sind, orientieren:

Im Erstgespräch definiert der Coach mit der Führungskraft Themen aufgrund konkreter Situationsbeschreibungen und protokolliert bereits eine konkrete Zielvereinbarung. Auch Generelles zum Coaching, wie die Vertraulichkeit oder Regelungen über einen etwaigen Abbruch des Coachings, sollten besprochen werden und in einem „Vertrag" als Vereinbarung zwischen Coach und Führungskraft festgehalten werden.

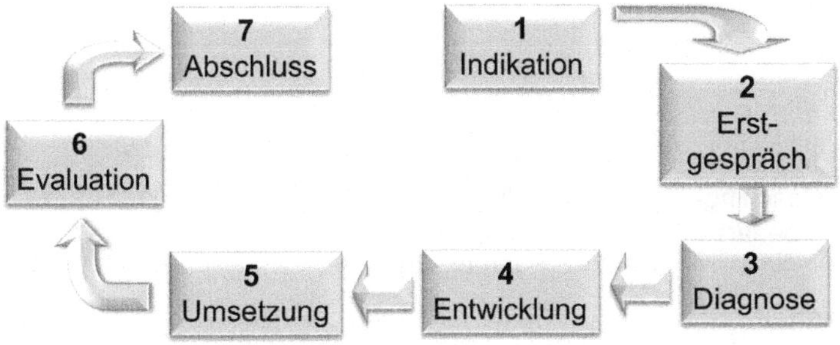

Abb. 10.8 Coaching-Phasen

Im Übergang zur Diagnose wird eine Standortbestimmung stehen, welche sich von den vorhandenen Kompetenzen der Führungskraft bis hin zur Analyse bisheriger Versuche zur Problembewältigung und vorhandener Ressourcen erstreckt. Hier werden bereits Problemanalysemethoden sowie Reflexionsmethoden zur Analyse und Gegenüberstellung von Selbst- und Fremdbild zum Einsatz kommen. Daran knüpfen sich konkrete Entwicklungsmodelle mit Lösungsszenarien an, welche ihren Ausdruck in Methoden der Konfrontation, im Probehandeln oder auch in Rollenübungen finden können. In der Phase der Umsetzung versucht die Führungskraft, das Gelernte im Alltag zu trainieren. Der Coach kann hier, wenn gewünscht, als begleitender Schatten („Shadowing") oder auch nur mit telefonischer Beratung punktuell unterstützen.

Schließlich sollten Coach und Coachee die Maßnahme in ihrem Gesamterfolg messen, indem die ursprüngliche Zielsetzung (sofern diese im Laufe des Coachings nicht neu definiert wurde) dem Status quo und der Zufriedenheit des Coachee dem Erreichten gegenübergestellt wird. Hier kann es auch sinnvoll sein, auf Ergebnisprotokolle, erfolgte Fremdeinschätzung bzw. auf generell inzwischen erfolgtes Feedback aus dem Unternehmen zurückzugreifen.

Allerdings sollten die Ansprüche hier nicht überzogen werden, um die Führungskraft nicht unnötig unter Erfolgsdruck zu setzen. Werden im Coaching tiefergehende, persönliche Themeninhalte angestoßen, so lassen sich Fortschritte oft erst nach Zeiträumen von mehreren Monaten sinnvoll betrachten. Nach der erfolgten Evaluation sollte das Coaching mit einer Abschlussphase ausgeleitet werden, welche noch einmal für den Coachee den Nutzen des Coachings bilanziert, eventuell offen gebliebene Punkte anspricht oder auch Perspektiven für die weitere Entwicklung der Führungskraft thematisiert. Die Absicherung des Erlernten und die Fähigkeit zum eigenverantwortlichen Transfer auf zukünftige Situationen ermöglichen einem Coaching einen gelungenen Abschluss.

10.3.4 Evaluation

Der Coach sollte durch den Personalverantwortlichen auf die Transparenz des Prozessstatus geprüft werden. Der Personalverantwortliche sollte sich seinerseits einer Qualitäts-

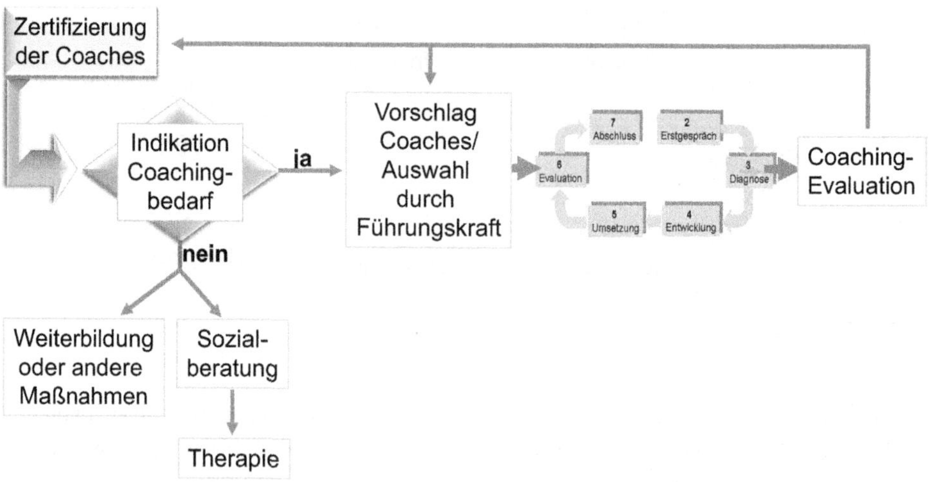

Abb. 10.9 Coaching-Zyklus

sicherung unterziehen, indem der jeweilige Erfolg der Coaching-Maßnahme gemessen und dokumentiert wird und in zukünftige Empfehlungen einfließt. Mit dieser Rückkopplung der Erfolgsmessung sowohl an die erneute Auswahl von Coaches als auch ggf. an die Zertifizierungskriterien selbst schließt sich der Kreislauf der Prozessteuerung, siehe Abb. 10.9:

Als Methode der Coaching-Evaluierung kommen mehrere Möglichkeiten in Betracht. Insbesondere mittel- und langfristige Evaluierungen werden Ergebnisse aus bereits im Unternehmen durchgeführten Performance-Managementmaßnahmen (Vorgesetztenbeurteilung, 360-Grad-Beurteilung) ebenso mit einbeziehen wollen wie unmittelbares Feedback durch die übergeordnete Führungskraft oder andere Betroffene. Da sich aufgrund von Vertraulichkeit diese Vorgehensweisen in vielen Fällen nicht anbieten, ist es am sinnvollsten, die Evaluation auf die Beurteilung des Coachee zu gründen.

Aus Evaluationsgründen wäre ein zweistufiges Verfahren, welches sowohl den unmittelbaren Eindruck nach dem Coaching als auch einen mittelfristigen Eindruck nach einigen Monaten erhebt, am validesten. Aus pragmatischen Gründen wird sich in den meisten Fällen eine einmalige Evaluation direkt nach dem Coaching durchsetzen. Hier bietet sich ein vertraulicher Fragebogen an, welcher mit wenigen Kriterien, die ihrerseits in die Bewertung des Coaches im Coachingpool einfließen, die Zufriedenheit des Coachee misst. War die Häufigkeit der Termine angemessen? Gab es konkrete Coaching-Ziele? Konnten die Erfahrungen aus dem Coaching in den Alltag umgesetzt werden bzw. wurden konkrete Handlungsmöglichkeiten für den Arbeitsalltag gewonnen? Wurden die eigenen Stärken und Schwächen der Führungskraft bewusster bzw. ist sie sich allgemein klarer über ihre Situation geworden? Wurden nach einzelnen Prozessschritten gemeinsam Resümee gezogen und das weitere Vorgehen besprochen? Empfand die Führungskraft den Coach als sicher und professionell im Vorgehen? Würde sie den Coach weiterempfehlen? War das Coaching effektiver als ein Training es hätte sein können? Diese oder ähnliche Fragen, welche jeweils im Fragebogen bezogen auf ihre Signifikanz gewertet werden, können ergänzend mit einem Feld für freie Bemerkungen der Führungskraft eine gute Grundlage für die Beurteilung des Coaches im Coachingpool darstellen.

10.3.5 Beratungsansätze im Coaching

Nachdem wir mit den Qualitätskriterien und Prozessphasen die Form, in der Coaching stattfinden sollte, dargestellt haben, wollen wir nun näher auf einige Inhalte, in Form von zugrunde liegenden Beratungsansätzen, eingehen. Es ist sowohl für die gecoachten Führungskräfte als auch für die beauftragende Personalabteilung nützlich, die zugrunde liegenden Beratungsansätze im Coaching zu kennen und zu verstehen, um die jeweiligen Herangehensweisen von Coaches einschätzen zu können. Im Folgenden werden vier aufgrund ihrer Verbreitung ausgewählte Beratungsansätze vorgestellt, was nicht als Wertung gegenüber den nicht erwähnten zu verstehen ist.

Psychotherapie

Coaches, die eine psychotherapeutische Ausbildung haben, sind meist auch in einer eigenen psychotherapeutischen Praxis tätig. So kann es für ein Unternehmen gut sein, im Coachingpool sowohl einen Mix an eher businessorientierten Coaches zu haben, als auch einen Anteil an Coaches, welche bei Bedarf tiefergehende und komplexere Themen in Angriff nehmen können. Während Psychotherapie oft ungenau als Sammelbegriff für alle therapeutischen Verfahren verwendet wird, sind hier psychoanalytische (Sigmund Freud, Carl Gustav Jung oder Alfred Adler) sowie verhaltenstherapeutische, behavioristische (Edward Thorndikes, John B. Watson und Burrhus F. Skinner) Methoden gemeint. Anders als bzw. ergänzend zu Methoden, die der persönlichen Weiterentwicklung dienen, ist es das Anliegen und die Aufgabe der Psychotherapie, Patienten eine Heilung seelischen oder auch körperlichen Leidens zu ermöglichen oder zumindest Linderung zu verschaffen. Die Ursachen und Zusammenhänge, die der Patient über sein Leiden im Rahmen der Therapie erfährt, sollen Anstoß für die eigene persönliche Entwicklung sowie ggf. für die Änderung der eigenen Persönlichkeitsstruktur sein.

Die analytisch orientierte Psychotherapie setzt dabei auch auf die Auseinandersetzung des Patienten mit seinem Unbewussten, um die Ursachen von Verhalten und Leiden zu erklären. Auch wenn letztlich der Zusammenhang zwischen persönlicher Lebensführung und dem Verhalten in der Berufswelt nicht entkoppelt werden kann, ist es nicht Aufgabe eines Unternehmens bzw. eines Coachings, das vom Arbeitgeber beauftragt und bezahlt wird, grundsätzliche Lebensthemen der Führungskräfte behandelt zu wissen. Dies würde nicht nur die Kosten, sondern auch den zeitlichen Rahmen unternehmerischer Aktionen sprengen. Abgesehen von wenigen gravierenden Fällen lässt sich Verhalten am Arbeitsplatz und im privaten Bereich auch durchaus erfolgreich getrennt behandeln. Insbesondere hinsichtlich der Beauftragung von Coaches mit psychotherapeutischem Beratungsansatz müssen sich die Verantwortlichen genau fragen, inwieweit die Klärung persönlicher Anliegen für die erfolgreiche Änderung beruflicher Verhaltensweisen notwendig und sinnvoll ist.

Psychoanalyse

Im Unterschied zur Verhaltenstherapie, welche Verhaltensänderung durch Training angeht, versucht die Psychoanalyse durch Aufdeckung der meist unbewussten Ursachen dem Patienten einen Einblick und ein Verständnis für die Zusammenhänge seines Leidens zu schaffen. Da die Ursachenforschung weit in die Vergangenheit gehen kann, ist die Psychoanalyse ein vergangenheitsorientiertes Verfahren, welches nicht selten an (früh-)kindlichen Erlebnissen ansetzt. Psychoanalyse ist sehr zeitintensiv und kann sehr langwierig sein, bis zu mehreren hundert Sitzungen.

In der klassischen Freudschen Psychoanalyse liegt der Patient auf einer Couch und nennt möglichst unzensiert und im freien Assoziieren alles, was ihm durch den Sinn geht. Der hinter ihm sitzende Analytiker hört zu und deutet dem Patienten die während der Sitzung gewonnenen Erkenntnisse. Insbesondere bemüht sich der Analytiker, die sich in der Beziehung zu ihm einstellenden Übertragungen (Projektionen) emotionaler Muster des Patienten zu ermitteln und ihren Stellenwert zu interpretieren, um sie einer Veränderung zugänglich zu machen. Auch die Analyse von Träumen, welche ein alternativer Zugang zum Unbewussten des Patienten sein können, kommt während der analytischen Behandlung zur Sprache.

Verhaltenstherapie

In den 1950er Jahren entwickelte sich in den USA der Behaviorismus, als Vorläufer der späteren Verhaltenstherapie, welcher sich vor allem auf experimentell entwickelte Lerntheorien stützte. Hervorgegangen auch aus der Unzufriedenheit der mangelnden Wirksamkeit tiefenpsychologischer Verfahren, legen Verhaltenstherapeuten großen Wert auf die empirische Überprüfung ihrer Methoden. Entscheidend ist hierfür eine genaue Verhaltensanalyse zur Bestimmung der augenblicklichen Determinanten des Verhaltens. Anders als im Credo der Psychoanalyse wird es hier für Verhaltensänderungen als nicht unbedingt notwendig gesehen, die Ursachen der Probleme zu ergründen. Dies hat sich insbesondere bei Problemen mit zwanghaftem Verhalten oder Phobien als erfolgreich erwiesen und schlägt mit zum Teil erheblich kürzeren Therapiezeiten zu Buche.

Im Unterschied zur Psychoanalyse liegt der Fokus auf dem Er- bzw. Verlernen von Verhaltensweisen, ohne etwa genetische Faktoren zu verleugnen. Die Veränderung des problematischen Verhaltens steht im Vordergrund, nicht dessen Erklärung. Dabei arbeitet die Verhaltenstherapie mit Verfahren, die z. B. auf der Theorie klassischer Konditionierung aufbauen und darauf abzielen, eine Gegenkonditionierung zu etablieren, beispielsweise durch Exposition, welche vorwiegend bei Phobien, Panik- oder Zwangsstörungen angewandt wird.

Der Patient setzt sich den problematischen Reizen zunächst in der Vorstellung, dann in der Wirklichkeit in graduell abgestufter Weise aus, um systematisch eine Desensibilisierung zu erreichen. Psychoanalytiker warfen der Verhaltenstherapie vor, dass es im Wesentlichen nur um die Reduzierung oder Eliminierung von Symptomen gehe, damit aber die Ursache der Störung nicht behoben werde. Dies könne zu einer Bildung neuer Symptome (der gleichen Ursache) führen, zur sogenannten Symptomverschiebung. Auch die Kopplung an ein behavioristisches Menschenbild, welches den Menschen stark von seiner Umwelt dominiert sieht (Reiz-Reaktions-Schemata), wurde und wird von Vertretern anderer Richtungen wie humanistischer Psychologie, Gestalt- oder Gesprächstherapie als kritisch angeführt.

Transaktionsanalyse

Die Transaktionsanalyse wurde von dem kanadischen Psychiater Eric Berne gegründet, um Kommunikationsstrukturen zu analysieren. Es werden drei Zustände des Ichs unterschieden, die bereits in der Kindheit angelegt werden: Eltern-Ich, Erwachsenen-Ich und Kind-Ich. Dabei vertritt das Eltern-Ich Gefühle, Gedanken und Handlungen, wie sie von den Eltern, als früheren Autoritätspersonen, vertreten wurden und von einer Person in das eigene Eltern-Ich übernommen wurden. Das Eltern-Ich nennt Berne auch „Exteropsyche". Im Erwachsenen-Ich, auch „Neopsyche" genannt, stehen eigene, bewusste Entscheidungen im Mittelpunkt, während das Kind-Ich, auch „Archeopsyche" genannt, in Erleben und Verhalten auf die kindliche Lebenssituation referiert.

Vorhandene Kommunikationsmuster werden in der Transaktionsanalyse nun auf Ich-Funktionen zurückgeführt, um die Interaktionen zunächst transparent zu machen, und in der Folge Möglichkeiten zur Auflösung von Gesprächsstörungen anzubieten. So kann der Ausdruck des Eltern-Ichs fürsorglich oder kritisch, der des Erwachsenen-Ichs angemessen und vernünftig sowie der des Kind-Ichs angepasst oder rebellisch sein. Die Transaktionsanalyse unterscheidet parallele und überkreuzte Transaktionen. Verläuft eine Transaktion parallel, so geschieht sie aus dem angesprochenen Zustand heraus, verläuft sie gekreuzt, so antwortet ein Gesprächspartner unerwartet aus einem anderen als dem angesprochenen Ich-Zustand.

Zusätzlich kennt die Transaktionsanalyse noch die verdeckte Transaktion, welche unter einer offenen Botschaft eine weitere (meist nonverbale) Botschaft transportiert. Auch wenn parallele Transaktionen keine Störungen hervorrufen und prinzipiell als „Spiel" weitergeführt werden können, ist es das Ziel, parallele Kommunikation im gegenseitigen Respekt aus dem Erwachsenen-Ich zu führen. Ein Mitarbeiter von Eric Berne, Thomas Harris, hat diese Beziehung später bezeichnet als eine Haltung des „Ich bin o. k. – Du bist o. k.", was als verkürztes Motto der Transaktionsanalyse große Popularität erlangte und auch von anderen Beratungsansätzen wie der Neurolinguistischen Programmierung (NLP) oder der Themenzentrierten Interaktion (TZI) übernommen wurde.

Neurolinguistische Programmierung (NLP)

Die Begründer der Neurolinguistischen Programmierung (NLP) sind der Psychologe Richard Bandler und der Linguist John Grinder. Bandler und Grinder untersuchten zunächst Therapieansätze von Fritz Perls (Gestalttherapie), Virginia Satir (Familientherapie) und Milton Erickson (Hypnotherapie) und verknüpften diese mit Erkenntnissen aus der Linguistik sowie der Analyse der Verhaltensweisen von herausragenden Persönlichkeiten auf unternehmerischem, künstlerischem oder auch wissenschaftlichem Gebiet. Dementsprechend fußt NLP nicht auf einer umschriebenen wissenschaftlichen Theorie, sondern kann als eine auf ständige Weiterentwicklung angelegte Methodensammlung („NLP-Formate“) verstanden werden. Einige typische Instrumente im NLP sind „Pacing“ und „Leading“.

Im Pacing werden Verhaltensmuster des Gegenübers gespiegelt (z. B. Tonfall, Körperhaltung etc.), im Leading werden Signale gesetzt, welche das Ziel haben, das Gegenüber zum Nachfolgen und Mitmachen zu bewegen. Ziel ist dabei nicht die Manipulation (auch der Begriff der „Programmierung“ soll nicht manipulativ verstanden werden), sondern die Schaffung emotionaler Kontakte. Andere typische Methoden im NLP sind Autosuggestion, das sogenannte „Ankern“ (das der klassischen Konditionierung entspricht) sowie „Reframing“:

In der Autosuggestion werden, ähnlich wie beim autogenen Training, positive Aspekte durch Wiederholung von affirmativen Aussagen eingeübt und so mit der Zeit mehr und mehr verstärkt. Im Ankern sollen neue emotionale Konnotationen bzw. vorhandene genutzt werden, um spezifische Reize und Situationen mit neuen sinnlichen Empfindungen zu assoziieren. Das Ankern geht dabei auf die Theorie des klassischen Konditionierens zurück, wie sie von dem Physiologen und Mediziner Iwan Petrowitsch Pawlow (1849–1936) formuliert wurde. In Pawlows Hunde-Experiment folgt auf die Darbietung von Futter als unbedingtem Reiz Speichelfluss, auf das Ertönen eines Glockentons als neutralem Reiz hingegen nichts. Wenn aber der Glockenton wiederholt in engem zeitlichen Zusammenhang mit dem Anbieten von Futter erklingt, reagieren die Hunde schließlich auf den Ton allein mit Speichelfluss. Dieses Phänomen bezeichnete Pawlow als Konditionierung. Im NLP soll die Methode des Ankerns die ursprüngliche negative Konditionierung auflösen und mit neuen positiven Empfindungen kombinieren. Im Reframing, welches der Familientherapie Virginia Satirs entlehnt wurde, wird ein Ereignis umgedeutet und ihm ein neuer Rahmen und eine neue Bedeutung gegeben (z. B.: Wird das Glas halbleer oder halbvoll gesehen?).

NLP verfolgt mit der Lehre der sogenannten autonomen Augenbewegungen die Absicht, Gedanken über die Wahrnehmung der Augenbewegungen ableiten zu können. Wissenschaftlich konnte diese Methode nicht bestätigt werden. Die Verknüpfung von NLP mit esoterischen Inhalten, welche von einigen Dienstleistern und Ausbildungsstätten erfolgt, hat dabei zum Ruf einer Pseudowissenschaft beigetragen.

Systemische Beratung

Seit den 1960er Jahren wurde in unterschiedlichen therapeutischen Institutionen an Konzepten gearbeitet, welche zunehmend auch die Systeme (Familie, Umwelt etc.) außerhalb des Klienten (als Symptomträger des Problems) in die Betrachtung mit einbezogen. Die Familientherapie geht davon aus, dass Symptome nur im Zusammenhang aller vorhandenen Personen in der Familie verstehbar sind, und auch nur in diesem Gesamtkontext an einer Veränderung gearbeitet werden kann. Die systemische Beratung hat sich aus dieser systemischen Familientherapie entwickelt und basiert, neben verschiedenen familientherapeutischen Schulen, auf der Systemtheorie, welche interdisziplinär vielfältig etwa durch biologische, physikalische oder philosophische Konzepte ausformuliert wurde.

Die systemische Beratung wird auch lösungsorientierte Beratung genannt, weil im Gegensatz beispielsweise zur Psychoanalyse nicht das auf die Vergangenheit gerichtete Problem in seiner Ursache und Entstehung fokussiert wird, sondern die in die Zukunft gerichtete Lösung im Vordergrund steht. Systemische Beratung ist, anders als die Psychoanalyse, kurzzeitig ausgerichtet, was Unternehmen sowohl bezüglich Effizienz als auch bezüglich der anfallenden Kosten zu schätzen wissen. Der systemische Berater vermeidet es, Lösungen oder auch nur Interpretationen für den Coachee zu formulieren, sondern versteht den Klienten selbst als Experten für die Lösungsfindung. Das Problem wird dort gelöst, wo es entstanden ist, im Klientensystem.

Eine der wichtigsten Methoden der systemischen Beratung ist das zirkuläre Fragen, bei dem die Perspektiven der Umwelt mit einbezogen werden bzw. Hypothesen über deren Sichtweise vom Klienten selbst entworfen werden. Ziel ist es dabei, dass der Coachee lernt, sich auf einen Perspektivenwechsel innerhalb des Systems einzulassen und damit die Gefühlslage anderer Beteiligter nachzuempfinden. Ein anderer typischer Ansatz in der systemischen Beratung ist die sogenannte Wunderfrage, bei der sich der Klient ausmalt, wie er, nach einem erfolgten Wunder, die Lösung seines Problems im Alltag feststellen würde und was sich genau verändert hätte. Aus der Analyse der für diese Realisierung notwendigen Faktoren plant der Klient sein weiteres Vorgehen bzw. seine weitere Sichtweise auf das Problem. Andere Methoden sind z. B. Skalenfragen zur Verdeutlichung von Unterschieden und Fortschritten oder auch die Paradoxe Intervention, bei der in paradoxer Weise vom Therapeuten genau das problematische Verhalten empfohlen wird, um im Klienten eine Reaktion darauf hervorzurufen und damit ein Signal zur aktiven Verhaltensänderung zu setzen.

Die Amerikanerin Virginia Satir gilt als eine wesentliche Begründerin der systemischen Therapie und Beratung. Aus ihren Beiträgen etwa zur Familienskulptur und -rekonstruktion haben sich Ansätze wie Familienaufstellung oder auch das Reflecting Team (vom norwegischen Sozialpsychiater Tom Andersen begründet) weiterentwickelt, bei dem der Klient durch Platztausch mit den Therapeuten die Therapie gespiegelt bekommt. Ziel ist es hierbei, das Vorgehen und die Interventionen des Therapeuten kritisch zu hinterfragen, indem ein alternatives beobachtendes System installiert wird.

Andere Weiterentwicklungen der systemischen Beratung wurden etwa durch Insa Sparrer und Matthias Varga von Kibéd mit der „Therapie ohne hörbare Antworten“ entwickelt. Der Therapeut stellt lösungsfokussierte Fragen, der Klient gibt durch Nicken zu verstehen, dass er die jeweilige Frage für sich selbst beantwortet hat. So begleitet der Therapeut den Klienten in Lösungsmöglichkeiten, ohne das Problem selbst kennenzulernen.

Insbesondere die systemische Organisationsberatung, welche Probleme von Unternehmen als Probleme komplexer sozialer Systeme, die nicht isoliert voneinander betrachtet werden können, versteht, hat sich heute im Bereich der Organisationsentwicklung und des Change Managements (Veränderungsberatung) erfolgreich etabliert. Da nicht wenige Coaches auch in diesem Feld tätig sind, müssen Unternehmen darauf achten, dass aus individuellen Coachings von Führungskräften keine weiteren Organisationsentwicklungsprojekte generiert werden.

Beispiele für Prüfungsfragen

- Franziska ist Personalreferentin in einem Hightech-Unternehmen. Sie betreut verschiedene Fachbereiche, darunter Herrn Moser, den Leiter des Vertriebs. Dieser hat 20 Mitarbeiter, die sich zunehmend über seinen Führungsstil beklagen. Als sie Herrn Moser darauf anspricht, leugnet er jede Verantwortung und fängt an, über seine Mitarbeiter zu schimpfen. Da die Leistungsfähigkeit der Abteilung unter der Leitung von Herrn Moser allerdings exzellent ist, will das Unternehmen ihn unter keinen Umständen verlieren. Was sollte Franziska unternehmen, um Herrn Moser die Lage zu verdeutlichen? Auf welche Instrumente könnte sie dabei zurückgreifen? Und was sollte Franziska tun, um die Situation zu einem positiven Ausgang zu führen? Welche PE-Methoden kann sie hier zur Unterstützung wählen?
- Wie würden Sie als Führungskraft mit einem Mitarbeiter verfahren, der eindeutig qualifiziert ist, aber nur geringe Leistungsbereitschaft zeigt?
- Wo liegen die Grenzen von Feedback als Instrument im Unternehmen?

Literatur

1 Cohn, R. C. (2013). *Von der Psychoanalyse zur themenzentrierten Interaktion. Von der Behandlung einzelner zu einer Pädagogik für alle*. Stuttgart: Klett-Cotta.
2 Harris, T. A. (1975). *Ich bin o.k. – Du bist o.k.: Wie wir uns selbst besser verstehen und unsere Einstellung zu anderen verändern können. Eine Einführung in die Transaktionsanalyse*. Hamburg: Rowohlt.
3 Jetter, W. (2004). *Performance Management: Strategien umsetzen, Ziele realisieren, Mitarbeiter fördern*. Stuttgart: Schäffer-Poeschel.
4 Parfy, E., Schuch, B., & Lenz, G. (2003). *Verhaltenstherapie: Moderne Ansätze für Theorie und Praxis*. Stuttgart: UTB.
5 Schulz von Thun, F. (2010). *Miteinander reden: Störungen und Klärungen. Allgemeine Psychologie der Kommunikation*. Hamburg: Rowohlt.
6 Sparrer, I. (2009). *Wunder, Lösung und System: Lösungsfokussierte Systemische Strukturaufstellungen für Therapie und Organisationsberatung*. Heidelberg: Carl-Auer.

Wirtschaftsethik

11

Mitarbeiter: „Ich möchte gerne einen Kurs in Wirtschaftsethik belegen."
Chef: „Entscheiden Sie sich mal, das eine oder das andere!"

Lernziele

- Sie verstehen, wie sich Werte und Normen begründen lassen, insbesondere im Spannungsfeld zwischen gesellschaftlicher und unternehmerischer Verantwortung.
- Sie können den Begriff der Nachhaltigkeit auf Ökonomie, Ökologie und soziale Belange anwenden.
- Sie kennen relevante Kriterien für ein nachhaltiges Human Resource Management.

Fehlt unseren Managern die Moral? „Selbstbedienung, Korruption, Betrug, Vertragsbruch – für die Eliten scheinen keine Regeln zu gelten. Das ethische Fundament der Wirtschaft bröckelt." So und ähnlich titeln namhafte Zeitungen immer wieder über die wirtschaftliche und politische Elite in unserem Lande. Auf der anderen Seite wird immer wieder betont, dass wertorientiertes unternehmerisches Handeln auch zu einer höheren Rendite führe. Bevor man hier mitdiskutiert, ist es sinnvoll, zu überlegen, worauf sich Werte und moralisches Handeln (nicht nur für Manager) überhaupt stützen können.

Leider steht es mit der Ethik nicht anders als mit der Relativitätstheorie – alles ist relativ, eben auch Werte und Normen. Wenn man verbindliche Aussagen finden will, muss man sich überlegen, woher die Setzung von Normen kommen kann. In Bezug auf das Management können wir mehrere Bezugspunkte ausmachen: Zunächst vermittelt uns die jeweilige Gesellschaft und die Kultur, in der wir leben, ein Verhaltensgerüst, eben „das, was man tut, und das, was sich nicht gehört". Zudem gibt es Unternehmensleitlinien, die

C. Achouri, *Human Resources Management*,
DOI 10.1007/978-3-8349-4740-6_11

im Allgemeinen Wert- und Normbezüge als Appell enthalten, aber diese auch regeln. Zuletzt ist ein Manager auf seine individuellen Werte zurückgeworfen, insbesondere in konfliktreichen Zeiten. Hier bieten Religion oder Ethik einen Werteanker, an dem sich jeder Einzelne orientieren kann. Sehen wir uns alle drei Bereiche näher an.

11.1 Individuelle Werte

Religion, Ethik und Moral

Religiöse Normen und Werte bieten den Vorzug der Unbedingtheit. Durch die Unbedingtheit einer Handlung wird ein Verhalten oder die Haltung zu einem Handeln als unabhängig von etwaigen Folgen oder Umständen bewertet. So werden beispielsweise Lügen oder Töten als unbedingt falsch bewertet, auch wenn etwa durch den Tod eines Einzelnen der Tod vieler verhindert werden könnte. Kein Zweck kann die eingesetzten Mittel rechtfertigen. Die Absolutheit und Unbedingtheit solcher Normen, wie sie Religionen eigen sind, schafft dabei Entscheidungssicherheit und Gewissheit für das eigene Tun. Religion beschränkt sich nicht darauf, vorhandene Werte in einer Gesellschaft deskriptiv zu beschreiben, sondern setzt diese normativ.

Anders als religiöse Werte, welche bezüglich ihrer Umsetzung einen Pflichtcharakter haben (und deshalb auch „deontologisch" genannt werden, griech. to deon = die Pflicht), kennt die Ethik mehrere Antworten auf Sinnfragen. Die Ethik lässt sich als zugrunde liegendes theoretisches Konzept von der praktischen Moral, also von jeweiligen konkreten Handlungsanweisungen, differenzieren. Ethik kann sowohl heteronom, also etwa durch religiöse Gebote bestimmt sein, als auch autonom (durch jeden Menschen selbst), etwa formal (Kants kategorischer Imperativ) oder auch relativ (z. B. im Utilitarismus). Im Extremfall lassen sich im ethischen Relativismus alle sittlichen Maßstäbe aufkündigen und der Unterschied von Gut und Böse relativiert sich ebenfalls. Wird Ethik nicht in absoluter, sondern relativer Geltung verstanden, so verschiebt sich die Begründung schließlich auf ein anderes Letztes. So setzt beispielsweise der Utilitarismus die Nützlichkeit einer Handlung für einen Einzelnen oder die Gesellschaft als Zweck. Ebenso beurteilt der Konsequentialismus den Wert einer Handlung rein in Hinsicht auf die Konsequenzen. Die folgende Geschichte erläutert, wohin die extreme Haltung eines subjektiven Konsequentialisten hypothetisch führen könnte:

Onkel Karl, ein älterer reicher Junggeselle, und Fritz, sein Neffe und einziger Erbe, sitzen in einem kleinen Boot und angeln. Das Gewässer wimmelt von Haifischen. Kein anderes Boot ist in Sicht. Es entspinnt sich folgender Dialog [5]

Fritz: „Weißt du, ich will um alles in der Welt zu einer halben Million Dollar kommen, um sie für meine Vergnügungen auszugeben." Onkel Karl: „Ich kenne dich gut genug, um dir das zu glauben. Du hast in letzter Zeit ja eine Reihe von Versuchen gemacht, um an Geld zu kommen, die aber wohl alle schief gegangen sind." Fritz: „So ist es. Ich bin unterdessen zu der Überzeugung gekommen, dass es für mich nur eine Möglichkeit gibt, an Geld zu kommen, ich bringe dich um." Onkel Karl: „Ich fürchte, du hast bei deinen begrenzten Begabungen und deinem Hang zur Faulheit tatsächlich keine andere Möglichkeit, um an Geld zu kommen." Fritz: „Da du zugibst, dass es für mich nur eine Möglichkeit gibt, zu Geld zu kommen: Welchen Rat gibst du mir?" Onkel Karl: „Da du nur einen Wunsch hast, nämlich rasch zu Geld zu kommen, und es für dich keine andere Möglichkeit gibt, als mich umzubringen, solltest du mich aus dem Boot stoßen." Fritz: „Ich stimme beiden Prämissen und deiner Schlussfolgerung zu. Da ich den guten Rat meines Onkels immer befolge, werde ich dich jetzt aus dem Boot stoßen" (Fritz stößt Onkel Karl aus dem Boot).

In diesem fiktiven Beispiel, welches das deontologische Gebot „Du sollst nicht töten" konsequentialistisch konterkariert, wird klar, wie vorsichtig man bei der Setzung relativer Werte sein muss. Diese Relativierung kann ihrerseits wiederum zu einer Begründung durch reine Verstandesethik, durch individuelle oder gesellschaftliche Nützlichkeit oder auch durch gesellschaftlich vorgefundene Werte führen. Im letzten Falle wäre damit alles als gut zu bezeichnen, was ist. Auf der anderen Seite wird von den Vertretern eines Ethik-Relativismus das Argument ins Feld geführt, dass alle Normen und Werte, so auch die jeweiligen Religionen, zeit- und kulturabhängig entstanden sind, aus diesen Entstehungsbedingungen zu erklären und damit notwendigerweise auch nur als relativ zu begreifen sind.

Überlegen Sie anhand des nächsten Beispiels, was Jim tun soll, und begründen Sie Ihre Entscheidung sowohl anhand der werterelativistischen Haltung des Konsequentialismus als auch anhand einer absoluten, religiösen Werthaltung

Jim befindet sich auf dem Marktplatz einer südamerikanischen Kleinstadt. Dort stehen 20 Indianer an einer Wand. Einige sind verängstigt, einige keck. Vor ihnen stehen mehrere bewaffnete Männer in Uniform. Ein dicker Mann in einem durch und durch verschwitzten Khakihemd stellt sich als der Hauptmann vom Dienst heraus. Nachdem er Jim eine ganze Zeit lang befragt hat, wobei sich herausstellt, dass Jim zufällig hierher gelangte, während er auf einer botanischen Expedition war, erklärt er ihm, dass die Indianer eine zufällig zusammengesetzte Gruppe von Einwohnern seien, die wegen ihrer Proteste gegen die Regierung jetzt getötet werden sollen, um andere mögliche Protestierer an die Vorteile des Nichtprotestierens zu erinnern. Wie auch immer, da Jim ein angesehener Besucher aus einem fremden Land ist, freut sich der Hauptmann, ihm das Privileg eines Gastes zu gewähren, selbst einen der Indianer zu töten. Falls Jim einwilligt, werden die restlichen Indianer aufgrund der besonderen Umstände laufen gelassen. Falls sich Jim weigert, liegen keine besonderen Umstände vor, und der Hauptmann wird dann das tun, was er vorhatte, als Jim ankam, und sie alle töten. Jim, der sich voller Verzweiflung an Schuljungenlektüre erinnert, überlegt sich, ob er, falls er sich ein Gewehr schnappen könnte, den Hauptmann und die anderen Soldaten in Schach halten könnte; aber es ist aus den Umständen heraus ganz klar, dass nichts dergleichen klappen würde: Jeder derartige Versuch würde bedeuten, dass alle Indianer getötet würden und er selbst auch noch. Die Männer an der Wand und die übrigen Dorfbewohner verstehen die Lage und bitten ihn offensichtlich, einzuwilligen.

11.2 Gesellschaftswerte

Aufgrund der demografischen Entwicklung wird die deutsche Bevölkerung zunehmend älter und es stehen immer weniger qualifizierte Arbeitskräfte zur Verfügung. Der Altenquotient (welcher das Verhältnis der Bevölkerung im Rentenalter der ab 60-Jährigen im Verhältnis zur Bevölkerungsgruppe im Erwerbsalter der 20 bis 59-Jährigen angibt) lag 1995 bei 37, 2001 bei 44 und wird bis 2030 auf 71 bzw. bis zum Jahr 2050 weiter auf 78 steigen. Dies wird erhebliche Auswirkungen auf das Arbeitsleben haben: Unternehmen werden vermehrt ältere Mitarbeiter einstellen sowie die Beschäftigungsreserven auf dem Markt erkunden, flexiblere Arbeitsplatzgestaltung durch Maßnahmen wie Kinderbetreuung, Pflegezeiten oder auch lebenslange Weiterbildung sind geboten, ebenso flexibilisierte Aus- und Einstiege in das Erwerbsleben. Patchworkbiografien werden zunehmen, ebenso Karrieren auf Zeit, Interimsmanagement sowie Senior-Consulting. Auslandseinsätze, Sabbaticals und Projektarbeit werden immer verbreitet sein und es gibt eine insgesamte Orientierung der Personalentwicklung an den Lebensphasen der Belegschaft, insbesondere Belastungs- und Gesundheitsphasen. Während die demografische Entwicklung für Arbeitnehmer vorteilhaft ist, konkurrieren die Unternehmen zunehmend um die bestqualifizierten Talente. Unternehmen müssen erkennen, welche Werte die bestqualifizierten Arbeitskräfte am Arbeitsplatz fordern: Work-Life-Balance, Elternzeit für beide Geschlechter, flexible Teilzeit- und Arbeitszeitmodelle etc.

Ein weiterer gesellschaftlicher Trend, auf den die Unternehmen zu reagieren haben, ist die generell stärker vorhandene Werthaltung, welche nicht nur familiäre Werte, sondern auch gelebte Werte am Arbeitsplatz mit einschließt. Als meistgenannte Werte finden sich hier Verantwortung, Vertrauen und Respekt (www.wertekommission.de). Dies bedeutet, dass Unternehmen und Führungskräfte eine Sensibilität für diese moralischen und ideellen Präferenzen ihrer Mitarbeiter aufbauen sollten. Insbesondere die Forderung nach mehr beruflichem „Empowerment" wird für die Gewinnung und das Halten hochqualifizierter Talente unerlässlich sein. Der amerikanische Sozialwissenschaftler Julian Rappaport hat den Begriff „Empowerment" geprägt. Ursprünglich in der sozialpsychologischen Arbeit entstanden, findet der Begriff immer mehr Verbreitung im Management, auf die Steigerung der Mitarbeitermotivation bezogen.

Weitere wesentliche gesellschaftliche Trends, denen sich Unternehmen zu stellen haben, sind beispielsweise die zunehmende Säkularisierung aller Lebensbereiche, die Geschlechtergleichstellung, abnehmender Gehorsamswille, Wahrnehmungswechsel der Arbeit von der Pflicht zur Selbstverwirklichung mit einer damit einhergehenden Höherbewertung von Freizeit, Gesundheit, aber auch ökologischen Aspekten. Dies bedeutet erhebliche Veränderungen, nicht nur der Unternehmenskultur, sondern insbesondere des klassischen Führungsverhaltens. Hochqualifizierte Mitarbeiter, welche sich ihren Arbeitnehmer aussuchen können, werden ihre Wahl insbesondere vom Empowerment, das ihnen in ihrem Verantwortungsbereich zugestanden wird, abhängig machen. Wir werden im Kapitel über Personalführung sehen, wie Leadership der Zukunft aussehen muss, um diesen Herausforderungen gerecht zu werden.

11.3 Unternehmenswerte

Jedes Unternehmen schreibt sich eigene Leitbilder auf die Fahnen, welche für das jeweilige Haus im Sinne eines „Code of Conduct", also eines Verhaltenskodex, gelten. Die Werte, welche hier beispielsweise mit „Corporate Responsibility", also unternehmerischer Verantwortung bezeichnet werden, bedeuten keine finanziell-unternehmerische, sondern ethische Verantwortung. Diese Wertepostulate können etwa den fairen Umgang mit Wettbewerbern betreffen oder auch die Wahrung des Respekts gegenüber der Würde der einzelnen Mitarbeiter. Wie auch immer das Unternehmensleitbild definiert wird, es muss seinerseits aus der übergeordneten Vision, also dem Selbstbild eines Unternehmens in der Zukunft und der Mission als dem für jeden Kunden nachvollziehbaren Geschäftsauftrag, heraus abgeleitet werden.

Das Unternehmensleitbild schafft in der Beschreibung der innerbetrieblichen Zusammenarbeit die sogenannte Unternehmenskultur. Human Resource Management hat sich in diesem Sinne bezüglich ethischer Leitbilder einerseits nach der geltenden Unternehmensethik zu richten, andererseits wird es auch mit unternehmensübergreifenden Werten konfrontiert. Von genereller Führungsethik über Arbeitsethik, welche beispielsweise auch im Kontext gewerkschaftlicher Bemühungen definiert wird, bis hin zu Informationsethik, insbesondere in Zeiten des World Wide Webs oder einer globalen Weltmarktethik, die letzten Endes bis auf Menschenrechtskonventionen verweist, sind hier zahlreiche Bezugspunkte zu finden.

Während Unternehmensleitbilder den Führungskräften eines Unternehmens noch keine hinreichende konkrete Entscheidungsgrundlage bieten, denn dazu sind sie zu allgemein gefasst, müssen umgekehrt die Entscheidungen einer Führungskraft in ihrer Werthaltung dem „Code of Ethics and Conduct" eines Unternehmens entsprechen. In den letzten Jahren ist dabei der gesellschaftlichen Verantwortung von Unternehmen, der sogenannten Corporate Social Responsibility (CSR), große Aufmerksamkeit zugekommen.

11.3.1 Corporate Social Responsibility (CSR)

Warum „rettet" Krombacher den Regenwald, beraten Allianz-Group-Mitarbeiter Asylbewerber, gibt Boston Consulting Schülern Nachhilfe oder engagiert sich Nivea in SOS-Kinderdörfern? Außer der einmal unterstellten Nächstenliebe steht hinter dem Begriff „CSR" (Corporate Social Responsibility), also gesellschaftlicher Verantwortung von Unternehmen, auch ein strategisches Unternehmenskonzept. Dieses fußt zunächst auf der Notwendigkeit, dem gewachsenen Druck von Politik, Kundenanforderungen sowie Verbraucherverbänden zu begegnen.

Zum anderen hat sich CSR jedoch längst als wichtiger Wettbewerbsfaktor für Unternehmen erwiesen. Was ist nun mit gesellschaftlicher, sozialer oder auch unternehmensethischer Verantwortung genau gemeint? Mit CSR ist gemeint, dass Unternehmen nicht nur Gewinnmaximierung verfolgen sollten, sondern auch dafür verantwortlich sind, *wie* diese Gewinne zustande kommen. So werden neben ökonomischen auch soziale, ökologische oder ethische Aspekte mit einbezogen und die Sicht von der unmittelbaren Shareholder-Bezogenheit auf die verschiedensten Stakeholder wie Mitarbeiter, Kunden, Zulieferer, Nachbarn, Gemeinde, Politik etc. erweitert.

Dass diese Strategie mittel- und langfristig nicht nur die gesellschaftliche Reputation der Unternehmen verbessert, sondern ihnen auch in Form höherer Umsätze wieder zugutekommt, mag nicht verwundern. Schließlich hat sich die Erhebung nicht monetärer Kennzahlen etwa im Qualitätsmanagement – man denke etwa an die Balanced Scorecard – bezahlt gemacht. Bestimmte Anlegergruppen legen an den Börsen zunehmend Wert auf Unternehmen, die neben dem reinen Shareholder-Value auch soziale und ökologische Belange achten, was wiederum als ökonomisch langfristiges Investment gesehen wird. Rating-Agenturen bewerten zusätzlich zu den ökonomischen die ökologischen und sozialen Leistungen börsennotierter Unternehmen, was sich etwa am Dow Jones Sustainability Index ablesen lässt. Schlagzeilen aufgrund von Korruptionsvorfällen, Preisabsprachen bei Stromkonzernen, Kinderarbeit bei Kleidungsherstellern oder Blei im Kinderspielzeug schlagen sich empfindlich in der Wettbewerbsfähigkeit betroffener Unternehmen nieder.

Aber auch die Herausforderungen der Globalisierung erfordern neue Steuerungssysteme, welche die Staatsregierungen nicht mehr in allen sozialen, ethischen oder auch ökologischen Bereichen anbieten können, da sich mit der Öffnung der Märkte auch der politische Einfluss großer Konzerne verändert hat, was sich schon daran zeigt, dass mancher Unternehmensumsatz das Bruttoinlandsprodukt einzelner Länder übersteigt. Hier wurde und wird der Ruf nach globalen, universellen Regeln laut, welchen sich die Unternehmen selbst verpflichten sollten. Dabei darf nicht übersehen werden, dass die Entwicklung von Unternehmenskodizes im Interesse der Wirtschaft selbst liegt, da unmoralische Geschäftspraktiken auf Dauer wahrscheinlich eine Vermehrung an Regierungsvorschriften hervorrufen. Die Beantwortung der Frage, wie man ethnozentrische Standards vermeidet und zu globalem, staaten- und unternehmensübergreifendem Konsens finden kann, bleibt allerdings eine Herausforderung.

In Ermangelung einer internationalen Regelung von Unternehmenstätigkeiten auf den Weltmärkten muss man auf die vorhandenen Initiativen zurückgreifen, beispielsweise die Erklärung zu Prinzipien für multinationale Unternehmen und Sozialpolitik der Internationalen Arbeitsorganisation (ILO), die Leitsätze für multinationale Unternehmen der OECD oder auch die Prinzipien des Global Compact der Vereinten Nationen, welcher etwa die Sicherstellung der Menschenrechte, die Beseitigung von Kinderarbeit oder auch die Förderung eines verantwortlichen Umgangs mit der Umwelt zum Inhalt hat.

Alle diese Initiativen sind ein Versuch, Unternehmen auf freiwilliger Basis zu den vertretenen Normen zu verpflichten, eigene unternehmensspezifische Kodizes auszuarbeiten und diese auch selbständig zu überwachen. Diese Selbstverpflichtungen sind nicht nur politisch bedeutsam, sondern inzwischen auch als ökonomisch effiziente Instrumente etabliert, wie beispielsweise die Klimaschutzerklärung der deutschen Wirtschaft oder die Verpflichtung der chemischen Industrie zur Einstellung der FCKW-Produktion gezeigt hat.

Abb. 11.1 Milton Friedman

Dabei gibt es Unternehmen, die schon allein wegen ihres Produktes am moralischen öffentlichen Pranger zu stehen scheinen, wie Rüstungsunternehmen, die Tabak- oder auch die Alkoholindustrie. Die moralischen Zweifel sind weitreichend und betreffen nicht nur das Produkt, sondern rühren am ökonomischen Grundverständnis. Schon allein das Gewinnstreben der Unternehmen unterliegt dem Vorwurf, ausschließlich aus diesem Gewinninteresse heraus zu handeln, was für den amerikanischen Nobelpreisträger Milton Friedman noch völlig selbstverständlich war (siehe Abb. 11.1).

Hier lohnt es, sich einmal tiefer mit den impliziten ethischen Voraussetzungen zu beschäftigen, von denen die Debatte um mehr gesellschaftliche Verantwortung von Unternehmen begleitet wird. Wir können hier zunächst zwei Argumentationsstränge, die in der CSR-Diskussion immer wieder auftauchen, unterscheiden:

1. Eine CSR-Strategie, bei der die soziale, ethische und ökologische Verantwortung im Mittelpunkt steht, macht Unternehmen bei den unterschiedlichsten Interessengruppen wie Kunden, Mitarbeitern, Gesellschaft usw. attraktiver und damit langfristig wettbewerbsfähiger.
2. Unternehmen dürfen nicht nur gewinnorientiert handeln, sondern müssen sich auch den sozialen, ökologischen und ethischen Herausforderungen vorausschauend und selbstverantwortlich stellen.

Im ersten Argument wird CSR und damit ethisches Verhalten als Mittel zum ökonomischen Zweck verstanden und auch genutzt. Es ist demnach ökonomisch rational, moralisch zu sein. Im zweiten Argument wird ethisches Handeln als Selbstzweck postuliert. In die Sprache der philosophischen Ethik übersetzt, spiegelt These eins eine teleologische Ethik wider (griech. telos = Zweck), während in These zwei eine typisch deontologische Pflichtethik (griech. to deon = Pflicht) zum Ausdruck kommt.

Während die teleologische Haltung davon ausgeht, dass ein Wert immer in Bezug zu einem Zweck, also relativ, zu verstehen ist (in diesem Fall der monetäre Nutzen), formuliert die Pflichtethik den Wert einer Handlung immer schon unabhängig von ihren Konsequenzen. Ein Verhalten ist bereits per se gut oder schlecht. Wenn wir nun die Pflichtethik näher betrachten, also das Gute um des Guten willen zu tun, so kommt uns beispielsweise der Philosoph Immanuel Kant in den Sinn, der erklärt, es komme auf die gute Absicht, den guten Willen in der Handlung an, nicht auf das Ergebnis:

> Der gute Wille ist nicht durch das, was er bewirkt oder ausrichtet, nicht durch seine Tauglichkeit zur Erreichung irgendeines vorgesetzten Zweckes, sondern allein durch das Wollen, d. i. an sich gut. [7]

In dem Fall, wo gute Absicht und gutes Ergebnis zusammenfallen, ist dabei auch nichts weiter zu bedenken. Nehmen wir aber nun einmal den Fall an, eine Person habe stets eine gute Absicht, aber im Ergebnis komme nichts Gutes heraus. Das erinnert uns an Mephisto in Goethes Faust, wenn auch unter umgekehrtem Vorzeichen:

> [Ich bin] ein Teil von jener Kraft, die stets das Böse will und stets das Gute schafft. [4]

Nehmen wir also an, jemand verfolge stets eine gute Absicht, erreiche aber nie das intendierte Ergebnis, so werden wir wohl bei wiederholtem Falle zumindest von Dummheit oder Naivität sprechen. Selbst bei geringstem Verstand gehen wir aber davon aus, dass sich die gute Absicht auch im Ergebnis der Handlung zumindest von Zeit zu Zeit zeigt. Demnach ist eine gute Absicht für eine ethische Handlung wünschenswert, aber nicht hinreichend, wenn sich dauerhaft kein gutes Ergebnis einstellt.

Wie ist es nun aber im umgekehrten Fall? Wir gehen also von der teleologischen Ethik im ersten Fall aus, bei dem das Ergebnis ethisch relevant ist, auch wenn die Absicht nicht oder nicht freiwillig gegeben ist. Hier können wir sicher sein, dass das gezeigte Verhalten ein gutes ist. Nehmen wir an, wir könnten davon ausgehen, dass dieses Verhalten auch zeitlich stabil bleibt, würden wir dann auch die innere zugrunde liegende gute Haltung einfordern, oder genügt es uns, dass die Güte des Ergebnisses sichergestellt ist?

Aristoteles kann uns in diesem Dilemma weiterhelfen, denn er schafft uns eine sehr lebenspraktische Brücke zwischen erfolgter Handlung und zugrunde liegender Absicht. Er setzt nämlich, anders als die deontologische Ethik dies tut, unmittelbar am Verhalten an und fordert uns auf, zunächst Tugenden zu unserer Gewohnheit werden zu lassen. Irgendwann werden wir dann unsere Tugenden lieben, weil wir unsere Gewohnheiten lieben. Aristoteles [1] schafft uns somit quasi über die Hintertür die Verbindung zwischen guter Tat und guter Absicht:

> So wird man durch Bauen ein Baumeister und durch Zitherspielen ein Zitherspieler. Ebenso werden wir aber auch durch gerechtes Handeln gerecht. Das bestätigen auch die Vorgänge im Staatsleben. Die Gesetzgeber machen die Bürger durch Gewöhnung tugendhaft.

Während beispielsweise Richard T. George [3] davon ausgeht, dass es eine unrealistische Vorstellung sei, „dass die Entwicklung der Unternehmensethik als Disziplin die Wirtschaft moralischer machen würde“, haben wir mit Aristoteles Argument aber genau dafür die besten Chancen; in jedem Falle bessere, als wenn wir lediglich auf das unmittelbare moralische Gewissen der Akteure selbst setzen. Sich daran zu stören, dass die Industrie lediglich aufgrund von ökonomischen Interessen gesellschaftliche Verantwortung in ihre Strategie mit einbezieht, ist in etwa vergleichbar mit der Forderung, die Industrie solle rein aus gesellschaftlicher Verantwortung heraus mehr Teilzeitarbeit fördern, und dies nicht aus ökonomischen Zwängen tun. Forderungen fern vom ökonomischen Nutzen haben selten Gehör in der Wirtschaft gefunden. Wohl angelehnt an Kants Kritik der reinen Vernunft, wonach Begriffe ohne Anschauung leer sind, Anschauung ohne Begriffe blind ist, formuliert Hans Martin Sass [8]:

> Wirtschaftliches Handeln ohne ethische Kriterien ist blind und kurzsichtig; ethisches Handeln ohne die Berücksichtigung von ökonomischen Realitäten und Möglichkeiten ist stumpf und erfolglos.

Hier können wir die erste Aussage ergänzen: Wirtschaftliches Handeln ohne ethische Kriterien ist in der Regel unwirtschaftlich. Demnach können wir in Erinnerung an Erich Fromm formulieren, dass wir uns weder mit einer kranken Wirtschaft, noch mit einer gesunden Wirtschaft um den Preis kranker Menschen zufriedengeben können: „Unsere Aufgabe ist es, eine gesunde Wirtschaft für gesunde Menschen zu schaffen" [2].

Ethisches Verhalten in der Wirtschaft muss sich rechnen, und das tut der Moralität keinen Abbruch. Das Kriterium für das Funktionieren einer ethischen Ökonomie liegt bei den Menschen selbst, als Kunden und Verbraucher. Statt der Industrie vorzuhalten, Kinderarbeit zuzulassen, liegt es am Verbraucher, davon betroffene Marken nicht zu kaufen. Wenn keine Transparenz über die Produktionsweise herrscht, liegt es am Verbraucher, diese einzufordern. Der effektivste und auch schnellste Hebel in der Veränderung der Produktionsweise liegt in der Nachfrage der Verbraucher. Beispielsweise die Gütesiegel, die in der Lebensmittel- oder Textilindustrie als „Ethical Branding" verwendet werden, geben dem Konsumenten Aufschluss über die Produktionsbedingungen (siehe Abb. 11.2).

Unternehmen, die ihre Produktionsbedingungen nach ökologischen und sozialen Standards ausrichten, soll man nicht nur loben, sondern gezielt deren Produkte kaufen; allein vom Lob können diese Betriebe nicht leben. Es gibt keine allgemeingültige Definition von CSR, jedes Unternehmen muss eigenverantwortlich die Prinzipien und Werte, für die es steht, definieren. Insbesondere wenn wir die Herausforderungen betrachten, die sich durch eine internationale, globalisierte Wirtschaftswelt stellen, bleiben noch viele Fragen offen. Welche Normen lassen sich überhaupt international implementieren? An welchen Normen sollten sich multinationale Unternehmen orientieren, an denen des Mutter- oder des Gastlandes, an einer Mischung etc.? Bei der ethischen Beurteilung von Unternehmen sollte es vor allem um die Beurteilung von Ergebnissen gehen und nicht um die Einforderung moralischer Grundhaltungen. Hierbei ist auch die Seite rechtlich möglicher und nötiger Vorgaben zu beleuchten, welche letztlich als Rahmenbedingungen dieser Ergebnisse zu verstehen sind. Wenn wir uns hierzu ein Entscheidungsquadrat (wie in Abb. 11.3) zum Verhältnis von Ethik und Recht verdeutlichen (vgl. [6]), sehen wir die Diskussion um CSR vor allem im Quadranten III, wenn zwar kein legales Fehlverhalten vorliegt oder nachgewiesen werden kann, jedoch die Öffentlichkeit ein moralisches Fehlverhalten wahrnimmt.

Nehmen wir unsere These von vorhin wieder auf, wonach Unternehmen eigenverantwortlich Rahmenbedingungen zu schaffen haben, welche soziale Verantwortung nicht nur als moralischen Appell auffassen, sondern diese durch juristische Grenzen aktiv definie-

Abb. 11.2 Ethik und Konsumverhalten

Abb. 11.3 Entscheidungsquadrat Ethik & Recht

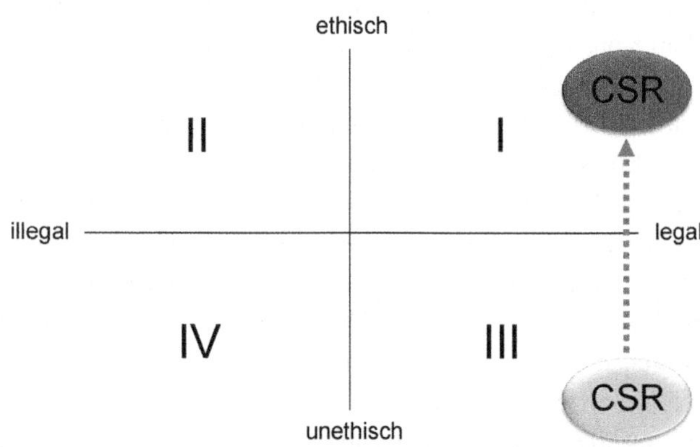

ren, einfordern und nachhalten. Dann läge die Herausforderung darin, in Grenzfällen das Geschehen vom Quadranten III durch entsprechende rechtliche Grenzen in den Quadranten I zu zwingen. Die gesellschaftliche Verantwortung von Unternehmen ist dabei einer der Eckpunkte, welche im Rahmen einer Forderung nach nachhaltigem Wirtschaften immer wieder genannt werden. CSR sowie Wirtschaftsethik generell münden dabei in den letzten Jahren häufig in eine Diskussion über „nachhaltiges" Wirtschaften. Wir wollen uns im Folgenden deshalb näher ansehen, was unter Nachhaltigkeit verstanden werden kann.

11.4 Nachhaltigkeit

In der Nachhaltigkeitsdebatte werden zunächst drei Aspekte unterschieden: die ökonomische, die ökologische und die soziale Nachhaltigkeit.

11.4.1 Ökologische Nachhaltigkeit

Der Begriff Nachhaltigkeit stammt ursprünglich aus der Forstwirtschaft. Um einen Wald zu erhalten, sollte man nur so viel Holz schlagen wie wieder nachwachsen kann. Man soll also nur vom Ertrag leben, nicht von der Substanz. Ökologische Nachhaltigkeit lässt sich zusammenfassend als die wirtschaftlich rationale Erkenntnis beschreiben, nicht mehr Ressourcen zu verbrauchen, als man auch wieder reproduzieren kann. Die Strategie, die Ressourcenproduktivität zu erhöhen, würde demnach nur die Verbrauchsgeschwindigkeit verlangsamen, im nachhaltigen Sinne müsste sie zu gleichen Teilen auch regeneriert werden.

Darüber hinaus bedeutet wirtschaftlich nachhaltiges Management natürlich Rentabilität, welcher beispielsweise der Umweltschutz allein nicht genügen kann. In diesem Sinne muss sich auch Ökologie als Mittel zum Zweck wirtschaftlichen Handelns unterordnen. Wirtschaftlichkeit ist langfristig nur gegeben, wenn auch ökologische und soziale Kriterien beachtet werden. Entweder diese rechnen sich mittel- und langfristig selbst oder über das Verbraucherinteresse, das nachhaltiges Wirtschaften über den Nachweis eines entsprechenden Employer Brandings, eines Öko-Labelings oder entsprechender Sustainability-Indizes schließlich belohnt.

So wirkt sich beispielsweise Umweltschutz als komplementäres Unternehmensziel positiv auf Kriterien wie Umsatz, Image, Wettbewerbsfähigkeit und Mitarbeitermotivation aus. Aber auch die gesellschaftliche Legitimation einer unternehmerischen Existenz zeigt sich etwa anhand der Rettungsbereitschaft in wirtschaftlichen Krisen. Die Reputation, die sich eine Firma erwirbt, fußt auf vielen Säulen und kann bis zur Bewertung vergangener Aktivitäten im Krieg oder beispielsweise dem Umgang mit Entschädigungszahlungen gehen. Ökologische Nachhaltigkeit kann auch den Ausgleich von Naturschädigungen durch Ausgleichszahlungen von Unternehmen etwa an Umweltschutzeinrichtungen bedeuten. Auch die Ausgabe von Emissionszertifikaten im Sinne einer „Umweltsteuer" folgt einer staatlich geregelten Kompensationsstrategie. Während Nachhaltigkeit ein ökologischer Selbstzweck sein mag, ergibt sie sich für die Wirtschaft nur mittelbar.

Was ist aber eigentlich mit dem Begriff „Nachhaltigkeit" gemeint? Beschreibt er lediglich mittel- oder langfristige Zeiträume? Bedeutet er im ökologischen Sinne die Reproduktion verbrauchter Ressourcen? Bezeichnet er im sozialen Sinne ethisches Handeln und hinsichtlich der Ökonomie einen Ertrag, der sich erst auf lange Sicht einstellt? Keiner dieser Gründe hätte und hatte eine Chance, Gehör in der Wirtschaft zu finden, wenn er der Profitabilität widerspricht. Und Nachhaltigkeit, rein zeitlich verstanden, könnte auch nachhaltige Ungerechtigkeit bedeuten. Was kann demnach mit Nachhaltigkeit inhaltlich gemeint sein und wie begründet sich der Anspruch nachhaltigen Handelns?

Nimmt man die Ökologie wirklich als Vorbild, so zeigt sich beispielsweise der Gedanke der Langfristigkeit nicht als tragend. Organismen und Ökotope entstehen und vergehen auch wieder, gerade langfristig ist nichts beständiger als der Wandel. Beständigkeit und Stabilität können in diesem Kontext fast als die beste Voraussetzung dafür verstanden werden, unterzugehen. Aus ökologischer Sicht bedeutet Nachhaltigkeit den bewussten Umgang mit endlichen Ressourcen und dies nicht nur aus Rücksicht auf die Umwelt, sondern auch hinsichtlich der nachkommenden Generationen. Auch wirtschaftlich verteuern wir Güter, die wir in höherem Maße verbrauchen als sie nachwachsen.

11.4.2 Soziale Nachhaltigkeit

Wenn man auch immer wieder soziale Kriterien ins Feld der Nachhaltigkeitsdebatte führt, so muss man doch zugestehen, dass etwa die Forderung nach einer „lebenswerten", „freien", „friedlichen" und „gerechten" Welt den Nachhaltigkeitsgedanken überfrachtet und idealisiert. Wir wollen Nachhaltigkeit hier als „rationales Wirtschaften" definieren. Rationalität soll aber nicht konträr zu einer ethischen Werthaltung verstanden werden.

Der Gedanke dabei ist, dass es gerade rational ist, Werten zu folgen. Nachhaltigkeit stellt also ein wesentliches Kriterium und Mittel für den Zweck dar, profitabel zu wirtschaften. Gibt man diese Bindung einmal auf, dann befindet man sich in einer philosophischen Begründungsdebatte, denn dann stellt man die Wirtschaftslogik selbst infrage. Ausgehend von der Erkenntnis, dass die jetzige Generation ihren Wohlstand nur auf Kosten nachfolgender Generationen genießt, kann man im Sinne der Nachhaltigkeit eine mangelnde Solidarität in der Generationengerechtigkeit ausmachen. Zukünftige Generationen werden mit ökologisch dezimierten Ressourcen und einer weniger lebensdienlichen Umwelt zu kämpfen haben. Übermäßige Verschuldung, ungleiche Bildungsvoraussetzungen sowie sich verschärfende soziale Ungleichheiten sind weitere Aspekte, die sich heute schon abzeichnen.

Nachhaltige, generationenübergreifende Entwicklung würde demnach bedeuten, einer aktuellen Bedürfnisbefriedigung nachzukommen, ohne die Möglichkeiten zukünftiger Generationen zu beeinträchtigen, deren eigenen Bedürfnisse nachzukommen, was freilich schon in sich die Schwierigkeit trägt, diese zukünftigen Bedürfnisse umfassend abzusehen. Nachhaltigkeit hat demnach immer auch mit Zukunftsforschung zu tun. Um nachhaltig zu wirtschaften, müsste man wissen, wie die Rahmenbedingungen von morgen gestaltet sind.

11.4.3 Ökonomische Nachhaltigkeit

Nachhaltigkeit im ökonomischen Sinne bedeutet, Gewinne erst dann auszuweisen, wenn investiertes Kapital wieder zurückgeflossen ist. Schon bei den menschlichen Ressourcen muss dieses Denken ausgeweitet werden, will es wirklich nachhaltig und damit zukunftsgerichtet sein. Das zeigt sich beispielsweise bei der ständig notwendigen Weiterbildung in einer Wissens- und Informationsgesellschaft. Kompetenzen, die Mitarbeiter einbringen, die aber im Laufe der Zeit veralten, müssen mit Weiterbildungsmaßnahmen ausgeglichen werden. Betrachtet man aber beispielsweise die Demografie, so wird es zusätzlich nötig sein, auch Bildung in einem Maß aufzubauen, wie es vorher nicht vorhanden war. Hier ist eine Investition über den Ressourcennachschub hinaus erforderlich und zeigt, dass forstwirtschaftliche Vergleiche in der Nachhaltigkeitsdebatte unzureichend sind. Geschäftsbeziehungen werden nicht mehr kurzfristig gewinnmaximierend ausgelegt, sondern auf eine langfristige vertrauensvolle Basis gestellt. Auftraggeber verzichten aufgrund langfristiger, vertrauensvoller Beziehungen beispielsweise darauf, bei ihren Zulieferern Kosten zu minimieren. Vielmehr treten Qualitätsstandards und auch Selbstverpflichtungen der Geschäftspartner zunehmend in den Vordergrund.

Diese Symbiose kann im Sinne sehr starker Geschäftsbeziehungen bis zu dem Punkt gedeihen, wo Unternehmen sich für das Überleben ihrer Marktpartner einsetzten, statt sich schnell neue zu suchen. Nachhaltigkeit bedeutet hier also stabile, vertrauensvolle Geschäftsbeziehungen, bei denen der kurzfristige Nutzen zugunsten lange währender Austauschbeziehungen hintangestellt wird. Nachhaltigkeit im Beziehungsmarketing gestaltet sich als wechselseitiger Austauschprozess, der als Win-win-Situation angelegt ist. In der Ökonomie gibt es dazu schon seit Jahrhunderten das Credo des „ehrbaren Kaufmanns“: Dieser soll integer, redlich, kundenorientiert und respektvoll die Interessen aller Geschäftsbeteiligten wahren und gesellschaftliche Verantwortung übernehmen. Dagegen steht das reine „Krämer“-Verhalten als ungebremste Kapitalvermehrung. (Der Begriff „Krämer“ geht auf Aristoteles zurück, der die „Chrematistik“ kritisiert, also den Drang nach ungebremster Kapitalvermehrung).

Unternehmen sind wie alle Systeme auf den Austausch mit ihrer Umwelt angewiesen. Ihr Überleben hängt auch davon ab, dass die Umwelt und damit die das Unternehmen umgebenden Ressourcen funktionsfähig und intakt bleiben. Eine Schädigung des Zulieferersystems schädigt immer auch das Unternehmen selbst. Kurzfristige Nutzen für das Unternehmen, die zulasten der Geschäftspartner gehen, werden negativ auf das Unternehmen rückwirken. Der Begriff des „ehrbaren Kaufmanns“, der schon im Mittelalter zu finden ist, verweist bereits auf nachhaltiges Wirtschaften. Man war sich bewusst, dass langfristiges Denken, aber auch gesellschaftliche Verantwortung und Lauterkeit als ethische Werte zu den Grundfesten stabiler Handelsbeziehungen gehören. Dieser Sinn von Nachhaltigkeit weist über die zeitliche Dimension hinaus und fordert ethische Werte wie Integrität, Redlichkeit, Qualitätsdenken, Kundenorientierung, Respekt, Gerechtigkeit sowie die Einbeziehung sämtlicher Stakeholder wie etwa Eigentümer, Kreditgeber, Behörden, Partner und Zulieferer bis hin zur Verantwortung gegenüber der Gesellschaft als Ganzes. Hier liegt die Überzeugung zugrunde, dass nachhaltiges wirtschaftliches Handeln ohne die Beachtung dieser ethischen Werte nicht möglich ist. Aktuelle Forderungen nach Nachhaltigkeitsrankings oder die Forderung einer Geschäftsberichtserstattung zum Thema „Nachhaltigkeit“ schließen an diese Forderungen an.

Die Erkenntnisse der Spieltheorie zeigen, dass Kooperation mittel- und langfristig die beste, weil erfolgreichste Strategie ist. Wenn sich Geschäftspartner kooperativ verhalten, profitieren beide davon. Wenn sie sich beide missgünstig verhalten, geht es beiden schlecht. Kooperiert einer und der andere nicht, so mag der Kooperierende kurzfristig benachteiligt sein; langfristig wird er der attraktivere Geschäftspartner am Markt sein. Kooperation ist allerdings auch nur dann das strategisch erfolgreichste Verhalten, wenn die Akteure die Möglichkeit haben, Nichtkooperativen die Stirn zu bieten.

Heute scheitert nachhaltiges Denken oft auch daran, dass kein genauer positiver Zusammenhang zwischen sozialen oder ökologischen und ökonomischen Aspekten gezeigt werden kann. Diese Skepsis führt in den meisten Fällen dazu, dass man die sozialen und ökologischen Aspekte unbeachtet lässt. Auch Vergleichsmaßstäbe, die im Sinne anerkannter Standards unterschiedliche Leistungen vergleichen, fehlen. Zudem ist es für Ökonomen häufig nicht einfach, etwa Umweltkriterien zu beurteilen, weil hierfür meist das notwendige Fachwissen fehlt.

Es ist aber keine Lösung, soziale oder ökologische Aspekte als nicht finanzielle Kriterien zu führen. Dies würde bedeuten, sie nicht als ökonomisch substanziell wahrzunehmen und den Gedanken nachhaltigen Wirtschaftens zu konterkarieren. Diese ökonomisch fokussierte Nachhaltigkeitssicht setzt voraus, dass sich die Berücksichtigung sozialer oder ökologischer Aspekte irgendwann auch ökonomisch auszahlt. Dazu müssen zunächst die gegensätzlichen Rationalitäten von Nachhaltigkeit und Effizienz vereint werden. Dies geht nur, wenn die Ausrichtung auf reine Gewinnmaximierung durch den langfristigen Blick auf Bestandssicherung und Überlebensfähigkeit ergänzt wird.

Wie kann nachhaltiges Controlling aussehen, wenn man eines der gebräuchlichsten Controlling-Instrumente, wie die Balanced Scorecard (BSC), dementsprechend modifiziert? Ein Transformationsprozess auf die Unternehmensziele geht von der Modifizierung der Balanced Scorecard um entsprechende soziale und ökologische Aspekte („Sustainability Balanced Scorecard" – SBSC) nicht aus. Dies ist aber generell von der BSC nicht zu erwarten, da sie strategische Ziele nicht begründen kann, sondern deren Umsetzung unterstützen soll. Fehlen also Nachhaltigkeitsstrategien im Geschäftsmodell, so bleibt auch das Instrument der SBSC zwecklos. Zielt das Management dagegen auf die Schließung strategischer Defizite im Nachhaltigkeitsbereich, kann die beabsichtigte Implementierung einer SBSC bei der Festlegung einer Nachhaltigkeitsstrategie ein Impulsgeber sein. Um derart dezidierte Aussagen machen zu können, muss man allerdings auch im Risikomanagement präzise genug angeben können, welche negativen ökonomischen Folgen zu erwarten sind, wenn man die Nachhaltigkeitsaspekte nicht bzw. nur ungenügend mit einbezieht.

Was sind demnach Kriterien ökonomischer Nachhaltigkeit? Beispielsweise Gewinne erst dann auszuweisen, wenn investiertes Kapital wieder zurückgeflossen ist. Ebenso langfristige Investitionen in die Weiterbildung der Mitarbeiter, wie es einer Informationsgesellschaft gebührt. Geschäftsbeziehungen, die nicht kurzfristig auf Gewinnmaximierung, sondern auf langfristiges Vertrauen, Win-Win und Kooperation ausgerichtet sind. Nachhaltiges Controlling, Nachhaltigkeitsrankings sowie eine nachhaltige Geschäftsberichtserstattung machen diese Werthaltung transparent.

Nachhaltigkeit kann ökonomisch nur funktionieren, wenn eine Gesellschaft auch soziale und ökologische Werte verfolgen will. Dies geht vom Konsum bis zu der Bereitschaft, ggf. Produktionsverteuerungen auch mitzutragen, wie man an der Energiewende sieht. Findet sich hier ein breiter gesellschaftlicher Konsens, wird es alleine schon durch Verbraucherdruck eine Zuwendung zu nachhaltigem Wirtschaften geben. Nachhaltigkeit wird sich dann ökonomisch rechnen. Wird dieser Konsens nicht gefunden, dann lassen sich ökologische und soziale Aspekte nicht einfach neben bzw. über ökonomische Zielgrößen stellen, zumindest nicht ohne unser heutiges Wirtschaftssystem grundlegend infrage zu stellen.

11.4.4 Nachhaltigkeit und systemisches Denken

In der gesellschaftlichen Diskussion werden zum Thema „Nachhaltigkeit" sehr heterogene Zielsetzungen vermischt, beispielsweise (Generationen-)Gerechtigkeit oder Menschenrechte. Drei Ziele, die sich aber immer wiederfinden, sind Ökologie, Ökonomie und soziale Gerechtigkeit. Im Fortschrittsbericht der Bundesregierung wird dies damit begründet, dass zwischen diesen Bereichen Interdependenzen bestehen, und dass nachhaltige Entwicklung in der komplexen Welt, in der wir leben, nur in einer Synergie dieser Bereiche möglich sein wird.

Dieses Verständnis der vielfältigen Abhängigkeiten innerhalb eines gemeinsamen Rahmens verweist auf die Systemtheorie, aus welcher der Gedanke der Vernetzung stammt. Es muss deshalb nicht verwundern, wenn sich unter dem Etikett „Nachhaltigkeit" meist bekannte systemische Annahmen wiederfinden. So hat die Systemtheorie schon immer darauf hingewiesen, dass Erfolge auch in Teilbereichen nur dann möglich sind, wenn man alle anderen Beteiligten mit einbezieht, also beispielsweise Umweltschutz als komplementäre Maßnahme unternehmerischen Handelns begreift. Auf lange Sicht ist Überleben nur in Einklang mit der Umwelt, in der man sich aufhält, möglich. Stakeholder wie Lieferanten, der Markt, Mitarbeiter, die Gesellschaft, aber auch Wettbewerber sind demnach auch Bestandteile der Lebensbedingungen, die auf ein Unternehmen rückwirken. So gilt in Unternehmen wie in der Natur auch, dass eine übergebührliche Ausbeutung anderer auch die eigenen Bedingungen verschlechtert, auch wenn dies kurzfristig nicht so scheinen mag.

Es geht aber andererseits auch nicht darum, die langfristigen Investitionen nur als dezimierenden Faktor für den kurzzeitigen Gewinn zu sehen, mit der Folge, nachhaltige Investitionen eigenständig auszuweisen. Ein dualistisches Verständnis von Gewinnsicherung einerseits und Umweltzwecken andererseits würde gerade einem nachhaltigen Verständnis zuwiderlaufen. Ebenso wenig zielführend ist es, den Erwerb um des Erwerbs willen abzulehnen, wie es beispielsweise Aristoteles mit seiner Chrematistik tut, um das wirtschaftliche Handeln einer wie auch immer genormten Lebensweise unterzuordnen. Dem Wunsch nach unendlicher Kapitalvermehrung, der im Kapitalsystem selbst steckt, kann man nicht beikommen, indem man das Kapitalsystem durch neue Grundlagen definiert. Im Sinne Aristoteles ist das Ziel der Ökonomie nicht die ungebremste Kapitalvermehrung, sondern lediglich der Erhalt des Kapitals. Dies untergräbt aber die ureigensten

Bedingungen der Ökonomie. Wenn Nachhaltigkeit nachhaltig sein soll, muss sie sich den ökonomischen Bedingungen unterordnen, bzw. sich innerhalb dieser als nützlich erweisen, im Sinne Milton Friedmans nützlich für den Profit. Für Friedman besteht die soziale Verantwortung von Unternehmen gerade darin, den Profit zu vergrößern.

In Hinsicht auf die soziale Dimension zeigen systemische Überlegungen, dass die Leistungen Einzelner immer schon die Vorleistung anderer voraussetzen. Aus dieser Überlegung heraus ergibt sich nicht nur Generationensolidarität, sondern ein ethisches und soziales Grundverständnis, das den Einzelnen nicht über die Gemeinschaft, sondern auf eine Ebene mit ihr setzt. Begreift man ein Unternehmen als System im (Umwelt-)System, so zeigt sich, dass systemisches Denken schnell komplex wird, wenn es darum geht, verschiedenen heterogenen Umwelteinflüssen und -ansprüchen im Sinne der Nachhaltigkeit gerecht zu werden. Diese Ansprüche können auch durchaus widersprüchlich sein. Macht man mit der Systemparabel ernst, so kann die Lösung nicht darin liegen, als Unternehmen zum Spielball des Marktes, der Gesellschaft etc., also aller Umwelteinflüsse zu werden. Systemisch hat ein Unternehmen dann Erfolg, wenn es seine Selbstorganisation kultiviert und zugleich mit den Anforderungen der Umwelt „driftet". Dies bedeutet zum einen, die Unternehmensstrategie nicht völlig nach den äußeren Bedingungen auszurichten. Zum anderen bedeutet es, Synergien zu schaffen, welche der Philosophie „Leben und Leben lassen" folgen.

Die Ansprüche, die Zulieferer, Kunden, gesellschaftliche Gruppen oder auch die Umwelt stellen, werden somit wahrgenommen und verfolgt, ohne die eigenen Interessen dabei aufzugeben. In diesem Sinne entwickeln sich die Teilbereiche eines Systems in Koevolution miteinander und nicht auf Kosten der anderen, und so ist nachhaltiges Wirtschaften wertschätzendes Wirtschaften. Es bezieht die Interessen anderer in das eigene Handeln mit ein und versucht, die eigenen Interessen so zu verwirklichen, dass auch allen anderen Interessen möglichst gedient ist. Zusammengefasst bedeutet nachhaltiges Denken im systemischen Sinne also die Berücksichtigung der Vernetzung und damit das Leben in Einklang mit der Natur. Andere Systeme auszubeuten würde nur negativ auf das Eigensystem zurückfallen. Kooperation und Koevolution ergänzen den Fokus eines Unternehmens auf die eigene Selbstorganisation, aus der Kreativität und Innovationsfähigkeit entstehen.

11.4.5 Warum sich Veränderung und Nachhaltigkeit nicht widersprechen – Lernen von der Evolution

Der Gedanke der Nachhaltigkeit wirkt in unserer heutigen, kurzlebigen Zeit zunächst paradox. Wissen, das sich bereits nach wenigen Jahren vervielfältigt (Tendenz steigend), Beschleunigung der Märkte und Verkürzung der Produktlebenszyklen aufgrund des Globalisierungsdruckes scheinen Voraussicht und Beständigkeit fast unmöglich zu machen. Dennoch ist nachhaltiges Wirtschaften gerade hier gefragt. Warum, das können wir aus der Natur lernen.

In der Natur geht es selten um Leistungsmaximierung, die Gefahr eines Absturzes wäre zu groß. Vielmehr geht es um langfristiges Überleben. Reines Wachstum bedeutet in der Natur Krankheit und Tod, wie man anhand des ungebremsten Zellwachstums, das letztlich zu Krebs führt, sehen kann. Wirtschafts-, Umwelt- oder Energiekrisen sind gute Beispiele, in denen die Grenzen linearen, ungebremsten Wachstums erfahrbar werden. Wachstum ist kein Wert an sich, weder in der Natur noch in der Ökonomie. Ungebremstes ökonomisches Wachstum schädigt nicht nur das Finanzsystem, sondern auch die Gesellschaft. Das Finanzsystem entkoppelt sich so von seiner ursprünglichen instrumentellen Funktion und wird zum Selbstzweck, dem sich die Gesellschaft unterordnet. Überlebenssicherung heißt für Unternehmen deshalb aber nicht Unsicherheitsvermeidung oder Risikoscheu; allerdings sollten keine Risiken eingegangen werden, die den Ruin des Unternehmens zur Folge haben können. Um Neues entstehen zu lassen, um Innovationen zuzulassen, muss man Altes auch sterben lassen. Nachhaltigkeit im Sinne reiner Langfristigkeit ist in der Natur demnach auch kein Wert, denn das Sterben ist für das Aufkommen neuer Arten notwendig.

Auch Unternehmen müssen innerhalb eines Lebenszyklus gesehen werden. Nachhaltigkeit bedeutet langfristige Planungshorizonte, eine ggf. interdisziplinäre Sichtweise, die Förderung einer Kooperations- und Kommunikationskultur sowie eine ganzheitliche Sichtweise, die sowohl Mitarbeiter und Natur, als auch Technik und Wirtschaft berücksichtigt. Nachhaltige, langfristige Strategien haben überdies den Vorteil, dass dadurch Innovationen entstehen können, die sich aus einer rein funktionalen, kurzfristigen Strategie nicht entwickeln könnten. Schon in der Natur zeigt sich der Nutzen nicht immer sofort. So können Innovationen erst einmal erhalten bleiben, und erst später zeigt sich, ob sie überlebensdienlich sind oder nicht. Auch in der Evolution geht es nicht um Anpassungsmaximierung, sondern um selbstorganisatorisches, flexibles Überleben.

Es ist demnach zielführender, Win-win-Situationen zu schaffen, statt die letzten Prozente zu optimieren, weil eine kurzfristige Leistungsmaximierung im nachhaltigen Sinne wieder zurückschlägt. Nachhaltiges Human Resource Management heißt in diesem Sinne auch, in die Kompetenzen der Mitarbeiter zu investieren, selbst wenn kein unmittelbarer Return of Invest sichtbar ist. Es heißt, die Wünsche der Mitarbeiter zu beachten und deren Ziele zu berücksichtigen, um Mitarbeiterbindung, insbesondere in Hinsicht auf die gegebene Demografie, zu schaffen. Nachhaltiges Management bedeutet eine Abkehr von einer „Hire-and-Fire"-Politik. Vielmehr wird den Mitarbeitern die Möglichkeit gegeben, mit dem Unternehmen zu wachsen und umgekehrt. Dies setzt Vertrauen voraus, Vertrauen darin, dass sich Mitarbeiter entwickeln, wenn man ihnen dazu Ressourcen und Zeit gibt.

Wachstum trifft zudem irgendwann immer auf natürliche Grenzen, wodurch die Wachstumsgeschwindigkeit verringert wird. Hier helfen nur Innovationen, welche vorhandene Grenzen auf neue Spielfelder verschieben. Die Geschichte der Wirtschaftsentwicklung zeigt, dass sie immer wieder von einem „Auf und Ab" geprägt war. Der ständige Wandel vollzieht sich somit nicht nur in der Evolution, sondern auch in Kultur und Ökonomie. Vor diesem Hintergrund lässt sich der Begriff „Nachhaltigkeit" durchaus hinterfragen. Denn wenn nichts stetiger ist als der Wandel, welchen Wert besitzt dann der Gedanke langfristiger Nachhaltigkeit? Nachhaltigkeit darf nicht nur als Stabilität betrachtet werden. Feste

Normen und Werte etwa bieten zwar eine Verbindlichkeit, können sich allerdings auch als statisch und unflexibel inmitten von Veränderung erweisen. Nachhaltigkeit muss auch Veränderungsfähigkeit beinhalten. Das erscheint zunächst paradox. Auch hier bietet sich ein Verständnis über die Evolution an, in der es letztlich um Überlebensfähigkeit geht. Gene, ebenso wie auch Viren, steuern ihr Überleben unabhängig vom Wirt, vom Träger. Entscheidend ist der Fortbestand der Information. Auf Unternehmen bezogen bedeutet das beispielsweise, dass dem wirtschaftlichen Überleben Priorität eingeräumt wird, unabhängig von Geschäftsfeldern, in denen sich das Unternehmen bewegen mag. Volkswirtschaftlich kann dies beispielsweise eine Abkehr von grundlegenden Paradigmen bedeuten, wie die Energiewende zeigt.

Nachhaltigkeit bedeutet also auch, Krisen als Chancen aufzufassen, den Untergang zugunsten des damit möglichen Neuanfangs in Kauf zu nehmen. Strukturen, Prozesse, Geschäfts- oder Rechtsformen müssen sich flexibel und wandlungsfähig zeigen, um Überleben zu sichern. Nicht Größe oder dauernde Optimierung, maximaler Output oder höchste Geschwindigkeiten sind gefragt, sondern die ständige Lern- und Veränderungsfähigkeit, welche nachhaltig Überleben sichern. Einseitige Fokussierung und Leistungsmaximierung schaffen keine solide Basis für schnelle Veränderung. Solche Strategien sind in ihrer Nische schnell untergangsgefährdet. Das Gegenteil von Nischenbildung ist Generalisierung. Wir vergessen oft, dass Nützlichkeit nicht immer von Anfang an vorhanden ist. Vielfach entstehen in der Natur Merkmale, die zunächst keinen Nutzen haben. Im späteren Verlauf zeigt sich, dass diese Merkmale und Eigenschaften für etwas nützlich werden, für das sie gar nicht gedacht waren. So auch in der Wirtschaft: Beispielsweise hat sich die SMS, die lediglich als technische Spielerei begonnen hatte, zum Hauptumsatzträger der Telekommunikationsbranche entwickelt.

Für Unternehmen bedeutet dies, nicht zu eingeschränkt und funktionell zu denken. Wenn man die Herausforderungen von morgen nicht voraussehen kann, so kann man doch die dafür notwendige Variabilität, Innovation und Flexibilität heute schon zulassen und auch fördern, womit die Antworten auf die Herausforderungen von morgen entstehen können. So geht es oft nicht darum, Innovation zu erfinden, sondern sie einfach zuzulassen. Wenn sie gebraucht wird, ist sie schon vorhanden, man muss sie nur noch entdecken. Veränderungen, Schrumpfungs- oder Aussterbungsphasen in begrenzten Bereichen zuzulassen, macht den Durchbruch neuer Entwicklungen erst möglich.

Das widerspricht heute noch häufig unserem Bild erfolgreichen Wirtschaftens in Unternehmen, denn es bedeutet eine Abkehr vom Gedanken unbegrenzten unternehmerischen Wachstums und eine Hinwendung zum nachhaltigen Erfolg am Markt. Nachhaltiges Management fokussiert nicht die momentane, ökonomische Gewinnmaximierung, sondern die langfristige Lebensfähigkeit eines Unternehmens. Nicht das Ausschöpfen der letzten Renditepotenziale, sondern die Fähigkeit, auch massive Krisen durchzustehen, nicht reines Geschäftemachen, sondern die Kunst, im Geschäft zu bleiben, stehen dann im Vordergrund. Evolutionär gesprochen stellt vorausschauendes, nachhaltiges Management das Ausbleiben einer Insolvenz (= evolutionär: Tod) sicher.

Nachhaltigkeit ist übrigens kein westlicher Kulturtrend. Ein Blick nach Asien zeigt, dass Nachhaltigkeit dort längst tief verankert ist. Die Langzeitorientierung der Asiaten verweist auf die tief verwurzelte Werthaltung dieser Kultur, welche langfristige, vertrauensvolle und tragfähige Beziehungen anstrebt, die letztlich in der Ethik des Konfuzianismus wurzeln. Sowohl im Westen als auch im Osten sind so die grundlegenden Voraussetzungen für eine globale Übereinkunft hinsichtlich nachhaltigen Handelns gelegt.

Wie etwa bei der Menschenrechtsdiskussion auch, muss man sich allerdings bewusst sein, dass es darum geht, wie dieser Anspruch zielführend und konfliktarm mit divergierenden kulturellen Werten in Einklang zu bringen ist. Die Ergebnisse der Spieltheorie zeigen, dass der Zeitaspekt für das Interesse an einer nachhaltigen Strategie eine entscheidende Bedeutung spielt. Dieser Tatsache trägt man heute in der Nachhaltigkeitsdebatte, insbesondere in der Diskussion um die Bindung von Managergehältern an langfristigeren Unternehmenserfolg, Rechnung. Wenn Manager ihre Position eher kurzzeitig bekleiden bzw. die vorhandenen Anreizsysteme schnelle Ergebnisse belohnen, sind keine Anreize für nachhaltiges Wirtschaften gegeben.

Es geht darum, ähnlich wie bei Familienunternehmen, in Generationen zu denken und nicht in Quartalen. Der Neigung des Menschen, kurzfristige Vorteile den langfristigen vorzuziehen, kann durch Anreize für langfristig unternehmerisch ausgerichteten Erfolg entgegengesteuert werden. Die Antwort auf die Frage, wie es zu dieser nachhaltigen Einstellung kommt, liegt schlicht in der Erfahrung. Bei kurzfristiger oder einmaliger Betrachtung kann sich fehlende Kooperation, Eigennutz oder reine Profitmaximierung durchaus lohnen. Bezieht man aber längerfristige Beziehungen sowie die damit einhergehenden Einschätzungen über die Vertrauenswürdigkeit der jeweils anderen Geschäftspartner mit ein, so zeigen sich Nachhaltigkeit und Kooperation als evolutionär und ökonomisch effiziente Strategien. Um Nachhaltigkeit zu etablieren, müssen wir also zuerst Strukturen etablieren, die Nachhaltigkeit belohnen. Kurzfristig zahlt sich nachhaltiges Wirtschaften nämlich heute meist nicht aus. Nachhaltiges Wirtschaften wird sich über längere Betrachtungszeiträume auszahlen, setzt aber auch die Geduld voraus, dem Erfolg Zeit zu geben.

11.4.6 Nachhaltiges Human Resource Management

Wenn auch aufgrund der demografischen Entwicklung zunehmend junge Arbeitskräfte in Deutschland fehlen, nimmt andererseits das Angebot an älteren Personen im erwerbsfähigen Alter zu. Hier muss einerseits verhindert werden, dass Ältere große Teile der erstrebenswerten Schlüsselpositionen besetzen, weil das die Jüngeren demotivieren würde. Zum anderen zeigt sich, dass Jüngere aufgrund ihrer Leistungsdisposition gerade für das schnelle, hektische Tagesgeschäft operativer Tätigkeiten besser geeignet sind als ältere Mitarbeiter, die ihre Kompetenz in strategischen, beratenden Stabsfunktionen, im Wissensmanagement oder auch in Kundenbindungspositionen einsetzen können.

Durch eine geschickte Personalentwicklung können Unternehmen so die demografische Entwicklung zu ihrem Vorteil nutzen. Bei vorausgesetzt gleichem Arbeitsvolumen in

Deutschland wird es in Zukunft darum gehen, eine Zunahme der Beschäftigungsquote zu erzielen. Zu wenig Nachwuchs im eigenen Land, kombiniert mit einer nicht genügend hohen Zahl an qualifizierten Zuwanderern, wird dazu führen, dass Arbeitszeit sich von den Erwerbstätigen auf die nicht Beschäftigten umverteilt. Das betrifft nicht nur den Anteil qualifizierter Frauen, sondern auch den Anteil qualifizierter Arbeitsloser. Aufgrund dieser demografischen Entwicklung zeigt sich zunehmend, dass die Personalgewinnung in Unternehmen bzw. Personalarbeit generell eine strategische Rolle bekommt.

Eckpunkte werden hier nicht nur die Gewinnung und Bindung der besten Talente sein, sondern auch die interne Aus- und Weiterbildung vorhandener Mitarbeiter nach „oben“, da einfachere Tätigkeiten zunehmend mechanisch ersetzt werden können. Auch die Personalgewinnung älterer qualifizierter Mitarbeiter am Markt sowie die Ausschöpfung qualifizierter Frauen bis hin zu qualifizierten Arbeitslosen werden hier zum Thema. Bei Arbeitslosen wird sich in Zukunft weniger die Frage nach fehlenden Qualifikationen stellen (sofern diese aufgebaut werden können), sondern vielmehr die Frage nach der Arbeitswilligkeit.

Führungskräfte müssen darauf achten, dass die Beziehung zu den Mitarbeitern stimmt und ihre Führungsqualität von den Geführten als positiv wahrgenommen wird. Die Vergütungssysteme müssen als gerecht und transparent erlebt werden. Aufstiegschancen müssen vorhanden sein und auch durch die Führungskraft aufgezeigt und der Weg dorthin von ihr gefördert werden. Zudem fordern qualifizierte Mitarbeiter immer mehr Verantwortung und Handlungsspielraum an ihrem Arbeitsplatz.

Im Weiteren sind auch das Betriebsklima, die Attraktivität des jeweiligen Jobprofils sowie das Unternehmensleitbild als Faktoren für eine nachhaltige Mitarbeiterbindung zu nennen. Eine wertschätzende Unternehmenskultur fördert in der Kommunikation Anerkennung und Respekt vor den Kompetenzen älterer Mitarbeiter und kultiviert integrative Maßnahmen, durch die sich die Generationen fachlich und sozial austauschen. Altersgerechte Teamarbeit oder Tandemprojekte, welche einen älteren und einen jüngeren Mitarbeiter zusammenbringen, sind ebenfalls erfolgreiche Wege. Ein weiterer Praxisvorteil von intergenerativen Tandems zeigt sich auch beim betrieblichen Ausscheiden älterer Mitarbeiter. Es kann ein organisatorischer und zeitlicher Spielraum geschaffen werden, in dem der Erfahrungsaustausch von Jung und Alt gefördert und zugleich im Rahmen des betrieblichen Wissensmanagements sichergestellt wird, dass vorhandenes Wissen der ausscheidenden Mitarbeiter nicht verloren geht.

Nachhaltiges Wissensmanagement sollte natürlich nicht auf Face-to-Face-Kommunikation beschränkt bleiben. Die Anfertigung von Kompetenzlandkarten, die Wissensquellen und spezielle Fähigkeiten und Erfahrungen im Unternehmen transparent machen, Methoden wie „Storytelling“, welche Erfolgsgeschichten aus dem beruflichen Alltag sammeln, sowie die Ausbildung von Multiplikatoren, also Mitarbeitern, die Mitarbeiter schulen, ergänzen das individuelle Wissensmanagement und sorgen dafür, dass Wissen im Unternehmen bleibt, auch wenn Wissensträger gehen. Die Beteiligung vor allem der über 50-Jährigen an Weiterbildungsmaßnahmen ist heutzutage noch sehr gering. Dementsprechend bedeutet nachhaltige Personal- und Organisationsentwicklung, altersgerechte

Arbeitskarrieren zu ermöglichen und durch entsprechende Programme zu fördern. In der Regel heißt das, nicht nur die altersspezifischen Erfahrungen und Kompetenzen in dementsprechenden Berufsprofilen abzurufen, sondern auch individuell gestaltbare, flexible Arbeitszeitmodelle zuzulassen.

Der Gedanke von Lebensarbeitszeitkonten verweist auf ein nachhaltiges Denken, welches Regeneration im Sinne von lebenslanger Leistungsfähigkeit begreift. Insbesondere der Weiterbildungsaspekt ist gerade bei Hochqualifizierten als wichtiger Punkt zu begreifen, will man ein Unternehmen nachhaltig in seiner Problemlösungskompetenz stärken. Dies setzt aber auch einen liberalen und großzügigen Einsatz von Weiterbildungsmaßnahmen voraus. Je höher Mitarbeiter eines Unternehmens qualifiziert sind, umso weniger funktional darf ein Unternehmen die Weiterbildung verstehen. Nachhaltige Weiterbildung bedeutet so nicht nur die unmittelbare Ausrichtung auf jetzige Anforderungen der jeweiligen Funktion des Mitarbeiters, sondern eine Ausrichtung auf die allgemeine Bildung der Mitarbeiter. Sie vergrößert die Analyse- und Problemlösungskompetenz der Mitarbeiter für komplexe Herausforderungen, deren Anforderungen an die Mitarbeiter nur ungenügend vorausgesagt werden können.

Ziel muss es demnach sein, keine funktionalen Lösungen in Seminaren und Trainings zu vermitteln, sondern eine generelle Problemlösungskompetenz zu entwickeln, welche sich in den verschiedensten Problemlagen als nutzbringend erweisen kann. Unternehmen erhöhen in der Stärkung dieser Selbsthilfe bzw. Selbstorganisationskompetenz ihrer Mitarbeiter zugleich die Stärke des Unternehmens, mit Herausforderungen fertigzuwerden. Investitionen in die Weiterbildung hochqualifizierter Mitarbeiter tragen so, unabhängig von ihrem motivierenden Wert, von selbst Zinsen. Ein weiterer Weg nachhaltiger Bildungsinvestition ist die Bildung von Corporate Universities, in denen Unternehmen in die Reproduktion unternehmensrelevanten Wissens investieren, von dem sie wiederum abhängig sind. Die Bindung solcher Akademien an Unternehmen bietet die Möglichkeit, lebenslanges Lernen mit schnellen Reaktionszeiten auf Änderungen in der Ökonomie und der Bildungslandschaft zu verknüpfen.

Der Antagonismus von Nachhaltigkeit und Effizienz bedeutet auf Human Resource bezogen, das Spannungsfeld von Human-Resource-Effizienz und -Nachhaltigkeit zu managen. Beide können nicht gleichzeitig maximiert werden, da ab einem bestimmten Grad die kurzfristige Maximierung der Mitarbeiterleistung gegen die Regeneration und damit die Nachhaltigkeit verstößt. So wie ökologisch nachhaltiges Denken bedeutet, dass die Abbaurate erneuerbarer Ressourcen nicht die Regenerationsrate überschreiten darf, lässt sich dies auch auf die menschlichen Ressourcen übertragen. Regelmäßige Regeneration bedeutet dann, ausreichend Pausen- und Erholungszeiten sowie gesundheitliche Präventivmaßnahmen wie Sportangebote oder auch Angebote zur psychischen Entspannung wie Massagen oder Yoga anzubieten. In einem weiteren Sinne betrifft dies aber auch die kognitive Regeneration. Davon betroffen sind nicht nur Weiterbildungsprogramme, die der üblichen Halbwertszeit von Fachwissen entgegenwirken, sondern auch Motivations-, Persönlichkeits- oder Coachingangebote bis hin zu kompletten Auszeiten, wie etwa Sabbaticals.

Ebenso wird sich nachhaltiges Personalmanagement zunächst auf die Effizienz niederschlagen, dies schon allein, wenn man die steigenden Personalkosten betrachtet. Über längere Zeiträume ergibt sich allerdings eine höhere Leistungsfähigkeit, denn ein stetiger hoher Leistungsgrad erreicht langfristig gesehen mehr als nur kurzfristige Leistungsspitzen, auf die immer auch ein Leistungsabfall folgt. Effizienz, die nicht auf Nachhaltigkeit ausgerichtet ist, wird nachhaltig nicht effizient sein.

Es ist Aufgabe des Managements, die notwendige Veränderungsfähigkeit nachhaltig umzusetzen und dafür auch bei den Mitarbeitern Verständnis zu wecken. Dies wird nur dann geschehen, wenn Mitarbeiter nicht befürchten müssen, in diesem Veränderungsprozess unterzugehen, weil nur kurzfristiger Rendite, der Profilierung des Managements oder dem einseitigen Shareholder-Value Genüge getan wird. Nachhaltiges Management hat die Aufgabe, das Unternehmen und die Mitarbeiter zu stärken und damit die Überlebensfähigkeit des Unternehmens zu sichern. Dies bedeutet Maßnahmen wie Kurzarbeit statt Entlassung in Krisen sowie die Investition in die Weiterbildung der Mitarbeiter als dem Quell jeglicher zukünftiger Innovation.

Ein produktives Innovationsklima zeichnet sich auch dadurch aus, dass Beschäftigte sich sicher fühlen. Druck und Stress vermindern die Produktivität und verlagern die Energie auf die Arbeitsplatzsicherung. Nachhaltige Unternehmenskultur hat das Vertrauen in die Selbstorganisationsfähigkeit von Mitarbeitern und Teams und fördert Projektstrukturen, welche den Wandlungs- und Veränderungsanforderungen moderner, globaler Märkte entsprechen. Auch hier können wir wiederum von der Natur lernen, wie beispielsweise eine Gruppe als Ganzes aufgrund ihrer „Schwarmintelligenz" fähig ist, die Leistungen Einzelner vielfach zu übertreffen. Die komplexen Herausforderungen, welchen sich Unternehmen heute und zukünftig gegenübersehen, können von Einzelnen weder inhaltlich noch hinsichtlich der erforderten Lösungsgeschwindigkeiten gemeistert werden.

Klassisches Management, das noch vom genialen, heroischen Unternehmenslenker ausging, welcher seine Visionen nach unten in das Unternehmen weitergab, ist heute passé. Der Manager von heute eröffnet Mitarbeitern im Unternehmen Leistungsräume, um deren kreative Ideen einzufangen und sie für das Unternehmen nutzbar zu machen. Das setzt nicht nur das Zulassen, sondern auch die Förderung kooperativer Systeme in Form von Team- und Projektarbeit voraus. Nur so entstehen kollektivintelligente Lösungen, welche den komplexen und mannigfaltigen Herausforderungen gewachsen sind.

Nachhaltiges Management heißt deshalb auch, die vorhandenen Anreizsysteme, die oftmals individuelle Konkurrenz belohnen, auf die Belohnung kooperativer Lösungen umzustellen. Nur so lässt sich kollektive Intelligenz im Unternehmen auch fördern. Nachhaltige Unternehmen sind insbesondere in Zeiten des demografischen Wandels aufgefordert, qualifizierte Mitarbeiter zu binden. Das schaffen sie, indem sie den unterschiedlichen Interessen und Lebenssituationen der Mitarbeiter, beispielsweise mit flexiblen Arbeitszeiten und -orten oder Lebenszeitarbeitskonten, gerecht werden.

Organisationen stimmen ihre Strukturen und Abläufe auf die Mitarbeiter ab, statt von ihnen zu verlangen, sich an starre Regelungen anzupassen. Die Entwicklung von mittel- und langfristigen Karrierepfaden, auch über die heutigen kurzfristigen „Eignungsmomentaufnahmen" hinaus, schaffen eine nachhaltige, langfristige Bindung der Mitarbeiter an das Unternehmen. Hierzu gehört auch die Entwicklung präventiver Gesundheitsmaßnahmen, welche die neuen, lebenszeitlich ausgedehnten Erwerbsphasen unterstützen, und eine betriebliche Altersversorgung, welche eine langjährige Unternehmensbindung belohnt.

Nachhaltige Vergütungssysteme werden nicht nur Boni, sondern auch Mali beinhalten. So kann eine Leistung über mehrere Jahre „verrechnet" und damit dem in letzter Zeit monierten Manko entgegengewirkt werden, hohen Entscheidungsträgern kein individuelles Verlustrisiko aufzubürden. Auch die Einführung von Mid-Term-Boni sowie die Verpflichtung, einen Teil der Boni in Unternehmensaktien auszuzahlen, beziehungsweise die Teilnahme der Manager an Long-Term-Incentives tragen zu einer nachhaltigen Vergütung bei.

Auch die Vereinbarkeit von Beruf und Familie begreift nicht nur die unmittelbar betroffenen Mitarbeiter als relevantes Bezugsystem, sondern auch Partner, Kinder etc. der Mitarbeiter. Eine Missachtung des Familiensystems wirkt zunächst negativ auf den Mitarbeiter selbst und schließlich auf das Unternehmen. Unternehmen müssen also, wenn sie die Leistungsfähigkeit ihrer Mitarbeiter im Blick haben, diesen ein Umfeld bieten, welches konfligierende Alltagssituationen entschärft. Dazu gehören Angebote von Unternehmenskindertagesstätten, Telearbeit und flexible Arbeitszeitmodelle, Work-Life-Balance-Programme, Eltern-Kind-Kuren und vergleichbare sozial nachhaltige Maßnahmen.

Wollen Unternehmen ältere Mitarbeiter im Arbeitsprozess halten, muss sich die Arbeitswelt in Deutschland wandeln. Ein Blick in die skandinavischen Länder kann hier helfen, bewährte Strategien zu übernehmen. So haben Erfahrungswerte beispielsweise aus Finnland gezeigt, dass die Arbeitsfähigkeit Älterer (55+) insbesondere durch Arbeits- und Gesundheitsschutzmaßnahmen, eine wertschätzende Unternehmenskultur, gesunde Lebensführung sowie einem an den Kompetenzen orientierten Arbeitseinsatz erheblich gefördert werden kann. Bezogen auf Gesundheitsschutzmaßnahmen am Arbeitsplatz, bedeutet dies z. B. ergonomische Arbeitsplätze, Arbeitshygiene, Rücksichtnahme auf die altersspezifischen Bedürfnisse in der Arbeitsorganisation sowie verhaltenspräventive Initiativen zu gesunder Ernährung, Work-Life-Balance, physischer oder auch geistiger Fitness. Schließlich werden die altersspezifischen Kompetenzen älterer Mitarbeiter am besten genutzt, wenn entsprechende Weiterbildungsprogramme, die lebenslanges Lernen ermöglichen, etabliert sind und die Mitarbeiter gemäß ihrer Kompetenzen, aber auch Leistungsfähigkeit eingesetzt werden.

Das gängige Vorurteil, ältere Mitarbeiter seien weniger geistig flexibel, innovativ oder lernfähig, lässt sich nicht auf den natürlichen Alterungsprozess zurückführen, sondern ist vor allem schlecht gestalteter Personal- und Organisationsentwicklung zuzuschreiben. Ältere Mitarbeiter könnten ihre individuellen Leistungsvoraussetzungen sehr viel besser nutzen, wenn sie Dauer und Intensität der Arbeit selbst steuern könnten. Auch das Vorurteil, ältere Mitarbeiter hätten höhere Fehlzeiten, lässt sich statistisch nicht nachweisen. Die europäische Unfallstatistik zeigt, dass Ältere seltener von Arbeitsunfällen betroffen sind. Wenn allerdings ein Unfall eintritt, so dauert die Genesung bei der Altersgruppe der über 45-Jährigen länger. Rechnet man beide Daten gegeneinander auf, so sind die Fehlzeiten von jüngeren und älteren Mitarbeitern ungefähr gleich hoch.

- Fluide Intelligenz (Schnelligkeit im Rechnen, Erinnern etc.)
- Sinnesleistungen: (visuelle und auditive) Leistungsfähigkeit.
- Psychomotorische Fähigkeiten (Reaktionsgeschwindigkeit, komplexe Bewegungsabläufe)
- Schnelligkeit, Beweglichkeit, Kraft und Ausdauer

Abb. 11.4 Die biologische Leistungsfähigkeit älterer Mitarbeiter (negativ)

11.4.7 Die biologische Leistungsfähigkeit älterer Mitarbeiter

Wenn auch die sogenannte fluide Intelligenz, also Schnelligkeit im Rechnen, Erinnern etc. bei Älteren abnehmen mag, zeigen sich bei kombinatorischen Fähigkeiten, Vernunft sowie sozialen Kompetenzen höhere Werte. Unbestritten nehmen Sinnesleistungen im Alter ab, vor allem visuelle und auditive Leistungsfähigkeit. Auch psychomotorische Fähigkeiten wie Reaktionsgeschwindigkeit oder die Umsetzung komplexer Bewegungsabläufe sind reduziert. Generell kann man älteren Mitarbeitern hinsichtlich Schnelligkeit, Beweglichkeit, Kraft und Ausdauer abnehmende Leistungsfähigkeit gegenüber Jüngeren attestieren. Auch die Fähigkeit, über lange Strecken aufmerksam und konzentriert zu bleiben, kann individuell ebenso wie Gedächtnisleistungen reduziert sein. Dies hängt aber auch sehr stark von den individuellen Lebensgewohnheiten ab bzw. inwieweit ein älterer Mitarbeiter diese Fähigkeiten trainiert (siehe Abb. 11.4).

Bei den kognitiven Fähigkeiten zeigt sich hingegen ein anderes Bild. Kreativität, Produktivität und Innovationsfähigkeit ändern sich mit dem Alter in der Regel nicht. Soziale Erfahrungen wie Menschenkenntnis, Einfühlungsvermögen, Führungsqualitäten und kommunikative Fähigkeiten nehmen sogar zu. Auch der Zugewinn an allgemeiner Lebenserfahrung zeigt sich bei älteren Mitarbeitern für ein Unternehmen als vorteilhaft, bringen sie doch in der Regel Urteilssicherheit, Abgeklärtheit und Selbstkenntnis mit sich. Im sozialen Miteinander zeigen sich ältere Mitarbeiter mehr als Jüngere als verantwortungsbewusst, zuverlässig, ausgeglichen und dem Unternehmen gegenüber loyal. Sie haben meist Selbstvertrauen und Autorität und legen häufig Toleranz und Geduld an den Tag. Ältere Mitarbeiter zeigen oft hohe Sorgfalt, gepaart mit hohem Allgemeinwissen, großem Berufswissen und sprachlicher Kompetenz. Ältere scheinen konzentrierter zu lernen, jedoch dafür auch mehr Zeit zu brauchen als Jüngere (siehe Abb. 11.5).

So schwierig hier klare Aussagen sind, weil schon die Definitionen nicht immer eindeutig sind, so muss man jedenfalls davor warnen, vom Alter eines Mitarbeiters auf seine generelle Arbeitsfähigkeit zu schließen. Entscheidend bleiben die individuelle Entwicklung (Training), die berufliche Förderung sowie die berufliche Verwendung.

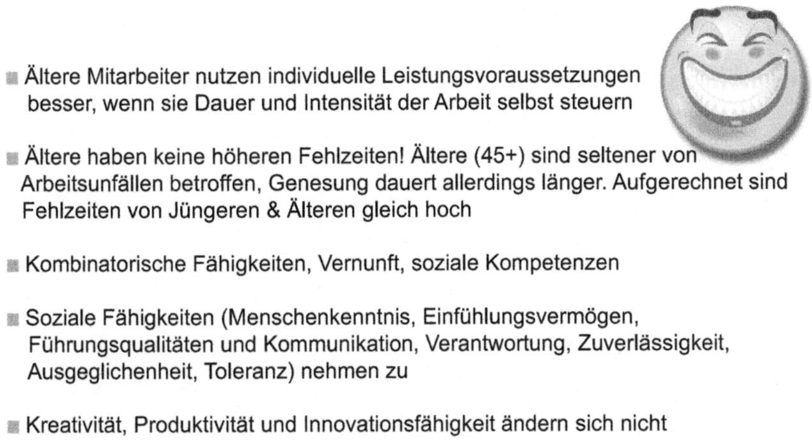

Abb. 11.5 Die biologische Leistungsfähigkeit älterer Mitarbeiter (positiv)

Beispiele für Prüfungsfragen

- Der Ökonom und Nobelpreisträger Milton Friedman formulierte den Satz: „The social responsibility of business is to increase its profit." Welchem wirtschaftsethischen Konzept entspricht diese Auffassung und gegen welche Auffassung richtet sie sich?
- Die Geschäftsleitung überlegt, das Unternehmen „nachhaltig" auszurichten. Als Personalleiter werden Sie gefragt, was das für Human Resource Management bedeuten würde. Bitte schildern Sie aus Ihrer Sicht mindestens zehn wesentliche Kriterien.

Literatur

1. Aristoteles. (1998). *Nikomachische Ethik*. Frankfurt a. M.: Klostermann.
2. Fromm, E. (1987). *Haben oder Sein. Die seelischen Grundlagen einer neuen Gesellschaft* (S. 169). München: DTV.
3. George, R. T. (1992). Unternehmensethik aus amerikanischer Sicht. In H. Lenk & M. Maring (Hrsg.), *Wirtschaft und Ethik* (S. 312 f.). Stuttgart: Reclam.
4. von Goethe, J. W. (1808). Faust. Erster Teil, 1335. München, C.H.Beck
5. Hare, R. M. (1985). Wollen: Einige Fallen. In G. Meggle (Hrsg.), *Analytische Handlungstheorie* (Bd. 1). Frankfurt a. M.: Suhrkamp.
6. Henderson, V. E. (1982). The ethical side of enterprise. *Sloan Management Review, 12,* 42.
7. Kant, I. (1965). *Grundlegung zur Metaphysik der Sitten* (S. 394). Hamburg: Meiner.
8. Sass, M. (1992). Ethische Risiken im wirtschaftlichen Risiko. In H. Lenk & M. Maring (Hrsg.), *Wirtschaft und Ethik* (S. 233). Stuttgart: Reclam.

12 Personalführung

Wenn du ein Schiff bauen willst, so trommle nicht die Männer zusammen, die Holz beschaffen, Werkzeuge vorbereiten, Holz bearbeiten und zusammenfügen, sondern lehre sie die Sehnsucht nach dem weiten, unendlichen Meer.
(Antoine de Saint-Exupéry)

> **Lernziele**
> - Sie wissen, was man als Führungskraft zu beachten hat, damit Mitarbeiter motiviert sind.
> - Sie verstehen, wie Menschenbild, Führungsstil und Führungstechniken zusammenhängen.
> - Sie kennen klassische und aktuelle Führungsstilmodelle.

Jedes Unternehmen weiß, dass Leistung und Motivation der Mitarbeiter zu einem großen Teil vom Führungsverhalten im Unternehmen beeinflusst werden. Hervorragende Führungsleistung ist heute kein Ideal mehr, sondern Conditio sine qua non erfolgreichen Unternehmertums. Das hat mehrere Gründe. Zum einen gibt es aufgrund eines Unterangebots qualifizierter Arbeitskräfte insbesondere in Deutschland nicht nur das Erfordernis, die besten Talente zu gewinnen, sie müssen auch gehalten werden. Die Leistung dieser „Retention" hängt immer noch zum größten Teil an der direkten Führungskraft. In vielen Fällen, in denen Unternehmen Austrittsinterviews führen, zeigt sich eine direkte Korrelation von schlechtem Führungsverhalten zu ungewollter Fluktuation von Mitarbeitern.

Aber auch die veränderten Ansprüche der Mitarbeiter an Eigenverantwortung, Verbindung von Karriere und Beruf in den verschiedensten Arbeits- und Zeitmodellen, die sogenannte Work-Life-Balance, ist heute gerade für die hoch qualifizierten Arbeitnehmer ein wichtiges Thema, insbesondere für die breite Schicht hoch qualifizierter Frauen. Füh-

C. Achouri, *Human Resources Management*,
DOI 10.1007/978-3-8349-4740-6_12

rungskräfte können heute nicht mehr erhöhten Koordinationsaufwand für Teilzeitkräfte oder Effizienzgründe für die Ablehnung flexibler Arbeitsmodelle angeben. Genügend Studien belegen, dass gerade Teilzeitkräfte effizienter mit ihrer Arbeitszeit umgehen. Aber nicht nur Werte haben sich verändert, auch die Globalisierung mit den Herausforderungen interkultureller Bedingungen oder der technische Fortschritt, der unsere Wissens- und Informationsgesellschaft bis hin zur virtuellen Organisation bestimmt, hat Einfluss auf das Bild, das wir von Personalführung haben und in Zukunft haben werden.

Wir können uns fragen, ob es in Zeiten des demografischen Wandels überhaupt noch Arbeitslosigkeit geben wird bzw. ob Migration, Telearbeit, Rationalisierung, Teilzeitinitiativen, längere Lebensarbeitszeit oder Work-Life-Balance-Programme dieses Problem lösen. Leider ist das wenig wahrscheinlich. Es ist zwar anzunehmen, dass es eine Gruppe hoch qualifizierter und gut bezahlter Mitarbeiter mit festen Arbeitsverhältnissen in Unternehmen geben wird. Sie sind für ihre Arbeitgeber erfolgsentscheidend, werden umworben und genießen alle Vorteile von Bindungsprogrammen. Daneben wird es aber wohl hoch qualifizierte Spezialisten als Selbständige geben, die für mehrere Unternehmen zu hohen Tagessätzen arbeiten. Schließlich werden die schlecht Qualifizierten sich mit unsicheren, befristeten und schlecht bezahlten Jobs zufrieden geben müssen. Es ist auch sehr fraglich, ob es gelingt, eine relevante Beschäftigungsreservequote von Arbeitslosen in die Wirtschaft zu integrieren, denn unser Wirtschaftssystem ist nicht auf 0 % Arbeitslosigkeit ausgelegt.

Führungskräfte werden aber auch ihre eigene Rolle überdenken müssen. Isolierte Betrachtungen, welche Systemzusammenhänge und die globale Komplexität vernachlässigen, reichen nicht mehr aus. Fehlentscheidungen haben weitreichende Folgen, wie Finanz-, Klima- oder auch Unternehmenskrisen der letzten Zeit zeigen. Die heroische Führungskraft, welche in diesem herausfordernden Umfeld alleine erfolgreiche Visionen entwickelt, hat längst ausgedient. Die zunehmende Interdependenz und Komplexität der Aufgaben bringt interdisziplinäres Denken und Arbeiten, z. B. in Projektgruppen, mit sich. Es wird vermehrte Teamarbeit und weniger Abteilungs- und Funktionsgrenzen geben.

All diese Aspekte erfordern eine andere Personalführung, als wir sie in der Vergangenheit kannten. Die technischen Möglichkeiten der Rationalisierung gehen weiter zurück, zugleich stehen wir bezogen auf die Aktivierung der Ressource Arbeitnehmermotivation noch relativ am Anfang. Da die Motivation der Mitarbeiter aber entscheidend für deren Leistungswillen und -fähigkeit ist, ist es notwendig, diesen ersten Dominobaustein nicht ungenutzt zu lassen und exzellente Leadership als zentralen Hebel für den Geschäftserfolg eines Unternehmens zu begreifen.

Personalführung kann zunächst als zielbezogene Einflussnahme der Führungskraft auf ihre Mitarbeiter in Richtung auf die Unternehmensziele beschrieben werden, wobei diese Einflussnahme eine hohe Motivation bei den Geführten ermöglichen soll. Dabei schätzt man, dass Motivation und Leistung der Mitarbeiter zu mehr als 70 % von der Qualität der Führung abhängen. Unklar ist allerdings nach wie vor, welche Qualitäten das sein sollen. Vertreter der Eigenschaftstheorie der Führung versuchten schon lange, konkrete persönliche Eigenschaften als Bedingung für erfolgreiche Personalführung auszumachen (vgl. [16]). Dabei stellte sich jedoch gerade heraus, dass es weniger die Eigenschaften einer

Führungskraft sind, die in den Studien bezüglich ihrer Relevanz stark variieren, sondern vielmehr Kriterien, die mit der Wirkung auf die Mitarbeiter zu tun haben. Die Motivation, die Mitarbeiter entwickeln, hat sehr viel mit deren Wünschen und Erwartungen zu tun. In der Tat ist das relevanteste Kriterium für Führungserfolg, das sich sogar interkulturell stabil erwiesen hat [6], die Erwartungshaltung der Geführten.

Man kann zwar sicher auch allgemeine eigenschaftsorientierte Zuschreibungen für erfolgreiche Führungskräfte aufstellen, wie soziale Kompetenz, Motivation und Willensstärke [14], doch deren Allgemeinheit macht die Aussagekraft zugleich wieder zunichte. Zusätzlich darf man nicht vergessen – geht man nicht nur von rational funktionalen Annahmen in der Personalführung aus –, dass sich die Beziehung von Führungskräften zu ihren Mitarbeitern auch durch weniger bewusste und unbewusste Anteile bestimmen kann. Dies weiß man aus der psychotherapeutischen Arbeit insbesondere bei Hypnose, Fehlleistungen, Traum oder Neurosen. Deshalb mag es nicht verwundern, dass sogar behauptet wird, Führung sei „im Wesentlichen irrational" ([13], S. 29).

Schließlich kennt man nie alle Möglichkeiten und schon aufgrund der meist vorherrschenden Komplexität lassen sich alle Folgen nicht genau prognostizieren. Meistens fehlen auch ausreichende Informationen und Führungserfolg lässt sich aus den Perspektiven vieler Interessen beurteilen. Die psychoanalytische Lehre geht davon aus, dass entwicklungspsychologische Ereignisse auch im späteren Alltag wirksam bleiben, in unserem Fall die Tätigkeit einer Führungskraft entscheidend mitbestimmen, wie Abb. 12.1 zeigt:

So kann beispielsweise eine Störung der Triebentwicklung in der sogenannten analen Phase, die zwischen dem zweiten und dritten Lebensjahr stattfindet, zur Ausbildung einer zwanghaften Persönlichkeit führen. Ordnung und Kontrolle werden zur zentralen Lebensthematik. Eine Führungskraft wird ihre Macht dann vor allem durch detaillierte Vorschriften und ausgeklügelte Kontrollsysteme ausleben. Sie vertraut anderen nicht und reagiert ängstlich, wenn diese Hilfsmittel nicht zur Verfügung stehen.

Benennung	Störung in Phase	Lebensthematik	Umfeld
Narzistische Struktur	Symbiose	Grandiosität und Bewunderung	Personenkult
Schizoide Struktur	Urvertrauen	Angst vor Intimität	Steuerung durch Zahlen
Depressive Struktur	Oralität	Wärme und Akzeptanz	Kooperative Entscheidungsfindung
Zwangsstruktur	Analität	Ordnung und Kontrolle	Detaillierte Vorschriften und Kontrollsysteme
Hysterische Struktur	Phallisch	Selbstinszenierung Abwechslung	Form und Stil wichtiger als Inhalt

Abb. 12.1 Tiefenpsychologische Führungstypologie (mod. nach Rosenstiel 2009)

Macht ist allerdings nur einer von vielen Faktoren, der immer wieder angeführt wird, wenn man die Attraktion, die Führungsfunktionen umgibt, erklären will. Schon wenn man junge Mitarbeiter fragt, welche Laufbahn sie am liebsten einschlagen würden, so zeigt sich die ungebrochene Attraktivität der Führungslaufbahn, und dies ungeachtet der Frage, ob etwa ausgewiesene Fähigkeiten als Experte oder Projektleiter vorhanden sind. Dies hängt sicherlich nicht damit zusammen, dass Nachwuchsführungskräfte mit erheblicher Arbeitslast durch Zusatzprojekte schon während der Selektionsphase für zukünftige Führungsaufgaben belastet werden.

Auch sind in vielen Unternehmen bereits erfolgreiche alternative Karrierewege in der Fachlaufbahn oder auch als Projektmanager möglich, gerade um dem Risiko entgegenzuwirken, einen sehr guten Experten zu verlieren, um vielleicht eine nur durchschnittliche oder sogar schlechte Führungskraft zu gewinnen. Dennoch bleibt die Führungslaufbahn für viele der größte Wunsch. Woran liegt das?

Die Attraktion oder auch die Aura, welche Führungsaufgaben umgibt, speist sich wohl vielmehr aus teilweise vielleicht unbewussten, anthropologischen Annahmen, welche Führungspersonen als anderen überlegen auszeichnet. Von großen Führern wie Alexander dem Großen über die Machtpolitik Machiavellis oder auch evolutionsbiologische Konzepte wie etwa der sozialdarwinistischen Dominanz des Stärkeren bis hin zum Alphatier im Wolfsrudel finden wir auf den vielfältigsten Ebenen Attraktoren, die sich mit unserem Bild von Führungsfiguren verknüpfen (siehe Abb. 12.2).

Einer der bekanntesten Manager, welcher diesem Bild entsprach, war Jack Welch, 20 Jahre CEO von General Electric. Als er nach seiner Managementphilosophie gefragt wurde, antwortete er, dass es Ziel eines jeden Menschen sein müsse, möglichst „viel Selbstbe-

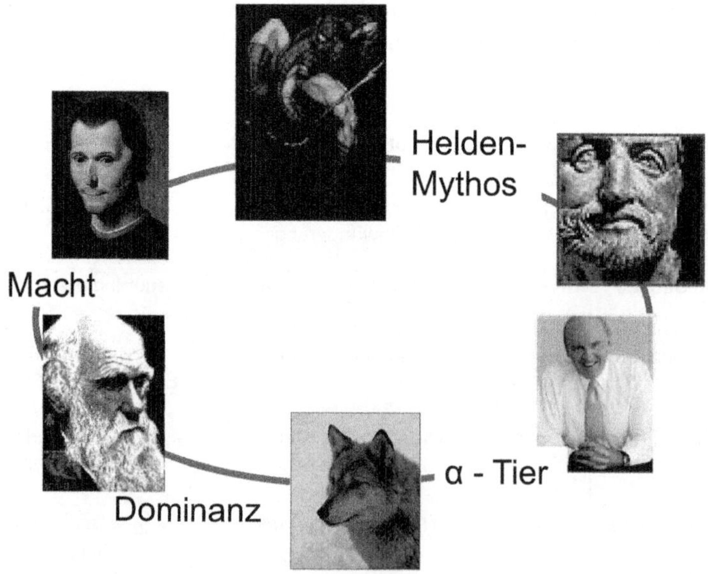

Abb. 12.2 Die Attraktion von Führung

wusstsein zu erlangen" [20], was sich in Anlehnung an einen charismatischen Führungsstil gerade als Abgesang jeder objektivierbaren Managementtechnik verstehen lässt. Wenn einerseits Welch z. B. aufgrund seiner Differenzierung im Mitarbeiterranking (welches die besten 20 % belohnt, die durchschnittlichen 70 % hält und die schlechtesten 10 % jährlich entlässt) sozialdarwinistische Methoden nachgesagt werden, so ist er andererseits einer der einflussreichsten Manager des 20. Jahrhunderts und wurde mehrmals in der *Financial Times*-Umfrage zum besten Manager der Welt gewählt.

Es ist noch nicht gelungen, empirische Nachweise zu erbringen, wie die Eigenschaften einer Führungskraft sein sollten bzw. was erfolgreiche Führungskräfte von weniger erfolgreichen unterscheidet. Wenn auch generelle Korrelationen zwischen Führungserfolg und Persönlichkeitsmerkmalen möglich wären, so waren die Einzelergebnisse bisher so weit gestreut, dass die Ableitung von Allgemeinaussagen nicht zulässig ist. Aufgrund dieser Unzulänglichkeit von Eigenschaftstheorien der Führungsleistung und der Varianz der geforderten Eigenschaften bezogen auf die jeweilige Situation und das Arbeitsumfeld ist man in der aktuellen Führungsdiskussion dazu übergegangen, spezielle Schlüsselqualifikationen zu definieren.

Obwohl diese Fähigkeiten sehr allgemein definiert sind, haben sie gegenüber Eigenschaftsmerkmalen den Vorteil der Veränderbarkeit und Entwicklungsfähigkeit und kommen damit etwa der Forderung Fredmund Maliks vom Management Zentrum St. Gallen näher, Leadership und Management als konkrete Ausbildung zu begreifen, ähnlich der Ausbildung von Juristen oder Ärzten: „Auf eigentümliche Weise ist die Vorstellung in die Welt gekommen, Manager müssten eine Kreuzung aus einem antiken Feldherrn, einem Nobelpreisträger für Physik und einem Fernsehshowmaster sein. Das Grundproblem muss lauten: Wie ist es zu schaffen, gewöhnliche Menschen – weil wir letztlich keine anderen haben – zu befähigen, außergewöhnliche Leistungen zu erbringen?" [9].

Wir haben bereits die Parameter angedeutet, auf welchen Führung sich zunehmend gründen sollte, wenn sie den vorhandenen Gesellschaftswerten gerecht werden will, nämlich stärkerer Verantwortung der Mitarbeiter (Empowerment), gestiegener Anspruchshaltung und Individualisierung qualifizierter Arbeitnehmer, wobei Work-Life-Balance und flexible Arbeitszeitstrukturen, insbesondere für qualifizierte Frauen, nur einige Elemente davon sind. Was heißt dies nun bezogen auf die Anforderungen, die an Führungskräfte gestellt werden? Wir wollen dazu zunächst einmal das Phänomen Mitarbeitermotivation betrachten, da es zu den meisterwähnten Themen in der Literatur der Personalführung zählt.

12.1 Mitarbeitermotivation

Die Motivation von Mitarbeitern lässt sich als Determinante vieler Einflussfaktoren charakterisieren. Dazu können zählen: Spannende Aufgaben, die Kollegen im Team, die Organisationskultur oder auch eine „geeignete" Führungskraft, was immer damit gemeint ist. Dabei wird oft übersehen, dass die geeignete Führungskraft nicht die motivierende Führungskraft sein muss, ebenso wenig wie andere Faktoren Motivationshebel in sich

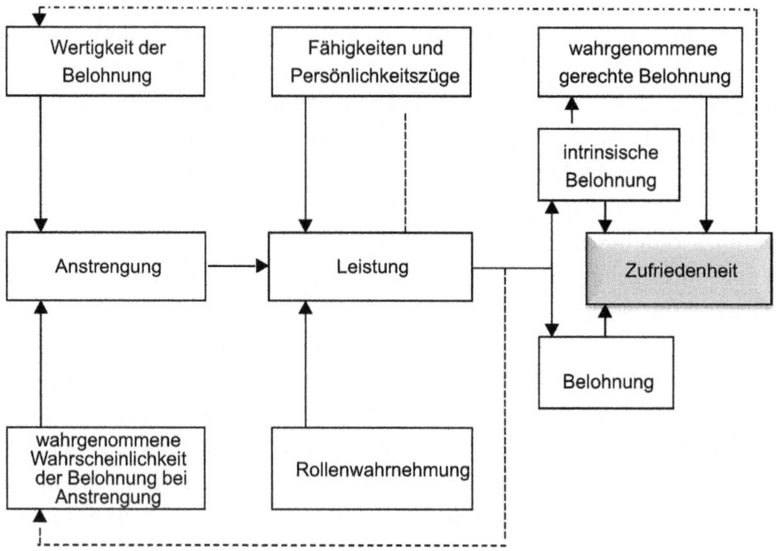

Abb. 12.3 Prozesstheorie der Motivation nach Porter und Lawler

selbst sein können. Motivieren kann sich jeder Mitarbeiter, jeder Mensch, nur selbst. Das wissen Sporttrainer am besten. Die Frage ist vielmehr, wie das vorhandene Potenzial der Eigenmotivation im Mitarbeiter entfacht wird. Schon Michael Porter und Edward Lawler (1968) nennen sowohl intrinsische (personinterne Faktoren, z. B. Spaß) als auch extrinsische Belohnung (von außen kommende Faktoren, z. B. Bezahlung) als Ansatzpunkte zur Beeinflussung der eigenen Motivation und der davon abhängigen Leistung. Durch die mehrfache Rückkopplung der vorhandenen Faktoren ergeben sich vielfältige Interdependenzen der einzelnen Komponenten mit multikausaler Komplexität, wie Abb. 12.3 zeigt:

Porters und Lawlers Modell ist ein Beispiel für eine „Prozesstheorie" der Motivation. Wir lernen zu verstehen, wie Motivation abläuft. „Inhaltstheorien" der Motivation geben dagegen konkrete Inhalte an, die uns motivieren. Die bekannte Bedürfnispyramide von Abraham Maslow oder das Zwei-Faktoren-Modell von Frederick Herzberg sind Beispiele für Inhaltsmodelle, siehe Abb. 12.4.

Ein oft übersehener Aspekt in den Motivationstheorien ist die Emotion und die damit verbundene Überbewertung rationaler Entscheidungen: Ein Gedanke allein kann uns nicht zu einer Handlung motivieren. Entscheidend für jede Motivation, ebenso wie für jede Entscheidung generell, ist ein dahinterliegender Antrieb, welcher unsere Wahl in eine bestimmte Richtung fallen lässt. Die reine Ratio kann dies nicht leisten, wie sich sehr schön an der Geschichte von „Buridans Esel" zeigt, der vor zwei gleichwertigen Heuhaufen verhungert, weil er sich aufgrund der Gleichwertigkeit beider Möglichkeiten nicht entscheiden kann. Überträgt man Buridans Gleichnis auf den Menschen, ohne den Menschen klüger machen zu wollen, als er ist, so zeigt sich die Unmöglichkeit einer rationalen Entscheidung zwischen gleichwertigen Lösungen. Der Verstand gibt uns keinen Anhaltspunkt, bei gleichen Argumenten zu einer Wahl zu kommen. Diese Entscheidung muss,

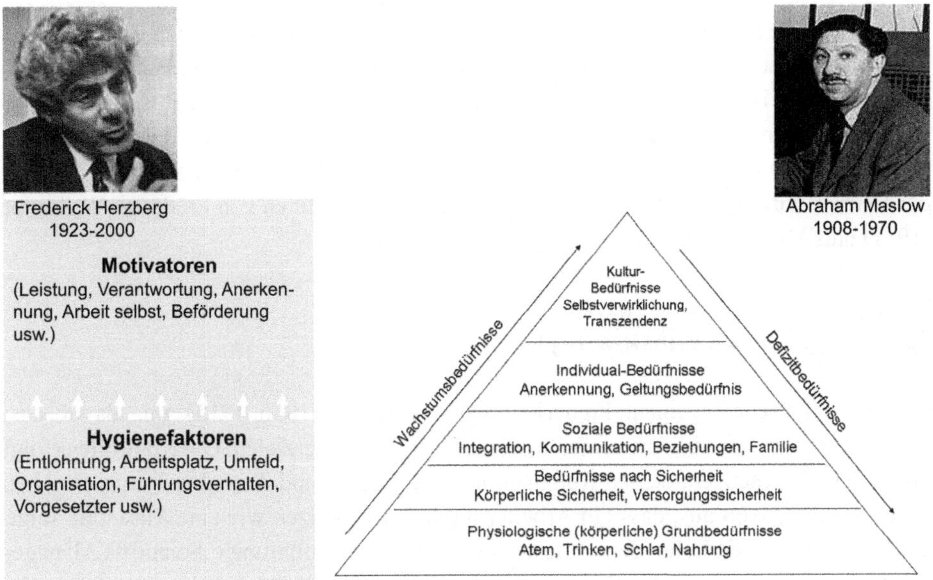

Abb. 12.4 Inhaltstheorien der Motivation nach Maslow und Herzberg

wie überhaupt jedes Tun, aus Neigungen und Leidenschaften erwachsen, wie schon David Hume [7] ausführte. Was lernen wir daraus?

Menschen können sich nur selbst motivieren, keine Führungskraft kann dies leisten. Wenn Menschen motiviert sein sollen, gewinnen sie diesen Antrieb nicht vornehmlich aus dem Verstand, sondern aus ihren Gefühlen, Neigungen und Leidenschaften. Dieses Verständnis hat Auswirkungen auf die Weise, wie Personalführung sein muss, damit Mitarbeiter motiviert arbeiten können, und bringt uns zur Rolle der Führungskraft. Um aber zu verstehen, wie eine Führungskraft ihre Mitarbeiter führt, muss man zunächst verstehen, welches Menschenbild eine Führungskraft hat. Wir werden deshalb im Folgenden auf Menschenbilder eingehen, welche die Grundlage für adaptierte Führungsstile sind, um dann zu konkreten Führungstechniken zu kommen. Konkretes Führungsverhalten lässt sich nur verstehen, wenn man alle diese drei Aspekte beachtet.

12.2 Menschenbilder

Als Menschenbild versteht man die grundlegende anthropologische Auffassung, die jemand bezüglich der menschlichen Natur vertritt. Historisch typische Positionen wurden durch die Philosophen Thomas Hobbes (1588–1679) in England sowie Jean-Jacques Rousseau in Frankreich (1712–1778) vertreten. Während Hobbes davon ausging, dass der Mensch aufgrund seiner Selbstsucht seines Mitmenschen Wolf ist („homo homini lupus“) und sich bereits im Naturzustand im Krieg aller gegen alle befindet („bellum omnium contra omnes“), vertritt Rousseau die Ansicht, dass der Mensch prinzipiell gut sei und erst durch die Sozialisation aggressives und machtsüchtiges Verhalten annimmt (Milieutheorie).

Die logische Folge bei Hobbes ist die Notwendigkeit der Unterwerfung unter Gesetze (Staat als Leviathan, i. e. sterblicher Gott). Bei Rousseau soll der Mensch so frei bleiben, wie er geboren ist, wobei aber auch Rousseau einen Gesellschaftsvertrag (Contrat social) zur Überwindung der Ungleichheiten postuliert. Zwei Menschenbilder, die nach wie vor prototypisch für eine pessimistische bzw. optimistische Sicht auf die menschliche Natur in der Betriebswirtschaft angeführt werden, sind die Konzeptionen von Frederick W. Taylor (1911) und Abraham Maslow (1943).

12.2.1 Frederick Winslow Taylor

Der amerikanische Ingenieur Frederick Winslow Taylor (1856–1915) ging davon aus, dass ein Arbeiter kontrolliert werden muss, um Leistung zu erzielen. Die Kontrolle erfolgt durch den Vorgesetzten, dessen Rolle somit als Aufpasser und Antreiber festgeschrieben wird. Er geht davon aus, dass ein Arbeiter ähnlichen Gesetzen wie eine Maschine folgt. Taylor begründet die Lehre der wissenschaftlichen Betriebsführung („Scientific Management", bzw. „Taylorismus"). Ihm ging es darum, die Arbeitstätigkeiten zu perfektionieren und das im mechanistischen Sinne. Dazu führte er unter anderem Zeitstudien durch, um die Abläufe möglichst effizient zu gestalten. Diese Messungen sollten objektive Fertigungszeiten für genau definierte Arbeitsvorgänge liefern und einen Standard der Produktivität definieren. Die Fließbandarbeit, wie sie durch Henry Ford im Automobilbau Einzug fand, lässt sich z. B. als direkte Umsetzung dieser Idee verstehen, ebenso wie die Produktivitätssteigerungen der amerikanischen Wirtschaft nach dem 1. Weltkrieg in ihrem Rationalisierungsgedanken.

Taylor wird zugeschrieben, als Erster eine Gesamtlehre der Betriebswirtschaft verfasst zu haben. Ihr liegt eine Sichtweise des Arbeiters zugrunde, welche Leistung nur denkbar macht, sofern sie erzwungen wird, bzw. Lohn und Strafe als Erziehungsmittel eingesetzt werden müssen, um Arbeiter unter Kontrolle zu halten. Sonst werden die Arbeiter laut Taylors Menschenbild die Arbeit meiden, ihre Leistung und Produktivität gering halten, sogar Arbeit sabotieren.

Auf lange Sicht zeigte sich, selbst innerhalb der Produktionsverhältnisse, die zu Taylors Zeiten üblich waren, dass sich die kurzfristig erzwungene Rationalisierung negativ auf die Motivation der Arbeiter auswirkte. Vorgesetzte wurden als Gegner erlebt und Arbeiter distanzierten sich zunehmend innerlich vom Unternehmen, was zu Qualitätseinbußen und erhöhtem Krankenstand führte. Ergänzend muss man sagen, dass Taylors Menschenbild eigentlich kein Menschenbild, sondern Taylors Bild vom Arbeiter war. Der gebildeten, leitenden Klasse sprach er dagegen positive Attribute wie Fleiß, Aufrichtigkeit oder Sparsamkeit zu und vertrat damit ein Zweiklassenbild vom Menschen. Antipodisch zu Taylors pessimistischer Sicht der menschlichen Natur lassen sich die Ausführungen des amerikanischen Psychologen Abraham Maslow (1908–1970) einordnen.

Die menschliche Natur ist bei Weitem nicht so schlecht, wie man gedacht hat. Tatsächlich kann man sagen, dass die Möglichkeiten der menschlichen Natur unter ihrem Wert verkauft worden sind. (A. Maslow)

12.2.2 Abraham Maslow

Während Maslow vor allem aufgrund seiner Bedürfnispyramide zur Beschreibung von Motivation bekannt wurde, liegt dem Modell ein grundsätzlicher Entwicklungscharakter zugrunde, der menschliche Bedürfnisse in einer Hierarchie anordnet. Diese Bedürfnisse bauen aufeinander auf: Solange die unteren Stufen nicht erfüllt sind, können die höheren nicht erreicht werden. Ziel ist es, bis zur obersten Stufe der Bedürfniserfüllung im Sinne der Selbstverwirklichung zu kommen. Kritik an Maslow, mit Beispielen wie Suizid oder Essstörungen, welche geistige Ideale über physische setzen bzw. geistige Bedürfnisse in physische sublimieren, verfehlen dabei die Raffinesse des Modells, da Maslow nicht nur die direkte Bedürfnisbefriedigung höherer Werte zulässt, sondern auch im Modell zwischen individueller Bedürfnisbefriedigung und staatlichen resp. gesellschaftlichen Empfehlungen unterscheidet. Die drei unteren Stufen der physiologischen, Sicherheits- und Sozialbedürfnisse sind als Defizitbedürfnisse charakterisiert, welche eine natürliche Grenze in ihrer Erfüllung haben, aber immer wiederkehren.

Der amerikanische Psychologe Frederick Herzberg (1923–2000) bezeichnet im Jahr 1966 diese Bedürfnisse in seiner Zwei-Faktoren-Theorie als „Hygienefaktoren". Hygienefaktoren sind notwendig, aber um wirklich hohe Motivation zu entfalten, sind die sogenannten Motivatoren nötig. Die höchste Stufe der Selbstverwirklichung ist dabei, sofern sie als Individualisierung verstanden wird, abendländisch geprägt, denn beispielsweise im asiatischen Kulturkreis wird das Wohl der Gemeinschaft höher angesetzt als das Wohl des Einzelnen.

Maslow vertritt durch den Entwicklungsgedanken der Bedürfnisse den Glauben an das Wachstum, die Lern- und Veränderungsfähigkeit des Menschen. Ähnlich z. B. der Kulturphilosophie des deutschen Psychoanalytikers Erich Fromm, wird hier von einem dem Menschen inhärenten Bedürfnis nach Entwicklung der in ihm liegenden Fähigkeiten ausgegangen. Der Gedanke hat seine abendländische Quelle in der Philosophie des Griechen Aristoteles, nach dem Menschen das Ziel ihrer Entwicklung immer schon in sich tragen (Entelechie).

Douglas McGregor

Douglas McGregor (1906–1964), Professor am Massachusetts Institute of Technology (MIT), greift den dualistischen Ansatz von optimistischem bzw. pessimistischem Menschenbild auf und entwirft die sogenannte Theorie X bzw. Theorie Y, in denen er den beiden dichotomen Menschenbildern konkrete Personalführungsansätze zuordnet [11]. Dabei beschreibt McGregor nicht nur beide Positionen, sondern bezieht explizit Stellung zugunsten der Theorie Y, weil damit nicht nur die Mitarbeiterzufriedenheit erhöht würde, sondern dies letztendlich auch zu einer besseren Erreichung der Unternehmensziele beitrage (Abb. 12.5).

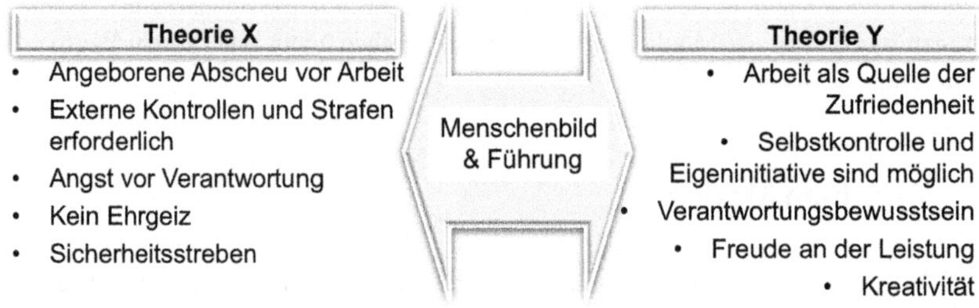

Abb. 12.5 McGregors XY-Theorie

Aus den Menschenbildern, die jeweils Theorie X und Theorie Y zugrunde liegen, leiten sich konkrete Folgen für die jeweilige Personalführung ab. So werden Führungskräfte, die das Menschenbild der Theorie X in sich tragen, Personalführung als autoritäre Anleitung der Mitarbeiter verstehen und Führung als Kontrollfunktion begreifen. Die Bedürfnisse der Mitarbeiter treten in den Hintergrund, im Vordergrund steht dagegen die Führungspersönlichkeit. Dementsprechend gering wird die Partizipation der Mitarbeiter an betrieblichen Entscheidungsprozessen ausfallen, und eine Investition in die Fähigkeiten der Mitarbeiter im Sinne einer Personalentwicklung wird kaum stattfinden. Es versteht sich von selbst, dass dieses Bild vom Menschen, von der Führungskraft in die Mitarbeiter hineingetragen, auch zu einem dementsprechenden Verhalten der Mitarbeiter führt, was wiederum auf die Führungskraft als Bestätigung ihres Menschenbildes rückwirkt (siehe Abb. 12.6).

Personalführung, die sich aus der Theorie Y ableitet, wird hingegen die Motivation der Mitarbeiter an erste Stelle setzen, und sich um deren „Commitment" bemühen. Dies setzt voraus, dass die Führungskraft Vertrauen darin hat, dass die Mitarbeiter selbst leistungswillig sind, sofern die vorhandenen Ziele und Bedürfnisse der Mitarbeiter beachtet werden. Auch das Menschenbild der Theorie Y wird in der Umsetzung als Personalfüh-

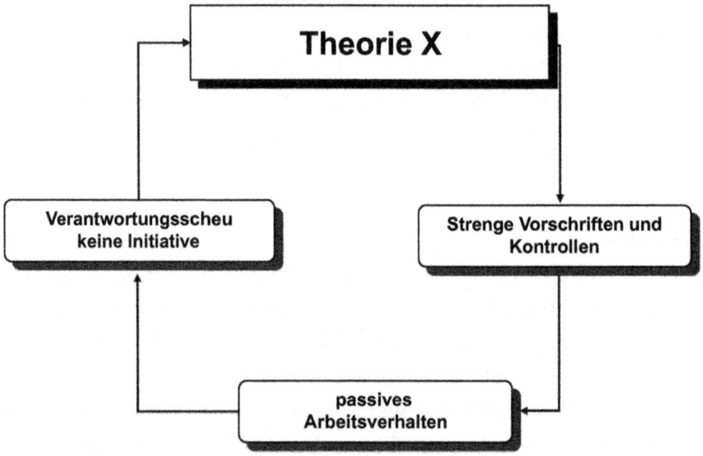

Abb. 12.6 Theorie X

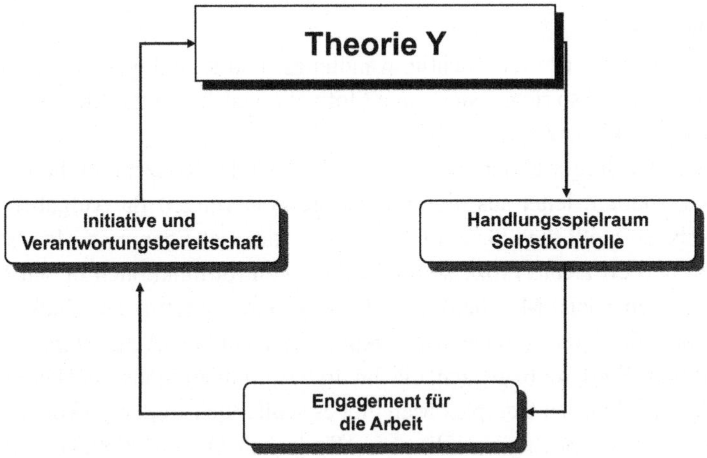

Abb. 12.7 Theorie Y

rungsstrategie letztendlich ebenso als „Selffulfilling Prophecy" auf das Menschenbild der Führungskraft rückwirken (siehe Abb. 12.7).

12.2.3 Edgar Schein

Ein Schüler von McGregor, der später ebenfalls am MIT lehrende Edgar Schein, postulierte schließlich vier grundlegende Menschenbilder, welche sich als Entwicklung vom „Homo Oeconomicus" zum „Homo Complexus" verstehen [15]:

1. Rational Economic Man
Der rational ökonomische Mensch ist in erster Linie durch monetäre Anreize motiviert, verhält sich passiv, und wird von der Organisation manipuliert und kontrolliert. Sein Handeln ist rational, das Menschenbild folgt im Wesentlichen der Theorie X von McGregor.

2. Social Man
Der soziale Mensch wird in erster Linie durch soziale Bedürfnisse motiviert. Als Folge zunehmender Sinnentleerung der Arbeit wird in sozialen Beziehungen am Arbeitsplatz Ersatzbefriedigung gesucht. Demnach wirken die sozialen Kräfte innerhalb der Bezugsgruppe stärker als Maßnahmen der Führungskraft.

3. Self-Actualizing Man
Der sich selbst verwirklichende Mensch strebt nach Autonomie und bevorzugt Selbstmotivation und Selbstkontrolle. Die menschlichen Bedürfnisse lassen sich ähnlich der Maslowschen Bedürfnispyramide in einer Hierarchie anordnen. Es gibt keinen zwangsläufigen Konflikt zwischen Selbstverwirklichung und organisatorischer Zielerreichung, das Menschenbild folgt im Wesentlichen der Konzeption der Theorie Y von McGregor.

4. Complex Man
Der komplexe Mensch ist vielschichtig, wandlungs- und lernfähig. Er differenziert situativ sein Verhalten, und so richtet sich seine Motivation auch in unterschiedlichen Situationen auf unterschiedliche Ziele.

Ebenso wie McGregor bleibt auch Schein nicht bei der Konzeption dieser Menschenbilder stehen, sondern leitet aus diesen konkrete Folgerungen für Aufgaben der Personalführung ab. So heißt dies für die Führung des Rational Economic Man, strukturierte Organisation und effiziente Prozesse mit starken Kontrollfunktionen in den Mittelpunkt zu stellen. Für den Social Man heißt dies, Gruppenanreizsysteme zu schaffen und Zugehörigkeits- und Identitätsverlangen nachzukommen. Dem Self-Actualizing Man muss die Führungskraft als Förderer begegnen, die ihn mitbestimmt einbindet und bereit ist, Aufgaben zu delegieren. Für den Complex Man gibt es schließlich weder ein konkretes adäquates Führungsverhalten, noch gibt es die generell adäquate Organisation. Die Führungskraft muss Situationen diagnostizieren, und ihr Verhalten dementsprechend flexibel anpassen können. Hier geht Edgar Schein schon über die Beschreibung von Menschenbildern hinaus und formuliert bereits Führungsstile. Der Complex Man entspricht in seinen Grundaussagen schon dem situativen Führungsstil, wie ihn Paul Hersey und Ken Blanchard formuliert haben. Es wird deshalb Zeit, dass wir uns einigen ausgewählten Führungsstilen zuwenden.

12.3 Führungsstile

Grundlegend für die Führungsstilforschung sind die soziologischen Begriffsdefinitionen zu Führung und (insbesondere staatlicher) Herrschaft im Allgemeinen, wie sie Max Weber (1864–1920) geprägt hat.

12.3.1 Max Weber

Weber ging es darum, welche Gründe zur Legitimation von Herrschaft führen. Weber [19] unterscheidet legale (rationale), traditionale und charismatische Herrschaft. Legale Herrschaft beruht auf dem Glauben an Gesetze, wie sie in einer bürokratischen Gesellschaft zum Ausdruck kommen. Traditionale Herrschaft setzt auf die Geltung der von jeher geltenden Strukturen, wie z. B. Patriarchat oder Feudalismus. Die charismatische Herrschaft schließlich fußt auf dem Vorbild einer Person und der durch sie geschaffenen Ordnung.

In der Führungsstilforschung wurde daraus für die legale Herrschaft der bürokratische Führungsstil abgleitet, welcher Richtlinien, Arbeits- und Dienstanweisungen in den Mittelpunkt stellt. Die traditionale Herrschaft wurde als patriarchalischer Führungsstil mit unumschränkter Autokratie, straffer Hierarchie, strengem Gehorsam und starker Disziplin gefasst. Die charismatische Herrschaft schließlich findet sich in der Definition des charismatischen Führungsstils wieder, der von der starken persönlichen Ausstrahlung einer

„Charisma ist eine nicht alltägliche Persönlichkeitsqualität mit übermenschlichen, nicht jedem zugänglichen Kräften oder Eigenschaften."

Max Weber
(1864-1920)

Abb. 12.8 Charisma nach Max Weber

Person ausgeht und sich laut Weber in magischen Fähigkeiten, Offenbarungen, Heldentum oder auch Macht des Geistes und der Rede manifestiert (siehe Abb. 12.8).

12.3.2 Robert House

Robert House, amerikanischer Professor für Management, greift dieses charismatische Führungskonzept von Max Weber für die moderne Führungsstilforschung auf, und charakterisiert charismatische Führer durch ungewöhnlich hohe Dominanz sowie Selbstvertrauen und das Streben nach Einfluss, gepaart mit einem unerschütterlichen Glauben an die eigenen Werte. In seiner späteren Arbeit [6] wird House die Kriterien „Assertive Manner", beispielsweise für Persönlichkeiten wie John F. Kennedy oder Martin Luther King, bzw. „Nonassertive Manner", wie er das Auftreten Mahatma Gandhis bezeichnet, als Kriterien für charismatische Führungspersönlichkeiten definieren (siehe Abb. 12.9).

Interessanterweise überträgt sich dieses gesteigerte Selbstvertrauen der charismatischen Führungskraft zunehmend auf die Geführten, und sowohl Selbstachtung wie auch Erwartung an die eigene Leistung werden gesteigert. Die gewonnene Leistungssteigerung der Mitarbeiter wird aber mit der Nachahmung der Werte der charismatischen Führungsfigur bezahlt. Eigene Wertbildung und kritisches Hinterfragen werden nicht entwickelt, und damit steht und fällt der „Zauber" mit dem Vorhandensein der charismatischen Führungskraft, was den Nachfolgern charismatischer Führungskräfte sowie betroffenen Unternehmen in diesen Fällen immer schmerzlich vor Augen geführt wird. Gleichwohl ist zu sehen, dass charismatische Führer eine erstaunliche Kraft in der geführten Gruppe mobilisieren können, indem sie die Gruppe über Gefühle ansprechen und steuern. House führt den Erfolg des charismatischen Führungsstils auch darauf zurück, dass die charismatische Führungskraft ihre Mitarbeiter lobt und ihnen vertraut, und durch ihre Vorbildfunktion hohe Glaubwürdigkeit erzeugt.

Dabei bringt die charismatische Führungskraft ihren Mitarbeitern eigentlich kein Vertrauen entgegen, denn sie fördert gerade nicht die Emanzipation eigener Werte der Mitarbeiter und deren eigenes kritisches Denken. Gemäß Immanuel Kants Leitspruch der Aufklärung, wonach diese den Ausgang aus der selbstverschuldeten Unmündigkeit darstelle, und Unmündigkeit das Unvermögen sei, sich seines Verstandes ohne die Leitung

Abb. 12.9 Charismatische Führung nach Robert House

eines anderen zu bedienen, hält die charismatische Führungskraft ihre Mitarbeiter in Unmündigkeit. Wenn man einwendet, dass in der charismatischen Führungsbeziehung nicht der Verstand ausschlaggebend ist, sondern der emotionale Bezug zum charismatischen Führer, so setzt dies den Kantschen Gedanken nicht außer Kraft. Denn Kant geht es nicht um die vorhandene oder nicht vorhandene Verstandeskraft, sondern um den Mut und den Entschluss, sich seiner eigenen kognitiven Kräfte zu bemühen. Der Anspruch auf Selbstbestimmung und kritisches Denken schließt allerdings nicht systematisch die Ausführungen zur charismatischen Führung aus. Es ist durchaus eine charismatische Führungsperson denkbar, die es vornehmlich versteht, ihre Mitarbeiter emotional zu binden, eine hohe Motivation und Leistungsbereitschaft zu entfachen, und zugleich inhaltliche Werte wie Autonomie und kritisches Denken zu fordern und zu fördern.

12.3.3 Kurt Lewin – Iowa Studien

Nachdem Weber Führung in einem breiten soziologischen Rahmen untersucht hat, wurde ein grundlegendes ökonomisches Konzept der Führungsstilforschung von dem Sozialpsychologen und Begründer der Gruppendynamik, Kurt Lewin (1890–1947), Ende der 1930er Jahre an der amerikanischen University of Iowa eingeführt, oft deshalb heute einfach nur „Iowa-Studien" genannt. Lewin [8] unterscheidet zunächst zwei Führungsstile, den autokratischen und den demokratischen Führungsstil. Beim autokratischen Führungsstil legt die Führungskraft die Arbeitsstrukturen fest, durch die distanzierte Personalführung werden Entscheidungsgrundlagen sowie übergreifende Ziele nicht klar. Im demokratischen

Abb. 12.10 Iowa-Studien der 1930er Jahre

1. Autokratischer Führungsstil
2. Demokratischer Führungsstil
3. „Laisser -Faire"

Kurt Lewin
(1890-1947)

Führungsstil dagegen ermutigt die Führungskraft ihre Mitarbeiter, die Arbeitsaufgaben zu diskutieren und bei den Entscheidungen mitzuwirken. Die Führungskraft äußert Ratschlag, Lob und Kritik. Die Laisser-faire-Führung, welche sich als dritter Führungsstil eher zufällig in der Forschung mit den Jungengruppen der Iowa Child Welfare Research Station ergab, gibt die Kontrolle und Entscheidungsinstanz völlig in die Hände der Gruppe (siehe Abb. 12.10).

Der autoritäre Führungsstil hat den Vorteil, dass schnelle Handlungsfähigkeit gewährleistet ist, insbesondere in Krisensituationen, wie sich beispielsweise in der militärischen Führung zeigt. Im Sinne Douglas McGregors Theorie X oder dem Rational Economic Man bei Edgar Schein hat dies zwar auf der einen Seite den Vorteil klarer Verantwortlichkeiten und Weisungen; auf der anderen Seite werden die Mitarbeiter keine Initiative entwickeln, insbesondere wenn die Führungskraft als Kontrollinstanz nicht präsent ist.

Im demokratischen Führungsstil werden die Ideen und Bedürfnisse der Mitarbeiter mit einbezogen. Allerdings ist auch die Gefahr gegeben, dass klare Entscheidungen nicht bzw. zu spät getroffen werden und im Bemühen, es allen recht zu machen, niemandem gedient ist. Die Entscheidungszeiträume wachsen mit dem demokratischen Führungsstil an, und die Disziplin der Mitarbeitergruppe kann nachlassen. Auf der anderen Seite sprechen positives Arbeitsklima sowie die erzielten Ergebnisse für diesen Führungsstil, da die Leistung, wie die Iowa-Studien zeigten, bei demokratischer Führung auch ohne Anwesenheit der Führungsperson stabil bleibt, während sie bei autokratischer Führung mit Abwesenheit der Führung abfällt.

Im Führungsstil des „Laisser-faire" schließlich erhalten die Mitarbeiter einen großen Spielraum, der sich motivierend auswirken kann, aber auch zu Disziplin- und Orientierungslosigkeit der Mitarbeiter führen kann. In den Iowa-Studien trat die Laisser-faire-Führung zufällig auf, als eine Gruppe ungewollt ohne Leitung gelassen wurde. Da dies zu schlechten Ergebnissen und sogar aggressivem Verhalten führte, wurde abgeleitet, dass jede Art von Führung besser ist als keine (oder Laisser-faire-)Führung.

Im Ergebnis der Studie zeigte sich die Mehrzahl der beteiligten Schüler mit dem demokratischen Führungsstil zufriedener. In den autoritär geführten Gruppen entwickelte sich ein aggressives Klima. Bei Anwesenheit einer Führungsperson lag die Leistung in den autoritär geführten Gruppen höher, bei demokratisch geführten Gruppen war sie bei Abwesenheit des Führers besser. Lewins Studien zu Führungsstilen hatten den Nachteil, dass sich zum einen der Versuchsaufbau mit Kindern nur schwer auf die Führungspraxis in Unternehmen transferieren ließ, und zum anderen die konstatierten Stile der autokratischen und demokratischen Führung in ihrer Polarisierung kein graduelles Kontinuum an Verhaltensweisen zwischen den Polen zuließen. Hier knüpft das sogenannte Führungsstilkontinuum von Robert Tannenbaum und Warren Schmidt an, entwickelt an der Universität von Kalifornien, Ende der 1950er Jahre.

12.3.4 Robert Tannenbaum und Warren Schmidt

Tannenbaum und Schmidt stellten in ihren Führungstrainings fest, dass Führungskräfte mit den beiden Führungsstilpolaritäten der autokratischen und demokratischen Führung keine adäquaten Ansätze für die vielfältigen situativen Anforderungen des Arbeitsalltages zur Verfügung hatten und schufen ein Konzept von sechs Stilen, welches Führungskräften eine Analysemöglichkeit für die Wahl des richtigen Führungsverhaltens bieten sollte. Führungskräfte müssen sich für diese Wahl an den Variablen der eigenen Voraussetzungen (eigenes Können, eigene Werte), der Voraussetzungen der Mitarbeiter (Erfahrungen, Kenntnisse und Bedürfnisse) sowie der jeweiligen Situation (Unternehmenskultur, Unternehmensorganisation, Aufgabe, Zeitvorgabe) ausrichten (siehe Abb. 12.11).

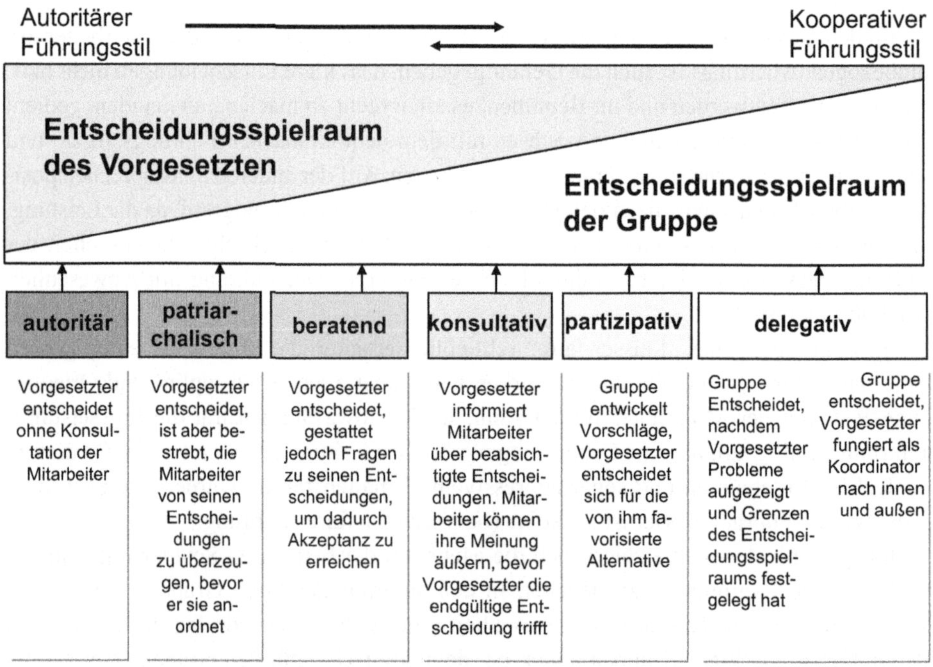

Abb. 12.11 Führungsstilkontinuum nach Tannenbaum und Schmidt

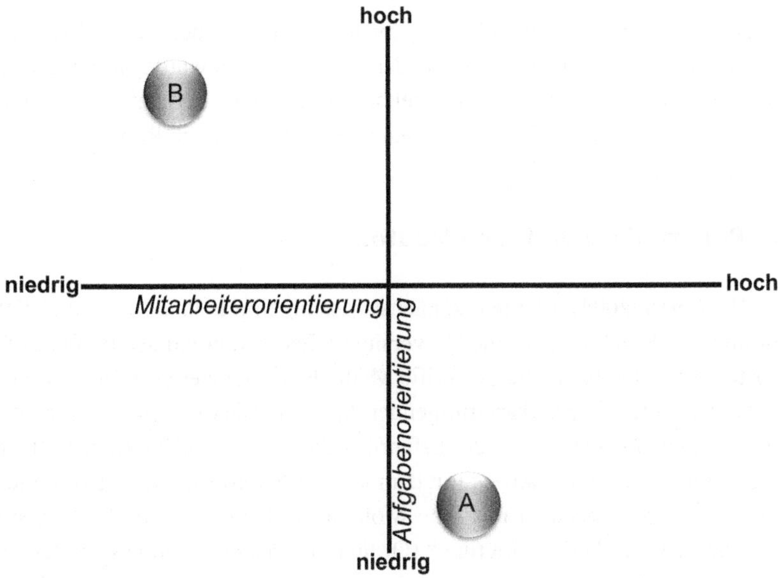

Abb. 12.12 Ohio-Studien nach E. Fleishman

12.3.5 Edwin Fleishman – Ohio-Studien

Während das Führungsstilkontinuum von Tannenbaum und Schmidt zwar kontinuierlich den Übergang zwischen zwei Polen beschreibt, bleibt es doch eindimensional. Wir wollen uns im Folgenden deshalb die Konzeptionen mehrdimensionaler Führungsstilmodelle näher ansehen. Diese gingen von den mehrdimensionalen Führungstheorien der Ohio State University aus bzw. den zeitgleichen Studien der Michigan Gruppe. Die Ohio-Studien basieren auf einem Fragebogen („Leader Behavior Description Questionnaire", LBDQ), in welchem Mitarbeiter über das Verhalten ihrer Führungskräfte zu 48 Items befragt werden. Die Auswertung der Fragebögen ergab zwei voneinander unabhängige Faktoren: die Mitarbeiterorientierung und die Aufgabenorientierung (siehe Abb. 12.12).

In der Vierfeldmatrix kann der Führungsstil nun auf den beiden Dimensionen unabhängig voneinander beschrieben werden. So ist beispielsweise das Führungsverhalten von Person A durch eine niedrige Aufgabenorientierung und eine mittlere Mitarbeiterorientierung charakterisiert. Führungskraft B hingegen zeigt eine schwache Mitarbeiterorientierung und eine hohe Orientierung an den Arbeitsaufgaben.

Die Ohio-Studien wurden dafür kritisiert, dass die beiden Führungsstildimensionen nicht an Aussagen über die Zufriedenheit und Leistung gekoppelt werden. So muss die Mitarbeiterzufriedenheit nicht zwangsläufig mit einem Führungsstil, der durch eine hohe Mitarbeiterorientierung geprägt ist, steigen, wenn beispielsweise die der Führungskraft übergeordnete Führungskraft diesen Führungsstil konterkariert. Bezieht man die Variable der organisatorischen Situation mit ein, so lässt sich ein reziprokes Verhältnis zwischen Mitarbeiterorientierung und -zufriedenheit herstellen, wenn man z. B. den Produktionsbereich betrachtet, während ein aufgabenorientierter Führungsstil im Produktionsbereich positive, außerhalb negative Wirkung entfalten kann [4]. Trotz der offenen Fragen wurde das Ohio-Konzept in der Folge von der Führungsstilforschung vielfach aufgegriffen, beispielsweise mit dem Verhaltensgitter („Managerial Grid") des amerikanischen Psychologen Robert Blake.

12.3.6 Robert Blake und Jane Mouton

Robert Blake (1918–2004) arbeitete zunächst zusammen mit Jane Mouton (1930–1987) am Department of Psychology of the University of Texas während der 1950er und 1960er Jahre. Später gründeten beide die Scientific Methods Inc. (später Grid International Inc.), und Blake unterrichtete in den darauffolgenden Jahren in Harvard, Oxford und auch Cambridge. Das Verhaltensgitter ist aus der Erfahrung entstanden, welche Robert Blake in den 1960er Jahren während seiner Arbeit mit dem Mineralölkonzern Exxon gesammelt hat.

Robert Blake hat zusammen mit Jane Mouton die Dimensionen „Sachorientierung" (Abszisse) bzw. „Menschenorientierung" (Ordinate) genannt und in jeweils neun Ausprägungen unterteilt. Obwohl sich damit aus dem Gitter 81 Kombinationen ergeben, stellen Blake und Mouton vor allem fünf Kombinationen als typisch dar, nämlich „Glacéhandschuh-Management", „Überlebensmanagement", „Befehl-Gehorsam-Management", „Organisationsmanagement" und schließlich „Teammanagement". Der letztgenannte Führungsstil wird als Ideal postuliert (siehe Abb. 12.13).

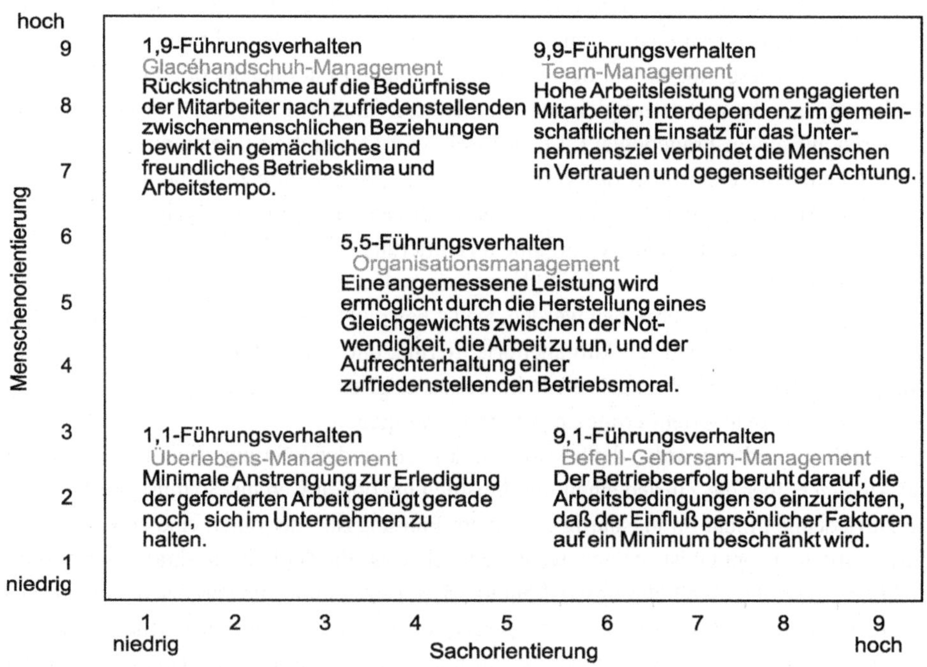

Abb. 12.13 Managerial Grid

Als Beispiel für die Verhaltensanalyse durch das Gitter zeigt etwa 1,9 einen „People-Pleaser“, der sich für technische Belange der Produktion nur wenig interessiert, während hingegen das andere Extrem 9,1 einen sachorientierten Typ beschreibt, der die persönlichen Einflussfaktoren möglichst gering halten will, aus Angst, dass etwas schieflaufen könnte. Diese Angst lässt sich dabei in einer dritten Achse abbilden, der Motivation. So geht die dritte Motivationsdimension vom negativen Extrem der Motivation durch Angst (Fear) zum positiven Extrem der Motivation durch Begierde (Desire). Damit versteht sich der Managerial Grid genau genommen als dreidimensionales Modell der Führungsstilforschung. Während Sach- und Menschenorientierung das Verhalten beschreiben, erklärt die dritte Dimension der Motivation, warum das Verhalten entsteht. In Robert Blakes eigenen Worten:

> 9,1+ illustrates the desire for control and mastery – I want it to be recognized that I am in control, I tell you what to do, and you execute precisely to my requirements. I want you to recognize that you are in my hands, so that I have no question but that I've dominated the situation in which you appear. At the same corner, 9,1- represents a fear of failure. These two work together. If I need control I rely to the most limited degree possible on you, because you're liable to screw up and the failure will reflect on me. What the third dimension does is clarify the motivation underlying the grid style. [2]

Robert Blake und Jane Mouton erweiterten die fünf grundlegenden Stile des Führungsgitters noch um zwei weitere, welche sich als Kombinationen verstehen. So verbindet die sogenannte patriarchalische Orientierung die Felder 9,1. und 1,9. je nach Verhalten des Mitarbeiters:

> The paternalist style combines the whip-cracking 9,1 and the people-pleasing 1,9 depending the response of the subordinate. A subordinate that cooperates is rewarded with a people-pleasing relationship; one that doesn't is subjected to the whip. [2]

Die sogenannte opportunistische Orientierung last die Führungskraft diejenigen Kombinationen aus allen Stilen wählen, welche am vorteilhaftesten für sie ist:

> The opportunist, on the other hand, is a chameleon, taking on whatever grid style seems appropriate for the interaction of the moment, never revealing his or her own true feelings. [2]

In der Anwendung des Managerial Grid in zahlreichen Führungsseminaren entdeckte Blake, dass die Selbsteinschätzung der Teilnehmer, welche vor dem Seminar stattfand, in 80 % der Fälle eine 9,9-Bewertung ergab. Am Ende des Seminars hingegen korrigierte sich diese Bewertung auf 20 %, was einer Eigen-zu-Fremdbildabweichung von 60 % entspricht. Blake verglich diese Ergebnisse auch interkulturell und stellte in der Auswertung der Daten von über 40 Ländern fest, dass lediglich die Prozentraten schwankten, nicht jedoch die grundsätzliche Ausrichtung:

> There is variation on that 80 %, but the variation is a matter of degree, not a matter of direction. It is almost identical in the Soviet Union, and comparable in Britain and across Europe. In Japan, it goes from 50 % in the pre-work to 15 % after the seminar. These numbers have been very stable over time. [2]

Die Selbsteinschätzung der Manager erfolgt dabei anhand von Items, denen sechs Problembereiche der Führung entsprechen, nämlich Konfliktlösung, Initiative, Informationsbeschaffung, Meinungsverhalten, Entscheidungsverhalten und schließlich konstruktive Kritik. Die Gründe für die Auswahl gerade dieser Bereiche werden von Blake und Mouton nicht weiter angegeben. Robert Blake bezeichnete sein Menschenbild selbst als eine Kombination der idealistischen Philosophie Platons und der pragmatischen Philosophie Aristoteles. In der Anwendung beider Zustände, dem idealen Soll mit dem realen Ist, sah er das Grundelement für den Entwicklungsansatz einer Führungskraft:

> The concept of ideal thinking came out of Plato – the platonic ideal. Aristotle, by comparison, was the pragmatic one, the fixer, the tinkerer. It came to us suddenly that, if you put those two bases of thinking aside one another, you've got a very powerful change model. When all the people that have to live with it, and come to terms with it, do that – put the ideal in direct contrast with the real – you've got a pro-active commitment to making the change. [2]

Das Managerial Grid beruht in seinem Erfolg und seiner Verbreitung wohl nicht zuletzt darauf, dass es wahrscheinlich der erste Ansatz in der Führungsstilforschung war, der mit einem kompletten Führungstraining verbunden wurde, welches, wenn auch nach vielfältiger Weiterentwicklung, heute noch weltweit im Einsatz ist. Dennoch erkannte man, dass der Führungsalltag nicht mit schablonenartigen Führungsstilen bewältigt werden kann, sondern auf die jeweilige Situation abgestimmt werden muss. Führungskräfte sind nicht nur autoritär oder kooperativ, nur aufgaben- oder nur mitarbeiterbezogen etc. Demnach kann man nicht von einem „besten" Führungsstil per se sprechen. Diese Überlegung führte zu den situativen Führungsstilen. Ein Beispiel hierfür ist der situative Ansatz von Paul Hersey und Ken Blanchard.

12.3.7 Paul Hersey und Ken Blanchard

> In the past a leader was a boss. Today's leaders must be partners with their people.They no longer can lead solely based on positional power. (Ken Blanchard)

Ebenso wie Blake und Mouton ihr Führungsstilkonzept auf die grundlegenden Dimensionen der Mitarbeiter- und Aufgabenorientierung der Ohio-Studien aufbauten, findet sich diese Basis auch im sehr populär gewordenen Führungsstilmodell der Amerikaner Paul Hersey und Ken Blanchard, welche die beiden Dimensionen nun „Aufgaben-" und „Beziehungsorientierung" nennen. Darüber hinaus wird die spezifische Führungssituation, welche sowohl bei Tannenbaum und Schmidt als auch bei Blake und Mouton nur ange-

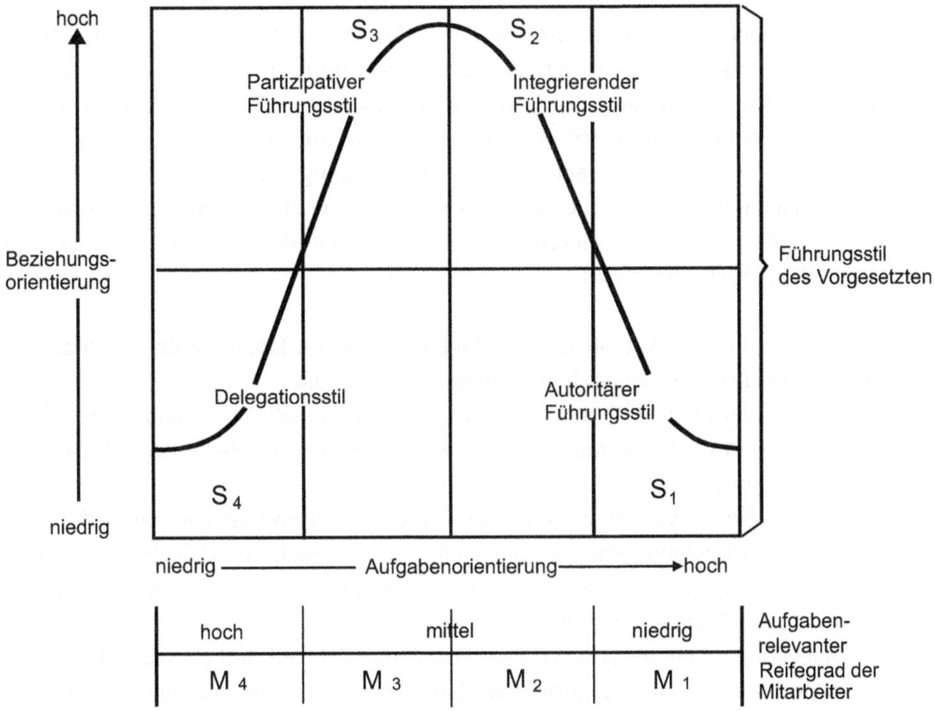

Abb. 12.14 Reifegradmodell der Führung nach Hersey & Blenchard

deutet wird, systematisch von Hersey und Blanchard in ihr Modell mit einbezogen. Diese dritte Dimension nennen sie den Reifegrad des Geführten, weshalb das gesamte Modell oft einfach als „Reifegradmodell der Führung" bezeichnet wird (siehe Abb. 12.14). Paul Hersey, Verhaltenswissenschaftler an der Nova Southeastern University, und Ken Blanchard, Professor an der Cornell University, New York, sind Bestsellerautoren und erfolgreiche Managementberater. Laut dem Reifegradmodell der Führung soll jeder Mitarbeiter nach seinem jeweiligen Reifegrad geführt werden, welcher sich aus Arbeitsreife (Ausbildung, Wissen, Erfahrung) und psychologischer Reife (Leistungswille) zusammensetzt. Durch diese Ausprägungen ergeben sich vier Reifegrade, „Maturity" M1 bis M4:

- M1: Mitarbeiter, die weder Verantwortung übernehmen wollen (geringe psychologische Reife) noch können (geringe Arbeitsreife)
- M2: Mitarbeiter, die Verantwortung übernehmen wollen (hohe psychologische Reife), aber (noch) nicht können (geringe Arbeitsreife)
- M3: Mitarbeiter, die Verantwortung übernehmen können (hohe Arbeitsreife), aber nicht wollen (geringe psychologische Reife)
- M4: Mitarbeiter, die sowohl Verantwortung übernehmen wollen (hohe psychologische Reife) als auch können (hohe Arbeitsreife)

Hersey und Blanchard gehen in ihrem Weltbild davon aus, dass Menschen im Verlauf ihres (Arbeits-)Lebens eine Entwicklung zu größerer Reife hin durchlaufen. Die Führungskräfte haben die Aufgabe, den Reifegrad des jeweiligen Mitarbeiters festzustellen, um situationsgerecht zu führen. Der Reifegrad wird dabei mit einem Fragebogen ermittelt, welcher Wissen, Erfahrung, Verantwortungs- und Leistungsbereitschaft auf einer achtgradigen Skala misst und schließlich in einem Summenwert zusammenfasst. In Abhängigkeit der Reife des Mitarbeiters entscheidet sich die Führungskraft nun für einen aus vier Führungsstilen, „Style" S1 bis S4:

- S1: „Telling": Genaue Vorgaben durch die Führungskraft, Kontrolle der Leistung, geringe Beziehungsorientierung, hohe Aufgabenorientierung
- S2: „Selling": Direktive Führung, intensive sozio-emotionale Kommunikation soll zur Akzeptanz der Aufgabe führen, hohe Beziehungsorientierung, hohe bis mittlere Aufgabenorientierung
- S3: „Participating": Aktives Zuhören der Führungskraft und gemeinsamer Ideenaustausch führen zu gemeinsamen Entscheidungen, Führungskraft erleichtert die Aufgabenerfüllung, Fokus auf sozio-emotionale Unterstützung, hohe Beziehungsorientierung, geringe Aufgabenorientierung
- S4: „Delegating": Führungskraft delegiert die Aufgaben vollständig an den Mitarbeiter mit gelegentlicher Kontrolle, geringe Aufgabenorientierung und geringe Beziehungsorientierung

Auf dem Reifegradmodell kann die Führungskraft nun, nachdem sie aus dem Fragebogen den Reifegrad des Mitarbeiters ermittelt hat, durch das Anlegen einer senkrechten Linie vom Reifegradkontinuum nach oben im Schnittpunkt mit dem eingezeichneten Graphen das situationsadäquate Führungsverhalten ermitteln. Der für das Modell charakteristische Graph soll dabei illustrieren, dass die Führungskraft es nicht dabei belassen soll, sich auf den jeweiligen Reifegrad des Mitarbeiters und den adäquaten Führungsstil reaktiv zu beschränken, sondern jeden Mitarbeiter vielmehr hinsichtlich eines möglichst hohen Reifegrades (M4 korrespondierend mit S4) zu entwickeln, weshalb das Modell ursprünglich auch „Life Cycle Theory of Leadership" genannt wurde.

Es ist zu Recht kritisiert worden, dass bei aller Fortschrittlichkeit des Modells eine Kongruenz zwischen Mitarbeiterreife und Organisationszielen unterstellt wird. Indem sich ein Konflikt zwischen Organisationsziel und Mitarbeiterziel ausschließt, wird der Begriff „Mitarbeiterreife" somit ideologisch gefasst. Auch bietet das Modell mit dem Reifegrad nur einen situativen Aspekt. Demnach werden nicht nur weitere situative Faktoren vernachlässigt, auch der Verhaltenskanon der Führungskräfte bleibt auf die vier Führungsstile S1–S4 eingegrenzt; die unendliche Vielfalt an individuellen Mitarbeitercharakteristika muss notwendigerweise auf diese vorhandenen Kategorien reduziert werden.

12.3.8 Bernard Bass – Transformationale Führung

Während die bis jetzt erwähnten Führungsstile trotz ihrer ungebrochen praktischen Verwendung schon als Klassiker gelten, wollen wir nun mit der transformationalen Führung einen aktuellen Führungsstil besprechen, welcher in den letzten Jahren an Popularität gewonnen hat. Im Gegensatz zu fähigkeitsorientierten Ansätzen ist der transformationale Ansatz ein eigenschaftsorientierter, die angeborenen Eigenschaften der Führungskraft werden als zentraler Ausgangspunkt genommen.

Eigenschaftstheorien der Führung gehen davon aus, eine Führungskraft müsse eine Persönlichkeit sein, und dies lasse sich nicht oder nur schwer erlernen. Verhaltens- oder fähigkeitsbasierte Führungstheorien dagegen verstehen Management ebenso wie jede andere Profession auch als erlernbaren Methodenmix. Das Konzept transformationaler Führung von Bernard Bass [1] baut auf dem charismatischen Führungsstil von Robert House auf und gründet sich zunächst auf der Kritik an gängigen Führungsstiltheorien, wonach ein einziger Führungsstil nicht genügen kann. Kriterien für transformationale Führung sind: Vorbildfunktion, Inspirations- und Motivationsfähigkeit, intellektuelle Herausforderung sowie individuelle Berücksichtigung. Dabei ergänzt die transformationale Führung die sogenannte transaktionale Führung, deren Kriterien sind: bedingte Belohnung, Management by Exception (MbE) sowie Laisser-faire-Leadership. Nimmt man nun die Kriterien von transformationaler und transaktionaler Führung zusammen, so erhält man das „Full-Range-Leadership"-Modell (FRL), das zusätzlich zwischen passiv–aktiv sowie effektiv–ineffektiv unterscheidet (siehe Abb. 12.15).

Viele Thesen des transformationalen Führungskonzepts sind nach wie vor hochaktuell, so etwa der Blickwechsel von der Führungskraft hin zu den Mitarbeitern oder die

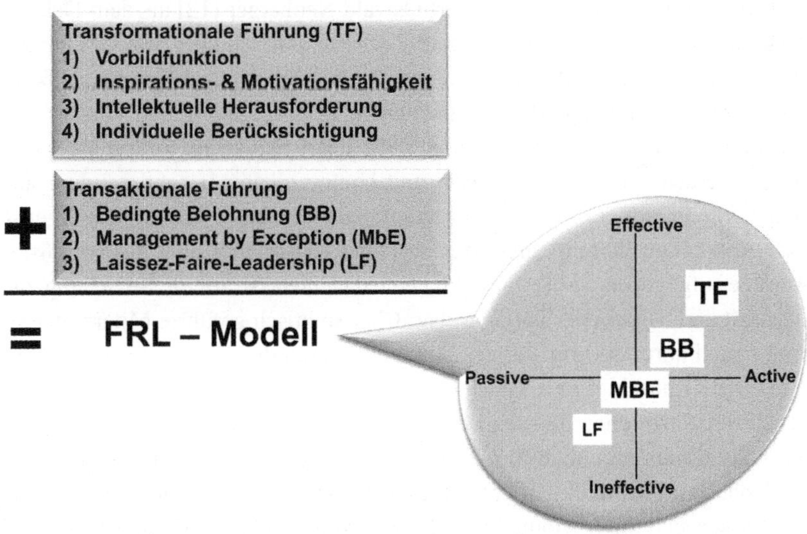

Abb. 12.15 Full Range of Leadership nach B. Bass

Forderung nach Empowerment der Mitarbeiter. Auch der Fokus auf die individuelle Berücksichtigung der Entwicklungsbedürfnisse von Mitarbeitern bis hin zum Entwurf neuer, darauf referierender organisatorischer Anforderungsprofile ist zukunftsweisend. Dennoch bleiben viele Fragen ungeklärt und manche Aussagen widersprechen sich. Die Frage etwa, wie der transformationale Führer bei den Mitarbeitern Emotionen erweckt, bleibt offen, ebenso die Abgrenzung zu partizipativer Führung. Auch wird die Funktionsweise transformationaler Kommunikationstechnik nur angerissen. Die Anteile transaktionaler Führung, die als komplementärer Anteil im Führungsstil situativ erhalten bleiben sollen, unterliegen aufgrund des Managements by Exception auch dessen Nachteilen (bei den Mitarbeitern wird keine Zielstrategie geschaffen, Weiterentwicklung und Lernprozess der Mitarbeiter bleiben defizitär etc.).

Die fast vollständige Gleichsetzung transformationaler Führung mit charismatischen Elementen erfordert eine Auseinandersetzung mit den bekannten Nachteilen charismatischer Führung (Problem der Nachfolgeregelung, Mitarbeiter werden gerade nicht „empowert", sondern hinsichtlich Selbständigkeit, kritischem Denken und der mangelnden Entwicklung eines eigenen Wertehorizonts entmündigt; Vertrauen, das transformationalen Führern entgegengebracht wird, kommt demnach gerade nicht von einer erbrachten Vertrauensleistung den Mitarbeitern gegenüber etc.).

Auch eine präzise Charakterisierung des Attributs „charismatisch" bleiben die Autoren schuldig, und es bleiben viele Widersprüche bestehen (Wie ist Charisma zu verstehen, wenn einerseits Massen aus Distanz motiviert werden, zum anderen aber die persönliche Nähe ausschlaggebend für den Erfolg ist? etc.). Die transformationale Führung bleibt als „Great-Man-Theorie" in der Eigenschaftstheorie von Führung verhaftet, der auch Charles Darwins und Herbert Spencers Evolutionstheorien Vorschub leisteten. Charismatische Führer fordern bedingungslose Unterwerfung und die „quasi-göttlichen Gebote" der charismatischen Führungskraft charakterisiert Oswald Neuberger [12] als dem Dekalog ähnlich. Dabei sind Charismatiker niemandem Rechenschaft schuldig, die Geführten schulden ihnen jedoch Dankbarkeit und Verehrung. Kritiklähmung und Unterwürfigkeit sowie das „Primat der Tat" sind außerdem Kennzeichen.

Aufgrund der sehr allgemeinen Attribute, die charismatischen Führungspersonen zugeschrieben werden (visionär, rhetorisch und kommunikativ begabt, sendungsbewusst, selbstsicher, intelligent, etc.) wundert es kaum, dass der damit verbundene eigenschaftsorientierte Ansatz der Führung zugunsten verhaltensorientierter oder attributionstheoretischer Ansätze aufgegeben wurde, und sich heute das Interesse auf die Beziehung zwischen Führungskraft und Mitarbeiter verlagert hat. Charismatisch geführte Mitarbeiter sind nur schwer an neue Führungskräfte zu gewöhnen und durch den bedingungslosen Gehorsam sowohl in ihrer Kritikfähigkeit als auch in ihrer Persönlichkeitsentwicklung, insbesondere hinsichtlich der Ausbildung autonomer Werte und eigener Urteilsfähigkeit, stark beeinträchtigt. Nimmt man nun noch die Eigenschaften der „großen" charismatischen Führer wie Napoleon, Gandhi, Stalin, Hitler, de Gaulle, Churchill, Alexander der Große oder Atatürk, dann lassen sich die Attribute zynisch steigern bis hin zu Neurotizismus, Machtgier, Egoismus, Grausamkeit, Menschenverachtung etc.

Während es einleuchtend sein mag, was charismatische Führer in ihrer Rolle motiviert, ist es eine Überlegung wert, sich zu fragen, was eigentlich Mitarbeiter dazu motivieren kann, die Geführtenrolle einzunehmen. Typischerweise lassen sich charismatische Führungskonzepte nicht rational erklären. Das zugrunde liegende Menschenbild versteht Mitarbeiter als Menschen, die daran interessiert sind, sich zu verwirklichen, aber auch ihren Selbstwert zu erhöhen. Diese Selbstwertsteigerung der Mitarbeiter erfolgt durch die Übertragung des überhöhten Werts, welcher der Führungskraft zugeschrieben wird. So umgeben den „Auserwählten" wiederum Auserwählte, die durch Gruppenzugehörigkeit mit entsprechender Ausschließung anderer ihren Selbstwert definieren. Demnach kann charismatische Führung durchaus mit Führungsverhalten in Sekten und Geheimgruppen verglichen werden, die zugrunde liegenden Mechanismen (Gehirnwäsche, Manipulation) sind ähnlich.

12.3.9 Emotionale Führung nach Daniel Goleman

Ein weiteres eigenschaftsorientiertes Modell der Führung, das große Wellen geschlagen hat, ist das Konzept der emotionalen Führung von Daniel Goleman. Die grundlegende These ist dabei, dass effektive Führung darin bestünde, bei den Mitarbeitern positive Gefühle zu wecken. Unternehmen sollten sich mit emotionaler Führung zu Orten der „Resonanz" entwickeln [5]. Um das Konzept zu verstehen, muss man sich zunächst vor Augen führen, dass Goleman zum einen zwar immer wieder auf die Erweiterbarkeit und Lernbarkeit von emotionaler Intelligenz hinweist, zugleich aber immer wieder Vergleiche bemüht, welche das emotionale Führungskonzept als Eigenschaftstheorie erkennen lassen. So vergleicht der Autor die emotional intelligente Führungskraft mit emotionalen Führern, die sich geschichtlich als Stammeshäuptlinge oder Schamanen hervorgetan haben, und malt das Bild einer überzeitlichen und überkulturellen, emotionalen Führungskraft.

Auch Empathie bezeichnet Goleman als seit jeher entscheidendes Kriterium, um Mitarbeiter zu entwickeln und zu halten. Diese versteht er als genetische Veranlagung, gesteht aber auch dem Lernprozess eine Rolle zu. Die weiteren genannten Beispiele des Autors zeigen allerdings, dass der Lernprozess dort ansetzt, wo eine bestimmte Veranlagung bereits vorhanden sein muss. Führungskräfte mit Empathie könnten sich in die Emotionen von Menschen und Gruppen hineinversetzen, aufmerksam zuhören und die Sicht der anderen nachvollziehen. Auch erlaube die Empathie den Führungskräften, mit Menschen von unterschiedlichem sozialen und kulturellen Hintergrund auszukommen.

Ein weiteres Merkmal von Führungskräften mit hoher emotionaler Intelligenz sei die aktive Einholung von positivem wie negativem Feedback. Das Konzept der emotionalen Führung hält am Fokus auf die Führungskraft fest, indem die Führungskraft überzeugende Ziele formuliere und die Mitarbeiter motiviere. Die Leistung der Mitarbeiter wird demnach von außen, durch die Führungskraft ermöglicht. Dazu passt auch, dass das Konzept der emotionalen Führung an sechs definierten Führungsstilen (visionär, coachend, gefühlsorientiert, demokratisch, fordernd und befehlend) festhält.

Auch hier bleiben einige Punkte offen, beispielsweise wie es im Führungsstil „coachend" möglich ist, ideologiefrei durch „Erzeugung von Resonanz" die individuellen Ziele „mit den Zielen der Organisation in Einklang" ([5], S. 81) zu bringen. In Golemans Konzept der emotionalen Führung bleibt zu klären, wie es von einer Führungskraft geleistet werden kann, emotional resonanzfähige Visionen zu entwickeln und überzeugend zu vermitteln, und ob dies überhaupt für ein Unternehmen wünschenswert ist. Es gibt schließlich gute Gründe, auch aufgrund neurobiologischer Erkenntnisse, eigenschaftsorientierte Führungstheorien fallenzulassen: Führungskräfte brauchen kein außergewöhnliches Persönlichkeitsprofil. Äußere Einflüsse und zielgerichtetes Training haben eine viel größere Bedeutung, was sich empirisch insbesondere durch die sozialpsychologische Eliteforschung nachweisen lässt. Christian Elger etwa sieht aus neurobiologischer Sicht Charismatisierungen aus „Legendenbildung und Projektion" herrühren, und nicht aus effektivem Verhalten ([3], S. 14).

Viele Studien kommen zu dem Ergebnis, dass eigenschaftsorientierte Führungstheorien empirisch nicht gestützt werden können (vgl. [18]), und man kann sich durchaus fragen, wieso sich eigenschaftsorientierte Führungstheorien trotzdem so hartnäckig halten (vgl. [12]). Sowohl die empirische als auch die theoretische Fundierung transformationaler Führung bleibt fraglich. Schon immanent zeigen sich viele Widersprüche und offene Fragen. Darüber hinaus enthält der transformationale Ansatz die generellen Schwachpunkte der charismatischen bzw. eigenschaftsorientierten Führung. Der eigenschaftsorientierte Führungsansatz scheint wenig zukunftsweisend, wenn man die Vorteile verhaltensgestützter Führungsansätze bedenkt, wie etwa die Entmystifizierung von Führung sowie die damit einhergehende Professionalisierung der Führungskräfteausbildung.

12.4 Führungstechniken

Nachdem wir von den der Führung zugrunde liegenden Menschenbildern zur Darstellung einiger ausgewählter Führungsstile gelangt sind, werden im Folgenden noch einige typische ergänzende Führungstechniken dargestellt. Die Führungstechniken beschreiben dabei als Ergänzung zu den allgemein gehaltenen Kategorisierungen der Führungsstile konkrete Handlungsmuster in ihrer Anwendung. Als grundlegende Fähigkeit wird für Führungskräfte dabei immer wieder ein professionelles Zeitmanagement gefordert. Unabhängig vom individuellen Umgang mit Zeit ist damit unter anderem die Priorisierung von Aufgaben gemeint, um so am effektivsten zu arbeiten. Für diesen Zweck eignet sich eine Vierfeldermatrix zur Visualisierung, siehe Abb. 12.16:

Offensichtlich ist es sinnvoll, D-Aufgaben zu eliminieren. C-Aufgaben sind zwar dringlich, aber sie haben vor allem Priorität für andere und kosten meist viel Zeit. Es gilt deshalb, sie zu minimieren. Man könnte meinen, B-Aufgaben seien eigentlich diejenigen, auf die sich ein Manager konzentrieren sollte. Schließlich sind sie dringend und wichtig. Spricht man von operativem Management, ist das auch meist richtig. Da die Aufgaben dringlich sind, sind sie jedoch meist Probleme, welche aus Zeitdruck oder aktuellen Kri-

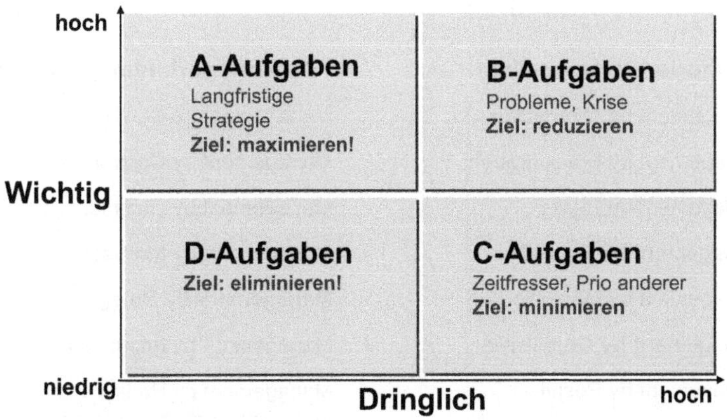

Abb. 12.16 Zeitmanagement

sensituationen entstehen. Damit können sie aber keine Aufgaben sein, welche Visionen und langfristige Strategien verfolgen.

Oft wird dieser Unterscheid auch damit gekennzeichnet, dass operative Manager sich B-Aufgaben zuwenden, strategische Unternehmensführer aber übergreifende Ziele und Zukunftsvisionen im Auge haben. Diese können aber nur erreicht werden, wenn immer wieder B-Aufgaben reduziert werden, damit man für die zukunftsorientierten Themen Zeit hat. Während Zeitmanagement noch zu den generellen Führungstechniken zählt, gibt es eine Reihe von konkreten Managementtechniken, welche sich als praktische Umsetzung von Führungsstilen verstehen. Die sogenannten Management-by"-Techniken haben dabei große Verbreitung gefunden. Man kann sie grob in sach- und personenorientierte Ansätze unterteilen (siehe Abb. 12.17).

Einige der bekanntesten Führungstechniken sind die Führung nach Zielvereinbarung, das sogenannte Management by Objectives (MbO) sowie Management by Delegation (MbD) oder Management by Exception (MbE), welche wir im Folgenden exemplarisch vorstellen wollen.

Im Management by Delegation (MbD), das im Begriff auf den sechsten, kooperativen Führungsstil im Kontinuum von Tannenbaum und Schmidt zurückgeht, geht es darum, die Führungskräfte zum einen von der Entscheidungsmenge zu entlasten, und zum anderen darum, die Initiative, Verantwortungs- und Leistungsbereitschaft der Mitarbeiter durch Aufgabendelegation zu stärken. Dies setzt einerseits voraus, dass Aufgaben auch inklusive Kompetenzen und Handlungsspielräumen übertragen werden.

Andererseits wird durch entsprechende Arbeitsanweisungen und Prozessbeschreibungen (Regelung von Ausnahmen, Informationen, Kontrollsystem, Berichtwesen, Kennzahlen etc.) genügend strukturelles Rüstzeug für den Mitarbeiter geboten, um dieser Verantwortung auch gerecht werden zu können. Die Delegationsbereitschaft der Führungskräfte setzt Vertrauen in die Mitarbeiter ebenso voraus, wie die Mitarbeiter sowohl hinsichtlich ihres Können als auch Wollens die Kriterien der Delegationsfähigkeit erfüllen. Die stark aufgabenorientierte Sichtweise des Managements by Delegation berücksichtigt so unter

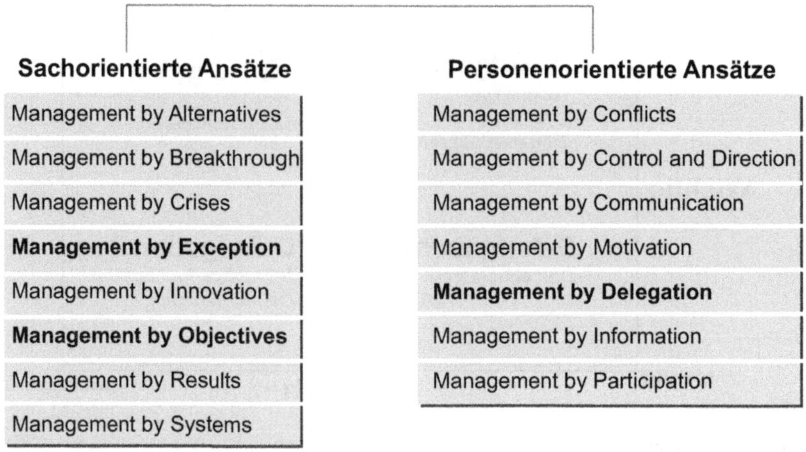

Abb. 12.17 Management-by-Techniken

Umständen zu wenig Prozessaspekte, übergreifende Zielorientierung oder auch Motivationsaspekte, wenn beispielsweise nur die Aufgaben delegiert würden, die der Führungskraft selbst lästig sind. In seiner Allgemeinheit geht MbD über den delegativen Führungsstil bezüglich konkreter Handlungsanweisungen kaum hinaus, und bleibt so als Führungstechnik noch relativ unbestimmt.

Management by Exception (MbE) fokussiert Führung auf den Aspekt der Ausnahme und der Abweichung. MbE ist insofern mit der Laisser-faire-Führung vergleichbar, da es die Mitarbeiter so lange arbeiten lässt, bis eine Abweichung oder ein nicht lösbares Problem das Eingreifen der Führungskraft notwendig macht. Bis zum Zeitpunkt der ungelösten Problembehebung setzt diese Führungstechnik ebenso ein stark formalisiertes und detailliertes Gerüst an Regelungen voraus wie MbD, sodass auch der Ausnahmefall und damit die Rückdelegation an die Führungskraft präzise im Arbeitsablauf beschrieben ist. Der einseitige, defizitäre Fokus auf die Abweichung vom Sollprozess schafft dabei aber keine Klarheit der Mitarbeiter über die Zielstrategie, und ist somit Initiative und Motivation nicht förderlich. Auch muss der Lernprozess der Mitarbeiter im unlösbaren Ausnahmefall sichergestellt werden, um die Weiterentwicklung der Mitarbeiter an den Aufgaben möglich zu machen und zu verhindern, dass die Führungskraft sich in der Rolle des „Retters" auf Dauer etabliert.

Mit Management by Objectives (MbO) werden Zielvereinbarungen zwischen Führungskraft und Mitarbeitern getroffen, welche sich an klar (S.M.A.R.T.) formulierten Zielen ausrichten. Durch diese Führungstechnik soll die Transparenz der Zielerreichung und damit im Rückgriff auch die Qualität der Arbeitsleistung sowie die Motivation der Mitarbeiter erhöht werden, da beispielsweise die Vergütung der Mitarbeiter leistungsgerecht an die Erreichung vereinbarter Ziele geknüpft werden kann. Dies setzt in der Organisation eines Unternehmens sowohl einen institutionalisierten und damit regelmäßig wiederholten Performance-Managementprozess wie auch ein Kontrollsystem zur Qualitätssicherung voraus. MbO in Verbindung mit einem Controllinginstrument wie beispielsweise der Balanced Scorecard bilden demnach eine sehr schlagkräftige Kombination zur Vereinba-

Abb. 12.18 Management by Objectives

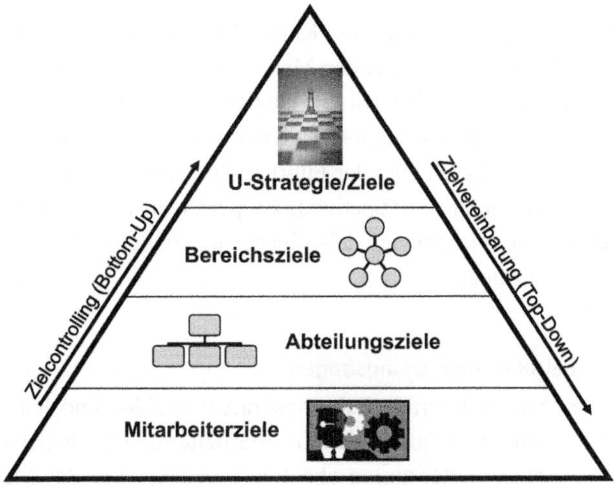

rung und Nachhaltung von Zielen. Dabei werden die Ziele einer Abteilung, einer Gruppe, bis hin zu jedem einzelnen Mitarbeiter aus übergeordneten Unternehmenszielen bzw. der Unternehmensstrategie abgeleitet und Ebene für Ebene „Top-down" heruntergebrochen. Die jeweilige Zielerfüllung, ggf. auch eine Neudefinition der übergeordneten Ziele oder Strategien, wird „Bottom-up" rückgekoppelt, siehe Abb. 12.18:

Bei aller Verbreitung des MbO und seiner Vorzüge darf nicht übersehen werden, dass z. B. hinsichtlich „Target Poolings" (interdependente Zielkonflikte und -abhängigkeiten der einzelnen Bereiche und Abteilungen) oder gerade auch globalisierter Strategien die MbO-Strategie auf die jeweiligen Erfordernisse angepasst werden muss. Abbildung 12.19 zeigt einen guten Überblick über Leadership im Wandel der Zeit.

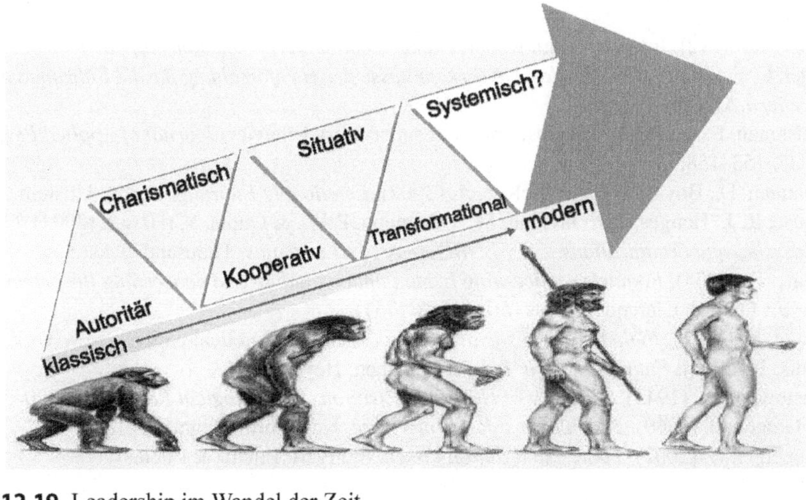

Abb. 12.19 Leadership im Wandel der Zeit

Nachdem wir in diesem Kapitel eine kurze Einführung in bekannte Führungstheorien mit den zugrunde liegenden Menschenbildern, Führungsstilen und Führungstechniken gegeben haben, stellen wir im nächsten Kapitel nun mit dem systemischen Management einen weiteren aktuellen Ansatz in der Personalführung vor. Wie wir gesehen haben, lässt sich in der Geschichte der Führungsforschung durchaus ein Trend von einem autoritären zu einem mehr partizipativen, kooperativen und situativen Führungsverständnis ausmachen. Wie relevant sich dabei insbesondere der systemische Ansatz behaupten wird, muss die Zeit zeigen.

Beispiele für Prüfungsfragen

- Sie sind gerade Führungskraft geworden und leiten ein Team von 25 sehr unterschiedlich qualifizierten Mitarbeitern. Glücklicherweise haben Sie bereits ein Führungskräftetraining absolviert, das Sie mit der Methode der reifegradorientierten Führung vertraut gemacht hat. Was ist die Philosophie des Modells? Wie können Sie das Modell auf Ihre Mitarbeiter anwenden und was sind die nächsten Schritte, die zu tun sind? Was lässt sich an dem Modell kritisch bewerten?
- Die Art der Mitarbeiterführung ist nicht zuletzt abhängig vom zugrunde liegenden Menschenbild einer Führungskraft. Welche Kriterien für Menschenbilder kennen Sie? Wie wird das Wesen des Menschen dort beschrieben?
- Welche Dimensionen kennt das Ohio-Modell der Führung? Nennen Sie eine mögliche Kritik an dem Modell. Welche Modelle können als Weiterentwicklung gesehen werden? Warum?

Literatur

1. Bass, B. M., & Riggio, R. E. (2006). *Transformational leadership*. Mahwah: Lawrence Erlbaum Associates, Inc.
2. Blake, R. (1992). Interview with Robert Blake. *Healthcare Forum Journal, 35,* 4.
3. Elger, C. E. (2009). *Neuroleadership. Erkenntnisse der Hirnforschung für die Führung von Mitarbeitern.* München: Haufe.
4. Fleishman, E. A. (1953). The description of supervisory behavior. *Journal of Applied Psychology, 37,* 153–158.
5. Goleman, D., Boyatzis, R., & McKee, A. (2007). *Emotionale Führung*. Berlin: Ullstein.
6. House, R. J., Hanges, P. J., Javidan, M., Dorfmann, P. W., & Gupta, V. (Hrsg.). (2004). *Culture, leadership and organizations, the GLOBE study of 62 societies*. Thousand Oaks: Sage.
7. Hume, D. (1975). *Enquiries concerning human understanding and concerning the principles of morals*. Oxford: Clarendon Press (orig. 1748/1751).
8. Lewin, K. (1951). *Field theory in social science* (selected theoretical papers). New York.
9. Malik, F. (2001). *Führen, Leisten, Leben*. München: Heyne.
10. Maslow, A. H., (1943). *A Theory of Human Motivation. Psychological Review, 50,* 370–396.
11. McGregor, D. (1960). *The human side of enterprise*. New York: Mcgraw-Hill.
12. Neuberger, O. (2002). *Führen und führen lassen*. Stuttgart: Lucius & Lucius.

13. Neuberger, O. (2009). Mikropolitik. In L. von Rosenstiel, E. Regnet, & M. E. Domsch (Hrsg.), *Führung von Mitarbeitern. Handbuch für erfolgreiches Personalmanagement*. Stuttgart: Schäffer-Poeschel.
14. Rosenstiel, L., Comelli, G., (2009). Führung durch Motivation: Mitarbeiter für Unternehmensziele gewinnen. München: Vahlen.
15. Schein, E. H. (1980). *Organizational psychology*. Englewood Cliffs: Prentice Hall.
16. Stogdill, R. M. (1974). *Handbook of leadership: A survey of theory and research*. New York: Free Press.
17. Taylor, F. W., (2006). *The principles of scientific management*. New York: Cosimo.
18. Vaupel, M. (2008). *Leadership asset approach*. Wiesbaden: Gabler.
19. Weber, M. (1980). *Wirtschaft und Gesellschaft*. Tübingen: Mohr Siebeck.
20. Welch, J. (10. Oktober 2001). Podiumsdiskussion mit Jack Welch. *Manager Magazin*.

Systemisches Management 13

▶ **Lernziel**

- Sie können die Entwicklung und die Grundaussagen der Systemtheorie skizzieren und verstehen, was die systemische Personalführung von anderen Führungsstilen unterscheidet.

Die Fülle an Führungsansätzen ist in den letzten Jahren erheblich angestiegen. Das ist eigentlich kein Wunder, denn man kann der Führungsforschung bescheinigen, nach wie vor die Best Practices noch nicht gefunden zu haben. Die Personalführung hat einen wesentlichen Anteil am Unternehmenserfolg und ihre Bedeutung ist bereits durch den demografischen Wandel gestiegen. Dennoch muss man sagen, Personalführung ist heute zu einem großen Teil nachweislich ineffektiv. Es gibt keine professionelle Ausbildung zur Führungskraft in der Wirtschaft, und oft wird Führung als angeborene Eigenschaft definiert. Auch basiert unser Führungsverständnis auf zum Teil unwissenschaftlichen und veralteten Überzeugungen.

Der Ansatz der systemischen Personalführung ist sowohl durch seine Interdisziplinarität als auch durch die Aktualität der Forschungsergebnisse einer der vielversprechendsten Ansätze der Führungsforschung. Doch das ist auch zugleich sein Nachteil: Es geht damit eine Komplexität einher, die aufgrund der einzelwissenschaftlichen Disziplinen gegeben ist, und die Systemtheorie muss ständig aktuell gehalten werden. Doch möglicherweise braucht die Komplexität unserer heutigen Welt genau solch einen nicht-reduktionistischen Ansatz, um adäquate Erklärungen zu bieten.

Bevor wir uns nun überlegen, wie wir die Systemtheorie für die Personalführung nutzbar machen, sollten wir definieren, was mit „System" gemeint ist. Systemtheoretische Termini werden inzwischen in vielen Disziplinen verwendet und das durchaus vieldeutig. Wir beginnen damit, was der Begriff nicht bezeichnen soll: Systemtheorie als Ansatz, der

C. Achouri, *Human Resources Management*,
DOI 10.1007/978-3-8349-4740-6_13

im Sinne soziologischer oder umweltwissenschaftlicher Nomenklatur lediglich die Vernetztheit von Gruppen, Organisationen, biologischen Systemen etc. bezeichnen soll.

Vielmehr legen wir den Schwerpunkt auf das Verständnis von Menschen als biologischen Systemen mit (bis auf den Stoffwechselprozess) relativ geschlossenen Operationen. Diese Operationen hängen nur formal mit der Umwelt und den metabolischen Interaktionen zusammen, inhaltlich sind Systeme in ihren Zielen, Reaktionen und Interaktionen durch ihre Eigengesetzlichkeit bestimmt. Um diesen Gedanken herzuleiten, werden wir interdisziplinären Aspekten der Systemtheorie nachgehen, um sie in der Folge für systemisches Management nutzbar zu machen.

Wenn wir Menschen im Sinne des systemtheoretischen Ansatzes begreifen, dann müssen wir Personalführung dementsprechend anpassen und anders gestalten, als dies in der Vergangenheit der Fall war. Wir werden vielleicht Abschied von der Vorstellung nehmen, dass es bestimmte Führungsstile gibt, die, wenn auch situativ variabel, letztlich doch sehr beschränkte Möglichkeiten zur Interaktion mit den vielfältigsten Individuen bieten. Wir werden vielleicht davon Abstand nehmen müssen, Führung als Informationsdirektiven zu verstehen, welche bei entsprechender Interaktion auch entsprechende Ergebnisse bezüglich Leistung und Motivation von Mitarbeitern erzielen. Schließlich können wir sagen, dass sich mit der Systemtheorie eine komplette „kopernikanische" Wende in der Führungsstilforschung einleitet, weg vom Fokus auf Ausbildung, Leistung und Verhalten der Führungskraft, hin zu den Zielen, den Bedürfnissen und der Motivation der Mitarbeiter.

Während die traditionelle Leadership-Forschung als Dreh- und Angelpunkt die Führungskraft nimmt und deren Performance anhand von Führungsstilen und -techniken zu verbessern trachtet, wird in der Systemtheorie das System selbst, also der Mitarbeiter zum Forschungsobjekt gemacht. Dabei zeigen die interdisziplinären Ausführungen zur Entstehung der Systemtheorie, dass sie ein aus dem Leben gegriffenes Verständnis biologischer Systeme und damit auch des Menschen aufzeigt und nicht lediglich ein humanistisches Ideal ausdrückt.

Dieses Verständnis aufzugreifen und für die Personalführung fruchtbar zu machen, verspricht, die Leistung und Motivation von Mitarbeitern zu steigern und damit auch die Wirtschaftlichkeit von Unternehmen. Menschen, welche ihre Fähigkeiten und ihre Bedürfnisse zur Entfaltung bringen können, sind motivierter, leisten mehr und dies kommt auch den Unternehmen zugute. So kann es weder darum gehen, ein ökonomisch irrationales Ideal des Menschen zu behaupten, noch darum, in einer ökonomischen Zwangsrationalität, welche den Bedürfnissen und Motivationen der Menschen kein Gehör schenkt, verhaftet zu bleiben.

Wir werden im Folgenden sehen, wie sich die Systemtheorie in verschiedenen Wissenschaftsdisziplinen ausgestaltet und welche Paradigmen erkennbar werden. Wir werden dabei auf der naturwissenschaftlichen Seite die Themencluster von Evolutionstheorie, Biologie, Physik, Kybernetik und Chaosforschung sowie auf der geisteswissenschaftlichen Seite die Cluster von Kognitionswissenschaften, Philosophie, Pädagogik, Therapie und Soziologie streifen. Im Anschluss daran sehen wir uns einige Konzepte in der Managementlehre an, die bereits systemtheoretische Theoreme aufgreifen (siehe dazu Abb. 13.1).

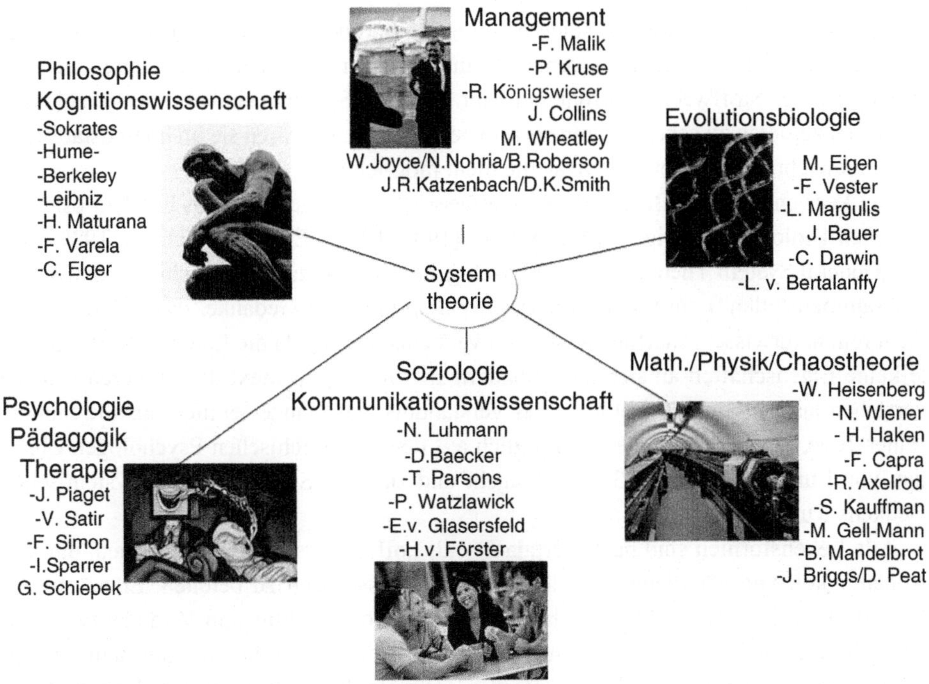

Abb. 13.1 Systemtheorie ist interdisziplinär

Ziel dabei ist es, aus diesen Erkenntnissen Rückschlüsse für effektives Management zu ziehen, oder wie es Fritjof Capra, ein systemischer Vordenker, formuliert hat:

> The more managers know about self-generating networks, the more effective they will be. Let us see, what kind of lessons for management can be derived from the systemic understanding of life. ([7], S. 111)

13.1 Kleine Geschichte der Systemtheorie

Wenn wir von „Systemen" sprechen, dann kann dies einzelne Organismen, Gruppen, die Umwelt oder auch ein Unternehmen bezeichnen. Relevant ist hierbei, dass die einzelnen Elemente eines Systems in Wechselwirkung zueinander stehen und sich durch diesen Bezug von anderen Systemen der Umwelt abgrenzen. Die wesentlichen Eigenschaften eines Organismus oder lebenden Systems sind demnach emergente Eigenschaften des Ganzen, die keiner seiner Teile besitzt.

Als Beispiel für diesen Gedanken kann man etwa Bienen und Ameisen betrachten, die nicht als Einzelwesen überleben, aber in großer Zahl fast wie die Zellen eines komplexen Organismus mit einer kollektiven Intelligenz und Anpassungsfähigkeit agieren, die denen der einzelnen Individuen weit überlegen sind. Die inneren Gesetzmäßigkeiten eines Organismus geben dem Organismus seine Ausprägung und demnach ist er als geschlossen zu verstehen, während zugleich die formale Öffnung zur Umwelt schon allein durch die Notwendigkeit des Stoffwechsels erhalten bleibt. Lebende Systeme sind also als geschlossen und offen zugleich zu sehen. Wären sie rein geschlossen, so wären sie im homöostatischen Gleichgewicht, was für lebende Systeme nicht möglich ist.

Die Verwendung des Begriffes „Systemtheorie" findet sich erstmals bei dem österreichischen Biologen Ludwig von Bertalanffy (1901–1972). Er bezeichnete sie 1937 noch als „General System Theory". Etymologisch geht das Wort auf das griechische Synistánai („zusammenstellen") zurück. Hierbei ist der ursprüngliche Gedanke, dass Systeme sich nicht rein naturwissenschaftlich analytisch verstehen lassen, da die Eigenschaften der Teile keine Eigenschaften an sich sind, sondern sich nur im Kontext des größeren Ganzen verstehen lassen. Hierauf fußt auch das Verständnis, das Ganze sei mehr als die Summe seiner Teile, ein Gedanke, der ursprünglich auf den österreichischen Psychologen Christian von Ehrenfels (1859–1932) zurückgeht und zu einer Schlüsselformel systemischen Denkens wurde.

Alle Lebensformen sind nach Bertalanffy als „offene Systeme" zu verstehen, um ihre Abhängigkeit von ständigen Energieflüssen und Ressourcen zu betonen. Er prägte den Begriff „Fließgleichgewicht", um das Miteinander von Struktur und Veränderung in allen Lebensformen zum Ausdruck zu bringen, was die Systemtheorie vom naturwissenschaftlichen Verständnis der Zeit unterschied. Bertalanffy ergänzt nun das Kriterium der metabolischen Offenheit lebender Systeme durch die Attribute der Aktivität gemäß der inneren Organisationsgesetzlichkeit des Nervensystems. Damit nimmt er in den 1960er Jahren bereits aktuelles systemtheoretisches Denken vorweg, ebenso mit dem Konzept des biologischen „Driftens".

Der österreichische Systemtheoretiker und Physiker Fritjof Capra, der heute in Kalifornien lebt, wies schon in den 1980er Jahren auf den Wert der Kooperation hin, insbesondere in Referenz auf die Arbeiten der Biologin Lynn Margulis und des Biophysikers James E. Lovelock. Capra behauptete, dass der enge darwinistische Begriff der Anpassung ein Irrweg sei. In der gesamten Lebenswelt lasse sich die Evolution nicht auf die Anpassung von Organismen an ihre Umwelt beschränken, weil die Umwelt selbst wieder durch lebende Systeme gestaltet wird, die wiederum zur Anpassung und Kreativität fähig sind.

Während sich diese Entwicklung der Systemtheorie in der Biologie ergab, lief parallel dazu die Entwicklung eines physikalischen Systembegriffs. Ausgangspunkt war die Kybernetik, die Regelkreislehre, welche vor allem in der Nachrichten- und Kommunikationstechnik relevant war. Der Kybernetiker Gregory Bateson (1904–1980) erklärte lebende Systeme als kybernetische Regelkreise, welche zunächst an die Ausführungen zur biologischen Homöostase erinnern. Bateson wiederum war stark von dem österreichischen Physiker Norbert Wiener (1894–1964) beeinflusst, der mit der Kybernetik eine neue physikalische Teildiziplin schuf. Über Norbert Wiener gibt es viele Anekdoten, eine der lustigsten wird vielleicht von Murray Gell-Mann überliefert: „Als ich am MIT studierte, fand ich ihn hin und wieder schlafend im Treppenhaus liegen, wo sein fülliger Körper den Verkehr ernsthaft behinderte." ([12], S. 122)

Die Theorie der Kybernetik sowie die Regelkreislehre generell fußt noch auf dem klassischen physikalischen Verständnis, wonach Ordnung mit Gleichgewicht verbunden ist (z. B. in Kristallen) und Unordnung mit Nichtgleichgewicht (z. B. Turbulenzen). So verstand noch Jay Wright Forrester die Regelkreislehre nicht nur als adäquate Lehre zum Verständnis des Lebens, sondern auch die Homöostase als Ideal. Der frühe Begriff der Kybernetik denkt noch nicht an die Möglichkeit der Bildung neuer Strukturen und Verhaltensweisen im Sinne selbstorganisierter Prozesse. Demnach konnten auch Prozesse wie Evolution, Entwicklung oder Kreativität nicht angemessen erklärt werden.

Dennoch war bereits der Gedanke der Eigengesetzlichkeit angelegt, den Norbert Wiener, wie er selbst angibt, aus der Philosophie des deutschen Philosophen und wohl letzten Universalgelehrten Gottfried W. Leibniz (1646–1716) und seiner sogenannten Monadenlehre entnommen hat. Die Gedanken von offenen Systemen, die fern vom Gleichgewichtszustand sind und zugleich geordnete Strukturen aufweisen, führen dabei direkt zur physikalischen Thermodynamik. Der russische Physiker und Nobelpreisträger Ilya Prigogine (1917–2003) prägte dafür den Begriff der sogenannten dissipativen Strukturen, die in paradoxer Weise Ordnung und Unordnung zu vereinen scheinen.

In der klassischen Thermodynamik war die Dissipation (i. e. der Verlust von Energie bei der Wärmeübertragung, der Reibung etc.) stets mit Verschwendung verbunden. Prigogines Begriff einer dissipativen Struktur beschreibt die Dissipation in offenen Systemen dagegen als Quelle der Ordnung. Als dissipative Strukturen können sowohl lebende als auch nichtlebende Systeme bezeichnet werden. Ein Beispiel für ein nichtlebendes System mit dissipativer Struktur ist ein Wasserstrudel, der in der Badewanne abfließt. Obwohl ständig Wasser durch den Strudel fließt (Analogie zum Stoffwechsel), bleibt die Strudelform stabil (Analogie zur Selbstorganisation). Lebende Systeme bewegen sich durch den Stoffwechselprozess ebenso fern vom Gleichgewicht und benötigen eine ständige Zufuhr von Luft, Wasser und Nahrung aus der Umwelt, um am Leben zu bleiben und ihre Ordnung aufrechtzuerhalten. Wir könnten sagen, dass dissipative Strukturen Systeme sind, die ihre Identität nur dadurch behalten können, dass sie ständig für die Einflüsse ihrer Umgebung offen bleiben.

Der deutsche Physiker Hermann Haken kam in seiner Arbeit mit Lasern 1969 zu ähnlichen Ergebnissen. Er beschrieb das Laserlicht als selbstorganisierendes System fern vom Gleichgewicht. Aus Hakens Theorie zeigte sich, dass dem Laser zwar Energie von außen zugeführt werden muss, damit er in einem Zustand fern vom Gleichgewicht bleibt, dass aber die Koordination der Emission vom Laserlicht selbstorganisatorisch vollzogen wird, im Sinne Prigogines also die Beschreibung einer dissipativen Struktur. Ein weiterer Hinweis auf selbstorganisatorische Naturprozesse fand sich in der Mikrowelt der Quantenphysik. Schon Max Planck erkannte, dass die Emission von elektromagnetischen Strahlen stufenweise, in Form von Energiepaketen, sogenannten Quanten, erfolgt. Die Größe der erfolgten Quantensprünge zwischen den Stufen bestimmt sich nach dem „Planckschen Wirkungsquantum“, eine Naturkonstante, die Planck festsetzte. Plancks Erkenntnisse begründen die Quantenphysik, mit der sich Forscher wie Albert Einstein, Max Born, Erwin Schrödinger oder Werner Heisenberg beschäftigten und welche die klassische Newtonsche

Physik (mit Kausalität und Determination) in den folgenden Grundsätzen revolutioniert: Demnach gibt es keine Kontinuität, Naturvorgänge laufen nicht stetig ab. Naturvorgänge sind in der atomaren Welt nicht eindeutig vorhersehbar.

Anders als etwa beim Billardspiel, wo ein bestimmter Stoß die gleiche Bewegung auslöst, wird ein immer gleich beschossenes Atom stets unterschiedliche Reaktionen zeigen. Gleiche Ursachen haben in der Mikrophysik nicht die gleichen Wirkungen, das Kausalitätsprinzip ist außer Kraft gesetzt. Die Elemente der Mikrophysik (Atome, Elektronen) haben keinen eindeutigen Charakter, sie sind zuweilen als Welle, dann als Teilchen zu verstehen. Demnach lässt sich nicht von einem objektiven Zustand der Natur sprechen. Gerade dies hat den Physiker, Philosophen und Nobelpreisträger Werner Heisenberg (1901–1976) zur Aussage gebracht, dass wir mit unseren physikalischen Experimenten eigentlich nicht die Natur beschreiben, sondern lediglich unser Wissen von der Natur – mit anderen Worten: uns selbst.

Beobachter und Beobachtetes lassen sich somit nicht trennen, eine Aussage, welche die Naturwissenschaft ihres klassischen Verständnisses von Objektivität enthebt und subjektiviert. Mit der Aufgabe der klassischen physikalischen Position wird es in der Quantenphysik notwendig, statt der deterministischen Kausalität nun lediglich die Möglichkeit der Berechnung von Ereigniswahrscheinlichkeiten zuzulassen. Diese Einsicht führt uns direkt in die Chaosforschung. Das bekannte „Schmetterlingsbeispiel“ in der Chaostheorie, das auf einen Gedanken des Meteorologen Edward Lorenz in den 1960er Jahren zurückgeht, drückt nicht nur die Verschränktheit aller Elemente und Systeme aus, sondern auch die Entstehung sehr komplexer Strukturen aus zunächst einfachen Anfangsbedingungen:

> Eine Redensart sagt, schon das Flattern eines Schmetterlings in Hongkong könne in New York ein Gewitter auslösen. Plötzlich wurde bewusst, dass in deterministischen (kausalen) dynamischen Systemen in jeder Kleinigkeit die Möglichkeit zur Erzeugung von Chaos (Unvorhersagbarkeit) verborgen liegt“ ([6], S. 97). „Der Flügelschlag eines imaginären Schmetterlings in Rio verändert das Wetter in Chicago. Jede beliebig kleine Änderung in einem chaotischen System kann weitreichende, sich verstärkende Wirkungen entfalten (und tut dies in der Regel auch). Diese empfindliche Abhängigkeit bedeutet, dass man die Anfangsbedingungen – wie schnell, in welchem Winkel und exakt auf welche Weise der Star seine Flügel schlägt – mit unendlicher Genauigkeit kennen müsste, um das Ergebnis vorhersagen zu können. Dies ist jedoch sowohl aus praktischen wie auch aus quantenmechanischen Erwägungen unmöglich. Daraus ergibt sich die bekannte Schlussfolgerung: Das langfristige Verhalten chaotischer Systeme ist nicht vorhersagbar. ([18], S. 34)

Als der Meteorologe Edward Lorenz nichtlineare Gleichungen zur Modellierung der Erdatmosphäre im Computer simulierte, zeigte der zum Lösungsverfahren gehörige Iterationsprozess, dass bereits winzige Differenzen zu riesigen Unterschieden führten, die qualitativ völlig verschiedene Wettersysteme charakterisierten. Während dieser Aspekt der Chaosforschung dem Namen „Chaos“ alle Ehre macht und dem Gedanken von Struktur und Determinismus zu widersprechen scheint, zeigt sich in chaotischen Systemen zugleich ein zweiter, dazu paradox erscheinender Aspekt:

Chaotische Strukturen führen nämlich, wenn sie sich selbst überlassen bleiben, zur Entstehung von Mustern und Ordnungen. Auch dies lässt sich anhand von Computersimulationen zeigen. Manche Operationen nach beliebigen Iterationen führten von selbst auf einen bestimmten, stabilen Wert. Die Fortführung dieser Operationen nach Erreichen dieses Wertes änderte diesen nicht mehr, d. h., die weiteren Operationen sorgten nur für redundante Wertreproduktion in einem iterativen Prozess. Unabhängig von der Chaosforschung haben Mathematiker die Entstehung von Mustern in scheinbar ungeordneten Strukturen entdeckt, sogenannte seltsame Attraktoren. Attraktoren sind Werte bzw. Zustände, denen ein System zustrebt. Sie sind auch bekannt als „Mandelbrot-Menge", benannt nach dem französischen Mathematiker Bênoit Mandelbrot (1924–2010). Mandelbrot schuf unabhängig von der Chaostheorie in den 1960er Jahren eine neue Geometrie, die sogenannte Fraktale Geometrie, zur Beschreibung chaotischer Attraktoren aus iterativen Verfahren. Der Zusammenhang zwischen fraktaler Geometrie und Chaostheorie war ihm damals zunächst nicht bewusst. Ein wesentliches Merkmal der ästhetischen Fraktale ist dabei, dass sich ihre typischen Muster in abnehmender Größenordnung wiederholen, sodass ihre Teile in jedem Maßstab in ihrer Form dem Ganzen ähneln.

Diese Selbstähnlichkeit der Muster, die sich auf jeder Ebene der Betrachtung zu wiederholen scheint, lässt sich in ihrer Qualität beschreiben, jedoch lassen sich Fraktale nicht quantitativ berechnen, was sie mit der Unvorhersagbarkeit chaotischer Systeme gemein haben. Die qualitativen Merkmale des Systemverhaltens lassen sich aber sehr wohl bestimmen. Interessanterweise zeigt sich, dass diese Strukturen am Rande des Chaos durchaus fragil sind, aber gerade am Rande des Chaos ihre höchste Leistung sowie ihre Veränderungsfähigkeit zeigen. Komplexe, energetisch offene Systeme sowie dissipative Strukturen entstehen demnach fern vom thermischen Gleichgewicht am Rande des Chaos.

Der amerikanische Chaos- und Komplexitätsforscher Stuart Kauffman vom Santa Fe Forschungsinstitut schuf ein theoretisches systemisches Modell, welches Selbstorganisation und Selektion miteinander vereinte. Selbstorganisation, also Ordnung, tritt bei ihm schon immer vor jeder Selektion auf, er nannte sie „Ordnung zum Nulltarif". Damit war die Adaption an Umweltgegebenheiten als Selektionskriterium nicht mehr entscheidend. Dieser Gedanke setzte die Selbstorganisation von Systemen mit Naturgesetzlichkeit gleich. Die Evolution selbst wurde als selbstorganisierend beschrieben.

Während sich diese Entwicklungen systemischen Denkens in Biologie und Physik vollzogen, begannen Wissenschaftler auch auf dem Gebiet der Kognitionsforschung bzw. künstlichen Intelligenzforschung (KI) bereits in den 1950er Jahren, systemisches Denken zu entwickeln, etwa beim Bau von Maschinenmodellen mit binären Netzwerken. Hier zeigte sich, dass sich in den meisten Netzwerken nach einer kurzen Zeit der Willkür geordnete Muster einstellten. Diese spontane Erscheinung von Ordnung wurde als Selbstorganisation bezeichnet. In dem Bemühen der Kognitionswissenschaften, menschliche Intelligenz zu verstehen, wurde schnell klar, dass sich die menschliche Intelligenz von der künstlichen Intelligenz der Maschinen unterscheidet. Das menschliche Nervensystem verarbeitet nämlich keine Information, sondern steht im Dialog mit der Umwelt, indem es ständig seine eigene Struktur moduliert. Das Gehirn als datenverarbeitenden Computer zu sehen, im Sinne einer trivialen Maschine, war damit obsolet geworden. Während triviale Systeme analytisch bestimmbar, determiniert und damit voraussagbar arbeiten, sind nicht triviale Systeme analytisch unbestimmbar und nicht vorhersagbar. Die Maschine sowie das Computersystem leben in ihrer Nützlichkeit für uns davon, dass die Ergebnisse der Operationen vorhersagbar und nicht willkürlich sind.

Menschen, sowie etwa die Umwelt, sind jedoch als lebende Systeme nicht trivial zu verstehen, d. h., um das uncharmante Beispiel von Gregory Bateson zu zitieren, es ist ein großer Unterschied, ob wir eine Billardkugel anstoßen oder einen Hund treten, denn im zweiten Fall ist die Reaktion des lebenden Systems nicht vorhersagbar, aus der ursprünglichen Information, die in das lebende System eingespeist wurde, lässt sich nicht das Ergebnis, also die Reaktion vorhersagen. Heute ist in der Hirnforschung längst bekannt, dass unser Gehirn vernetzt arbeitet und einzelne Funktionen nicht notwendigerweise lokal beschränkt sind. Nach Unfällen hat sich gezeigt, dass auch andere Hirnreale Aufgaben übernehmen können, ein Befund, der für die kognitive Selbstorganisation spricht. An der Neuorientierung der Kognitionswissenschaften weg vom Inputsystem trivialer Maschinen hin zu einem selbstorganisierten System war unter anderem der chilenische Kognitionswissenschaftler Francisco Varela (1946–2001) maßgeblich beteiligt. Varela betonte in seiner Konzeption des Gehirns die Eigenaktivität im Gegensatz zur Repräsentation der Außenwelt als Grundmuster lebender Systeme.

Zusammen mit dem chilenischen Neurobiologen und Philosophen Humberto Maturana entwickelte er ein Modell eines operational geschlossenen Systems. Sie bezeichneten diese Selbstorganisation als „Autopoiese", also „Selbsterschaffung". Varela wies darauf hin, dass für Überlebensfähigkeit nicht unbedingt eine korrekte Repräsentation unserer Umwelt nötig sein muss. Entscheidend für lebende Systeme sei demnach vielmehr, ob sie mit ihrer jeweiligen Wahrnehmung überlebensfähig sind. Wenn Viabilität und nicht Anpassung Kriterium der Evolutionsfähigkeit von lebenden Systemen sei, könne man auch nicht von einer linearen, optimalen Anpassungsskala sprechen.

Damit kehrten Varela und Maturana der Darwinschen Auffassung der graduellen Anpassung den Rücken. Das Kriterium für Überlebensfähigkeit ist aus phylogenetischer Sicht die Replikationsfähigkeit. Indem sie Bertalanffys Begriff des Driftens wieder aufnahmen, verstanden sie lebende Systeme als in ihrer Umwelt strukturell „driftend" im Sinne einer Koevolution. Dabei sind lebende Systeme als operational geschlossen aufgrund ihrer Eigengesetzlichkeit, aber strukturell offen aufgrund der metabolischen Verwiesenheit auf die Umwelt zu sehen. Im Sinne einer nicht trivialen Maschine kann man demnach nicht von einer linearen Informationsaufnahme von Umwelteinflüssen im System sprechen. Maturana und Varela bevorzugten es, nicht von Information zu sprechen, sondern von Perturbation (lat. perturbare = stören). Das lebende System wird nämlich von der Umwelt gehindert, seine eigengesetzlichen Operationen (operative Geschlossenheit) auszuführen. Durch die Perturbation ist die Reaktion des lebenden Systems nicht vorhersagbar. Lebende Systeme werden sowohl von ihrer Umwelt perturbativ beeinflusst als auch umgekehrt, was die Autoren als „strukturelle Kopplung" bezeichneten. Zugleich sind Organismus und Umwelt operational geschlossen, also unabhängig voneinander.

Maturanas und Varelas Konzept beinhaltete ein erkenntnistheoretisches Modell. In der philosophischen Erkenntnistheorie gab es unabhängig von Physik, Biologie und Kognitionsforschung ebenfalls systemische Konzepte, welche bereits mehrere Jahrhunderte vor den naturwissenschaftlichen Theorien entstanden. Den Gedanken der Abhängigkeit der Erkenntnis vom erkennenden Subjekt findet man bereits im bekannten Homo-Mensura-Satz des Sophisten Protagoras (480–410 v. Chr.), wonach der Mensch das Maß aller Dinge sei. Allgemeingültige Wahrheit gibt es nach Protagoras nicht und sein Relativismus kommt auch darin zum Ausdruck, dass nicht einmal für denselben Menschen dasselbe zu verschiedenen Zeiten wahr sein kann, denn zu verschiedenen Zeitpunkten ist der Mensch auch jedes Mal ein anderer. Damit denkt Protagoras bereits das prozessurale Verständnis eines ständig wechselnden Seins, das sich mit einer stabilen Auffassung unserer Identität nicht vereinen lässt, was von der modernen Hirnforschung bestätigt wird. Eine systematische Ausführung dieser Erkenntnistheorie hat der schottische Philosoph David Hume im 18. Jahrhundert geleistet. Hume nimmt viele Gedanken der späteren Systemtheorie vorweg, so die Prozesshaftigkeit und Eigengesetzlichkeit lebender Systeme sowie die Auflösung der Realität, wie sie auch in den naturwissenschaftlichen Einzeldisziplinen zum Ausdruck kommt.

Auch in der fernöstlichen Philosophie des Buddhismus entwickelte sich ein erkenntnistheoretischer Idealismus, wonach Dinge und Menschen nichts weiter sind als „Maya“ (Welt des Scheins). Der Buddhismus geht nicht von einem beständigen Subjekt aus; dieses wird lediglich als nicht wirkliche Illusion gesehen. Sokrates (469–399 v. Chr.) ist ebenso als Vordenker der Systemtheorie zu sehen. Er hat systemisches Denken zwar als einer der Ersten entworfen, allerdings, anders als später Hume, noch nicht systematisch weitergedacht. Sokrates ist aber auch deshalb für die Systemtheorie so interessant, weil er hinsichtlich der didaktischen und pädagogischen Aspekte in seiner „Maieutik“ (griech = Hebammenkunst) bereits viele Ideen andenkt, die heute noch systemische Personalführung, Pädagogik oder auch therapeutische Beratung prägen. Sokrates stellte Fragen, prüfte die Antworten und enthielt sich dabei selbst aller Behauptungen. In der weiteren pädagogischen und didaktischen Adaption führte die sokratische Methode der Maieutik zu einem Verständnis von Lehre, in dem der Lehrer dem Schüler nicht die fertigen Ergebnisse vorträgt, sondern durch Fragen die Schüler dahin führt, die Ergebnisse aus eigener Einsicht – systemisch würde man „selbstorganisatorisch“ sagen – zu gewinnen.

Die maieutische Methode des Sokrates hat dabei insbesondere auf die Pädagogik Auswirkung gezeigt, beispielsweise im Erziehungskonzept von Jean Piaget oder von Maria Montessori. Dies führt uns wiederum in die Entwicklung systemischer Beratungs- und Coaching-Konzepte der Gegenwart. Auch hier ist Sokrates Philosophie als Vorläufer der systemischen Einzel- und Organisationsberatung und Therapie zu sehen, wie sie etwa von Steve de Shazer weitergeführt wurde. Obwohl systemisches Gedankengut heute weit verbreitet ist, findet es sich oft unter anderen Begrifflichkeiten wie „Emergenz“, „Komplexitätsforschung“, „Singularität“ oder „Synergetik“ wieder. Fassen wir einige grundlegende Aussagen der Systemtheorie, wie sie sich aus den Einzelwissenschaften ergeben, zusammen:

13.2 Systemtheorie in der Biologie

Wir wissen heute, dass die Prinzipien der Evolution in ihrer Dynamik weniger durch Mutation und individuelle Konkurrenz bestimmt sind, sondern vielmehr durch Selbstorganisation und Kooperation. Kollektive Intelligenz entsteht als Eigenschaft in der Natur, ohne dass dafür Führung von oben nötig ist. Statt willkürlicher Mutationen, wie es noch bei Charles Darwin behauptet wurde, ist in lebenden Systemen immer schon Ordnung vorhanden und kommt nicht erst durch Selektion in die Welt.

Das Darwinsche Verständnis von Konkurrenz wird damit obsolet. Darwinistisch entsteht Leistung durch Anpassungsdruck, systemisch sind Leistung und Motivation immer schon vorhanden und werden durch Anpassungsdruck nur vermindert. Überlebensfähigkeit definiert sich im systemischen Sinne nicht durch die Anpassung des Lebens an eine bestehende Umwelt, sondern durch Koevolution selbstorganisatorischer Lebensprozesse. Lebende Systeme sind operational geschlossen, dabei behalten sie aber aufgrund ihrer Angewiesenheit auf Stoffwechselprozesse ihre strukturelle Offenheit. Die operationale Geschlossenheit bewirkt, dass sich lebende Systeme gemäß ihrer inneren Organisation und Eigengesetzlichkeit verändern.

Lebende Systeme sind nicht als Anpassung an ihre Umwelt entstanden, sondern passen ebenso ihre Umwelt an sich an. Organismen reagieren nicht passiv auf Umweltreize als Informationsträger, die kausale Wirkungen auslösen, sondern nach ihren Eigengesetzlichkeiten. Die Umwelt „stört" nur den Organismus, ohne die operationalen Änderungen des Organismus inhaltlich zu beeinflussen. Nicht Konkurrenz, sondern Kooperation, Vernetzung und Koevolution sind die in der Evolution erfolgreichen Strategien. Kooperierende Gruppen haben sich konkurrierenden gegenüber vielfach als leistungsfähiger erwiesen. Umso erstaunlicher ist es, dass sich die Behauptung der einseitig kriegerischen und konkurrierenden Natur des Menschen bis heute so hartnäckig gehalten und sich zudem als ökonomische Tugend durchgesetzt hat. Konkurrenz und Wettbewerb sind nicht in der menschlichen Natur angelegt, sondern müssen erlernt werden. Weiterführende Literatur findet sich bei Bauer [4], Kauffman [18], Axelrod [2], Margulis [21], Joyce [15], Blackmore [5], Gräfrath [13], Singer [23], Waal [26].

13.3 Systemtheorie in Mathematik, Physik und Chaosforschung

Gerade der Aspekt der Selbstorganisation verbindet die Disziplinen von Evolutionsbiologie und Physik. Über die Kybernetik bis hin zu dissipativen, thermodynamischen Strukturen entwickelte sich auch in der Physik ein Begriff von Ordnung, welcher sich autonom aus Entropie (Unordnung) entwickelt. Diese Eigengesetzlichkeiten entstehen als dissipative, selbstorganisatorische Strukturen inmitten von Unordnung. Dissipative Strukturen und Entropie sind deshalb nicht als Widerspruch zu sehen. Auch die Emission von elektromagnetischen Strahlen erfolgt eigengesetzlich, nach den Planckschen Quantensprüngen. Die

Aufhebung von Ursache und Wirkung in der Quantentheorie gleicht der Biologie, denn gleiche Ursachen lösen nicht gleiche Wirkungen auf Organismen aus.

Quantenphysik, Relativitätstheorie und Empirismus bilden in ihrer Ablehnung objektiver Realität eine Grundlage für die systemische Erkenntnistheorie. Der deterministische Charakter der Selbstorganisation widerspricht prinzipiell weder dem quantenphysikalischen Zufall, noch der chaostheoretischen Unmöglichkeit der Voraussage hoher Komplexität. Obgleich man vermuten mag, dass sich Chaos und Ordnung widersprechen, zeigt sich genau das Gegenteil. Die Chaosforschung zeigt uns ebenso die Entstehung eigengesetzlicher Muster, wenn Systeme sich selbst überlassen bleiben. Dieses Ergebnis zeigt sich auch anhand der Bildung von Attraktoren in der nichtlinearen Mathematik. Ordnungen entstehen selbständig durch Wechselwirkungen aller vorhandenen Systemelemente, auch wenn sie sich auf noch so kleine Ursachen zurückführen lassen und aus ihren Entstehungsbedingungen praktisch nicht mehr prognostizierbar sind. Systeme suchen von selbst Randbereiche auf, die am Übergang zum Chaos liegen. Das ist für das Überleben sinnvoll, da gerade dort die höchste Leistungsfähigkeit und Kreativität entfaltet wird. Weiterführende Literatur: Gell-Mann [12], Briggs und Peat [6], Capra [7], Dürr [10], Laughlin [19].

13.4 Systemtheorie in den Gesellschaftswissenschaften

Auch Gesellschaftssysteme können als komplexe Systeme mit eigenen, konstruierten sozialen Realitäten charakterisiert werden. Obwohl sie in Austausch zueinander und der Umwelt stehen, haben sie eigene Spielregeln. Die Spielregel der Konkurrenz beispielsweise dient als ökonomisches Konstrukt, das nur aufrechterhalten werden kann, wenn die Erwartungen der einzelnen Akteure den Spielregeln entsprechen. Dabei gilt aber zu beachten: Wenn man evolutionsbiologisch argumentiert, darf die Evolution nicht ihrerseits als reines Konstrukt verstanden werden.

Die Lernforschung zeigt, dass selbstgesteuertes Lernen große Erfolge erzielt. Die Entwicklungspsychologie stützt die Ansicht, Lernen als konstruktiven, aktiven und individuellen Akt, insbesondere bezogen auf Lerngeschwindigkeiten, zu verstehen. Ordnung, die sich in selbstorganisatorischen Gruppen bildet, ist nicht nur beständig, sondern kommt auch ohne die Kontrollfunktion externer Autoritäten aus.

Systemisches Coaching und systemische Unternehmensberatung sind hocheffizient, da in kurzer Zeit und auf kostengünstige Weise zukunfts- und lösungsorientierte Methoden eingesetzt werden. Systemische Organisationsentwicklung trägt nicht Veränderungsfähigkeit von außen an die Organisation heran, sondern zeigt, dass Veränderungsfähigkeit immer schon vorhanden ist und selbst zu tragfähigen Lösungen findet. Weiterführende Literatur: Parsons [22], Luhmann [20], Baecker [3], Sparrer [24].

13.5 Systemtheorie in Neurobiologie und Philosophie

Auch in den Kognitionswissenschaften bildete sich das Paradigma eines selbstorganisatorischen, eigenstrukturell modulierten Nervensystems heraus. Gehirne arbeiten demnach nicht lokal und auch nicht im trivialen Sinne von Computern oder Maschinen. Unsere Kognition richtet sich nicht auf eine von uns unabhängig existierende Außenwelt, vielmehr konstruiert unser Gehirn die Welt, statt sie zu spiegeln. Organismus und Umwelt sind jeweils operational geschlossen, also voneinander unabhängige Systeme. Es gibt kein Überleben des Angepassteren, wir könnten auch mit einem „Irrtum", was die richtige Wahrnehmung der Außenwelt betrifft, überleben. Entscheidend für evolutionäre Überlebensfähigkeit ist lediglich die Replikationsfähigkeit.

Die künstliche Intelligenzforschung zeigt, dass ein Verständnis neuronaler Selbstorganisation der menschlichen Intelligenz am nächsten kommt. Entscheidungen werden nicht rational getroffen, sondern sind immer schon emotional begründet. Motivation und Veränderungsfähigkeit entstehen im Menschen selbst und können nicht von außen an ihn herangetragen werden. Die Hirnforschung zeigt ein Bild unseres Selbst, welches der empiristischen Philosophie entspricht, indem es sich aus ständig neu erzeugten, neurobiologischen Zuständen zusammensetzt.

Sowohl abendländische als auch morgenländische philosophische Systeme vertreten seit Langem subjektivistische („eigengesetzliche") Konzepte. Im philosophischen Empirismus löst sich unsere Wirklichkeit auf, gerade wenn wir uns auf die „sicheren" Erkenntnisse unserer sinnlichen Erfahrung stützen. Dies sehen wir an Sinnestäuschungen ebenso wie an unserem Gebrauch von Allgemeinbegriffen, die nichts Wirklichem in der Welt entsprechen. Sogar unsere Innenwelt, unsere Identität, lässt sich nicht als Substanz nachweisen, vielmehr bleibt nur eine prozessuale Folge von Eindrücken. Weiterführende Literatur: Hume [14], Varela [25], Damasio [9], Elger [11].

13.6 Systemtheorie und Management

Anders als eigenschaftsorientierte Führungsansätze entmystifiziert der fähigkeitsorientierte, systemische Managementansatz die Führungsperson. Im Gegensatz zur Sicht der Führungsqualität als angeborene Eigenschaft wird Führung professionalisiert, indem sie zu einer lehr- und lernbaren Ausbildung wird. Heutige Arbeitnehmer wünschen sich Arbeit sinnerfüllt und als Ausdruck ihrer Persönlichkeit und nicht als notwendiges Übel. Spätestens in Zeiten des Arbeitnehmermangels müssen die Unternehmen darauf reagieren. Freude an der Arbeit, abwechslungsreiche, fordernde Tätigkeiten und die Möglichkeit zur Weiterbildung werden schon heute durchweg als wichtiger als monetäre Anreize angesehen, welche noch in der Nachkriegszeit eine bedeutendere Rolle gespielt haben. Der systemische Managementansatz bietet hierfür deshalb so viele Chancen, weil er sich in der Anwendung der genannten Kriterien an den jeweils aktuellen einzelwissenschaftlichen

Ergebnissen orientiert und zudem keine Utopie entwirft, sondern sich daran messen lässt, ob Management effizienter geworden ist.

Zwei sehr wesentliche Aspekte, welche sich für systemisches Management aus den einzelwissenschaftlichen Erkenntnissen ergeben und wie ein roter Faden durchziehen, sind die Funktionsweisen von Selbstorganisation und Kooperation. Aus den erwähnten einzelwissenschaftlichen Kriterien lassen sich insbesondere für Selbstorganisation und Kooperation folgende Kernpunkte festhalten, welche dann auf systemisches Management übertragen werden:

13.6.1 Selbstorganisation

- Systeme organisieren sich selbst inmitten von Unordnung.
- Systeme agieren und reagieren nicht gleich, sondern gemäß ihrer Eigengesetzlichkeit und damit individuell. Die gleiche Interaktion bei verschiedenen Systemen führt zu jeweils unterschiedlichen, unvorhersagbaren Reaktionen.
- Eine Anpassung an die Umwelt im Sinne einer Repräsentanz bietet unter Umständen keinen Überlebensvorteil.
- Lernen, Veränderung und Problemlösen geschehen individuell, eigenaktiv und konstruktiv, mithilfe eigener Ressourcen.
- Die durch Selbstorganisation entfaltete Kreativität erhöht die Überlebensfähigkeit.
- Man kann lebende Systeme nicht motivieren, dies kann nur jedes System selbst.

13.6.2 Kooperation

- Nicht Konkurrenz, sondern Kooperation und Vernetzung sind evolutionär erfolgreiche Strategien.
- Die Verwendung desselben Lebensraumes und derselben Ressourcen führt nicht zwangsläufig zum Konkurrenzkampf, wo nur der Stärkere überlebt. Es gibt mehr Beispiele für Koexistenzen, die sich nebeneinander im Sinne von Koevolution und Kooperation entwickeln. Mehr als die Hälfte der Biomasse lebt in solchen symbiotischen Beziehungen.
- Schwarmintelligenz bei Vögeln, Fischen, Ameisen oder Bienen erweist sich als erfolgreich in der Bewältigung komplexer Aufgaben. Kollektive Intelligenz entsteht als emergente Eigenschaft der Kooperation, oftmals mit wechselnden individuellen Aufgaben. Auch Entscheidungsgeschwindigkeit und Widerstandsfähigkeit nehmen im Vergleich zu herkömmlichen Top-down-Lösungen erheblich zu.
- Bereits Bakterien beweisen kollektive Intelligenz und kommunizieren mteinander. Obwohl sie einzeln gesehen äußerst geringe Möglichkeiten haben, können sie im Kollektiv enorme Leistungen vollbringen.

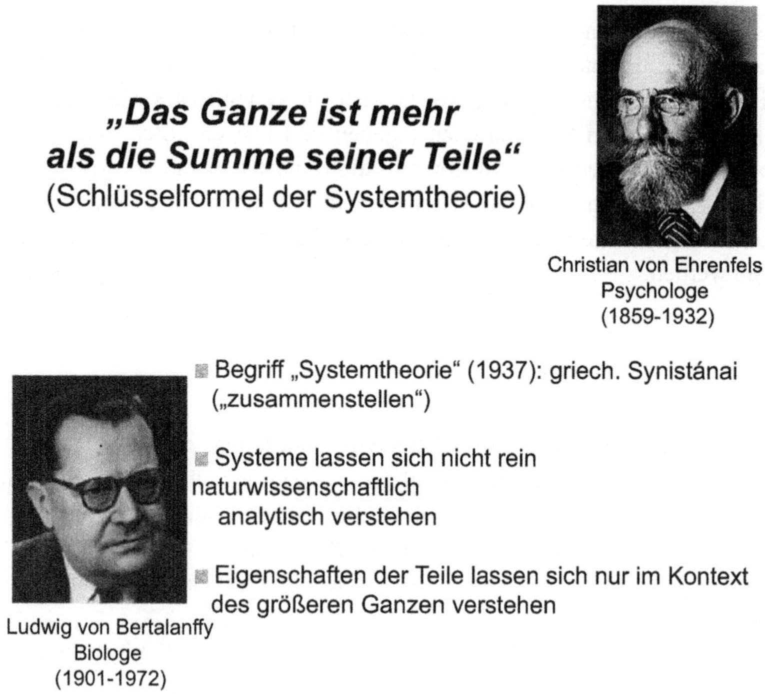

Abb. 13.2 Der Begriff System bei Ehrenfels und Bertalanffy

gestern	heute
Mitarbeiter leisten am meisten, wenn sie in Konkurrenz zueinander und unter Leistungsdruck stehen	Mitarbeiter leisten am meisten, wenn sie kooperieren, Leistung entsteht von selbst
Motivation ist eine Führungsleistung	Motivieren kann sich jeder nur selbst
Führung ist eine angeborene Eigenschaft („Great Man“-Theorie)	Führung ist eine erlernbare Fähigkeit (Entmystifizierung & Professionalisierung von Führung)
Führungsforschung ist Führungsstilforschung mit Fokus auf die Führungskraft	Fokus auf Mitarbeiter (-System)
Kontrolle, Statik, Struktur	Flexibilität, Prozess, vernetztes, intuitives, ganzheitliches Denken

Abb. 13.3 Management von gestern und heute

All diese Aspekte verändern das klassische Managementverständnis spürbar, wie Abb. 13.3 zeigt:

Führungsstile, die einseitig auf der Seite der Führungskräfte ansetzen, sind begrenzt und ineffizient, denn Motivation ist weder rational, noch kann sie von außen erzeugt werden. Motivieren kann sich nur jeder selbst(-organisatorisch). Motivation kann nicht durch rationale, informative Impulse von außen angestoßen werden. Performance Management sollte Kooperation und Networking belohnen, nicht einseitig Konkurrenz. Konkurrenz vergleicht Leistungen anhand eines dritten, quantitativen Maßstabs, was qualitative, kreative Leistungen zu wenig berücksichtigt.

Um die Auswirkungen der systemischen Sichtweise auf Management besser zu erkennen, greifen wir im Folgenden einige zentrale Themen auf, um zu sehen, wie etwa Motivation, Konkurrenz, Leistung oder Personalführung sich im systemischen Kontext gestalten. Beginnen wir zunächst mit den bereits bekannten Themen „Selbstorganisation" und „Kooperation".

13.6.3 Selbstorganisation und Empowerment

> Die Zukunft der Unternehmen hängt nicht von der Genialität ihrer Topmanager ab, sondern vom Engagement und dem Erfindungsgeist ihrer Betriebsleiter und Angestellten. [16]

Auf Veränderungen reagieren am besten und am schnellsten diejenigen vor Ort. Das spricht gegen lange Top-down-Befehlsketten. Selbst im Militär hat es sich in bestimmten Situationen bewährt, allgemeine Leitlinien aufzustellen, denen die Betreffenden vor Ort grob folgen, aber ansonsten selbstverantwortlich handeln. Anhand des Beispiels von Nike wurde in der „Evergreen-Studie" [16] gezeigt, dass wichtiger als die Belohnung durch Leistungsprämien die Bereitschaft des Unternehmens ist, seine Beschäftigten bei minimaler Einmischung ihre eigenen Läden führen zu lassen.

Es zeigt sich, dass Fusionen erfolgreich sind, wenn keine „Monokulturstrategie" verfolgt wird, übernehmende Unternehmen also nicht darauf aus sind, ihren Partner zu ändern, sondern die Selbständigkeit des anderen respektieren. Dies gründet auch in der Erwartung, dann mehr von unternehmerischen Transaktionen zu profitieren, im Sinne einer Multi- bzw. Mischkulturstrategie. Mitarbeiter, die die Chance bekommen, sich aktiv einzubringen, gehen damit sehr verantwortlich um, wie sich in der Praxis zeigt.

Auf der Kehrseite zeigt sich allerdings auch eine bereits einsetzende Entwicklung, nämlich die Verlagerung der Personalentwicklung auf die Eigenverantwortung der Mitarbeiter. Employability und Marktkompatibilität werden zunehmend von den Unternehmen nicht mehr gesteuert, Mitarbeiter haben dies eigenverantwortlich zu leisten.

13.6.4 Die kooperative Organisation

> Anreizsysteme, an Kooperation anstatt nur individueller Leistung gebunden, brachte im Falle Nucor über 50 % Ergebnissteigerung. Dies führte nicht nur zu den ‚härtesten Stahlarbeitern der Welt', sondern auch zur Selbstorganisation der Mitarbeiter für Spitzenleistung, die sie sich untereinander abforderten. [8]

Sowohl für die heutige komplexe Ökonomie (Finanzkrise) als auch Ökologie (Klimakrise) ist Kooperation nicht nur logistisch eine Voraussetzung für den Erfolg. Die zukünftigen globalen Herausforderungen lassen sich nur synergetisch und kooperativ lösen, also miteinander und nicht gegeneinander. Die Organisationsstrukturen der Zukunft werden einfacher und flexibler sein als die statischen Kontrollhierarchien des 20. Jahrhunderts.

Arbeit wird nicht an Funktionen, sondern an Personen und Prozessen ausgerichtet werden. Teams werden immer mehr als Arbeitsform der Wahl gelten, wenn es um herausragende Leistung geht. Systemisches Management fördert die Bildung von horizontalen, hierarchie- und bereichsübergreifenden Netzwerken, in denen Einzelne und Teams frei miteinander kooperieren.

13.6.5 Motivation

> Wer die richtigen Mitarbeiter an Bord hat, braucht keine künstliche Motivation, sondern muss nur dafür sorgen, die Mitarbeiter nicht zu demotivieren. [8]

Im systemischen Verständnis lassen sich Menschen nicht zur Leidenschaft motivieren. Man kann nur entdecken, was die Leidenschaft der Mitarbeiter entfacht, und versuchen, diese Aspekte in die Zielvereinbarung aufzunehmen. Es kann also nicht darum gehen, Mitarbeiter zu motivieren, sondern diejenigen Mitarbeiter zu gewinnen, die selbst an Leistung interessiert sind. Diese müssen nicht ständig kontrolliert und angespornt werden. Sie motivieren sich selbst. Bevor man sich um das „Was“ kümmert, muss man zunächst das „Wer“ klären.

Hier kann ein Vergleich mit Familienunternehmen dienen. Im Guten wie im Schlechten hält man an den Personen fest. Hat man die richtigen Mitarbeiter, dann ergeben sich die Sachlösungen von selbst. In der Personalauswahl werden demnach Motivatoren, Ziele und gewünschte Zukunftsszenarien von Bewerbern eine größere Bedeutung erlangen. Statt nur biografiebezogene Validierungen anzuwenden, welche aus dem Erfolg der Vergangenheit auf zukünftige Erfolge zu schließen versuchen, wird der eigenen Zielsetzung vermehrt Aufmerksamkeit geschenkt, um möglichst hohe Identifikation und Motivation zu erreichen.

13.6.6 Konkurrenz und Leistungsdruck

> Erfolgreiche Unternehmen bemühen sich empirisch nachweislich, ihr Leistungsniveau ständig zu erhöhen, und dies unabhängig davon, wo die Wettbewerber stehen. Sie sind damit nicht auf Konkurrenz ausgerichtet, sondern auf eigene Höchstleistung, die ständig anspruchsvoller definiert wird. [16]

Interne Konkurrenz verlagert die Last der Synergiebildung auf höhere hierarchische Unternehmensebenen und bindet damit Energie im Unternehmen. Die Stressforschung zeigt, dass Konkurrenz und Leistungsdruck keine leistungsfördernde Wirkung in Unternehmen entfachen. Vielmehr erweisen sie sich schädlich für Immunsystem, Lernverhalten, Motivation und Sozialverhalten. Druckausübung erwirkt keine Leistungssteigerung bei Mitarbeitern, sondern es werden lediglich Begeisterung und Initiative eingebüßt. Im systemischen Sinne geht es vielmehr darum, konstruktives Feedback zur Leistungssteigerung anzubieten, Zuversicht zu vermitteln, statt durch Angst und Verunsicherung disziplinieren zu wollen.

13.6.7 Organisation

> Führungskräfte haben zukünftig die Aufgabe, Werte und Visionen deutlich zu machen, es aber den Mitarbeitern selbst zu überlassen, im System den eigenen Weg zu finden, auch wenn dies chaotisch und willkürlich scheinen mag. Es geht darum, dem Chaos zu vertrauen. Das wird für viele Manager nicht einfach sein, die Autonomie mit Anarchie gleichsetzen. [27]

Systemisches Organisationsverständnis heißt, Management als kooperative Partnerschaft zu begreifen, welche symbiotische Beziehungen und Netzwerke aufbaut und erhält. Dies setzt eine offene Unternehmenskultur voraus, welche die Rolle der Führungskraft, nämlich sinnvoll stören zu dürfen, auch anerkennt. Während heute Querdenker in Unternehmen Gefahr laufen, als Miesepeter gesehen zu werden, haben in einer Kultur der Veränderung die kreativen Störer herausragende Karrierechancen. Es gilt, eine Umwelt zu erschaffen, die als geeigneter Rahmen für die Entstehung von Freiheit und Verantwortung dienen kann. Kein Laisser-faire, sondern Prozessbegleitung, welche Selbstbeobachtung und Feedback erlaubt. Lebende Systeme, damit sind einzelne Mitarbeiter ebenso wie ganze Organisationen gemeint, brauchen den Zustand des Nichtgleichgewichts, um sich zu verändern und zu entwickeln.

13.6.8 Führung

> Eigenschaftsorientierte Führungsphilosophie, die davon ausgeht, dass Führungseigenschaften angeboren sind, ist als falsch und antiquiert anzusehen. Vielmehr sollte der Ansatz an konkreten, erlernbaren Teamführungsmethoden erfolgen. [17]

Systemische Führung stärkt Autonomie, Sinnbildung und Emanzipation von Mitarbeitern im Gegensatz zu charismatischer oder transformationaler Führung, welche die kritische Reflexion als Feind haben. Anders als eigenschaftsorientierte Ansätze fördert systemische Führung die Etablierung einer professionellen Managementausbildung, welche erlernbare Führungstechniken vermittelt. Systemische Führung orientiert sich an der individuellen Fähigkeit der Mitarbeiter, da diese ihre Ziele und ihre Führung definieren, und ermöglicht durch Empowerment die Aktivierung ihrer Lösungsressourcen. Systemische Führung ist keine Frage personeller Eliten, sondern institutioneller Elite, in der gewöhnliche Mitarbeiter zu hoher Leistung befähigt werden.

Bei systemischer Führung wird Führungskompetenz situationsspezifisch, variabel und demokratisch. In selbstorganisierten Teams und Projektgruppen führt der Teil, der gerade am kompetentesten und handlungsfähigsten ist; Führung wird in diesen Teams geteilt. Selbstorganisatorische Verantwortung ist keine Verantwortlichkeit des Mitarbeiters zu seiner „Über-Ich"-Führungskraft, sondern wird von allen Teammitgliedern wechselseitig getragen und verpflichtet auch gegenseitig. Systemische Führung bedeutet nicht Laisser-faire, sondern das Vertrauen in die Selbstorganisation und Selbstverantwortlichkeit der Mitarbeiter. Selbststeuerung, Innovation, Motivation, Kooperation und Flexibilität müssen nach systemischem Verständnis nicht in ein Mitarbeiterteam getragen werden, sie sind längst vorhanden. Das Management muss darauf achten, das Team handlungsfähig zu halten, indem es Türen öffnet und politische Hindernisse aus dem Weg räumt.

Mentoring und Coaching spielen in selbstorganisatorischen Teams eine bedeutende Rolle. In dem Maße, wie fixe Führungspersonen und Führungsfunktionen obsolet werden, geht es nicht darum, Führungskräfte mit der Doppelrolle als Coach zu belegen, vielmehr werden sich Teammitglieder untereinander coachen und Teams sich gegenseitig supervidieren. Nicht Personen als monokausale Wirkursachen zu identifizieren, heißt auch, keine individuellen Schuldzuweisungen zu treffen oder symbolische Sanktionen zu verhängen, sondern zu fragen, welche Art von Unternehmenssystem das Ergebnis hervorgerufen oder zumindest möglich gemacht hat. Unsere immer komplexer werdende Welt macht monokausale Erklärungsversuche unsinnig. Individuelle Verantwortung von Managern bleibt zwar bestehen, alle Handlungsfolgen lassen sich aber nicht absehen.

Systemisches Management heißt, auf Stärken zu setzen, statt Schwächenfokussierung zu betreiben. Identifiziert und fördert man Stärken, werden die Fähigkeiten und die Motivationen, die vorhanden sind, weiterentwickelt. Wer fragt, führt, wie wir schon von Sokrates wissen. Die sokratische Methode, zu fragen, verfolgt die Absicht, zu verstehen, nicht zu manipulieren. Offene und zirkuläre Fragen ermöglichen neue Einsichten.

Erfolgreiche Unternehmensentwicklung führt von der Individual- über die Teamintelligenz zur Gestaltung selbstorganisierender Netzwerkintelligenz. Diese Ebene setzt kulturellen Wandel voraus und erfordert die Entwicklung von Systemkompetenz, die die Intelligenz aller moderiert. Systemische Organisationsentwicklung achtet auf Flexibilität im Kompetenzmanagement durch „lebende" Anforderungsprofile, welche Mitarbeiterziele in hohem Maße nicht nur bei der Ausgestaltung von Jobprofilen, sondern auch in der Zielvereinbarung berücksichtigen.

Für die Zukunft bedeutet systemisches Management, den Weg aus dem Informations- und Wissenszeitalter hin zu einem Zeitalter der Kreativität zu unterstützen, Kreativität sowohl bei der Wettbewerbsfähigkeit von Unternehmen als auch bei Mitarbeiterführung, Mitarbeiterzufriedenheit und Mitarbeiterbindung. Diese Aspekte gewinnen insbesondere in Zeiten des demografischen Wandels und dem damit verbundenen Mangel an qualifizierten Arbeitskräften an Bedeutung.

Immer mehr Mitarbeiter wünschen sich, ihre Arbeit als sinnerfüllt und als Ausdruck ihrer Persönlichkeit zu sehen. Wollen Unternehmen die bestqualifizierten Mitarbeiter rekrutieren, müssen sie dieser Tatsache Rechnung tragen. Systemisches Management bietet hier vielversprechende Ansatzmöglichkeiten, da die Mitarbeiter ins Zentrum der Personalführung rücken und nicht mehr die omnipotente „heroische“ Führungskraft vergangener Tage. So wollen wir mit einem Credo von Laotse (604–520 v. Chr.) schließen, welches das Motto systemischer Personalführung schön ausdrückt:

Wer Menschen führen will, muss hinter ihnen gehen.

Beispiele für Prüfungsfragen

- Anreizsysteme in der Personalführung wurden lange in intrinsische und extrinsische Motivatoren unterschieden. Welche Gründe aus der neueren hirnphysiologischen Forschung sprechen dagegen?
- Aus welchen Gründen betont systemisches Management den Vorteil der Kooperation gegenüber der Konkurrenz? Welche Gründe sprechen dagegen für die Konkurrenz?
- Wie soll man als Führungskraft Mitarbeiter motivieren, wenn laut Systemtheorie jede Beeinflussung von außen als „Störung“ verstanden wird?

Literatur

1. Achouri, C. (2011). *Wenn Sie wollen, nennen Sie es Führung. Systemisches Management im 21. Jahrhundert*. Offenbach: Gabal.
2. Axelrod, R. (2009). *Die Evolution der Kooperation*. München: Oldenbourg.
3. Baecker, D. (Hrsg.). (2005). *Schlüsselwerke der Systemtheorie*. Wiesbaden: VS Verlag für Sozialwissenschaften.
4. Bauer, J. (2008). *Das kooperative Gen. Abschied vom Darwinismus*. Hamburg: Hoffmann und Campe.
5. Blackmore, S. (2005). *Die Macht der Meme oder die Evolution von Kultur und Geist*. Heidelberg: Spektrum.
6. Briggs, J., & Peat, F. D. (2006). *Die Entdeckung des Chaos*. München: DTV.
7. Capra, F. (2002). *The hidden connections. A science for sustainable living*. New York: First Anchor Books Edition.
8. Collins, J. (2009). *Der Weg zu den Besten. Die sieben Managementprinzipien für dauerhaften Unternehmenserfolg*. München: DTV.
9. Damasio, A. (2007). *Descartes Irrtum*. Berlin: List.
10. Dürr, D., & Teufel, S. (2009). *Bohemian Mmechanics*. Berlin: Springer.
11. Elger, C. E. (2009). *Neuroleadership. Erkenntnisse der Hirnforschung für die Führung von Mitarbeitern*. München: Haufe.
12. Gell-Mann, M. (1994). *The Quark and the Jaguar. Adventures in the simple and the complex*. New York: W. H. Freeman and Company.
13. Gräfrath, B. (1997). *Evolutionäre Ethik? Philosophische Programme, Probleme und Perspektiven der Soziobiologie*. Berlin: Walter de Gruyter.
14. Hume, D. (1748). *Enquiries concerning human understanding and concerning the principles of morals*. Oxford: Clarendon Press.
15. Joyce, S. J. (2008). *Das Geheimnis des Ameisenhügels. Kooperative Intelligenz im Unternehmen entwickeln*. Weinheim: Wiley-VCH.

16. Joyce, W., Nohria, N., & Roberson, B. (2005). *Wie erfolgreiche Unternehmen arbeiten. Die 4 + 2-Formel für nachhaltigen Erfolg*. Stuttgart: Klett-Cotta.
17. Katzenbach, J. R., & Smith, D. K. (2003). *Teams. Der Schlüssel zur Hochleistungsorganisation*. Frankfurt a. M.: Redline Wirtschaft bei Moderne Industrie.
18. Kauffman, S. (1998). *Der Öltropfen im Wasser. Chaos, Komplexität, Selbstorganisation in Natur und Gesellschaft*. München: Piper.
19. Laughlin, R. B. (2009). *Abschied von der Weltformel. Die Neuerfindung der Physik*. München: Piper.
20. Luhmann, N. (2002). *Einführung in die Systemtheorie*. Heidelberg: Carl-Auer.
21. Margulis, L. (1998). *Symbiotic planet*. New York: Basic Books.
22. Parsons, T. (1951). *The social system*. New York: Free Press.
23. Singer, P. (2004). *Wie sollen wir leben? Ethik in einer egoistischen Zeit*. München: DTV.
24. Sparrer, I. (2006). *Wunder, Lösung und System*. Heidelberg: Carl-Auer.
25. Varela, F. J. (1990). *Kognitionswissenschaft – Kognitionstechnik*. Frankfurt a. M.: Suhrkamp.
26. de Waal, F. (2008). *Primaten und Philosophen. Wie die Evolution die Moral hervorbrachte*. München: Carl-Hanser.
27. Wheatley, M. J. (2006). *Leadership and the new science. Discovering order in a chaotic world*. New York: McGraw-Hill.

14 Internationales Human Resource Management

> **Lernziele**
> - Sie können anthropologische und interkulturelle Ansätze unterscheiden und auf Problemstellungen im internationalen Human Resource Management anwenden.
> - Sie verstehen, wie sich interkulturelle Unterschiede entwicklungspsychologisch, erkenntnistheoretisch und kommunikativ erklären.
> - Sie kennen verschiedene wissenschaftliche Kulturtheorien und können diese auf interkulturelle wirtschaftliche Herausforderungen wie Delegation, Verhandlungsführung oder Personalführung erfolgreich anwenden.

Nachdem wir in den vorangegangenen Kapiteln relevante Themen und Methoden im Personalmanagement erörtert haben, bleibt zu diskutieren, welche Herausforderungen sich in einem internationalen, interkulturellen, globalen Umfeld stellen.

Anthropologische Ansätze haben im internationalen Management heute eigentlich ausgedient. Will man beispielsweise erfolgreiche Personalführung in globalen Dimensionen betrachten, so tut es Not, die jeweiligen kulturellen und regionalen Besonderheiten zu analysieren und die jeweilige Unternehmensführung darauf abzustimmen. Der Trend geht weg von den sogenannten anthropologischen „Culture-Free"-Theorien hin zu „Culture-Bound"-Theorien, welche die Bindung an die jeweiligen Landeskulturen in den Vordergrund stellen.

Um zu verstehen, was mit Culture Free gemeint ist, stellen wir eine kleine anthropologische Einführung voran. Die Anthropologie behandelt die Lehre vom Menschen, zunächst unabhängig von kulturellen und regionalen Aspekten. Dabei streift sie auch kulturwissenschaftliche Bezüge, weshalb es sinnvoll ist, eine Abgrenzung zu den im internationalen Management üblichen Kulturtheorien zu schaffen.

C. Achouri, *Human Resources Management*,
DOI 10.1007/978-3-8349-4740-6_14

14.1 Anthropologie

Anthropologie (Anthropos = Mensch, Logos = Lehre) ist die Lehre vom Menschen. Sie bezieht biologische und kulturwissenschaftliche Bezüge von Mensch und Primaten ein. Der Mensch gehört zusammen mit Schimpansen und Gorillas zur Ordnung der „Primaten" und ist primär ein soziales Lebewesen.

Man nimmt heute einen Zusammenhang zwischen unserem komplexen Sozial- und Kommunikationsverhalten und unserer Hirnentwicklung an. Scheinbar exklusiv menschliche Merkmale wie Hirn- und Sprachenentwicklung oder verlängerte Kindheit und Jugend lassen sich aus der Primatenevolution erklären. Eine Sonderstellung des Menschen in der Natur ist aus biologisch-anthropologischer Sicht unbegründet. Es fällt auf, dass das menschliche Gehirn ein metabolisch aufwendiges Organ ist. Es benötigt ca. 20 % Energie (bei Neugeborenen sogar 80 %) bei nur 2 % Körpergewicht.

Erstmals seit der Antike stellte der Schwede Carl von Linné im 18. Jahrhundert den Menschen als Angehörigen der Ordnung Primates („Herrentiere") ins Tierreich und gab ihm den Namen *Homo Sapiens*, also vernunftbegabter Mensch. Bei Linné erfolgte die Klassifikation noch aufgrund von Ähnlichkeit, erst bei Charles Darwin (1871) findet sich eine systematische Einbeziehung des Menschen in den Prozess der Evolution. Der nächste Verwandte des Menschen im Tierreich ist der Schimpanse. Er lebt in Sozietäten, welche alle Alters- und Geschlechtsgruppen umfassen, allerdings im Gegensatz zum Menschen polygam. Der Mensch dagegen lebt aufgrund seiner kulturellen Entwicklung zum größten Teil monogam, echte, dauerhafte Promiskuität kommt nicht vor. Dennoch finden sich in der kulturellen Vielfalt sowohl Monogamie als auch Polygamie.

Die Populationsgenetik ist ein Zweig der Genetik, der Vererbungsvorgänge innerhalb biologischer Populationen untersucht. Sie ermittelt die relative Häufigkeit gleicher Gene in Populationen und erforscht deren Veränderung. Populationsgenetisch kann man für europäische Bevölkerungen sieben Cluster unterscheiden: 1) Germanen (Niederländer, Dänen, Engländer, Österreicher, Schweizer, Belgier, Deutsche), 2) Osteuropäer (Russen, Ungarn, Polen), 3) Tschechoslowaken, 4) Franzosen, 5) Südwesteuropäer (Spanier, Portugiesen, Italiener), 6) Kelten (Schotten, Iren) und 7) Nordwestskandinaven (Norweger, Schweden) [7].

Während man heute das Aufkommen von Menschenaffen bzw. dem *Homo erectus* auf vor ca. 2 Mio. Jahre datiert, werden die ersten Menschenfunde auf vor 800.000 bis 900.000 Jahre zurückgerechnet, der Neandertaler auf vor 300.000 Jahre. Der Name (*Homo neanderthalensis*) geht auf einen Fund in der Felddorfer Höhle bei Düsseldorf zurück. Der Neandertaler lebte als Jäger und Sammler, wobei der Mann auf die Jagd ging und die Frau pflanzliche Nahrung sammelte und den Nachwuchs betreute. Es gibt Hinweise darauf, dass Verletzte und Kranke versorgt wurden, allerdings kaum Hinweise auf religiöse Rituale. Der Neandertaler beherrschte das Feuer und hatte rudimentäre Sprachmöglichkeiten. Diese Zeit endet ca. 27.000 v. Chr. Ob der Neandertaler unser heutiger Vorfahr ist oder die Wiege der Menschheit in Afrika zu suchen ist, ist bis heute nicht geklärt. Die ältesten Funde des *Homo Sapiens* stammen aus Afrika und sind 500.000 Jahre alt.

Betrachten wir im Weiteren die Zeit ab etwa 5000 v. Chr. in Europa (Neolithikum), so hat es ein eigentliches Matriarchat (Herrschaft der Frauen über Männer), mit Macht über Leib und Leben, wahrscheinlich nie gegeben. Der Übergang vom Jäger und Sammler zur sesshaften, unfreieren und arbeitsintensiveren landwirtschaftlichen Lebensweise vollzog sich wohl nicht, wie früher angenommen, aufgrund von Erfindungen, sondern aufgrund von Not. Tiere waren Fleisch- und Milchlieferanten. Wie alle Säugetiere verlieren die meisten Menschen im Verlaufe der Kindheit die Fähigkeit, frische Milch zu verdauen. Das vom Darm gebildete Enzym „Laktase", das den Milchzucker (Laktose) abbaut, wird nicht mehr produziert. Möglicherweise bot die Fähigkeit zum Konsum von Frischmilch Völkern mit großem Viehbestand einen Vorteil.

Gehen wir einen weiteren großen Schritt in der geschichtlichen Entwicklung nach vorne, so stellt unsere kulturelle abendländische Entwicklung einen entscheidenden Punkt dar, der uns im Gegensatz zu anderen Hochkulturen vor allem durch den Prozess der Säkularisierung unterscheidet. Das religiöse Weltbild wird zur rationalen Weltsicht, die italienische Renaissance wird vom Rationalismus im 17. und 18. Jahrhundert abgelöst und erfasst die Mittel- und Oberschichten in Italien, England, Niederlande, Deutschland und Frankreich. Diese Entwicklung wurde sowohl durch die individualistische Tendenz des Christentums, als auch durch die europäische Kleinfamilie begünstigt, welche die Reproduktion an ökonomische Ressourcen band. Aber auch die Förderung individueller Leistungsprinzipien und die Fragmentierung in viele selbständige Staaten und Nationen spielten eine Rolle.

Sehen wir uns einige Fakten zur anthropologischen Bevölkerungsbiologie an [2]. Menschen sind besser an Hitze als an Kälte adaptierbar, wohl aufgrund des stammesgeschichtlichen Erbes eines ehemals tropischen Primaten. Bei Unterschreitung der normalen Körpertemperatur kommt es zur Hypothermie. Schon bei Sinken der Körpertemperatur um 1 °C setzt die kompensierende metabolische Wärmeproduktion ein. Ab 35 °C kommt es zu Kältezittern, ab 34 °C kommt es zu physischen und psychischen Beeinträchtigungen. Ab 32 bis 31 °C tritt der Tod ein. Bei Überschreitung der Körpertemperatur kommt es zur Vasodilatation, der Herzschlag wird rascher und kräftiger, hitzebedingte Schwäche, Müdigkeit, Kopfschmerz, Krampf, Erbrechen und Dehydrierung setzen ein sowie der Verlust von Elektrolyten durch Schwitzen. Ab 41 °C kann es zum Hitzschlag kommen, zu einer Dysfunktionalität des Nervensystems sowie Koma und Delirium. Die Grenze nach oben liegt bei etwa 42 °C aufgrund von Organversagen.

Geeignete Kleidung, isolierte Behausung, Feuer, heiße Nahrung und Getränke, die der Mensch zur Bewältigung regionaler Klimate eingesetzt hat, all dies nennt man „kulturelle Adaption". Biologische Adaptionen wären etwa die Vasokonstriktion (Verengung der Blutgefäße), Vasodilatation (Erweiterung), das Kältezittern oder auch ein erhöhter Grundumsatz, wie er sich etwa bei den Inuit mit einer Steigerung von bis zu 50 % im Vergleich zu Europäern finden lässt.

Die geringen, aber möglichen biologischen Adaptionen liegen in der Bildung von Pigmentierung oder Laktoseintoleranz im Süden im Gegensatz zu Hellhäutigkeit und Laktosepersistenz im Norden, was an der besseren Vitamin-D-Resorbtion sowie der Calciumaufnahme über Milchzucker liegen kann. Auch die phylogenetische Grazilisation kann als biologische Anpassung an heiße Klimate gesehen werden. In phylogenetischen Zeitspannen gesehen, kann dies aber auch einem nachlassenden Selektionsdruck bezüglich der erforderlichen Körperkraft zum Überleben geschuldet sein.

Die sogenannte Allensche Regel besagt, dass warmblütige Tiere in kalten Klimaten kürzere Extremitäten aufweisen, aufgrund der Reduktion der Körperoberfläche. Damit wird vom Körper weniger Wärme abgestrahlt. So finden wir etwa bei den Inuit einen kompakten, gedrungenen Körperbau, dagegen eine lineare Statur im tropischen Afrika. Die anthropologische und genetische Struktur einer Bevölkerung ist nicht nur eine Folge ethnischer Schichten, sondern auch sozialer Differenzierungen. Diese betreffen etwa die intellektuellen Fähigkeiten oder auch den Körperbau. So wird etwa für die sozialen Oberschichten aufgrund der Lebensbedingungen ein leptomorpher, grazilerer und hochgewachsenerer Körperbau als für die Unterschichten behauptet. In der Verbindung mit sozialer Endogamie entstanden so charakteristische Sozialtypen.

Mit der Grazilisierung geht auch ein Trend zur Verringerung des Sexualdimorphismus einher. Der Unterschied zwischen Männern und Frauen wird als Ergebnis leichterer Lebensbedingungen geringer, insbesondere in der europäischen Bevölkerung kommt es so zu einer zunehmenden Angleichung der Geschlechter. Doch nicht nur die Geschlechterunterschiede sind zunehmend schwieriger zu fassen. Auch der Begriff der menschlichen Rassen wirkt heute obsolet und ist kritisch zu sehen, da menschliche Rassenunterschiede größtenteils als Anpassungen an die Lebensbedingungen in unterschiedlichen Klimaten verstanden werden. So ist es zielführender, statt von der „Rasse" von „Völkern" oder „Ethnien" zu sprechen, denn sie sind die Träger geschichtlicher Entwicklung. Ethnien zeichnen sich durch einen hohen Grad an Endogamie aus: Sie heiraten nur selten über ethnische und sprachliche Grenzen hinweg.

Dennoch werden durchaus europide, mongolide und negride Bevölkerungsmerkmale unterschieden. So konnten an vergleichbaren Neugeborenen (Mütter gleichen Alters, gleicher sozialer Schicht) schon 48 h nach der Geburt Temperamentunterschiede relativ zu deren europiden, mogoliden oder negriden Herkunft aufgezeigt werden [24]. Weiße Babys begannen leichter zu schreien und waren schwerer zu beruhigen. Sie zeigten größere Stimmungsschwankungen, stärkere Reaktionen auf optische und akustische Reize oder auf Störungen des Wohlbefindens. Chinesische Babys waren mit fast jeder Lage zufrieden, in die man sie brachte. Sie waren passiver und weniger leicht erregbar. Schwarze Babys waren ähnlich reizbar wie europide, zeigten aber stärker entwickelte motorische Fähigkeiten, konnten schon bei der Geburt den Kopf hochhalten und entwickelten sich auch als Kleinkinder schneller.

Die kulturelle Entwicklung hat zur Evolution dieser unterschiedlichen Temperamente beigetragen. Der Verlust motorischer Fähigkeiten bei Mongoliden und Europiden im Gegensatz zu Negriden und Australiden zeugt von einem nachlassenden natürlichen Selektionsdruck in den entwickelteren Gesellschaften. Ebenso kann die passive Friedfertigkeit und geringe Provozierbarkeit ostasiatischer Mongoliden als Folge einer Jahrtausende alten chinesischen Zivilisation mit großer Bevölkerungsdichte und hochdifferenzierten

Verhaltensnormen gesehen werden. Auch innerhalb Europas finden wir Unterschiede. Beispielsweise ist rein äußerlich die Pigmentierung (Haut, Haare, Augen) im Norden am geringsten und das Gesicht weniger hager als im Süden, es kommt auch allgemein weniger Körperbehaarung vor. Während Rothaarigkeit am häufigsten auf den britischen Inseln vorkommt, sind tendenziell im Süden Nase, Lippen und Ohren größer als im Norden, die Körperbehaarung stärker und auch die Haut weist eine höhere Pigmentierung auf.

Diesen äußeren Merkmalen entsprechen auch innerliche Merkmale. So schreibt man nördlichen Europäern eine größere Beherrschtheit, mehr Ruhe, weniger Affekte, mehr Reflexion, auch mehr Interesse an Dingen als an Menschen sowie allgemein mehr Introversion zu, während der Süden lebhafter und geselliger zu sein scheint. Südländer gestikulieren häufiger und schneller, sprechen lauter, halten weniger Distanz zum Gegenüber und werden allgemein als sinnlicher und extravertierter als nordische Europäer bezeichnet. Deutsche befinden sich in dieser (sehr pauschalen) Kennzeichnung relativ in der Mitte, wenig impulsiv und durchaus introvertiert. Diese Ausprägung begünstigte möglicherweise die Wendung nach innen in der Romantik, die Disposition zum „Dichten und Denken“ sowie die immer wieder zugeschriebene Diszipliniertheit der Deutschen, wenn man an den Protestantismus oder „preußische“ Tugenden denkt.

Betrachten wir nun einmal, wie sich die allgemeinen Rahmenbedingungen in der näheren und mittleren Zukunft weltweit verändern werden. Die Weltbevölkerung wird von heute mit fast 7 Mrd. Menschen auf geschätzte 9 Mrd. im Jahr 2050 anwachsen, auch wenn beispielsweise in den Entwicklungsländern Frauen heute im Schnitt nur noch drei Kinder haben (vor 30 Jahren waren es noch sechs Kinder; mehr als 50 % benutzen Kontrazeptiva). Bis dahin wird wohl auch die durchschnittliche Kinderzahl von 3 auf 2,1 Kinder pro Frau absinken. Dieser Wert würde dem Bestanderhaltungsniveau entsprechen, der unter Berücksichtigung der Sterblichkeit notwendig ist, um langfristig jeweils die Elterngeneration zu ersetzen. Probleme des derzeitigen Wachstums sind vor allem die Ungleichverteilung der vorhandenen Ressourcen, was den Reichtum auf wenige Länder beschränkt.

Ein weiterer Megatrend ist die Alterung der Weltbevölkerung. 1950 war das Durchschnittsalter 23 Jahre, heute liegt es bei 27 Jahren, 2050 wird es schon bei 38 Jahren liegen. Die durchschnittliche Lebenserwartung beträgt heute 67 Jahre, was einem Anstieg von 20 Jahren seit 1950 entspricht. 2050 wird die Lebenserwartung dann voraussichtlich 76 Jahre betragen. Die meisten Älteren leben in Europa und Nordamerika. In Zukunft wird auch für Lateinamerika und Asien durch verbesserte medizinische Versorgung und verminderte Fertilität ein extremer Anstieg des Lebensdurchschnittsalters erwartet. Als Trend in der Bevölkerungsentwicklung lässt sich für Mitteleuropa, allen Ländern voran Deutschland, voraussehen, dass die einheimischen Bevölkerungen zu Minderheiten im eigenen Land werden und dies wird zu großen gesellschaftlichen Umwälzungen führen.

Ein anderes Merkmal, das sich weltweit findet, ist die generell längere Lebenserwartung (im Schnitt sieben Jahre) von Frauen gegenüber Männern. Gründe hierfür sind eine gesündere Lebensführung, mehr Risikovermeidung, weniger Suizid sowie weniger Verschleiß durch Leistungsdruck. Nur die höhere Infektionsanfälligkeit der Männer durch Testosteron kann als biologischer Unterschied gewertet werden (es zeigte sich, dass die

Lebenserwartung bei kastrierten Männern höher ist). Ansonsten dominieren Gründe der Lebensführung, was unter anderem in der sogenannten Klosterstudie, welche 1920 bis 1985 in Bayern durchgeführt wurde, untermauert werden konnte. Mönche und Nonnen, also Menschen, die in Sachen Alkohol, Rauchen, Stress, Ernährung oder den sozialen Strukturen in ähnlichen Umständen leben, erreichen fast das gleiche Alter [14]. Nicht die Gene sind für den geschlechtlichen Altersunterschied also vor allem entscheidend, sondern die Lebensführung.

Der allgemeine Trend in den Industrieländern zeigt, dass die Familienbildung, wenn überhaupt, immer später einsetzt und stark mit den vorhandenen Karrieremöglichkeiten und der gegebenen sozialen Sicherheit korreliert. Dies zeigt sich beispielsweise am Rückgang der Geburten in der DDR nach der Wiedervereinigung. Weitere Megatrends sind die internationale Migration, welche seit 1965 von 75 auf über 125 Mio. zugenommen hat, und die zunehmende Urbanisierung. Mehr als 50 % der Weltbevölkerung lebt heute schon in Städten, die Prognosen erwarten einen Trend zu Megastädten. Weitere anthropologische Trends sind die anhaltende Vergrößerung des Menschen sowie die immer frühere sexuelle Reife. In Europa zeigt sich seit etwa 150 Jahren, dass die Körperendhöhe um rund 10 cm gestiegen und zugleich das Menarchealter von 16 auf 13 Jahre gesunken ist. Auch sind als Grund die verbesserten Lebensbedingungen, also Hygiene, Ernährung und Medizin zu sehen, Ausnahmen sind nur in Kriegszeiten zu beobachten. Dabei stagnieren diese „säkularen" Trends inzwischen in den westlichen Nationen. Warum das so ist, ist noch nicht geklärt; möglicherweise geht der Stillstand der Körperendhöhe auf eine unserer Spezies spezifische Körperendhöhe zurück, die wir bereits erreicht haben könnten. Körpergrößen über zwei Meter sind unserem Körperbau wahrscheinlich nicht zuträglich.

Ein weiterer anthropologischer Faktor, der sich kulturunabhängig behauptet, ist die unterschiedliche Reproduktionsstrategie von Mann und Frau [5]. Männer werben demnach mit Signalen genetischer Qualität, streben nach Vaterschaftssicherheit durch Kontrolle der Frau und wollen die Anzahl und Fruchtbarkeit der Partnerinnen maximieren, was die Präferenz jüngerer Partnerinnen erklärt. Frauen dagegen suchen wertvolle Ressourcen und ein hochwertiges „Territorium", das vom Mann kontrolliert wird und schätzen demnach Status und kulturellen Erfolg, was wiederum die Wahl älterer Partner erklären kann. Auch die Suche eines männlichen Verteidigers und Ernährers, welcher Status besitzt, fleißig und ehrgeizig ist, werden der Reproduktionsstrategie der Frauen zugeschrieben. Das männliche Investitionspotenzial wird abgeschätzt, um die Sicherung der Nachkommen zu gewährleisten.

Diese Sicht löst sich in modernen Industriegesellschaften allerdings in dem Maße auf, wie die Korrelation von Status und Familiengröße (Reproduktionserfolg) beim Mann im Gegensatz zur evolutionsbiologischen Fitnessmaximierung zu sehen ist. Bis zum 19. Jahrhundert gab es in Europa eine positive Korrelation zwischen der sozialökonomischen Stellung und der Anzahl der Kinder. Seit dem 19. Jahrhundert geht in den industrialisierten Ländern West- und Mitteleuropas die Zahl der Geburten zurück. Die Gründe sind die bereits angesprochene Verstädterung oder auch die Einführung einer Sozialversicherung, welche das Existenzrisiko von der Familie auf die Gesellschaft übergehen lässt. Je höher die soziale Stellung, desto geringer ist im Allgemeinen die Kinderzahl. Gründe hierfür liegen unter anderem in der Einführung von Verhütungsmitteln, den existierenden ökonomischen Nachteilen junger Familien, langen Ausbildungszeiten und der Arbeitslosigkeit.

Hier liegt aber auch eine allgemeinere geschichtliche Entwicklung vor. Relativer Wohlstand, existenzielle Sicherheit, Säkularisierung und Individualisierung sowie der Verlust von Sinnstiftung durch die Religion scheinen das Versagen des reproduktiven Systems tendenziell zur Folge zu haben. Schon Polybios schrieb im zweiten Jahrhundert v. Chr. zum Geburtenrückgang in Griechenland: „Ganz Griechenland leidet unter Bevölkerungsrückgang und Kinderlosigkeit. Obwohl wir weder von längeren Kriegen noch ansteckenden Krankheiten heimgesucht wurden. Die Menschen sind in Trägheit, Geldgier und Vergnügungssucht verfallen, sie wollen nicht mehr heiraten, oder, wenn sie es tun, nicht die ihnen geborenen Kinder aufziehen, sondern nur eines oder zwei, um diese reich zurückzulassen und in Üppigkeit aufwachsen zu lassen. So ist binnen kurzem unbemerkt das Unglück so groß geworden."

Ein weiteres anthropologisches Merkmal, das von Richmond [20] genannt wurde, ist die Universalität von Gesichtsausdrücken. Zwar kann man mehr als 250.000 Gesichtsausdrücke unterscheiden, doch weltweit finden sich sieben grundlegende mimische Muster, die auch interkulturell relativ stabil und spontan zu erkennen sind. Man kann sich als Eselsbrücke das Akronym „Sadfish" merken, nämlich: Sadness, Anger, Disgust, Fear, Interest, Sursprise und Happiness. Doch nicht nur basale Gesichtszüge verbinden alle Ethnien auf der Welt laut Anthropologie; allen gemeinsam ist laut dem amerikanischen Psychologen Lawrence Kohlberg (1927–1987) auch unser Verständnis von Gut und Schlecht. Aufbauend auf das Modell des Schweizers Jean Piaget, skizziert Kohlberg eine interkulturelle Stufentheorie der Moralentwicklung. Er will durch verschiedene Übungen, die Dilemmata enthalten, die moralische Entwicklung von Menschen in sechs Stufen bestimmen. Ein Beispiel dafür ist das „Heinz"-Dilemma:

Das „Heinz"-Dilemma

Die Geschichte handelt von einem Mann namens Heinz, dessen Frau sterbenskrank ist. Der einzige Apotheker der Stadt hat ein Medikament entwickelt, das die Frau heilen könnte. Der Apotheker verkauft das Medikament für den zehnfachen Preis, den ihn die Herstellung kostet, und er ist nicht bereit, Heinz das Medikament zu einem geringeren als den veranschlagten Preis zu verkaufen. Trotz zahlreicher Bemühungen gelingt es Heinz nicht, ausreichend Geld zu beschaffen, um das Medikament kaufen zu können. Verzweifelt bricht Heinz in die Apotheke ein und stiehlt das Medikament für seine Frau. Die Probanden wurden befragt, ob und warum Heinz das Medikament stehlen sollte, was als schlimmer eingestuft werden kann – jemanden sterben lassen oder stehlen –, ob Heinz auch das Medikament stehlen sollte, wenn er seine Frau nicht lieben würde, ob man auch für einen Freund oder gar ein Haustier das Medikament stehlen sollte und ob ein Richter Heinz für den Diebstahl bestrafen sollte.

Durch die Beantwortung dieses Dilemmas unterscheidet Kohlberg zunächst das „präkonventionelle" Niveau: Die erste Stufe ist hier durch heteronome Moralität bestimmt, also die Angst vor Autorität; man will vor allem Bestrafung vermeiden. Auf der zweiten Stufe bestimmen Individualismus, Zielbewusstsein und Austausch das moralische Denken. Man handelt aus Eigeninteresse: „Ich tue dir einen Gefallen und du mir." Auf dem „konventionellen" Niveau bestimmen gegenseitige Erwartungen, Beziehungen und interpersonelle Konformität das Handeln. Man zeigt Interesse für das Wohlergehen Anderer im Sinne von: „Behandle andere so, wie du selbst von ihnen behandelt werden willst." Das charakterisiert die dritte Stufe. Auf der vierten Stufe dominieren das Verständnis des sozialen Systems und das Gewissen: Gesetze dürfen nicht missachtet werden, damit die gesellschaftliche Ordnung aufrechterhalten bleibt. Schließlich gibt es bei Kohlberg das „postkonventionelle" Niveau. Auf der fünften Stufe entspricht das dem Gesellschaftsvertrag: Man will gerechte Verfahren, die den Interessen der Mehrheit entsprechen. Das erfordert die freiwillige und willentliche Zustimmung zu einem Gesellschaftssystem, das allen einen Nutzen bringt. Auf der sechsten und letzten Stufe schließlich geht es um universale ethische Prinzipien: Man soll richtig handeln anhand autonom gewählter ethischer Gewissensprinzipien, die für die gesamte Menschheit gelten, ungeachtet Gesetze, Kultur etc. Es ist kein Wunder, dass man Kohlberg insbesondere von kulturrelativistischer Seite vorgeworfen hat, dass diese „idealen" Moralentwicklungsstufen nicht nur universelle anthropologische Annahmen voraussetzen, sondern auch ethnozentrische Züge tragen.

Kulturanthropologen wie Edward Hall versuchen zu zeigen, was alle Menschen miteinander verbindet. Nur so, denkt er, können wir verstehen, was uns kulturell unterscheidet. Jede Charakterisierung einer Kultur kann nicht absolut getroffen werden, sondern immer nur von einer bestimmten anderen kulturellen Sichtweise. Darauf hat schon Franz Boas (1858–1942), ebenfalls amerikanischer Kulturanthropologe, hingewiesen. Boas wendet sich gegen die Annahme grundlegender biologischer Unterschiede, da sie immer auch zu Rassismus führen können. Die Unterschiede der Menschen seien kulturell. Kulturen aber seien nicht mehr oder weniger zivilisiert und könnten nicht, wie beispielsweise Kohlberg das tut, an einem externen Maßstab verglichen werden. Franz Boas begründete den „Kulturrelativismus", demnach ist jede Kultur relativ und nur aus sich selbst heraus zu verstehen. Um andere Kulturen zu verstehen, muss man deshalb zuerst einmal seine eigene Kultur analysieren. Versuchen Sie die Fragen in der folgenden Übung zu beantworten, siehe Abb. 14.1:

Nach diesen sehr allgemein gehaltenen anthropologischen Ausführungen wollen wir uns nun allgemeinen kulturspezifischen Unterschieden zuwenden, wie sie insbesondere zwischen Ost und West behauptet werden. Wir wollen hierbei unter anderem auf folgende interessante Fragen eine Antwort finden: Warum ist das moderne Asien exzellent in Mathematik, produziert aber trotzdem weniger Nobelpreisträger als der Westen? Warum sehen Asiaten eher Zusammenhänge zwischen den Dingen als wir im Westen? Warum betrachten Asiaten Objekte meist in Zusammenhang mit der Umgebung und nicht separiert? Warum achten Asiaten mehr auf persönliche Beziehungen? Warum besteht im Westen stärker die Tendenz, Kategorisierungen zu bilden? Warum achtet die westliche Kultur stär-

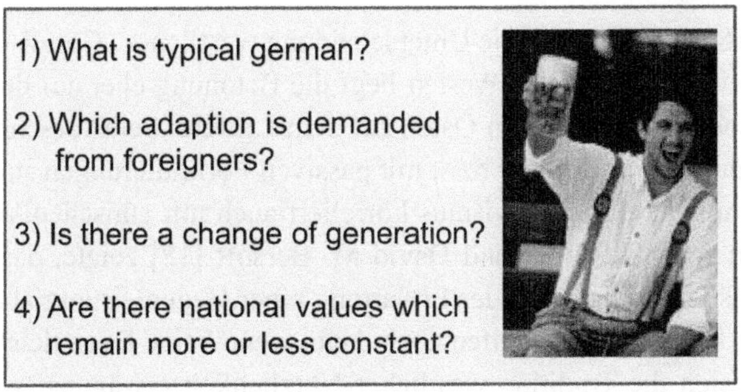

Abb. 14.1 Typical German

ker auf formallogische, monokausale Zusammenhänge und vernachlässigt dabei andere Zusammenhänge, z. B. das Verhalten von Menschen? Warum begrüßen Asiaten geradezu logische Widersprüche in der Argumentation, um zur Wahrheit zu kommen, während wir im Westen darauf beharren, einen Standpunkt oder den anderen gelten zu lassen? Warum lernen westliche Kinder schneller Substantive und östliche Kinder schneller Verben? Hierzu ist es sinnvoll, Aspekte des westlichen Individualismus, des östlichen Kollektivismus, entwicklungspsychologische und kommunikative Unterschiede, erkenntnistheoretische Aspekte, Aspekte der Wirtschaftswelt und der Globalisierung ebenso wie die Frage der Menschenrechte zur Aufklärung näher zu beleuchten.

14.2 Grundsätzliche Unterschiede in „Ost" und „West"

Individualismus versus Kollektivismus

Während es in östlichen Kulturen eher um die Erfüllung der Pflichten innerhalb einer bestehenden Gruppe geht, wird die Erfüllung von Pflichten im Westen nicht unbedingt als selbstverständlich angesehen. Innerhalb von Gruppen kommt es zwangsläufig zu ungleichen Rollenverteilungen, etwas, was im Osten in Kauf genommen wird. Im Westen wird die Gleichbehandlung aller Individuen gefordert, ein Punkt, der etwa auch Auswirkungen auf das unterschiedliche Verständnis von Menschenrechten hat. Auch die individuelle Wahlfreiheit ist ein wichtiger Punkt westlichen Kulturverständnisses, welches beispielsweise in der westlichen Produkt- und Markendiversifikation zum Ausdruck kommt. In kollektivistischen Kulturen sind Pflichten selbstverständlich. Eine Ungleichbehandlung Einzelner wird durchaus akzeptiert; der Fokus liegt auf der Erfüllung der Gruppenrolle. Das Credo ist: „Der Nagel, der heraussteht, wird reingeschlagen."

Dabei ist es nicht das Gleiche, wenn man im Westen von „In"- und „Out-Group" spricht. Die Zugehörigkeit im Westen zu einer In-Group mag zwar über Markensymbole etc. durchaus üblich sein, sie bleibt jedoch relativ oberflächlich, während sie im Osten in der Regel zu einer regelrechten Verwurzelung führt. Dabei wird oft übersehen, dass östlicher Kollektivismus durchaus die Verwurzelung innerhalb einer In-Group mit gleichzeitigem Ausschluss anderer Gruppen bedeutet. In diesem Sinne führte der Soziologe Ferdinand Tönnies (1855–1936) auch die Unterscheidung westlicher „Gesellschaft“ gegenüber östlicher „Gemeinschaft“ ein. Im Westen liegt die Betonung eher auf der Person mit aktiven Tätigkeitsbeschreibungen, im Osten auf dem Umfeld. Selbstbeschreibungen finden im Osten viel häufiger im Kontext bzw. mit passiven Formulierungen statt.

Individualismus bzw. Kollektivismus korreliert auch mit ethischen Verhaltensweisen. Eine Studie von Joan G. Miller und David M. Bersoff [18] zeigte, dass amerikanische Kinder ihre Hilfsbereitschaft von der Erwartung einer Gegenleistung abhängig machten. Indische Kinder beispielsweise halfen auch dann, wenn keine Gegenleistung zu erwarten war. Hier zeigt sich die Tradition westlicher Nützlichkeitserwägung, welche anders als östliche Ethik beispielsweise in der Philosophie Adam Smiths jede altruistische Handlung auf individuellen Egoismus zurückführt.

Entwicklungspsychologie

Kultureller Individualismus bzw. Kollektivismus beginnt schon im Kleinkindalter. Während amerikanische und nordeuropäische Babys daran gewöhnt werden, von ihren Eltern getrennt zu schlafen, kommt dies bei asiatischen Babys nur selten vor. Die Unterschiede setzen sich in der Erziehung fort. Während im Westen Individualismus dadurch gefördert wird, dass Dinge selbst erledigt werden, Kinder dazu ermutigt werden, ihre eigene Wahl zu treffen und generell die Autonomie gestärkt wird, wird den Kindern im Osten die Entscheidung eher abgenommen, im Glauben, Eltern wüssten am besten, was gut für ihr Kind ist.

Das hat Auswirkungen auf die jeweiligen Verhaltensweisen, schon lange bevor sich daraus konkrete Arbeitskulturen entwickeln. Eine Anagramm-Studie der University of Michigan zur Selbständigkeit im Jahr 2003 mit japanischen, chinesischen und amerikanischen Kindern im Alter von sieben bis neun Jahren zeigte, dass amerikanische Kinder sehr viel mehr Autonomie brauchen, um motiviert zu sein, als asiatische Kinder. Westliche Eltern lenken die Aufmerksamkeit ihrer Kinder gezielt auf Objekte, während etwa japanische Eltern mehr gefühlsbezogene Wörter verwenden und Fragen stellen. Das bereitet Kinder im Westen mehr auf Autonomie vor, während sie im Osten mehr auf Kooperation geschult werden. Im Westen wird die Leistung eines Kindes mehr als individuelle, eigenschaftsbezogene Attribuierung verstanden, im Osten wird man vor allem am Umfeld ansetzen, um die Leistung zu verbessern.

Kommunikation

Kommunikative Muster sind im Westen direkt, im Osten indirekt: Hier hat der Empfänger die Aufgabe, die gesendete Aussage durch den jeweiligen Kontext zu entschlüsseln. Eine Kultur des Streitgesprächs ist in morgenländischer Dialektik ungewöhnlich, die Rhetorik generell zwischen Ost und West unterschiedlich. Beispielsweise monieren westliche Professoren häufig fehlende Logik in Vorträgen und wissenschaftlichen Arbeiten von asiatischen Austauschstudierenden, was sich aber nicht auf fehlende Sprachkenntnisse zurückführen lässt. Die Frage nach dem „Warum“ wird in Amerika rund doppelt so häufig gestellt wie in Japan [19]. Im Westen entspricht der Gebrauch von Substantiven unserem

Drang nach Kategorisierung, während östliche Sprachen in der Regel mehr Verben gebrauchen. Dies betont nicht nur die sozialen Beziehungen, es entspricht auch dem Fokus auf Prozess, Veränderung, Fluss, während im Westen der Stabilitätsgedanke stärker ist.

Kulturelle „Erkenntnistheorie"

Versteht man Erkenntnistheorie als anthropologische Konstante, so schließt sich eine Relativierung zur jeweiligen Kultur aus, da die Erkenntnismöglichkeiten aller Menschen gleich sein müssten. Doch Wahrnehmung ist immer auch ein soziales und kulturelles Konstrukt. Beispielsweise waren Gerüche von Fäkalien, Müll und Schlachtabfällen etc. in der öffentlichen Wahrnehmung bis zum 18. Jahrhundert unbedeutend; bis Louis Pasteur herausfand, dass darin Bakterien gedeihen mit der Luft als Trägermedium. Ab da war klar, schlechte Gerüche bedeuten oft auch Krankheit und Tod, und so wurde der geruchslose Alltag zur Tugend. In der Folge kam es auch zu einer sozialen Differenzierung über Gerüche zwischen Arm (geruchsintensive Stadtviertel) und Reich.

Unsere westliche abendländische Wahrnehmung basiert auf einem philosophischen und kulturellen System, das eine Tendenz zur Abstraktion aufweist. Dinge werden als unabhängige Objekte wahrgenommen, auch unser eigenes Selbst. In östlichen Philosophien wird diese Trennung als künstlich empfunden, die Umgebung wird vielmehr als kontinuierlicher Zusammenhang von Materie verstanden, wozu auch das Selbst oder unsere Identität zählt. Dies führt in der Erkenntnis zu einer „Wahrnehmungsverzerrung": Asiaten wird nachgesagt, die Umgebung, den Zusammenhang und auch den Hintergrund visuell mehr zu fokussieren, während westliche Wahrnehmung dazu tendiert, individuelle Objekte im Vordergrund zu fixieren.

Aber nicht nur die visuelle Wahrnehmung, auch das analytische Erkennen hat unterschiedliche Präferenzen in Ost und West. Während wir in der aristotelischen Tradition des syllogistischen Schließens eine Argumentation stark nach ihrer inneren Logik bewerten, haben Asiaten die Tendenz, die soziale Erwünschtheit und die Plausibilität der Schlussfolgerung in ihre Bewertung mit einzubeziehen. Dieser Unterschied hat seine Ursache in den verschiedenen Denkgrundsätzen von Abendland und Morgenland. Unsere abendländische Tradition geht auf folgende vier grundsätzliche Aussagen zurück:

1. Satz der Identität
2. Satz des Widerspruchs
3. Satz des ausgeschlossenen Dritten
4. Satz vom zureichenden Grund

Der Satz der Identität bedeutet, dass Begriffe im Verlaufe eines Denkaktes dieselbe Bedeutung behalten müssen, und geht auf die erkenntnistheoretische Annahme diskreter Objekte in der Wirklichkeit zurück, die sich unabhängig voneinander bestimmen lassen. Sie bleiben über die Zeit so stabil, dass mit ihnen der Gedanke einer Identität verbunden werden kann. Der Satz des Widerspruchs besagt, dass sich widersprechende Urteile nicht zugleich wahr sein können. Ist der eine wahr, muss der andere falsch sein. Der Satz des ausgeschlossenen Dritten behauptet, dass von zwei gegensätzlichen Behauptungen nur eine richtig sein kann, keine dritte. Dies schließt ein „Vielleicht“ nicht aus, wenn man es im Rahmen einer Wahrscheinlichkeitsprognose versteht. Der Satz vom zureichenden Grund schließlich lässt etwas nur dann als wahr gelten, wenn ein ausreichender Grund im Sinne des Ursache-Wirkung-Prinzips angegeben werden kann.

Im Osten können wir dagegen folgende drei grundsätzliche Erkenntnisaxiome ausfindig machen:

1. Prinzip der Veränderung
2. Prinzip des Widerspruchs
3. Prinzip des Holismus

Das Prinzip der Veränderung behauptet, anders als in der westlichen Philosophie, keine stabilen Objekte wie z. B. die Identität. Die Realität wird vielmehr als ständig in Bewegung verstanden. Das Prinzip des Widerspruchs erkennt in dieser dynamischen Realität Widersprüche und Paradoxien, die notwendigerweise erzeugt werden. Alt und neu, gut und schlecht, stark und schwach existieren nebeneinander und ergänzen sich, ohne dass der Drang besteht, Synthesen aus diesen Widersprüchen zu bilden, wie es beispielsweise die westliche Dialektik Hegels tut. Die gegensätzlichen Pole stabilisieren sich vielmehr zu einem harmonischen Ganzen, und das eine kann nicht ohne das andere bestehen. Das holistische Prinzip schließlich versucht, anders als die westlich analytische Zerteilung, alle vorhandenen Widersprüche und Beziehungen, also den gesamten Kontext für das Verständnis mit einzubeziehen.

Die Unterschiede zwischen östlichem und westlichem Denken zeigen sich beispielsweise auch, wenn es um das Schließen eines Kompromisses geht. Der Kompromiss zwischen zwei Extremen wird im Osten nicht nur mit dem Ziel der Wahrung des Status oder der Aufrechterhaltung harmonischer Beziehungen gewählt. Der Kompromiss verweist darauf, dass wenn A wahr ist, B nicht notwendigerweise falsch sein muss. Hier unterscheidet sich das Verständnis von Identität und Widerspruch erheblich in West und Ost. Wird ein zu großer Fokus auf die formale Logik gelegt, kann das in Asien sogar als unreifer Wesenszug charakterisiert werden: „To argue with logical consistency may not only be resented but also regarded as immature“, wie der Anthropologe Nobuhiro Nagashima ausführt. Oder wie es eine Weisheit des Zenbuddhismus formuliert: Das Gegenteil einer großen Wahrheit ist ebenfalls wahr.

Kulturelle Intelligenz
Asiaten haben also kein Problem damit, formallogisch zu denken. Asiaten sind nur meist nicht gewillt, formallogische Strategien oder Argumentationen im Alltag zu benutzen, weil es die vorhandene Komplexität der Welt in ihren kulturellen Augen zu sehr reduziert. Der Grund für die in der Tat nachweisbaren besseren Leistungen liegt darin, dass die asiatische Mathematikausbildung meist besser ist und asiatische Schüler und Studenten viel härter arbeiten. Warum Asien nicht ähnlich viele Nobelpreisträger hervorbringt wie der Westen,

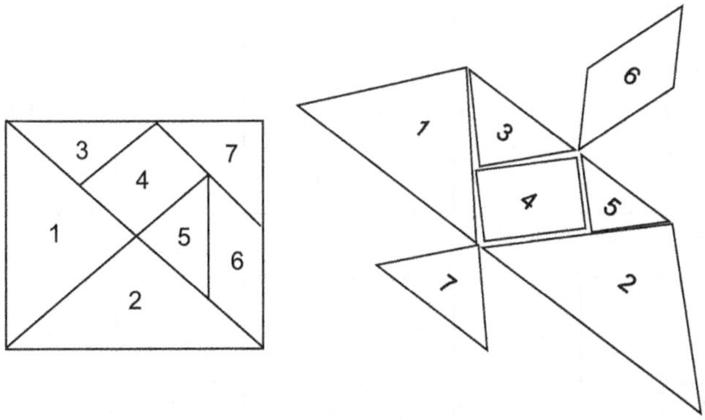

Abb. 14.2 Östlicher IQ-Test: „Bauen Sie einen Vogel aus dem Quadrat!"

liegt zunächst daran, dass Querdenken und intellektuelle Streitkultur in Asien nicht als Tugend gesehen werden: offensive Debatten könnten sich störend auf den sozialen Frieden auswirken. Unsere westliche Wahrheitsstrategie wird zudem im Osten als aufdringlich und gewaltsam empfunden. Hinzu kommt der konfuzianische Respekt Älteren gegenüber, welcher auch in der Wissenschaft das Emporkommen junger Talente behindern kann.

Es ist schwierig, Intelligenz überkulturell und damit „neutral" zu messen. Hierfür sind eigens interkulturelle IQ-Tests entwickelt worden, wie der Culture Fair IQ Test von Raymond B. Cattell (siehe Abb. 14.2) oder John C. Ravens progressiver Matrizentest.

Es zeigte sich, dass Amerikaner bei diesem „kulturneutralen" IQ-Test besser abschnitten als Chinesen. Dies lässt sich darauf zurückführen, dass es darum geht, Strukturen zu identifizieren sowie Kategorien und Regeln zu bilden, also kulturell gesehen typisch westliche Eigenschaften abgefragt werden. Was passiert, wenn man östliche Leistungstests verwendet? Tests, welche das räumliche Denkvermögen betreffen, zeigten, dass Asiaten Europäer und Amerikaner in ihren Leistungen übertreffen. Chinesen benutzten solche Tests schon 1000 v. Chr. bei der Auswahl chinesischer Beamter. Noch heute werden solche Übungen (siehe Abb. 14.3) in chinesischen und japanischen Schulen eingesetzt.

Die unterschiedlichen Denkweisen zeigen sich auch bezüglich des Weisheitsideals, das im Osten, anders als in der analytischen Sprechweise des Westens, darin bestehen kann, eben nichts zu sagen, weil sich Weisheit nur schwer in Worte fassen lässt. Analytisches Denken, das die Welt kategorisiert, kann leichter in Sprache gefasst werden als holistisches Denken, das sich in Symbolen und visuellen Repräsentationen äußert. Oder wie Lao-tzu schon im sechsten Jahrhundert v. Chr. gesagt hat: „Those who know, do not speak, and those who speak do not know." Das abendländische Ideal der Weisheit ist ein aktives Denkideal, das die eigene Anstrengung als ethisches Zentrum hat. Das morgenländische Verständnis ist durch Passivität und Unterwerfung unter Gott und das Schicksal gekennzeichnet, woran der Einzelne nichts ändern kann.

Schließlich differieren östliche und westliche Jenseitsvisionen. Im Westen sehen wir das Diesseits als lineares Fortschreiten, bis im Jenseits der Garten Eden einen zeitlich permanenten Status bezeichnet. Dorthin kommen wir durch eigene Anstrengung und wir

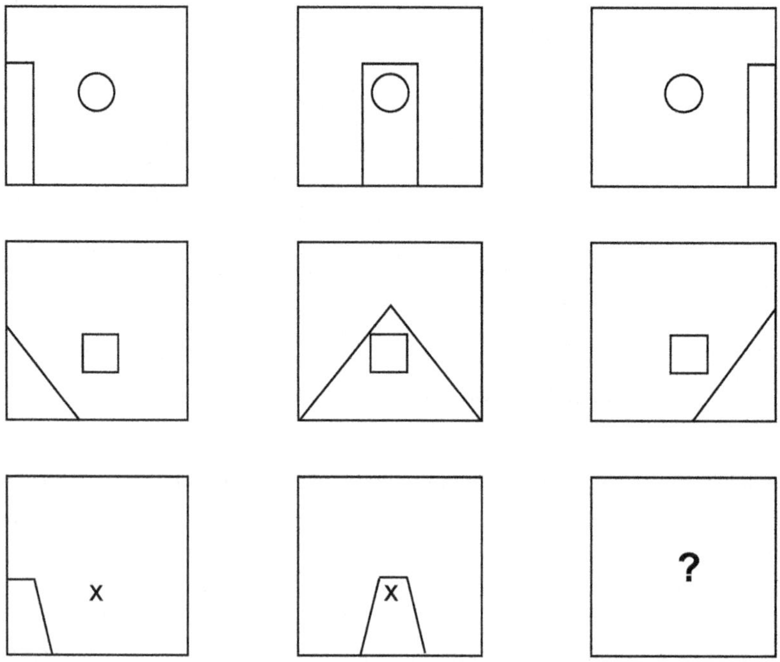

Abb. 14.3 Westlicher Culture Fair IQ Test

werden in unserem Streben durch Platons abendländische Ideale vom Wahren, Guten und Schönen geleitet. Morgenländische Jenseitsvorstellungen bieten uns schon hinsichtlich der Zirkularität der Zeit bzw. der ewigen Wiederkehr des Gleichen eine andere Auffassung. Auch ist unser Schicksal göttlich vorherbestimmt, man kann es also nicht gestalten, sondern sich ihm nur fügen.

Menschenrechte

Das individualistische resp. kollektivistische Verständnis der Kulturen zeigt seine Auswirkungen bis hin zu den „globalen" Menschenrechten. Pauschal zu behaupten, in Asien würden die Menschenrechte mit Füßen getreten, spricht für ein westlich zentriertes Denken. Im westlichen Kulturverständnis geht der Einzelne als separate Einheit soziale Verträge mit anderen und dem Staat ein. Rechte und Pflichten, Freiheit oder auch Verantwortung werden so verstanden, dass sie vom Einzelnen geschultert werden. Wenn der Westen östlichen Staaten vorwirft, die Menschenrechte nicht zu achten, wird dies dementsprechend als moralischer Vorwurf formuliert, im Sinne einer Verletzung eines personellen Rechtes.

Aber gerade in Asien versteht man eine Gemeinschaft nicht als Aggregation separierter Individuen, sondern als kollektiven Organismus. Dementsprechend hat ein einzelnes Individuum nur wenige Rechte. Die Gemeinschaft hat allerdings Rechte, und der Einzelne hat ein Recht darauf, an diesen Rechten zu partizipieren. So wundern sich östliche Kulturen ihrerseits über den Westen, wie viel gewalttätige oder sexuelle Inhalte in den Medien im Namen individueller Freiheit zugelassen werden. Diese Wahrung der Freiheit des Einzelnen auf Kosten der Allgemeinheit wird wiederum im östlichen Verständnis als unsozial und unethisch gesehen.

Übung

Überlegen Sie, wie man zugleich die Universalität moralischer Prinzipien aufrechterhalten und die unterschiedlichen Kulturen respektieren kann! Denken Sie an Beispiele wie:

- Kopftuchstreit an Schulen (Persönlichkeitsrechte)
- Karikaturenstreit (Pressefreiheit)
- Kreuz im Klassenzimmer (Trennung von Kirche und Staat)

Business in Ost und West

Nachdem wir zunächst anthropologische Merkmale besprochen haben, um unser Verständnis von Kultur davon abzugrenzen, und nachdem wir einige allgemeine Merkmale östlicher und westlicher Kultur differenziert haben, wird es Zeit zu überlegen, welche Kriterien für internationales Business und Management daraus abgeleitet werden können. Beginnen wir zunächst wieder mit ein paar allgemeinen Kriterien. Während beispielsweise Amerikaner, Kanadier, Australier, Briten, Niederländer oder Schweden ein Arbeitsumfeld bevorzugen, in dem sie persönlich aktiv werden können, bevorzugt man beispielsweise in Japan oder Singapur eine Unternehmenskultur der Kooperation. Deutsche, Italiener, Belgier und Franzosen liegen in ihrer Ausprägung zwischen diesen Polen. Während Japaner es bevorzugen, ein Unternehmen während ihres gesamten Arbeitslebens nicht zu wechseln, erscheint das Amerikanern, Kanadiern, Australiern, Briten, Niederländern oder Schweden als unwahrscheinlich. Deutsche, Italiener oder Franzosen liegen wiederum eher in der Mitte dieser Ausprägungen.

Fragt man Amerikaner, Kanadier oder Briten, wodurch sich Unternehmen definieren, so werden sie Aufgaben, Funktionen und Effizienz in den Vordergrund stellen und Maschinen und Ausrüstungsgegenstände als wichtig einstufen. Auch leistungsabhängige Bezahlung ist ein wichtiges Thema. In Japan und Singapur dagegen definiert sich ein Unternehmen eher als Konglomerat von Menschen, die zusammenarbeiten. Die Beziehungen der Mitarbeiter zueinander werden als grundsätzliche Voraussetzung für die Erfüllung der Organisationsziele gesehen. Betrachtet man Hierarchien in Unternehmen, so darf man auch den vom Lebensalter abhängigen Status nicht außer Acht lassen. Während die Mehrheit der Amerikaner, Kanadier, Australier oder Briten mit einem höheren Lebensalter keine Statuserhöhung in Verbindung bringt, akzeptieren Japaner, Singapurianer und Koreaner meist altersbezogene Hierarchien. Deutsche, Italiener und Franzosen kann man hier wieder in der Mitte dieser Pole einordnen.

Kulturelle Verhandlungsstrategien

Ein gutes Beispiel für kulturelle Erwartungen bei Verhandlungen ist der in den 1970er Jahren geschlossene japanisch-australische „Zuckervertrag". Die Vertragskonditionen sahen vor, den Preis von 160 australischen Dollar pro Tonne für fünf Jahre beizubehalten. Dann fiel der Zuckerpreis auf dem Markt kurz nach der Vertragsunterzeichnung deutlich. Das verschlechterte die Bedingungen des Vertrages für die Japaner, die den australischen Zucker weiterverarbeiten wollten, erheblich. Während die Australier die Vertragsbedingungen unabhängig von den geänderten Kontextbedingungen beibehalten wollten, erwarteten die Japaner Neuverhandlungen aufgrund der veränderten Rahmenbedingungen.

Generell liegt bei Vertragsverhandlungen im Westen eher eine Konzentration auf den Resultaten; Beziehungen werden als zweitrangig gesehen. Man kommt kurz und schnell auf den Punkt, und versucht als Akteur, logisch starke Argumente zu finden, um sich durchsetzen. Entscheidungen laufen oft auf einen Ausschluss, also auf ein Entweder-Oder zu.

Östliche Verhandlungsstrategien zeigen dagegen eine Konzentration auf die Verhandlungspartner und sind auf langfristige Beziehungen ausgerichtet. Demnach sind die ersten Verhandlungen auch nicht notwendigerweise entscheidungsrelevant, sondern sollen vor allem sozial vertrauensbildende Wirkung haben. Wenn Akteure sich nicht in das kulturelle Umfeld integrieren, dagegen aktiv manipulieren oder zu überzeugen versuchen, wirkt das auf asiatische Verhandlungspartner negativ. Auch der Fokus auf Ad-hoc-Lösungen und Entweder-Oder-Entscheidungen wird asiatische Geschäftspartner befremden, da in deren Augen damit zu viel Komplexität reduziert wird und die vorhandenen Zusammenhänge nicht genügend beachtet werden.

Die „orientalische Zuckerrevolte"

Ein englischer Zuckerfabrikant machte mit den iranischen Rohprodukten, über die er das alleinige Verfügungsrecht erworben hatte, ungeheuren Profit. Da suchte ihn ein Ayatollah auf und erklärte ihm, dass ihm und somit seiner Gemeinde 5 % der steuerpflichtigen Einkünfte als Pflichtabgabe („Khoms") zustünden. Der Fabrikant weigerte sich zu zahlen.

Daraufhin verkündete der Ayatollah in der Freitagspredigt, dass dieser Zucker durch schädliche Zusatzstoffe verseucht und daher ungenießbar sei. Der Zuckerverbrauch ging schlagartig zurück. Der in Bedrängnis geratene Fabrikant suchte daraufhin den Schah auf, berichtete ihm von der Unterredung mit dem Ayatollah und erwartete dessen Hilfe. Der Schah soll jedoch erwidert haben, dass nach dem islamischen Recht dem Ayatollah 5 % des Gewinns zustünden.

So verabredete sich der Fabrikant erneut mit dem Ayatollah und erklärte sich bereit, die 5 % zu zahlen. Der Ayatollah aber entgegnete, dass er nunmehr Anrecht auf 10 % habe. Auf die verdutzte Frage des Briten, warum, erwiderte er: „Ich hatte die doppelte Arbeit. Zuerst musste ich meine Gemeinde überzeugen, dass der Zucker unrein ist, und jetzt muss ich ihnen nahelegen, dass er in aufgelöstem Zustand unbedenklich für die Gesundheit sei."

Wenn wir die kulturellen Unterschiede von Ost und West Revue passieren lassen, so stellt sich die Frage, ob sich die Unterschiede in der Zukunft tendenziell verstärken oder in Bezug auf die Globalisierung eher vermindern werden. Folgt der ökonomischen Globalisierung die kulturelle? Plakativ kann man vier Szenarien entwerfen:

1. Westliche Monokulturprognose
2. Östliche Monokulturprognose
3. Multikulturprognose
4. Globale Mischkulturprognose

In der westlichen Monokulturprognose bedeutet Modernisierung „Westernisierung" und beinhaltet die Annahme, dass sich auch der asiatische Lifestyle zunehmend „amerikanisieren" wird. Es gibt viele Gründe, die dagegen für eine östliche Monokulturprognose sprechen, so z. B., dass Modernisierung und Industrialisierung nicht mit dem westlichen Weg zusammenfallen müssen. Beispiele für moderne, nicht westliche Gesellschaften sind Japan, Singapur oder Taiwan. Japan ist seit mehr als 100 Jahren kapitalistisch. Westliche Werte wie Unabhängigkeit, Freiheit oder Rationalismus haben trotzdem die japanische Kultur in ihren wesentlichen sozialen Aspekten nicht verändert.

Vielmehr hat der Westen inzwischen viele soziale und sogar geschäftliche Tugenden aus der japanischen Kultur übernommen, wie Firmenloyalität, Kooperationen in Teams, Beratungsmanagement, kontinuierliche Verbesserungsprozesse, Prozessdenken, Projektteams auf Zeit etc. Lifestyle-Trends wie Buddhismus und Yoga (indisch), Tai Chi und Akupunktur (chinesisch) oder fernöstliche Kampfsportarten haben längst den Globus erobert. Schon heute ist Chinesisch die meistgesprochene Sprache im Internet und fast die Hälfte des internationalen Flugverkehrs geht über den Asien-Pazifik-Raum, mit steigender Tendenz.

Während die Multikulturprognose nicht nur ein Weiterbestehen der jetzigen Kulturunterschiede, sondern sogar eine zunehmende Entfremdung der islamischen, asiatischen und westlichen Kulturkreise behauptet, lässt die globale Mischkulturprognose die Hoffnung auf eine überkulturelle Entwicklung nicht fallen. Hierbei können wir erahnen, dass sich die soziale Adaptionsfähigkeit der Asiaten in diesem Fall als ihr Vorteil herausstellen könnte.

Es ist ein Aberglaube im Westen, dass Individualismus und Konkurrenz wesentliche Befähiger von Leistung sind. Die Kultur des Morgenlandes, welche Disziplin, Loyalität und Fleiß als Dienst an der Gemeinschaft versteht, hat sich als treibende Kraft wirtschaftlicher und sozialer Entwicklung der leistungsfähigsten Volkswirtschaften erwiesen. Aktuelle Trends der Wirtschaftswissenschaften, welche die Leistungsfähigkeit kollektiver Intelligenz beispielsweise in Hochleistungsteams beschwören, entdecken dabei jahrtausendealte Werte morgenländischer Kultur wieder. Dabei ist die kulturwissenschaftliche Routine, Individualismus als westliches Phänomen und Kollektivismus in orientalischen und asiatischen Kulturen zu verorten, eigentlich wenig aussagekräftig: Schließlich ist der westliche Individualismus kein geschichtliches Kulturmerkmal, sondern vor allem eine Folge des wirtschaftlichen Wohlstands.

Gegenwärtig gilt die Auseinandersetzung des Westens mit dem Islam als eine der herausforderndsten politischen und kulturellen Aufgaben. Man kann hier die Frage stellen, ob Aufklärung, Rationalismus und Autonomie wirklich kulturelle Bedingungen sind, die auch die orientalischen Kulturen durchlaufen müssen, um „modern" zu werden, wie häufig unterstellt wird. Wenn die Autonomie des Individuums wirklich Grundlage für die Etablierung demokratischer Strukturen ist, könnte das gerade ein Grund dafür sein, die Entwicklung zur Demokratie allen Kulturen zuzutrauen, insbesondere, wenn man Autonomie nicht nur als kulturelle, sondern auch als biologische Dimension versteht. Es sprechen gute Gründe dafür, z. B. die biologische Selbstorganisation, wie sie in der Systemtheorie behauptet wird.

Der Weg des Orients in die Moderne könnte die Moderne neu definieren, eine Definition, die in der orientalischen Historie fußt, wie auch unser westlicher Modernitätsbegriff in der abendländischen Geschichte ruht. So ist nicht nur dem Orient, sondern auch dem Westen zu wünschen, dass dieses Selbstverständnis gefunden und begangen wird, da Alternativen bereichernd sein, und auch dem Westen als kritischer Spiegel des eigenen Weges dienen können: Eine Alternative, die politische Demokratie auf dem Verständnis von autonomen Individuen begründet, mit Werten von Wohlstand, Gleichheit, Gerechtigkeit und Freiheit. Es ist heute eine (auch mediale) Unsitte, interkulturelles Konfliktpotenzial auf angebliche religiöse oder kulturelle Differenzen zurückzuführen, wo es doch meist vielmehr um innerpolitische oder nationalstaatliche Spannungen geht. Die Probleme vieler islamischer Länder sind nicht einer fehlenden Säkularisierung geschuldet, es sind vor allem politische Gründe, die sie zurückfielen ließen.

Wahrhaft interkulturell ist die Idee, nicht ethnische, religiöse oder linguale Zugehörigkeiten zu überhöhen, sondern die Zustimmung zu gemeinsamen politischen Werten, in einer Verfassung niedergelegt, einzufordern. Die dafür erforderliche bürgerliche Haltung ist eine rationale, die sich souverän, autonom und reflektiert zu den in der Verfassung niedergelegten Werten bekennt. So können auch transkulturelle Menschenrechte garantiert werden, Menschenrechte, die keine Begründung in religiösen, kulturellen oder politischen Traditionen mehr benötigen, um gemeinschaftlich bindend zu sein [1].

14.3 Interkulturelles Human Resource Management

> Wer sich selbst und andre kennt wird auch hier erkennen: Orient und Okzident sind nicht mehr zu trennen. Sinnig zwischen beiden Welten sich zu wiegen lass ich gelten: Also zwischen Ost- und Westen sich bewegen sei zum Besten! Goethe, West-Östlicher Divan

So leicht und unbeschwert Goethe die Globalisierung vorwegnimmt, so beschwerlich zeigt sich der Weg, wenn man vom anthropologisch Allgemeinen zum kulturell Besonderen blickt und konkrete Handlungsfelder betrachtet, die internationales Management so komplex machen. Warum lassen sich japanische Mitarbeiter nicht wie amerikanische nach Management by Objectives führen? Wie unterscheiden sich gezeigtes Commitment und Motivation bzw. Ablehnung im europäischen und asiatischen Raum? Was ist hinsichtlich Pünktlichkeit für Meetings und Verhandlungen zu beachten und warum können sich zwei geografisch nebeneinander liegende Länder weitaus mehr hinsichtlich ihrer Unternehmenshierarchie unterscheiden als regional weit voneinander entfernte?

Populäre Verhaltensbeispiele dafür gibt es viele. So ist es beispielsweise für uns in der westlichen Welt selbstverständlich, Augenkontakt zu halten, in manchen islamischen Ländern kann dies zwischen Männern und Frauen als ungehörig gelten. Indisches Kopfschütteln bedeutet durchaus „Ja", während Asiaten ein striktes verbales Nein aus Gründen der Gesichtswahrung des Empfängers zu vermeiden suchen und die Ablehnung nur ausweichend formulieren. In Asien sollte man sich auch von einer älteren Person, die Status genießt, mit Geschäftspartnern in Bekanntschaft bringen lassen, denn dieser Status lässt sich so übertragen. Wenn man im Iran nach dem Weg fragt, wird man höchstwahrscheinlich immer eine Antwort erhalten, auch wenn der Weg nicht bekannt ist, denn das Gebot zu helfen steht als soziale Verpflichtung im Vordergrund. Auch der Umgang mit Zeit wird in südamerikanischen und arabischen Ländern erheblich von unserer europäischen Auffassung unbedingter Pünktlichkeit abweichen, und die Beispiele ließen sich beliebig fortsetzen.

Übungsfrage

Asiaten vermeiden ein direktes „Nein", um Ihnen und sich selbst einen Gesichtsverlust zu ersparen. Welche Ihnen aus dem Personalmanagement bekannte Kommunikationstechnik können Sie benutzen, wenn Sie mit direkten Fragen an Ihren asiatischen Businesspartner nicht weiterkommen?

Für multinationale Unternehmen ist es wesentlich, dass die Mitarbeiter über ein breites Arsenal an Managementtechniken verfügen, um in der globalisierten Ökonomie zu bestehen. Dabei zeigt sich, dass im Heimatland bewährte Managementmethoden nicht ohne Einschränkungen global einsetzbar sind, eine Überzeugung, welche hinsichtlich praktischer Konsequenzen bei Führung, Kommunikation oder Entscheidungsprozessen allerdings immer noch wenig Beachtung findet. Immerhin gehen bereits zahlreiche international agierende Unternehmen dazu über, bei der Besetzung von Auslandsniederlassungen zunehmend auf einheimische „Local Manager" zurückzugreifen. Auch die Nutzung moderner Medien hat eine Kulturveränderung gebracht. Insbesondere in Zeiten knapper Finanzen lassen sich mit Telefon- und Videokonferenzen effizient Reisekosten und Zeitressourcen sparen. Dies brachte aber auch veränderte Kompetenzbedarfe in den Muttergesellschaften mit sich. In dem Maße, in dem nicht mehr nur wenige Auslandsdelegierte sich mit interkulturellen Gepflogenheiten auskennen müssen und Hierarchien insbesondere im Westen immer flacher werden, sieht sich nun eine breite Masse an Mitarbeitern in internationalen Unternehmen mit interkulturellen Anforderungen konfrontiert.

14.3.1 Unternehmenskulturen

Der Begriff Kultur kommt aus dem Lateinischen „cultura", was soviel wie Bearbeitung oder Pflege bedeutet. Es geht darum, was der Mensch im Unterschied zu der von ihm vorgefundenen Natur selbst gestaltet, also etwa Technik, Malerei, Musik, Recht, Philosophie, Religion, Wirtschaft oder Wissenschaft. Auch auf Unternehmen kann man den Begriff „Kultur" anwenden. Unternehmenskulturen unterscheiden sich erheblich und das nicht nur international. Um kulturelle Unterschiede von Unternehmen zu verstehen, muss man zunächst die eigene Unternehmenskultur analysieren. Edgar Schein [21], den wir bereits hinsichtlich seiner Ausführungen zum Menschenbild kennengelernt haben, unterscheidet drei aufeinanderfolgende Ebenen: die Grundannahmen, die darüberliegenden Werte und schließlich die zum Ausdruck gebrachten Artefakte (siehe Abb. 14.4):

Obwohl Artefakte sehr gut wahrnehmbar sind, bleibt ihre Zuordnung mehrdeutig, was an ihrem Symbolcharakter liegt. Unterhalb dieser sichtbaren phänomenalen Ebene befinden sich die kollektiven Werte, welche schon konkrete Verhaltensnormen und deren Bewertungen beinhalten. Schein unterscheidet hier noch einmal zwischen angenommenen virtuellen Werten, die sich zwar aus Unternehmensgrundsätzen oder -leitlinien ableiten lassen, aber oft nur theoretisches Ideal bleiben, und internalisierten Werten, die sich wirklich im Verhalten manifestieren. In den Grundannahmen schließlich verankern sich all jene Werte, welche bereits zum nicht mehr infrage gestellten Habitus der Organisationsmitglieder geworden sind. Auch wenn diese Wertannahmen den größten Einfluss auf das Verhalten haben, wirken sie im Verborgenen und lassen sich nur schwer transparent machen. Schein stellt nun eine Korrelation zwischen der Funktionalität der einzelnen Kultur-

Abb. 14.4 Ebenen der Unternehmenskultur nach Schein

ebenen und der Leistungsfähigkeit von Unternehmen her, wobei den Grundannahmen hier eine besondere Bedeutung zukommt.

Die Erfassung einer Unternehmenskultur kann dabei nur von einem Beobachter geleistet werden, der neben seiner Professionalität auch „Besucheraugen" hat und nicht selbst Mitglied dieser Kultur ist. Die jeweilige Unternehmenskultur ist nicht monolithisch aufgebaut, sondern gliedert sich ihrerseits je nach Qualität und Quantität eines Unternehmens wiederum in viele horizontale und vertikale Subkulturen, die nebeneinander bestehen und sowohl miteinander als auch gegeneinander arbeiten können. Hinzu kommt noch jeweils die spezifische Landeskultur. Bezieht man diese Betrachtung von Subkulturen auf Human Resource Management oder die Strategie der Personalführung eines internationalen Unternehmens, so sieht man, dass man nicht von „der" Human-Resource-Strategie eines Unternehmens sprechen kann, außer man bündelt diese in einer internationalen Strategie. Blickt man im interkulturellen Management speziell auf den Bereich der Personalführung, so zeigen sich auch unterschiedliche Karrierewege von Führungskräften bis an die Unternehmensspitze (vgl. [6]):

Beispielsweise werden in Japan Nachwuchsführungskräfte aus den Besten des Jahrgangs ausgewählt. Im Sinne einer Long Term Orientation werden Karrieren langfristig geplant. In vielen Jahren der Test- und Sozialisierungsphase werden intensive Trainings- und Betreuungsprogramme in kurzen Abständen durchgeführt. Nach regelmäßigen Leistungsbeurteilungen in kurzen Abständen, welcher der kulturellen Uncertainty Avoidance entsprechen, folgt intensiver Wettbewerb, der nach weiteren Jahren der Bewährung darüber bestimmt, ob ein Manager innerhalb eines Unternehmens reüssiert. Die romanische Karrierekultur rekrutiert Führungskräfte direkt aus den Eliteschulen, wie etwa in Frankreich üblich. In der Potenzialentwicklungsphase sind politische Gegebenheiten und soziales Netzwerk, ebenso wie erfolgreiches Selbstmarketing Erfolgsfaktoren für den beruflichen Aufstieg, wobei keine solch eindeutige Systematik wie im japanischen Entwicklungsmodell zu erkennen ist. Deutsche Unternehmenskarrieren zeichnen sich dagegen durch eine Identifikationsphase mit zunächst horizontalem Job Enrichment (Modell „Trainee"-Programm) aus, in der ein breites Fachwissen in mehreren Funktionsbereichen angelegt wird, um die jeweiligen Potenziale zu ermitteln. Der Aufstieg erfolgt aufgrund von Expertenwissen und -erfolgen. Angelsächsische Karrieren bleiben in der Talentidentifikationsphase generalistisch, ohne Berücksichtigung spezieller Eliten. Die Testphase ist gekennzeichnet durch Assessment Center oder Erfahrungswerte, welche der empirischen Tradition der Engländer entsprechen.

Während auf der Ebene der rein operativen Personalarbeit schon aus praktischen Gründen ein zentrales Human Resource Management hinsichtlich der vielfältigen arbeitsrechtlichen Länderspezifika oft nicht zielführend ist, wird das Erfordernis der Zentralisierung für die strategische, konzeptionelle Personalarbeit oft nicht berücksichtigt. Hierfür kann man prototypisch eine Mono-, eine Multi- und eine Mischkulturstrategie unterscheiden.

14.3.2 Kultur-, Entscheidungs- und Internationalisierungsstrategien

Während in der Monokulturstrategie die Kultur des Mutterunternehmens einfach auf die Tochtergesellschaften übertragen wird, belässt die Strategie der Multikultur jeder Tochtergesellschaft ihre eigene, heterogene Beschaffenheit. In einer Strategie der Mischkultur wird der Versuch gemacht, die Elemente von Mutter- und Tochterunternehmen miteinander zu mischen, was letztlich dem Gedanken interdependenten Lernens voneinander entspricht, mit dem Ziel, die jeweilig vorherrschende Kultur durch die anderen zu bereichern. Monokulturelle Strategien enthalten implizit die Wertannahme, dass die eigene Unternehmenskultur der ausländischen als überlegen anzusehen ist, was im Extrem auf eine kulturimperialistische Übertragung eigener Werte und die Ignoranz bzw. Unterdrückung der lokalen Unternehmenskultur hinauslaufen kann. Die Liberalität der multikulturellen Kulturstrategien lässt die Wertevielfalt unterschiedlicher Tochtergesellschaften theoretisch bestehen, in der Praxis ist aber zu erwarten, dass zumindest die Grundbestandteile der Unternehmensphilosophie auch auf die ausländische Dependance übertragen werden. Die Mischkulturstrategie schließlich stellt den einzigen Fall einer Rückkopplung des Headquarters an die Niederlassungen dar.

Die jeweilige Kulturstrategie sagt noch nichts darüber aus, wie ein Unternehmen Entscheidungen trifft, nämlich zentral im Headquarter, dezentral in den Tochtergesellschaften oder auch föderal im gemeinsamen Verbund. Kombiniert man nun Kultur- und Entscheidungsstrategien eines Unternehmens, so kann man Internationalisierungsstrategien unterscheiden, auch wenn sich diese weder theoretisch eindeutig bewerten noch praktisch trennscharf anlegen lassen. Zentrale Strategien werden immer tendenziell den Vorteil von Standardisierung, Erfahrungswerten und damit Qualitätssicherung mit sich bringen. Auf der anderen Seite werden sie in ihrer Stabilität und Starrheit nicht so schnell und flexibel auf Marktsituationen reagieren können, und auch neue innovative Lösungen weder suchen noch wertschätzen bzw. in das eigene System integrieren. Ebenso kann eine monostrategische Unternehmenskultur der Mitarbeiteridentität, dem Zugehörigkeits- sowie dem Gemeinschafts- und Motivationsgefühl förderlich sein. Andererseits werden Multi- und Mischkulturstrategie praktisch eher geeignet sein, die vorhandenen Landesidentitäten zu belassen und die jeweiligen lokalen Wettbewerbsvorteile wahrzunehmen, eine Strategie, die beispielsweise insbesondere hinsichtlich der Auswahl von Produktionsstandorten eine international vorteilhafte Unternehmensstrategie sein kann.

Nachdem wir grundlegende Internationalisierungsstrategien von Unternehmen betrachtet haben, können wir uns überlegen, wie eine kohärente Personalstrategie aussehen könnte. Innerhalb einer Delegationsstrategie können wir die Prototypen des Country Managers, des Global Managers und des Company Managers unterscheiden. Der Country Manager ist ein Spezialist für bestimmte Länderkulturen und auch spezifisch auf diese Anforderungen geschult. Die kulturspezifischen Grundlagen lassen sich heutzutage nicht mehr nur aus der unternehmensinternen Erfahrung ehemalig Entsandter und dementsprechend konzipierter Seminare erfassen, sondern auch durch zahlreiche umfassende Studien, welche Kulturmerkmale aus empirischen Studien ableiten.

Der Global Manager ist nicht auf bestimmte Länder und Kulturkontexte festgelegt, sondern ein Generalist, welcher wohl am ehesten dem weit verbreiteten Idealbild der globalen Führungskraft entspricht und sich flexibel auf die jeweiligen Kulturspezifika einstellt. Der Company Manager schließlich vertritt ganz bewusst die eigene Unternehmens- und Landeskultur, eine Strategie, die sich sinnvoll mit einer Monokulturstrategie vereinen lässt, während sich der Einsatz eines Country Managers am besten mit einer Multikulturstrategie bzw. der Einsatz des Global Managers am besten mit einer Mischkulturstrategie verträgt.

14.3.3 Delegation

Mit den Überlegungen zum internationalen Managertyp sind wir auch bereits bei der direkten Entsendung, der Delegation eines sogenannten Expatriate Managers in eine ausländische Division für eine bestimmte Zeit (short term = weniger als ein Jahr, long term = drei bis fünf Jahre) gelandet. Das vierstufige „Staircase“-Modell der interkulturellen Kommunikation von Stella Ting-Toomey [23] ist gut geeignet, die Ansprüche und Erwartungen, die man an eine Delegation stellt, im Rahmen zu halten. Laut der ersten Stufe (1. Unconscious Incompetence) befindet man sich zunächst in der Phase der unbewussten Ignoranz. Man hat keine interkulturelle Kompetenz, ist sich dessen aber noch gar nicht bewusst. In der nächsten Stufe (2. Conscious Incompetence) wird man sich der „Cultural Gaps“ bewusst, obwohl man nicht die Fähigkeiten zur Änderung besitzt. In Stufe drei (3. Conscious Competence) ist man sich der kulturellen Differenzen bewusst, und versucht diese aktiv zu überwinden, was aber Konzentration und bewusste Anstrengung erfordert. Schließlich wird in Stufe vier (4. Unconscious Competence) die kulturelle Meisterung durch spontanes Verhalten erreicht. Man muss nicht mehr nachdenken, welches Verhalten angebracht ist, man kann unmittelbar und unbewusst handeln.

Ein gutes interkulturelles Training kann einen auf Ting-Toomeys Stufenleiter höchstens bis Stufe zwei oder drei führen, je nachdem wie viele Rollenspiele und aktives Training beinhaltet ist. Will man darüber hinaus gelangen, braucht man dringend Felderfahrung im jeweiligen Land. Die Art des Trainings als Vorbereitung für den Auslandsaufenthalt wird nicht nur in Hinsicht auf die Zeitdauer des Aufenthalts auszurichten sein, sondern auch hinsichtlich der zur Verfügung stehenden Vorbereitungszeit und der zugrunde liegenden Unternehmenskulturen. Interkulturelle Trainings müssen die jeweilige Zielgruppe, deren Interessen und Hierarchielevel sowie das Auftragsziel im Auge haben.

Während sich grundlegende Informationen über das Gastland noch in Büchern, Filmen oder Vorträgen erfahrener Rückkehrer vermitteln lassen, bieten sich im Übergang rein kognitiven Verstehens von Fakten zur Vertiefung empfundener Inhalte vielmehr Methoden an, welche die Werte der eigenen mit denen der ausländischen Kultur in Beziehung setzen. Dafür eignen sich Fallanalysen, Rollenspiele, Simulationen und Trainings. Mark Mendenhall et al. [17] zeigen in ihrem Modell (siehe Abb. 14.5) die Korrelation zwischen Anpassungs- und Integrationsniveau, da ein kurzer Aufenthalt in einer sich von der

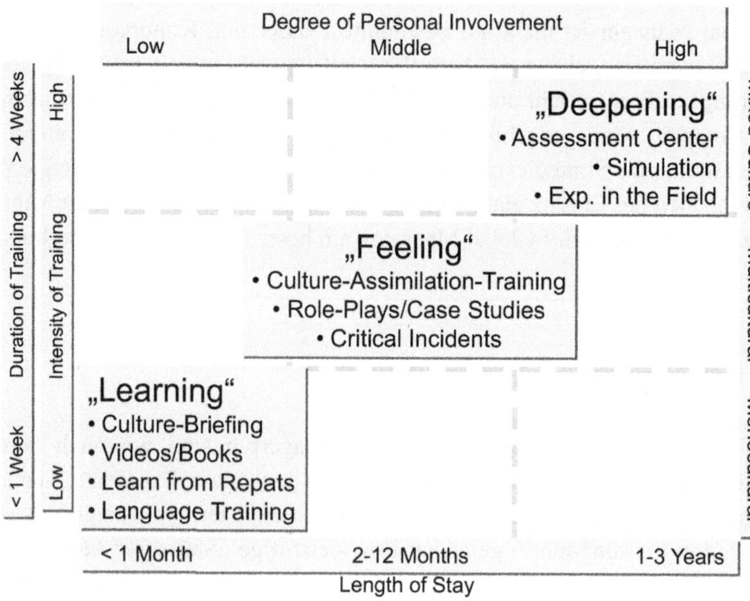

Abb. 14.5 Interkulturelle Trainings nach Mendenhall et al. [17]

eigenen Unternehmens- und Landeskultur stark unterscheidenden Auslandsniederlassung eine größere Anpassungsleistung erfordern kann als ein längerer Aufenthalt in einem verwandten Kulturkreis.

Bei Delegationen unterscheidet man meist vier Phasen des Anpassungsprozesses („U-Kurven-Hypothese" nach Lysgaard [15]): 1) Honeymoon, 2) Kulturschock, 3) Anpassung und schließlich 4) Meisterung der kulturellen Anpassung. Nachdem man festgestellt hat, dass erhebliche Probleme regelmäßig gerade bei der Rückkehr in das Heimatland auftreten, hat man in der Folge das Modell noch um die Phase des Rückkehrschocks und der schließlich erhofften Reintegration erweitert, visuell entsteht eine „W"-Kurve, siehe Abb. 14.6:

Die Zeit vor der Abreise ist meist von positiver Stimmung und Euphorie geprägt. Man freut sich auf das neue Land, die neuen Aufgaben und die neue Lebenssituation. Gleichzeitig ist diese Zeit von Unruhe durch viele praktische Vorkehrungen, die ein internationaler Ortswechsel mit sich bringt, und die bevorstehende Phase des Abschiednehmens gekennzeichnet. Bei der Ankunft am Zielort beginnt der Auslandsaufenthalt meist mit einer begeisterten Erforschung aller Facetten des täglichen Lebens. Diese ersten Monate werden meist als angenehm erlebt. Danach tritt in der Regel Ernüchterung über die neue Lebenssituation ein. Die unangenehmen und störenden Seiten des Lebens und des neuen Arbeitsplatzes fallen auf. Der Delegierte wird auf für ihn störende und verwirrend wirkende Verhaltensweisen und Eigenschaften der Einheimischen aufmerksam. In der Phase des Kulturschocks entstehen typischerweise Heimweh, Reizbarkeit, Müdigkeit, Langweile oder je nach Individuum auch psychosomatische Beschwerden. Diese Phase geht in den

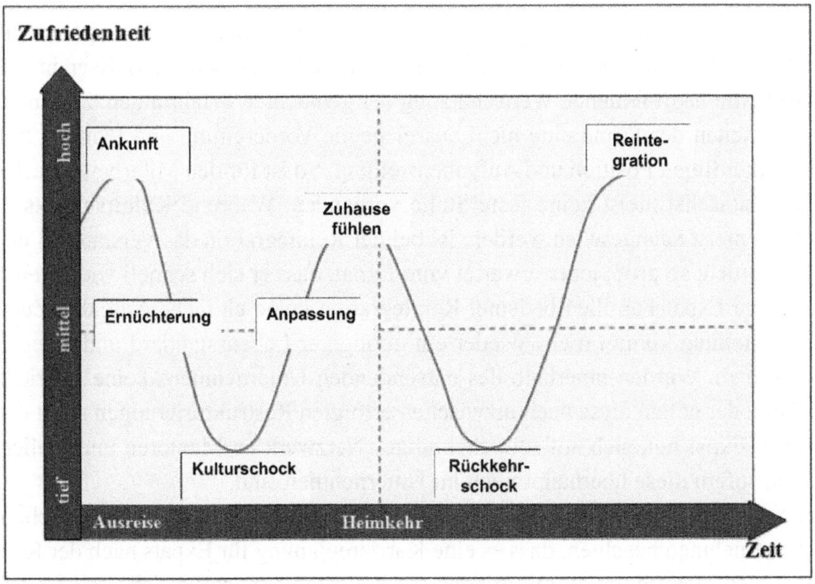

Abb. 14.6 W-Kurve der Delegationsphasen

ersten sechs bis zwölf Monaten in eine Anpassung an die fremde Kultur über, und führt auch zu einem Aufschwung der persönlichen Gemütsverfassung. Jetzt ist der Delegierte schon gut mit den Umgangsformen und Verhaltensregeln der fremdem Kultur vertraut, kann sich verständigen, und hat meist auch bereits ein neues soziales Netzwerk geknüpft. Er empfindet nun oft gewisse Aspekte des Lebens in der neuen Kultur als angenehmer oder unangenehmer als in seiner Heimat und erlangt einen realistischen Blick auf die Vor- und Nachteile des Auslandes. Sein Leben stellt sich im Rahmen der normalen Schwankungen in eine für ihn zufriedenstellende Lage ein, er fühlt sich immer mehr zu Hause.

Wenn der Auslandsaufenthalt dem Ende zugeht, ist die Periode vor der Abreise durch eine Vorfreude auf die alte Heimat, die ehemals gewohnte Umgebung sowie das Wiedersehen des Familien- und Bekanntenkreises geprägt. Doch im Heimatland angekommen, erwartet den Zurückgekehrten schon innerhalb weniger Wochen oftmals überraschend ein erneuter Schock beim „Reentry“. Die Größe des Schocks ist nicht nur von den Ausprägungen der jeweils kulturellen Unterschiede abhängig, sondern auch davon, ob der Delegierte beispielsweise regelmäßig sein Heimatland besucht hat. Psychologisch kann man durchaus von einer Weiterentwicklung des Delegierten sprechen. Die Begegnung mit einer fremden Kultur und das teilweise Erlernen neuer Verhaltensweisen, Einstellungen und Werthaltungen hat eine oft unbewusste Veränderung der Persönlichkeit hervorgerufen, und das ehemals Vertraute ist plötzlich ungewohnt und fremd. Wenngleich sich natürlich auch die in der Heimat Verbliebenen weiterentwickelt haben, so ist deren Entwicklung nicht in Hinblick auf Richtung und Umfang mit der Entwicklung des Entsandten gleichzusetzen. Der Zurückgekehrte spürt, dass er mit den Menschen im Berufsleben und im privaten Bereich oft nicht mehr auf derselben Wellenlänge ist.

Eine den Wiedereintrittsschock noch verstärkende Tatsache ist das mangelnde Interesse von Freunden, Kollegen oder auch Familienmitgliedern an den Erlebnissen im Ausland und die ebenfalls oft fehlende Wertschätzung der gemachten Erfahrungen. Zudem kommt häufig vonseiten der Firma eine nicht ausreichende Vorbereitung und Planung hinsichtlich der zukünftigen Position und Aufgabenstellung. So ist für den Mitarbeiter nach seiner Rückkehr zunächst meist keine feste Stelle vorhanden. Während Kulturschocks bei der Integration meist nachgesehen werden, ist bei der Reintegration das Verständnis des Umfelds meist nicht so groß; jeder erwartet vom Expat, dass er sich schnell wieder einfindet. Auch für die Expat-Familien bedeutet Reintegration keine einfache Aufgabe: Zur kulturellen Umstellung kommt meist wieder ein geringerer Lebensstandard und Lifestyle auf die Familie zu. Wurden innerhalb des entsendenden Unternehmens keine Karrierepläne entwickelt oder gelten diese nach inzwischen erfolgten Restrukturierungen nicht mehr, so bleibt dem Expat nur, sich auf sein ehemaliges Netzwerk an Mentoren und Kollegen zu verlassen, sofern diese überhaupt noch im Unternehmen sind.

Um eine erfolgreiche Delegation und insbesondere Reintegration zu ermöglichen, sollte ein Unternehmen beachten, dass es eine Karriereplanung für Expats nach der Rückkehr gibt. Ein Mentorenprogramm mit mindestens drei Mentoren sollte sicherstellen, dass zumindest ein Mentor nach der Rückkehr des Expats noch im Unternehmen ist. Natürlich muss sich ein Delegierter auch selbst darum kümmern, während seiner Abwesenheit sein Netzwerk im Mutterunternehmen aufrechtzuerhalten. Spätestens ein Jahr vor der Rückkehr sollte die internationale Personalabteilung des entsendenden Unternehmens Rückkehrinterviews mit den zu erwartenden Expats führen. Hierbei sollten Delegierte auch auf kritische Punkte, wie dem zu erwartenden Statusverlust im Heimatunternehmen, angesprochen werden.

Das Unternehmen sollte zudem Reintegrationsseminare anbieten. Sie haben sowohl für die Expatfamilien als auch für die Unternehmen Vorteile: Die Unternehmen können die Erfahrungen der Expats im Sinne von Best Practices nützen und zugleich Mitarbeitern und Familien, die vor einer Auslandsdelegation stehen, einen Wissentransfer bieten. Auch wenn Integrations- und Rückkehrschocks nicht vermieden werden können, kann man sie positiv verstehen: aufseiten der Delegierten als persönliche Entwicklung und aufseiten der Unternehmen als Beitrag zu einer lernenden Organisation. Dem Wiedereintritt in die eigene Kultur sollte mit demselben Vorbereitungsaufwand begegnet werden wie der Ausreise. Die Periode der Reintegration erfolgt analog zu der im Ausland stattgefundenen Integration in der Regel ca. sechs bis zwölf Monate lang nach der Rückkehr. Diese Zeit wird benötigt, um alte und neue Beziehungen aufzunehmen und bis sich ein erneutes emotionales Gleichgewicht hinsichtlich Wertvorstellungen und Verhaltensweisen eingestellt hat. Interessanterweise zeigt sich eine Tendenz bei Delegierten, nicht dauerhaft in das Heimatland zurückzukehren, wenn die Reintegrationsphase nur kurz ist und von einem nächsten Aufenthalt im Ausland abgelöst wird. Manche Delegiertenfamilien, denen die Möglichkeit der Reintegration nicht ausreichend gewährt wird, werden so zu Nomadenfamilien, die sich durch ihre Erfahrungen und sozialen Netze durchaus positiv als Weltbürger sehen, zugleich aber durch die häufigen regionalen Wechsel keine engeren sozialen

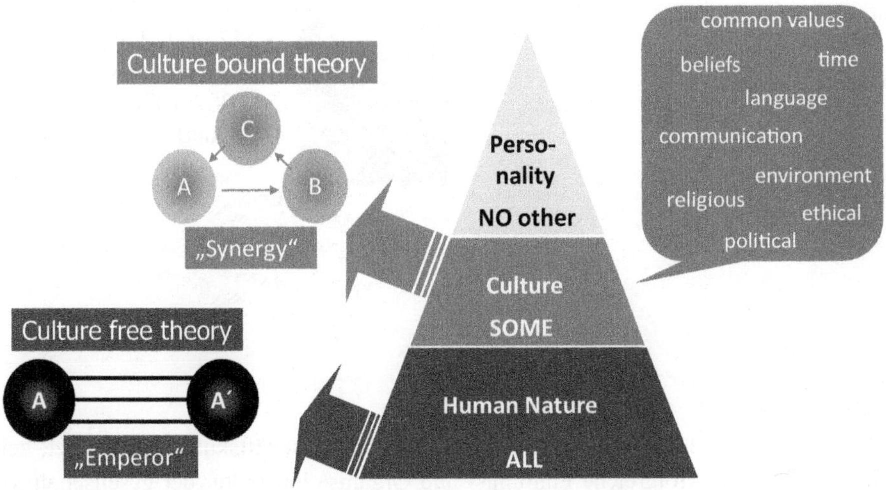

Abb. 14.7 Anthropologie, Kultur und Individuum

Bindungen knüpfen. Solche Multidelegationsfamilien haben meist viele soziale Kontakte über die ganze Welt verteilt und sind auch meist durch einen starken inneren Familienzusammenhalt gekennzeichnet.

14.3.4 Kulturtheorien

Nachdem wir den Spezialfall der Delegation beleuchtet haben, wollen wir uns nun bekannte Kulturtheorien anschauen. Im Gebrauch des Begriffes „Kultur" in Abgrenzung zur Anthropologie werden wir dem Verständnis des amerikanischen Anthropologen Clyde Kluckhohn folgen, der den Menschen „in a certain aspect like all, some and no other man" bezeichnete, siehe Abb. 14.7:

Geert Hofstede

Der Niederländer Geert Hofstede [8] bezeichnet Kultur als das, was wir mit manchen anderen Menschen hinsichtlich gemeinsamer Werte, Sprache, Religion, oder politischer Überzeugungen, teilen: „Culture is the collective programming of the mind which distinguishes one group of people from another." Mit Hofstedes Arbeit etablierte sich ein Kulturbegriff, der sowohl die interkulturelle Forschung als auch die grundlegenden Paradigmen, die interkulturellen Trainings zugrunde liegen, hinsichtlich des Schwerpunkts einer Culture Free Theory zu einer Culture Bound Theory verlagert hat. Während die Culture Free Theory den Menschen global als wesentlich gleich ansieht, meist einen Fokus auf stammesgeschichtliche Vererbung setzt und demgemäß spezifische Kulturfaktoren als vernachlässigbar behandelt, bestimmt die Culture Bound Theory die Erkenntnis und Anwendung kultureller Besonderheiten gerade als Erfolgsfaktor interkultureller Unternehmensführung, was durch die aktuelle Forschung gestützt wird [10]. Wenn man Culture

Abb. 14.8 Geert Hofstede

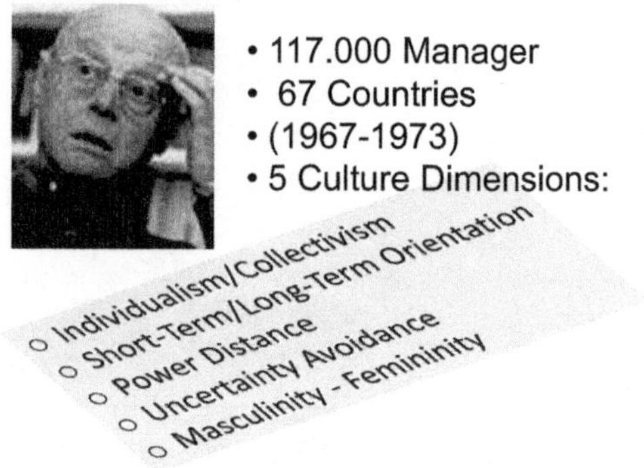

Bound mit Gesellschaftskultur und Culture Free mit Geschäftskultur gleichsetzt, zeigt sich, dass für eine erfolgreiche Führungs- und Organisationskultur der gesellschaftskulturelle Einfluss zehnmal stärker zu bewerten ist als der geschäftliche [3]. Die Culture Free Theory kann mit einem Universalismus gleichgesetzt werden, der beispielsweise als westlicher Kulturimperialismus auftretend die Tradition und Werte anderer Länder und Kulturen nicht würdigt. Universalistisch auftretende Werte wie Menschenrechte, Demokratie oder Gleichstellung brechen sich so unter Umständen an den jeweils geltenden Landeskulturen.

Eine Culture Bound Theory entspricht dagegen einem Werterelativismus, welcher im Sinne einer Multikulturstrategie andere Kulturen anerkennt und im Sinne einer Mischkulturstrategie sogar synergetisch aufnimmt. Geert Hofstede hat als Culture -Bound-Vertreter als Erster (1967–1973) unter Zugrundelegung einer empirischen Studie mit 117.000 IBM-Mitarbeitern in 67 Ländern grundlegende kulturelle Unterschiede erforscht und daraus fünf Kulturdimensionen zusammengefasst und definiert, nämlich Individualism versus Collectivism (IDV), Masculinity versus Femininity (MAS), Power Distance Index (PDI), Uncertainty Avoidance Index (UAI) sowie Long Term Orientation versus Short Term Orientation (LTO), siehe Abb. 14.8:

Wir wollen uns zunächst die Bedeutungen, die Geert Hofstede diesen Begriffen zuordnete, näher ansehen.

Individualismus

Frank Sinatras Song „I did it my way" drückt sehr gut das amerikanische Bedürfnis nach Unabhängigkeit, Freiheit und Individualismus aus, und es verwundert kaum, dass Amerika die weltweit höchsten Werte im Kulturdimensionsindex „Individualismus" erzielt. Gemeint sind damit sowohl hohe Arbeitsmobilität als auch eine hohe Ich-Zentrierung und eine Präferenz für Individualentscheidungen. Hofstede konnte eine positive Korrelation zwischen dem Wohlstand eines Landes und seinem Individualismusindex ausmachen, ärmere Länder sind demnach deutlich weniger individualistisch orientiert als reichere.

Kollektivismus

Viele Jahre war am Bahnhof Shinjuku in Tokio (der größte Bahnhof der Welt) auf Schildern der Appell zu lesen, doch bitte während der Hauptverkehrszeiten keinen Selbstmord auf den Gleisen zu begehen. Was in einer westlichen, individualistischen Kultur nur Verständnislosigkeit hervorruft, kann in einer stark kollektivistischen Kultur wie Japan als Gemeinschaftssinn große Geltung auch in größten Konflikt- oder Notsituationen behalten. Kollektive Orientierung bedeutet z. B. im Berufsleben, das eigene Unternehmen als Familie zu verstehen, die man nicht bei erstbester Gelegenheit zugunsten eines anderen, vielleicht besseren Angebots wieder verlässt. Management by Objectives muss sich an Teamzielen orientieren, persönlicher Wettbewerb zwischen den Mitarbeitern („Mitarbeiter des Monats") kann aus einer individualistischen Kultur nicht einfach übertragen werden. In kollektivistischen Gesellschaften ist es eher wahrscheinlich, dass Söhne beruflich in die Fußstapfen ihrer Väter treten als in individualistischen.

Maskulinität

Werte wie Selbstbehauptung, Ehrgeiz, materieller Erfolg oder individuelle Leistungsorientierung im Wettbewerb zu anderen definiert Hofstede als männliche Werte. Schneller – höher – weiter – maskuline Kulturwerte, die Hofstede sowohl äquatornahen Ländern als auch tendenziell katholischer Bevölkerung im Gegensatz zu protestantischen Ländern zuordnet. Romanische Länder wie Frankreich und nordische Länder wie Dänemark, Norwegen oder Schweden weisen einen niedrigeren Maskulinitätsindex auf als etwa angloamerikanische oder deutschsprachige Länder. Typisch für maskuline Kultur ist auch die sich nivellierende Trennung zwischen hoher Karriereorientierung und Privatsphäre: Arbeit und Freizeit werden kaum noch getrennt.

Femininität

Als feminin wird eine Work-Life-Balance bezeichnet, welche gerade im Verzicht auf Wettbewerb, Stress und hohes Lebenstempo sowohl auf innere Ausgeglichenheit als auch auf Ausgeglichenheit zwischen beruflichen Anforderungen und Familie bzw. allgemeiner Lebensqualität Wert legt. Im Arbeitsumfeld wird dies mit tendenziell angenehmem Umgang zwischen den Hierarchien, beruflicher Sicherheit und einem Fokus auf sozialen Kontakten einhergehen. Während in einer maskulinen Gesellschaft die Arbeitsmoral lautet „Lebe, um zu arbeiten!", heißt es in einer feministischen Gesellschaft dagegen eher „Arbeite, um zu leben!".

Machtdistanz

Starke Machtdistanz einer Kultur spiegelt sich in einer starken Unternehmenshierarchie wider, und auch hier konnte Hofstede eine positive Korrelation der Machtabstandstoleranz für südliche Länder sowie der Bevölkerungsdichte ausmachen sowie eine negative Korrelation mit dem Wohlstand eines Landes, wenn auch Belgien und Frankreich hier eine Ausnahme bilden. Flache Hierarchien und flexible Organisations- oder auch Projektstrukturen werden demgemäß in Unternehmenskulturen mit niedrigem Machtdistanzindex möglich.

Unsicherheitsvermeidung

Unsicherheitsvermeidung ist zwar als anthropologische Grundkonstante menschlichen Lebens überall auffindbar, der Grad der zugelassenen Grundangst, die mit Unsicherheit evolutionär einhergeht, ist dagegen, insbesondere abhängig von der politischen Historie eines Landes, sehr unterschiedlich. Die Unsicherheitsvermeidung ist laut Hofstede in denjenigen Ländern am höchsten, die relativ spät zu demokratischen Regierungsformen fanden, wie etwa Österreich, Deutschland, Japan. Alte Demokratien wie die USA, England oder die Schweiz haben dagegen ein geringeres Streben nach Unsicherheitsvermeidung. Frankreich, Italien oder Spanien zeigen einen relativ hohen Unsicherheitsvermeidungsindex, was wohl an ihrem Erbe des Römischen Reiches liegt, das sich durch formelle Kontrollstrukturen auszeichnete. In einem Unternehmen führt die Tendenz zur Unsicherheitsvermeidung üblicherweise zu einem starken Maß an Struktur und Standardisierung. Eine hohe kulturelle Unsicherheitsvermeidung führt im Management zu einem Fokus auf operative Arbeit, während strategisches Management eine höhere Risikobereitschaft voraussetzt.

Kurzzeitorientierung

Kurzzeitorientierung ist nutzen- und ergebnisorientiert und dementsprechend gegenwartsbezogen oder auch in die Vergangenheit gerichtet und traditionsgebunden. Eine Kurzzeitorientierung wird sich sowohl in den meisten europäischen Ländern als auch in den USA finden und neigt zur Anerkennung eines starken Individuums, Toleranz für schnelle Bedürfnisbefriedigung sowie Konsum mit Wettbewerbs- und Trendelementen (angesagte Konsumgüter, Mithalten mit dem sozialen Umfeld).

Langzeitorientierung

Langfristige Unternehmensziele und auch langfristige Nutzenerwartungen charakterisieren die Langzeitorientierung. Dementsprechend werden Sparsamkeit, Beharrlichkeit, Hartnäckigkeit sowie Unterordnung unter Zwecke und Ziele geschätzt und der Blick ist zukunftsgerichtet. Da dies insbesondere Werte aus der konfuzianischen Philosophie sind, wurde diese Dimension auch als „konfuzianische Arbeitsdynamik" bezeichnet, welche heute in den verschiedensten asiatischen Kulturen wie China, Japan oder Südkorea eine Rolle spielt. Die folgende Liste ausgewählter Länder (Abb. 14.9) gibt einen Überblick über die verschiedenen kulturellen Ausprägungen:

Diese „Culture Scores" lassen sich nun direkt für Management nutzbar machen. So ist eine Managementtechnik wie MbO für individualistische Kulturen als individuelle Zielvereinbarung durchaus sinnvoll, während zunehmender Kollektivismus eher nach Gruppenzielvereinbarungen verlangt. Das soll nicht heißen, dass in kollektivistischen Ländern keine individuellen Zielvereinbarungen möglich sind. Sie verlangen dann aber eine Adaption im Führungsstil. Hinsichtlich des adäquaten Führungsstils zeigt die Passung autoritärer Führungsstile in Ländern mit hohem Machtdistanzindex bzw. partizipativer Führung in Unternehmenskulturen mit niedriger Hierarchie Wirkung. Der Vergleich der Index-Scores legt nahe, dass regional nahe beieinanderliegende Länder in ihren Kulturdimensionen sich

Country	IND	MAS	UAI	PDI	LTO
Australia	90	61	51	36	31
Germany	67	66	65	35	31
France	71	43	86	68	-
Italy	76	70	75	50	-
Japan	46	95	92	54	80
Netherlands	80	14	53	38	44
Austria	55	79	70	11	-
Sweden	71	5	29	31	33
Switzerland	68	70	58	34	-
South Africa	65	63	49	49	-
USA	91	62	46	40	29

Abb. 14.9 Hofstedes Culture Scores

nicht immer ähnlicher sind als regional entfernte. So liegt Deutschland beispielsweise hinsichtlich der vorherrschenden Hierarchiestruktur den USA näher als seinem europäischen Nachbarn Frankreich, der sich durch starke Machtdistanz auszeichnet. Obwohl Frankreich und Österreich beispielsweise beide ausgeprägte Individualismusindizes aufweisen, korreliert damit in Österreich eine Kultur mit geringer Machtdistanz, während Frankreich einen hohen Machtdistanzindex aufweist. Hofstede bezeichnet Franzosen deswegen als „abhängige Individualisten".

Es gibt viele Übungen, die dazu dienen, sich mit Hofstedes Kulturdimensionen in der Anwendung vertraut zu machen, siehe Abb. 14.10 (aus Hofstede et al. [9]). Bitte versu-

You are a commuter. The car trip to work takes approximately one hour, the train ride approximately one hour and a half. Do you prefer to go by car or by train?

- By car, because if I travel by train, people will think I can´t afford a car.
- By car because it is faster.
- By car because it is private.
- By train, because it is safer.
- By train, because it is better for the environment.

Abb. 14.10 Exercise „Train or Car"

Abb. 14.11 Robert Levine

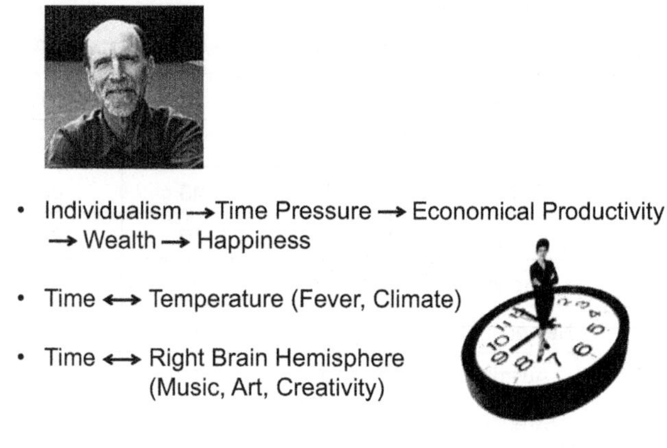

chen Sie in der Übung die gegebene Antwort einem Kulturkreis unter Zuhilfenahme einer der fünf Dimensionen von Hofstede zuzuordnen.

Die Studien von Hofstede waren der erste umfassende Ansatz in der interkulturellen Forschung, schon allein aufgrund der umfassenden empirischen Datenmenge. Dabei kann man sich fragen, ob die fünf dargelegten Kulturdimensionen ausreichend sind – eine Frage, die sich Hofstede auch selbst stellte. Bereits Ende der 1960er Jahre durchgeführt, hat die Studie zwar heute an Relevanz verloren. Die Beschränkung auf die IBM-Unternehmenskultur und die damit einhergehende Branchen- und Schichtkultur der Befragten sowie die an einer westlichen Kultur orientierte Fragenstellung wurden mehrfach in der interkulturellen Forschungslandschaft kritisiert. Insgesamt zeigten sich aber bis heute nicht nur die grundsätzlichen Behauptungen Hofstedes als zutreffend, sondern sie korrelierten auch mit anderen, später und unabhängig durchgeführten Studien. Hofstedes Kulturkonzept erfuhr so bis heute immer wieder eine Erweiterung und Ergänzung. Eine Dimension, die Hofstede beispielsweise nicht angelegt hatte, betrifft den Umgang mit Zeit. Diese Dimension hat Robert Levine, amerikanischer Zeitforscher und Psychologieprofessor an der California State University, exklusiv untersucht, indem er unter anderem die Schrittgeschwindigkeit in verschiedenen Teilen der Welt verglichen hat, um daraus das kulturelle Lebenstempo abzuleiten (siehe Abb. 14.11).

Robert Levine

Levine konnte in seinen Untersuchungen auch die bereits von Hofstede und später Fons Trompenaars bestätigte Korrelation von Individualismus und höherem Wohlstand zusätzlich noch um die Beobachtung schnelleren Lebenstempos erweitern [12]. Das liege daran, dass individualistisches Denken Zeitdruck fördere und dies wiederum eine produktive Wirtschaft begünstige, was mittelfristig den Lebensstandard und die Zufriedenheit erhöhe. Deshalb seien im Großen und Ganzen Menschen in individualistischen Kulturen mit schnellerem Lebenstempo auch glücklicher. Individualistische Kulturen legten mehr Wert auf Leistung als auf Zusammenhalt. Auch die Auffassung, wonach Liebe einer Heirat vorangehen sollte, unterscheide individualistische von kollektivistischen Kulturen [13].

Inzwischen gibt es in der Forschung einige Zweifel ob des konstatierten Zusammenhangs zwischen Individualismus und Wohlstand sowie der Frage, ob das eine das andere bedinge oder umgekehrt. Manche Forscher postulieren dagegen sogar eine Korrelation zwischen Kollektivismus und nationalem Wohlstand (vgl. [22]. Wir müssen zum jetzigen Zeitpunkt davon ausgehen, dass sich keine einfache Korrelation zwischen Individualismus resp. Kollektivismus und ökonomischem Wohlstand herstellen lässt.

Interessanterweise stellt Levine eine Beziehung zwischen innerem Zeitgefühl und der Außentemperatur her, wonach Menschen in wärmeren Regionen auch nach einer langsamer ablaufenden inneren Uhr leben. In Analogie haben wir auch bei hohem Fieber den Eindruck, dass die Zeit langsamer vergeht als sie es wirklich tut. Prozesse, welche sich in der rechten Hirnhälfte abspielen, wie Musik, Malen, Emotion, sind schwer in der Zeitdauer einzuschätzen. In Anklang an das Flow-Konzept des amerikanischen Psychologen *Mihály Csíkszentmihályi* weist Levine darauf hin, dass im Flow, in dem man völlig in der gerade ausgeführten Tätigkeit aufgeht, Zeit keine sinnvolle, qualitative Entsprechung mehr habe: Versunken, konzentriert und völlig absorbiert vom Jetzt verliert sich im Flow das Gefühl für die Zeit.

Unabhängig von der ebenso vorhandenen individuellen genetischen Veranlagung für Tempounterschiede lassen sich nach Levine in der Kultur der arabischen Welt nur drei Zeitzustände ausmachen: keine Zeit, jetzt und ewig, was die Missverständnisse bei Geschäftsterminen mit westlichen Kulturen leicht erklärt. Wenn ein Araber nach westlicher Zeit eine halbe Stunde zu spät kommt, verspätet er sich nach eigenem Verständnis vielleicht zehn Minuten. Man sollte 30 min oder länger auf ihn warten, sonst fühlt *er* sich gekränkt.

In Japan ist es nach Levine wichtig, bei der Arbeit schnell zu sein, was auch heißt, sich schnell zu bewegen, ob die Arbeit dies erfordert oder nicht. Obwohl die Arbeitsbelastung hoch ist, sei bei den Japanern kein hoher Druck zu verspüren, was wohl auch daran liege, dass der Arbeitsalltag lang, aber nicht rein auf Produktivität ausgerichtet ist, sondern z. B. Arbeitskollegen üblicherweise auch zum Freundeskreis zählen. Und ebenso, im Gegensatz zur westlichen Welt, glauben Japaner, dass Wünsche sich dann erfüllen, wenn man sich zurückhält. In der westlichen Welt hingegen zählt die aktive Bitte und der explizite Ausspruch von Wünschen zum individuellen Leistungsgedanken. In Ländern wie Brasilien oder Iran gelten die Gefühle der Menschen und die soziale Verpflichtung als wichtiger als die rein korrekte Informationsvermittlung. So gibt man Informationen oder Zusagen, auch wenn man unter Umständen gar nicht das Wissen oder die Macht dazu hat, weil man sein „Gesicht nicht verlieren" will.

Edward Hall

Der amerikanische Anthropologe Edward Hall hat, ungefähr mit Geert Hofstedes Studien Ende der 1960er Jahre, den Umgang verschiedener Kulturen mit Zeit in die Polaritäten monochron („Time is money") bzw. polychron („Jam karet" = balinesisch: „Gummizeit") unterschieden. Hall unterscheidet monochrone Kulturen, die Pünktlichkeit, Zeitplanung und Linearität schätzen, von polychronen Kulturen, welche flexibel mit Zeit umgehen

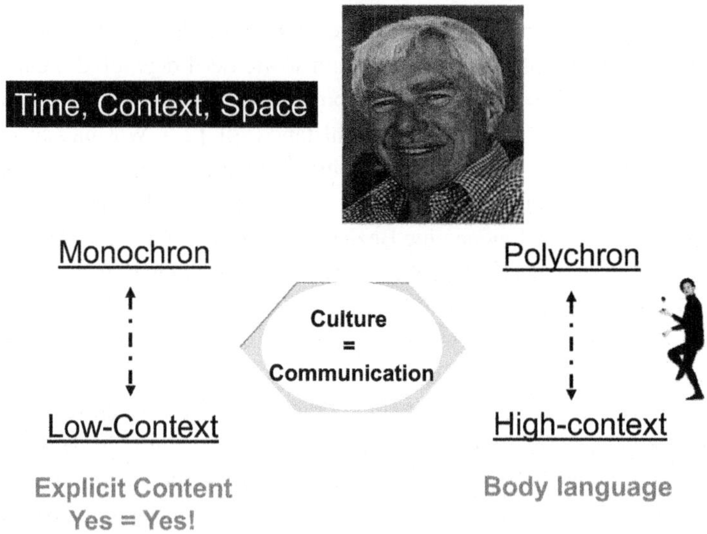

Abb. 14.12 Edward Hall

bzw. die Zeit dem Umgang miteinander unterordnen. In polychronen Kulturen werden nicht lineare, sukzessive Prozesse angenommen, sondern parallele, gleichzeitige. Dementsprechend werden Aufgaben nicht unbedingt sukzessive abgearbeitet, sondern die Arbeitsprozesse fließen ineinander, es wird mit Zeit „jongliert" (siehe Abb. 14.12).

Die Auffassung von Zeit kann sich auch auf den Arbeits- und Lebensrhythmus auswirken. Monochrone, westliche, individualistische Kulturen tendieren demnach zu dynamischen Bewegungen, zu großen Schritten und bewegten Armen, während polychrone Kulturen sich eher in langsamer, fließender Körpersprache ausdrücken. Diese Charakterisierungen hängen dabei auch mit dem spezifischen regionalen Lebenstempo zusammen. Hall stellt zusätzlich eine Konkordanz von polychronem und kontextabhängigem kulturellem Verständnis her. Hinsichtlich der Kommunikation, anhand derer er alle Kulturen vergleicht, unterscheidet er kontextgebundene und kontextunabhängige Kulturen. Tendenziell kontextgebundene Kulturen, zu denen Hall arabische Nationen, China, Japan, Korea oder auch mediterrane Völker zählt, benutzen in hohem Maße nonverbale Kommunikation, also Mimik, Gestik und Körpersprache. In tendenziell kontextunabhängigen Kulturen wie USA, Deutschland oder Schweiz liegt ein Schwerpunkt auf den Kommunikationsinhalten. Kommunikation geschieht hier explizit, direkt und eindeutig und damit typisch für individualistische Kulturen: „Ja" bedeutet „Ja" und „Nein" bedeutet „Nein". Neben Zeit und Kontext wies Hall vor allem noch auf die kulturellen Unterschiede im Empfinden räumlicher Distanz hin („Proxemik"). Nordeuropäer beispielsweise haben üblicherweise größere Distanzzonen als etwa Südeuropäer.

Fons Trompenaars

Neben Hofstede, Levine und Hall wollen wir noch die Kulturtheorie von Fons Trompenaars, einem Schüler Hofstedes, anführen. Trompenaars stützt seine Untersuchungen wie

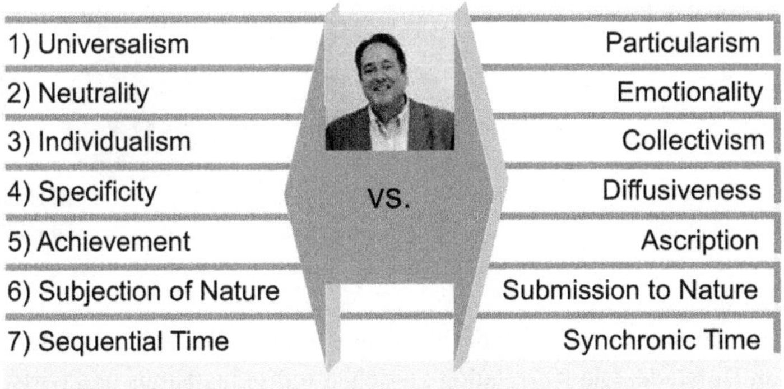

Abb. 14.13 Fons Trompenaars

Hofstede auf Empirie. 46.000 Manager aus verschiedenen Unternehmen in 50 Ländern wurden zwischen den 1980er und den 1990er Jahren befragt. Trompenaars ermittelte sieben Gegensatzdimensionen (siehe Abb. 14.13), wobei Trompenaars, anders als Hofstede, keine Gesamtwerte (Scores) für die einzelnen Dimensionen angibt.

Universalismus beschreibt die generelle Reichweite, Wirkung und Geltung von Regelungen einer Gesellschaft, während Partikularismus spezifische Situationen und individuelle Ausnahmen der herrschenden Gesetzmäßigkeiten zulässt. Mit universalistischer Kultur geht höchstwahrscheinlich ein höherer Standardisierungsgrad, beispielsweise in amerikanischen Unternehmen, einher, und partikularistische Kulturen setzen einen stärkeren Fokus auf persönliche Beziehungen als auf abstrakte Regelungen, wie sich etwa anhand von Geschäftsbeziehungen mit asiatischen Ländern zeigt. Neutralität beschreibt einen geringeren Grad an ausgedrücktem Gefühl oder einen geringeren Grad an geäußerter Gestik und Mimik oder auch eine moderate Sprachlautstärke. Gegen diese diszipliniert wirkende Kulturausprägung wirkt Emotionalität impulsiv und mehr menschen- als sachbezogen.

Ähnlich zeigt das Gegensatzpaar von Spezifität und Diffusheit emotionale Kontrolle, klare, nüchterne Sprache, sofern eine Kultur als „spezifisch" charakterisiert wird, während leidenschaftliche und verzierte Ausdrucksformen eine diffus geprägte Kultur beschreiben. Spezifität bedeutet darüber hinaus, wie stark private, innere Lebensbereiche von äußeren getrennt werden, eine Trennung, die Asiaten beispielsweise gemäß ihrer Tendenz zur Diffusheit weniger vornehmen als etwa Amerikaner, Kanadier oder Schweizer. Spezifisch orientierte Kulturen beginnen bei Verhandlungen mit der Sache im Kern und kommen erst später auf private Bereiche zu sprechen („Peach"-Modell), während diffus orientierte Kulturen vice versa erst bereit sind, Geschäftsthemen anzugehen, wenn ein zwischenmenschliches Fundament entstanden ist („Coconut"-Modell), siehe Abb. 14.14:

In diffus orientierten Kulturen lässt sich die Person von der Sache nicht trennen, und so kann sachliche Kritik nicht von Kritik an der Person unterschieden werden. Deshalb wird in Asien Kritik diskret vorgetragen, um die Ehre des anderen nicht zu verletzen und um Gesichtsverlust zu vermeiden. Spezifische Kulturen verhandeln konzentriert an der Sache, die Person steht nicht im Mittelpunkt, persönliche Kontakte entstehen ggf. erst nach dem Geschäftsabschluss.

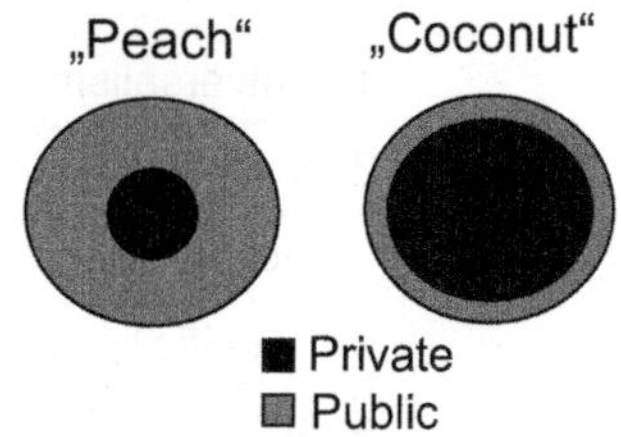

Abb. 14.14 Coconut & Peach

Die Differenzierung zwischen Individualismus und Kollektivismus folgt im Wesentlichen der von Hofstede. Die Korrelation zwischen Individualismus und wirtschaftlichem Erfolg spiegelt sich in Trompenaars Korrelat von marktwirtschaftlich orientierten Ländern und Individualismus wider. Die Dimensionspolarität Leistung versus Herkunft beschreibt die Genese des Status einer Person, im Falle der Leistung individuell erworben und im Falle der Herkunft durch Gruppenzugehörigkeit, Verwandtschaft, Abstammung oder auch ethnischen Faktoren oder Religion.

Während die amerikanische Leistungsorientierung vom Tellerwäscher, der sich zum Millionär hocharbeitet, versinnbildlicht wird, werden in herkunftsorientierten Kulturen beispielsweise Titel eine auffällig große Beachtung finden, wie etwa in Österreich oder auch Russland. Der Umgang mit der Umwelt bedeutet bei Trompenaars den Grad an Steuerbarkeit und Kontrollierbarkeit der Natur, den eine Person annimmt, also im Extrem Unterwerfung der Natur oder Unterwerfung unter die Natur und damit Schicksalshörigkeit. Hiervon ist auch abhängig, wie viel Gewicht man dem Zufall oder Glück im Leben einräumt, eine Ähnlichkeit zum Dimensionspaar Leistung versus Herkunft.

Es ist einleuchtend, dass individualistisch orientierte Kulturen wie die USA mit einer Ausprägung der Leistungsdimensionalität ebenso im Umgang mit der Natur einen starken Fokus auf die persönlichen Möglichkeiten setzen, während asiatische Kulturen mit ihrer kollektivistischen Herkunftsorientierung auch in Bezug auf die Umwelt zu einer Unterordnung der Person unter die Umwelt tendieren. Der Umgang mit Zeit schließlich, Trompenaars siebte Dimension, bezieht sich ähnlich wie das Konzept von Hall auf die Unterschiede bezüglich Lebenstempo und -rhythmus oder auch auf die Forderung nach Pünktlichkeit. Trompenaars unterscheidet dabei „sequenzielle“ und „synchrone“ Orientierung, was dem Begriffspaar „monochron“ bzw. „polychron“ bei Hall entspricht.

Die ausgewählten Beiträge von Hofstede, Levine, Hall und Trompenaars sind heute grundlegend für die interkulturelle Forschung, auch wenn offen bleibt, ob die jeweils angeführten Dimensionen sowohl in ihrer Ausprägung als auch von ihrem Umfang her schon hinreichend sind, um die Komplexität kultureller Verschiedenheit zu beschreiben. Überhaupt ist innerhalb der Kulturtheorielandschaft ein Cultural Turn von einer binären Sicht mit Fokus auf Eigenem vs. Anderem, Inklusion vs. Exklusion hin zur „Transdifferenz“ zu vernehmen: Man versucht damit, aus der tatsächlichen Vielfalt von Differenz- und Interaktionsphänomenen resultierenden Vorgänge der Überlagerung von Mehrfachzugehörigkeiten, die grenzüberschreitende Kombination von Loyalitäten zu erfassen. Transdifferenz gilt dabei als Sammelbegriff für Phänomene wie „Hybridität“ oder „Transkulturalität“.

Kulturelle Hybridisierung findet allerdings nicht nur auf Ebene von Coca-Cola oder McDonalds statt.

Kurze Übung

Bitte nennen Sie drei Beispiele von Hybridisierung in unserer Kultur!

Die Globe-Studie

In neuerer Zeit verdient vor allem die ursprünglich von Robert House konzipierte „Globe Study of 62 Societies" (GLOBE ist ein Akronym für „Global Leadership and Organizational Behavior Effectiveness" Research Program) Beachtung, ein Forschungsprojekt, das seit 1993 aus 951 Unternehmen in 62 Ländern unter Beteiligung von 170 Wissenschaftlern und 17.000 Befragten neun Dimensionen zu Organisationskulturen und Führungsstilen ermittelte. Wie bei Hofstedes Arbeit wurden bei Globe die Werte der Kulturdimensionen quantitativ visualisiert, zusätzlich in zehn „Societal Cluster" konglomeriert und sowohl in kulturelle „Practices" (The way things are) als auch in Ideale der vorhandenen „Values" (The way things should be) unterschieden.

Als Kulturdimensionen werden zunächst die zwei sowohl aus Hofstedes als auch aus Trompenaars Untersuchungen bekannten Dimensionen Uncertainty Avoidance (Unsicherheitsvermeidung) und Power Distance (Machtdistanz) angeführt. Die Dimensionen Individualism und Collectivism werden bei Globe nochmals unterschieden in Institutional- und In-Group Collectivism. Weiter werden Cross Cultural Differences in Gender Egalitarianism (Gleichberechtigung der Geschlechter), Assertiveness (Bestimmtheit), Future Orientation (Zukunftsorientierung), Performance Orientation (Leistungsorientierung) und Humane Orientation (Sozialorientierung) eingeführt. Erstaunlicherweise wird der Umgang mit Zeit nicht angeführt.

Gruppenkollektivismus beschreibt dabei die Loyalität gegenüber Familie und Unternehmen, während institutioneller Kollektivismus den Grad an sozialer Beteiligung oder die Verteilung von Ressourcen hinsichtlich Förderung und Belohnung meint. Auf der Basis von Geert Hofstedes Dimension der Maskulinität entwickelt Globe die beiden Dimensionen Gender Egalitarianism und Assertiveness:

> Gender Egalitarianism is the degree to which an organization or a society minimizes gender role differences while promoting gender equality. Assertiveness is the degree to which individuals in organizations or societies are assertive, confrontational and aggressive in social relationships. ([10], S. 12)

Mit der Erweiterung auf diese beiden Dimensionen wollen die Autoren Interpretationsschwierigkeiten, die bei Hofstedes Untersuchungen zur Maskulinität festzustellen waren, vermeiden. Es zeigte sich in den Untersuchungen zwar eine signifikante Korrelation zwischen Hofstedes Masculinityindex und Globes Assertiveness Practices Scale, jedoch nicht mit der Value Scale. Auch differenziert Globe beispielsweise zwischen Geschlechterungleichheit und Erfolgsstreben, eine Differenzierung, die im Maskulinitätsindex von Hofstede nicht erfasst wird. Future Orientation ist schließlich eine Dimension, welche Hofstedes späterer „Langzeitorientierung“ nur marginal entspricht und sich ursprünglich aus der „Past, Present and Future Orientation“ von Clyde Kluckhohn und Fred Strodtbeck ableitet, als

> … degree, to which individuals in organizations or societies engage in future-oriented behaviors such as planning, investing in the future, and delaying individual or collective gratification. [10]

Auch Humane Orientation leiteten die Autoren aus Kluckhohn und Strodtbecks Dimension Human Nature sowie den Arbeiten von Robert Putnam und David McClelland ab, und sie versteht sich als der Grad

> to which individuals in organizations or societies encourage and reward individuals for being fair, altruistic, friendly, generous, caring and kind to others. [10]

Performance Orientation schließlich wird definiert als der Grad, in dem Unternehmen oder die Gesellschaft „encourages and rewards group members for performance improvement and excellence“, welche die Autoren aus dem Konstrukt „Need for Achievement“ von McClelland [16] ableiten.

Die Globe-Studie wollte folgende Hypothesen überprüfen:

1. The societal system has a significant effect on organizational cultural practices.
2. The industrial sector has a significant main effect on organizational cultural practices.
3. There is a significant industry sector-by-societal system interaction effect on organizational cultural practices.
4. The industry sector-by-societal culture interaction effect on organizational culture practices will be a function of the isomorphic societal culture values.

Während sich die erste Hypothese bestätigte, wonach soziale Systeme den stärksten Effekt auf alle neun Kulturdimensionen haben, konnte der Industrie nur ein sehr schwacher Einfluss nachgewiesen werden. Hypothese (2) wurde damit nicht bestätigt. Hypothese (3) konnte teilweise bestätigt werden, bezogen auf vier von neun Dimensionen, nämlich Assertiveness, Gender, Egalitarianism, Power Distance und Uncertainty Avoidance. Ebenso verhält es sich mit Hypothese (4), die teilweise bestätigt wurde, allerdings ohne Power Distance, der keine Signifikanz nachgewiesen werden konnte.

In Summe ließ sich zeigen,

> that societal system has the most significant and strongest effects on all organizational culture dimensions measured, whereas industry only weakly influences some of the measured aspects of organizational cultures across all societies. (Brodbeck et al. [4], S. 667)

Auch Hofstede hatte den starken kulturellen Einfluss des Landes auf die Organisation bereits deutlich gemacht, obwohl er dafür kritisiert worden war, seine Untersuchung ausschließlich innerhalb der IBM-Unternehmenskultur durchgeführt zu haben. Andererseits kann dies auch gerade als Bestätigung des Primats der jeweiligen Landeskultur interpretiert werden. Wenn man sich die Ausführungen zu Robert House und der charismatischen Führung in Erinnerung ruft, so erstaunt es nicht, dass House mit der Globe-Studie ursprünglich die Generalisierbarkeit von „Charismatic Leadership" im Sinn hatte. House behauptet sie als den erwünschtesten Führungsstil in den meisten Kulturen. Er stützt sich dabei auch auf die Untersuchungen von Bernard Bass zur transformationalen Führung, welche dem Konzept charismatischer Führung sehr nahe steht. Demnach sind Führungspersonen zu differenzieren, die „Gefolgschaft dadurch erreichen, dass sie Belohnungen gegen Leistungen der Geführten tauschen, die ihre Ziele erreichen helfen, von denen, denen es gelingt, durch eine wechselseitige Pflichtgemeinschaft mit dem Geführten Motivation und Moralität gegenseitig auf eine höhere Ebene zu bewegen" ([25], S. 333). Erstere wird als transaktionale, Letztere als transformationale Führung bezeichnet. Für House ist nun interessant, dass Bass die transformationale Führung als nahezu kulturübergreifendes Modell ideeller Personalführung versteht:

> Although some fine tuning may be required, on all continents people's ideal leader is transformational, not transactional. ([10], S. 65)

Bass sieht dabei drei Komponenten der transformationalen Führung als nahezu universell: „charisma, intellectual stimulation of followers and individualized consideration toward followers" [10]. Aufgrund dieser starken charismatischen Prägung der transformationalen Führung ist sie auch der bereits geäußerten Kritik am charismatischen Führungsstil ausgeliefert (Hemmung kritischen Denkens und Urteilens, fehlende Entwicklung eigener Werte, Nachfolgeproblematik usw.). In der Globe-Studie wird Leadership definiert als „Ability of an individual to influence, motivate, and enable others to contribute toward the effectiveness and success of the organizations of which they are members", obwohl House sich bewusst ist: „There is no universal consensus on the definition of leadership" ([10], S. 15). Nachfolgend werden die sechs Leadership-Dimensionen aufgeführt:

1. Charismatic/Value-Based Leadership (to inspire, to motivate and to expect high performance outcomes from others based on firmly held core values).
2. Team-Oriented Leadership (emphasizes effective team building and implementation of a common purpose or goal among team members).
3. Participative Leadership (reflects the degree to which managers involve others in making and implementing decisions).
4. Humane-Oriented Leadership (reflects supportive and considerate leadership but also includes compassion and generosity).

5. Autonomous Leadership (refers to independent and individualistic leadership attributes).
6. Self Protective Leadership (focuses on ensuring the safety and security of the individual and group through status enhancement and face saving).

Globe verfolgte hierbei die Überprüfung von vier Thesen:

„Hypothesis 1: Two leadership characteristics – Charismatic/Value-Based leader behavior and leader integrity – will be universally perceived as leading to effective leadership.

Hypothesis 2a: Leadership CLT [Culturally endorsed Leadership Theory] profiles, which are in essence profiles of prototypical leader behaviors and attributes, can be developed for each societal culture. These indicate which aspects of leadership are perceived to contribute to or impede outstanding leadership within that culture.

Hypothesis 2b: Societal CLT profiles can be aggregated into culture cluster CLT profiles indicating which aspects of leadership (found in Hypothesis 2a) are perceived to contribute to outstanding leadership for societal clusters.

Hypothesis 3: There will be positive relationships between CLT dimensions and societal culture dimensions that are conceptually similar or clearly related on theoretical grounds.

Hypothesis 4: There will be positive relationships between organizational culture dimensions and CLT leadership dimensions that are conceptually similar or related on theoretical grounds“ (House et al. [10], S. 673).

Die ermittelten kulturellen Einflussfaktoren beispielsweise für die Leadership-Dimension „Charismatic/Value-Based“ sind vor allem Performance Orientation, In-Group Collectivism und Gender Egalitarianism, jeweils spezifiziert für „Organizational Level“ bzw. „Societal Level“. Den untersuchten sechs Führungsdimensionen liegen 112 Submerkmale zugrunde. Davon wurden 20 Merkmale als eindeutig effektiv eingeordnet, insbesondere Merkmale wie hohe Leistungsorientierung, Vertrauenswürdigkeit, Ehrlichkeit, Gerechtigkeit, vorausschauendes Planen und Handeln, positives Denken, Tatkraft, Motivationsfähigkeit oder teamorientierte Führung [3]. Dieser Befund stützt die Hypothese, dass es so etwas wie universelle Merkmale globaler Führung gibt, und unterstreicht auch die Aussage, dass eine solche globale Führung eher menschenorientiert denn geschäftsorientiert ist. Dabei ist jedoch zu beachten, dass diese Führungsdimensionen, wie alle interkulturell ermittelten Dimensionen, relativ abstrakt gehalten und demnach nur innerhalb des jeweiligen kulturellen Kontextes verstehbar sind. Auch die individuellen Erwartungen über effektive Führung und Organisation werden in erster Linie durch die Gesellschaftskultur und erst in zweiter Linie durch die Organisationskultur beeinflusst, wie Globe verdeutlicht.

Ebenso erhöht die Passung zwischen Eigenschaften und Verhalten der Führungsperson und den Erwartungen über Geführtwerden seitens der Mitarbeiter den Führungserfolg signifikant. Bezüglich der Korrespondenz der landes- und organisationskulturellen Praktiken und Werte mit den Erwartungen, die an erfolgreiche Führungskräfte gestellt werden, zeigt sich vor allem bei den Dimensionen eine erhebliche Streuung, hinsichtlich autoritätsorientierter und autonomieorientierter Führung sogar eine sehr große interkulturelle Streuung, insbesondere zwischen Europa und Asien.

Die Ergebnisse sprechen demnach in der Summe dagegen, ein Leitbild des internationalen „Global Managers" zu verfolgen, da hier eine zu große Kulturheterogenität vorliegt. Brodbeck [3] spricht sich für ein Leitbild aus, das praxisgemäß am „Country Manager" orientiert ist, am besten in Kombination mit Ländern, die hinsichtlich ihrer kulturellen Ausprägung nicht zu heterogen sind. Das Globe-Projekt ist seit Hofstedes und Trompenaars' Arbeit die größte durch eine Vielzahl an empirischen Daten gestützte Studie, welche Teilkulturen, Landes-, Unternehmens- und auch Branchenkultur getrennt voneinander erfasst und zusätzlich zwischen kulturellen Praktiken und Werten trennt. Hofstede hatte dies nicht getan und über Verhaltensfragen versucht, Werte zu erschließen.

Während bei Hofstedes Untersuchung beispielsweise kritisiert wurde, dass nur das IBM-Management in die Befragung miteinbezogen wurde, hat Globe einen Ansatz über 951 Unternehmen und drei Branchen, nämlich Finanzen, Lebensmittel und Telekommunikation. Auf der anderen Seite wurde bei Globe nur das mittlere Management berücksichtigt, was die Vergleichbarkeit erleichtert, jedoch die Repräsentativität beeinträchtigt. Der kritisierten Gleichsetzung von Kulturen und Ländern bei Hofstede versuchte Globe durch eine Aufspaltung von Ländern und Kulturen zu begegnen, was jedoch nur im Ansatz durchgehalten wurde (z. B. Trennung Ost- und Westdeutschland, deutsch- und französischsprachige Schweiz, weiße und schwarze Bevölkerung in Afrika) und für große Regionen wie Indien, China und USA fehlt. House verfolgt ursprünglich mit seinem Ansinnen „to test the cross-cultural generalizability of charismatic leadership" ([10], S. xxi) einen Culture Free ausgerichteten Ansatz, den die Studie aber nur teilweise belegen konnte. Der hohe Einfluss der Landeskultur auf die Organisationskultur sowie das Ergebnis der Abhängigkeit der Führungstheorie sowohl von der Landes- als auch der Unternehmenskultur bilden letztlich die Kernaussage der Globe-Ergebnisse.

Ausblick

Nach unserem heutigen Wissen ist eine homogene Globalkultur nicht wahrscheinlich, auch wenn anzunehmen ist, dass in den nächsten Jahren noch eine weitere Konvergenz vor allem zu einer amerikanischen/westeuropäischen sowie japanischen/chinesischen Kultur stattfinden wird. Auch mit der bereits vorhandenen Forschungsleistung auf dem Gebiet der interkulturellen Forschung bleiben noch viele Fragen offen. Unabhängig von der inhaltlichen Heterogenität der von verschiedenen Forschern postulierten Kulturdimensionen sind Kriterien wie Interaktion und Dominanz noch unklar. Wenn Kulturen in Kontakt kommen, welche überwiegt die andere? Sind alle Dimensionen gleichrangig zu betrachten oder sind manche wichtiger als andere usw. (vgl. [11])? Die Globalisierung kann die Wurzeln jahrhundertealter nationaler kultureller Archetypen nicht auslöschen, und das kann auch nicht das Ziel internationalen Managements sein. So müssen die kulturellen Verschiedenheiten erkannt und nutzbar gemacht werden, und zumindest ideell erscheinen die Möglichkeiten einer globalen Mischkultur verlockend. Der erfolgreiche kosmopolitische

Manager wird sich der Relativität seiner eigenen Kultur bewusst werden, ein Prozess, der nur in Abgrenzung von anderen Kulturen möglich wird.

> The end of all our exploring
> Will be to arrive where we started.
> And know the place for the first time.
> T. S. Eliot, Four Quartets

Beispiele für Prüfungsfragen

- „Chinesen sind Klimaverschmutzer. Klimaverschmutzer sind Schweine. Also sind Chinesen Schweine." Wie nennt sich diese Argumentation? Ist sie logisch richtig? Wer hat sie erfunden? Wie würde ein Europäer die Argumentation bewerten? Wie würde ein Asiate sie bewerten?
- Bitte nennen Sie mindestens drei Aspekte, anhand derer sich kulturelle Unterschiede in Wahrnehmung, Erkennen und Denken aufzeigen lassen.
- Im „Global Leadership and Organizational Behavior Effectiveness Research Program" wurden die Dimensionen von „Individualism" und „Collectivism", die der niederländische Kulturforscher Geert Hofestede in den 1960er Jahren ins Leben gerufen hatte, neu gefasst, nämlich wie? Warum hat man diese Änderung vorgenommen? Geben Sie bitte ein Beispiel dafür, warum die neue Unterscheidung sinnvoll ist, anhand eines von Ihnen gewählten Landes.
- Uns wird im Westen von anderen Ländern häufig vorgeworfen, es mit der demokratischen Freiheit nicht so ernst zu nehmen. Nennen Sie bitte drei Streitpunkte eines demokratischen Freiheitsverständnisses, die auch innerhalb unseres Kulturkreises aktuell kontrovers diskutiert werden.
- Welche Hypothese wollte der amerikanische Leadership-„Guru" Robert House mithilfe der empirischen Daten der Globe-Studie beweisen? Wurde sie bewiesen? Welche Empfehlung kann man aus dem Ergebnis für den erfolgreichen Manager in einer globalisierten Welt ableiten?
- Worauf muss eine Führungskraft achten, wenn sie von Deutschland nach China im Rahmen einer Short-Term-Delegation entsendet wird? Sie können sich für Ihre Antwort auf die folgenden Kulturdimensionsindizes von Geert Hofstede beziehen: Deutschland: IND 67, MAS 66, UAI 65, PDI 35, LTO 31; China: IND 10, MAS 50, UAI 45, PDI 75, LTO 100.
- Bitte nennen Sie die Ebenen der Unternehmenskultur nach Edgar Schein und für jede Ebene zwei Beispiele. Übertragen Sie diese Kategorisierung auf mindestens ein Beispiel pro Ebene für die weltweite Fast-Food-Kette „McDonalds".
- Sie arbeiten in der Personalabteilung eines multinationalen Unternehmens und sollen eine für sechs Monate nach Kanada delegierte Führungskraft vor ihrer Abreise interkulturell trainieren. Wie lange sollte das Training dauern? Wie intensiv muss es sein? Welche Trainingsmethoden wären hierfür geeignet?

- Die Behauptung, in Asien würden „die Menschenrechte mit Füßen getreten", wird von manchen Kulturforschern als ethnozentrisch beurteilt. Wie begründen diese ihr Urteil? Auf welches kulturelle Unterscheidungsmerkmal lässt sich diese Begründung zurückführen?

Literatur

1. Achouri, C. (2013). *Kultur und Autonomie.* Wiesbaden: Springer.
2. Beall, C. M., & Steegmann, A. T. (2000). Human adaptation to climate. In S. Stinson, et al. (Hrsg.), *Human biology: An evolutionary and biocultural perspective*. New York: Wiley-Liss.
3. Brodbeck, F. C. (2008). Die Suche nach universellen Führungsstandards. *Wirtschaftspsychologie aktuell, 1,* 19–22.
4. Brodbeck, F. C., Hanges, P. H., Dickson, M. W., Gupta, V., & Dorfman, P. W. (2004). Societal culture and industrial sector influences on organizational culture. In R. J. House, P. J. Hanges, M. Javidan, P. W. Dorfmann, & V. Gupta (Hrsg.), *Culture, leadership and organizations, the GLOBE study of 62 societies*. Thousand Oaks: Sage
5. Buss, D. M. (1989). Sex differences in human mate preferences: Evolutionary hypotheses tested in 37 cultures. *Behavioral and Brain Sciences, 12,* 1–49.
6. Evans, P., Lank, E., & Farquhar, A. (1989) *Managing human resources in the international firms*. London: Macmillan.
7. Grupe, G., Christiansen, K., Schröder, I., & Wittwer-Backofen, U. (2005). *Anthropologie*. Heidelberg: Springer.
8. Hofstede, G. J. (1984). *Culture's consequences*. Thousand Oaks: Sage.
9. Hofstede, G. J., Pedersen, P. B., & Hofstede, G. J. (2002). *Exploring culture. Exercises, stories and synthetic cultures*. Boston: Intercultural Press.
10. House, R. J., Hanges, P. J., Javidan, M., Dorfmann, P. W., & Gupta, V. (Hrsg.). (2004). *Culture, leadership and organizations, the GLOBE study of 62 societies*. Thousand Oaks: Sage.
11. Javidan, M., House, R., Dorfman, P. W., Gupta, V., & Hanges, P. J. (2004). Conclusions and future directions. In R. J. House, P. J. Hanges, M. Javidan, P. W. Dorfmann, & V. Gupta (Hrsg.). *Culture, leadership and organizations, the GLOBE study of 62 societies* (S. 723–732). Thousand Oaks: Sage.
12. Levine, R., & Conover, L. (1992). The pace of life scale, international society for the study of time.
13. Levine, R., Hashimoto, T., & Verma, J. (1995). Love and marriage in eleven cultures. *Journal of Cross Cultural Psychology, 26,* 554–571.
14. Luy, M. (2009). 10 Jahre Klosterstudie – gewonnene Erkenntnisse und offene Fragen zu den Ursachen für die unterschiedliche Lebenserwartung von Frauen und Männern. In H. Ehlers, et al. (Hrsg.), *Geschlechterdifferenz – und kein Ende? Sozial- und geisteswissenschaftliche Beiträge zur Genderforschung* (S. 251–273). Berlin: LIT.
15. Lysgaard, S. (1955). Adjustment in a foreign society: Norwegian Fulbright Grantees visiting the United States. *International Social Science Bulletin, 7,* 45–51.
16. McClelland, D. C. (1961). *The achieving society*. Princeton: Van Nostrand.
17. Mendenhall, M. E., Dunbar, E., & Oddou, G. R. (1987). Expatriate selection, training and career pathing. A review and critique. *HRM, 26,* 331–345.
18. Miller, J. G., & Bersoff, D. M. (1995). Development in the context of everyday family relationships: Culture, interpersonal morality and adaption. In M. Killen & D. Hart (Hrsg.), *Morality*

of everyday life: A developmental perspective (S. 259–282). Cambridge: Cambridge University Press.

19. Nisbett, R. E. (2004). *The geography of thought. How asians and westerners think differently and why*. New York: Free Press
20. Richmond, V., & McCroskey, J. (2000). *Nonverbal behavior in interpersonal relations*. Boston: Allyn & Bacon.
21. Schein, E. H. (1992). *Organizational culture and leadership*. San Francisco: Jossey-Bass.
22. Schwartz, S. H. (1994). Beyond individualism and collectivism; new cultural dimensions of values. In U. Kim, et al. (Hrsg.), *Individualism and collectivism: Theory, method and applications* (S. 85–122). Newbury Park: Sage.
23. Ting-Toomey, S., & Chung, L. C. (2005). *Understanding intercultural communication*. New York: Oxford University Press
24. Vonderach, A. (2008). *Anthropologie Europas: Völker. Typen und Gene vom Neandertaler bis zur Gegenwart*. Graz: STV.
25. Weibler, J., (2001). *Personalführung*. München: Vahlen.

Printed by Printforce, the Netherlands